国家精品课程主干教材
国家精品视频公开课配套教材

大学计算机应用技术
（第 2 版）

董卫军　索　琦　邢为民　编著
耿国华　主审

科学出版社

北　京

内 容 简 介

基于目前"大学计算机"课程教学中的现状，构建"以学生为中心，面向专业需求"的"计算机导论+专业结合后继课程+计算机用技术"的大学计算机分类培养课程体系，深化课程改革，提升教学效果。本书是国家精品课程和国家精品视频公开课"计算机基础"分类培养课程体系中"计算机应用技术"的配套教材。遵循教育部计算机基础教学指导委员会最新高等学校计算机基础教育基本要求，以培养计算机应用能力为目标，突出实践。

全书共分为 9 章，从计算机安全使用、网络信息的发布与利用两个层面展开讲解。计算机安全使用层面包括计算机的组装和管理、Office 2013 高级应用、网络的安全使用等内容。网络信息的发布与利用层面包括网页设计与网站建设、因特网信息检索、常见中文数据库的使用、三大检索工具的使用、PDF 文件与 CAJ 文件处理、论文的撰写等内容。

本书突出技术性、应用性，可作为高等学校"大学计算机"课程的教材，也可作为全国计算机应用技术证书考试的培训教材或计算机爱好者的自学教材。

图书在版编目（CIP）数据

大学计算机应用技术 / 董卫军，索琦，邢为民编著．—2 版．
—北京：科学出版社，2017.6
国家精品课程主干教材　国家精品视频公开课配套教材
ISBN 978-7-03-053451-4

Ⅰ．①在… Ⅱ．①董… ②索… ③邢… Ⅲ．①电子计算机
－高等学校－教材　Ⅳ．①TP3

中国版本图书馆 CIP 数据核字 (2017) 第 133849 号

责任编辑：潘斯斯　张丽花 / 责任校对：王　瑞
责任印制：霍　兵 / 封面设计：迷底书装

科学出版社 出版
北京东黄城根北街 16 号
邮政编码：100717
http://www.sciencep.com

保定市中画美凯印刷有限公司 印刷
科学出版社发行　各地新华书店经销

*

2014 年 7 月第　一　版　开本：787×1092 1/16
2017 年 6 月第　二　版　印张：25 1/2
2021 年 7 月第十一次印刷　字数：605 000

定价：**59.00** 元
（如有印装质量问题，我社负责调换）

前　言

基于目前"大学计算机"课程教学中的现状，遵循教育部计算机基础教学指导委员会最新高等学校计算机基础教育基本要求，依托国家级精品课程和国家精品视频公开课"计算机基础"，构建"以学生为中心，面向专业需求"的"计算机导论+专业结合后继课程+计算机用技术"的大学计算机分类培养课程体系，不断深化大学计算机课程改革，提升教学效果。

本书是国家精品课程和国家精品视频公开课"计算机基础"分类培养课程体系中"计算机应用技术"的配套教材，针对学科特点和学生兴趣，以培养计算机应用能力为目标，强调共性要求，体现大学计算机课程教学的实效性和针对性。

全书共分为 9 章，从计算机安全使用、网络信息的发布与利用两个层面展开讲解。

计算机安全使用层面包括计算机的组装和管理、Office 2013 高级应用、网络的安全使用等内容。涵盖计算机安全使用的核心内容，强调在开放网络环境中如何高效、安全地通过计算机解决日常的信息处理问题。

网络信息的发布与利用层面包括网页设计与网站建设、因特网信息检索、常见中文数据库的使用、三大检索工具的使用、PDF 文件与 CAJ 文件处理、论文的撰写等内容。网络信息发布部分通过介绍常见图形图像处理软件、动画处理软件以及网页设计软件的使用，使学习者能够快速地掌握网络信息发布的基本技能。网络信息利用部分通过介绍搜索引擎、文献数据库和三大检索工具的使用技巧，使学习者能够快速地获取有效信息，为自主学习和兴趣研究提供支持。

本书由多年从事计算机教学的一线教师编写，其中，董卫军编写第 5~8 章，索琦编写第 1 章和第 3 章，邢为民编写第 2 章和第 9 章。王安文、崔莉、张靖、郭竞编写第 4 章。本书由董卫军统稿，由西北大学耿国华教授主审。

在成书之际，感谢教学团队成员的支持。由于编者水平有限，书中难免有不足之处，恳请指正。

编　者

于西安·西北大学

2017 年 5 月

目　　录

第 1 章　计算机的组装和管理

计算机是由硬件和软件组成的一个系统，硬件是软件运行的平台，软件又使计算机的功能得以充分发挥。硬件各部件的合理选择和正确安装是保证计算机高效工作的前提，对安装好的各部分必须进行有效的管理，才能形成一个运行良好的计算机系统，而负责管理任务的是操作系统，它有效地管理计算机系统的所有硬件和软件资源，合理地组织整个计算机的工作流程，为用户提供高效、方便、灵活的使用环境。

1.1　计算机组装

1.1.1　微型计算机硬件设备概述

组装一台微型计算机系统，主要涉及的硬件有主机箱、电源、主板、中央处理器(Central Processing Unit，CPU)、内存、磁盘、光驱、显卡、显示器、键盘、鼠标等部件，其中决定计算机主要性能的部件是主板和CPU。

1. 主板

主板是连接其他计算机配件的电路系统，如图 1.1 所示，包括 CPU、显卡、内外存储器、网卡、声卡等部件，这些部件都是通过主板来连接工作的，而主板则按不同的架构标准，由各种不同的芯片部件、接口组合而成。现在大多数主板都已将网卡、声卡甚至显卡都集成生产在主板上。图 1.1 所示主板就是一款集成了网卡、声卡和显卡的主板。

目前大多数主板上都有北桥芯片和南桥芯片，如图 1.1 所示。最新的主板只有南桥芯片，而北桥全集成到 CPU 中。

一般计算机的性能发挥，主要是指两个方面：CPU 与内存之间的数据交换，它决定着整机的速度，此功能由北桥芯片控制；CPU 与显卡之间的数据交换，这涉及计算机处理 3D 游戏数据的速度，此功能由南桥芯片控制。

(1)北桥芯片

北桥芯片是主板芯片组中起主导作用的最重要的组成部分，也称为主桥。北桥芯片负责与 CPU 的联系并控制内存，AGP、PCI 数据在北桥内部传输，提供对 CPU 的类型和主频、系统的前端总线频率、内存的类型(SDRAM、DDR SDRAM 以及 RDRAM 等)以及最大容量、ISA/PCI/AGP 插槽、ECC 纠错等支持，整合型芯片组的北桥芯片还集成了显示核心。北桥芯片是距 CPU 最近的芯片，这主要是考虑到北桥芯片与处理器之间的通信最密切，是为了提高通信性能而缩短传输距离。由于北桥芯片的数据处理量非常大，发热量也越来越大，所以现在的北桥芯片都覆盖着散热片以加强北桥芯片的散热，有些主板的北桥芯片还会配合风扇进行散热。

北桥芯片的主要功能是控制内存，而内存标准与处理器一样，变化比较频繁，所以不同芯片组中北桥芯片是不同的。

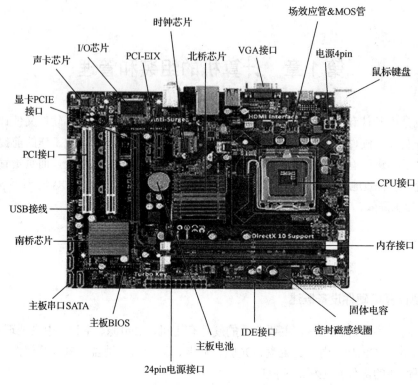

图 1.1　主板

由于已经发布的 AMD K8 核心的 CPU 将内存控制器集成在了 CPU 内部，于是支持 K8 芯片组的北桥芯片变得简单多了，甚至还能采用单芯片芯片组结构。这是趋势，北桥芯片的功能会逐渐单一化，为了简化主板结构、提高主板的集成度，以后主流的芯片组很有可能变成南北桥合一的单芯片形式。

(2)南桥芯片

南桥芯片负责 I/O 总线之间的通信，如 PCI 总线、USB、LAN、ATA、SATA、音频控制器、键盘控制器、实时时钟控制器、高级电源管理等，一般来说，这些技术比较稳定，所以不同芯片组中可能南桥芯片是一样的。

南桥芯片的发展方向主要是集成更多的功能，如网卡、RAID、IEEE 1394，甚至 Wi-Fi 无线网络等。

(3)BIOS 芯片

BIOS 芯片负责主板通电后各部件自检、设置、保存，一切正常后才能启动操作系统。记录了计算机最基本的信息，是软件与硬件打交道的最基础的桥梁，没有它计算机就不能工作。

(4)CPU 接口

主板上 CPU 接口通常称为"LGA ××××"，其中，LGA(Land Grid Array)是 Intel 64 位平台的"触点阵列"封装方式，其封装特征是没有了以往的针脚，只有一个个整齐排列的金属圆点，"××××"则代表了触点的数量。例如，LGA 775 接口，表示其触点的数量为 775，散热器的孔距为对角线 102mm，相邻两孔距 72mm。目前主要采用的有 LGA 775、LGA 1151、LGA 1366 等。

（5）总线扩展槽

总线扩展槽按功能分为内存插槽，PCI/ISA 扩展槽，AGP、PCI、PCIE 显示卡插槽等。

（6）各类 I/O 接口

I/O 接口主要包括硬盘、键盘、鼠标、打印机、通用串行总线（USB）、COM1、COM2
等接口。

2. CPU

CPU 负责计算机系统中最重要的数值运算及逻辑判断工作，是计算机的控制中心。图 1.2
所示是一块 Intel LGA 1151 接口的 CPU。

3. 显示卡

显示卡（也称视频卡、视频适配器、图形卡、
图形适配器和显示适配器等）是主机与显示器之间
连接的桥梁，主要作用是控制计算机的图形输出，
负责将 CPU 送来的影像数据处理成显示器认识的
格式，再送到显示器形成图像。显示卡主要由显示
芯片（即图形处理芯片）、显存、数模转换器、VGA
BIOS、各方面接口等几部分组成。

图 1.2   Intel LGA 1151 接口的 CPU

显示卡按照性能由强到弱，依次划分为旗舰级（卡皇）、性能级（高端）、主流级（中端）、
入门级（低端）、集成显卡。目前很多 3D 游戏对显示卡的要求都很高。

4. 内存储器

内存储器（简称内存或主存），其作用是暂时存放运行的程序和数据，以及与硬盘等外部
存储器交换的数据。计算机中所有程序的运行都是在内存中进行的，因此内存的性能对计算
机的影响非常大。只要计算机在运行中，CPU 就会把需要运算的数据调到内存中进行运算，
当运算完成后 CPU 再将结果传送出来，内存的运行也决定了计算机的稳定运行。内存由内存
芯片、电路板、金手指等部分组成，图 1.3 所示为 DDR2、DDR3、DDR4 内存规格示意图，
其中，DDR2 内存单面金手指 120 个（双面 240 个），缺口左边为 64 个针脚，缺口右边为 56
个针脚；DDR3 内存单面金手指也是 120 个（双面 240 个），缺口左边为 72 个针脚，缺口右边
为 48 个针脚；DDR4 内存单面金手指针脚数量为 284 个，从左侧数，第 35 针开始变长，到
第 47 针达到最长，然后从第 105 针开始缩短，到第 117 针回到最短。DDR4 最大的不同在于
底部金手指不再是直的，而是呈弯曲状。它们的传输速度越来越快，频率越来越高，容量也
越来越大。内存的容量和处理速度直接决定了计算机数据传输的快慢，目前已经普遍采用
DDR4 规格的内存。

5. 硬盘

硬盘是计算机主要的外部存储介质之一，由一个或者多个铝制或者玻璃制的碟片组成。
这些碟片外覆盖有铁磁性材料。绝大多数硬盘都是固定硬盘，被永久性地密封固定在硬盘驱
动器中，如图 1.4 所示。

图 1.3　DDR2、DDR3、DDR4 内存规格示意

图 1.4　硬盘

6. 光驱

光驱是用来读写光盘内容的部件。目前,光驱可分为CD-ROM驱动器、DVD光驱(图1.5)、康宝(COMBO)和刻录机等。

图 1.5　光驱

7. 显示器

显示器是一种将一定的电子文件通过特定的传输设备显示到屏幕上再反射到人眼中的显示工具。显示器分为 CRT、LCD 等多种,目前常用的是 LCD 类型的显示器。

8. 声卡

声卡(又称音频卡)是多媒体技术中最基本的组成部分,是实现声波／数字信号相互转换的一种硬件。声卡的基本功能是把来自话筒、磁带、光盘的原始声音信号加以转换,输出到耳机、扬声器、扩音机、录音机等声响设备,或通过音乐设备数字接口(MIDI)使乐器发出美妙的声音。

9. 机箱和电源

机箱(图1.6)的主要作用是放置和固定各计算机配件,起到一个承托和保护作用,此外,计算机机箱具有屏蔽电磁辐射的重要作用。

电源是提供电压的部件,如图1.7所示。

图 1.6　机箱

图 1.7　电源

1.1.2　计算机配置的原则

虽然组装一台计算机并不困难，但要想装出一台适合自己的需要且性价比很高的计算机，却不是一件容易的事情。

1.　微型计算机的选购标准

（1）适用

适用是指所选购的计算机要能够满足用户的特定需求。购买计算机的用户因使用目的不同而对计算机的要求也不同。例如，办公人员要求计算机能够运行各种应用软件；图形设计人员要求计算机能够快速地进行各种图形处理；游戏发烧友要求能够流畅地运行各种游戏等，而不同的计算机配件也有其不同的侧重面，在配置计算机前一定要清楚自己的需求（是学习、娱乐、设计，还是工作），才能做到在选购计算机配件时有的放矢。

（2）够用

够用是指所配置的计算机能够达到基本需求而不必超出太多。就 CPU 而言，如果只是一般的家庭用户，不需要用计算机运行各种商务软件、玩大型 3D 游戏，那么可以选择价格适中的中档处理器。而那些对于计算机有很高要求的用户则应该考虑选用价格高的高端产品。同样，其他配件的选择也应该遵循同样的原则，这样就可以避免购买过高的配置而造成浪费，或配置不足而不能满足需求。

（3）易用性

易用性指用户可以很好地理解计算机给予用户的提示、指令，并可容易地根据提示完成既定的目的。一般来说，这种易用性主要表现在计算机操作的易用性、解决问题的易用性等方面。例如，功能键盘的产生，使用户通过快捷键直接完成如上网、多媒体播放等功能，而很多主板上提供的 Debug 除错灯则可以在出问题时更加简便快捷地发现问题的根源。

（4）耐用

耐用一方面是指计算机的"健康与环保"性，另一方面也强调计算机的可扩展性。例如，符合 TCO 认证标准的 CRT 显示器和 LCD 都可以更好地保证使用者的健康。此外计算机的升级能力也是评价计算机耐用程度的一项指标。

2.　避免陷入购机误区

组装计算机一定要有正确的购机思路，避免陷入购机误区。

（1）一步到位

普通的计算机用户，特别是刚具备计算机基础知识的用户，一般都会要求购买当前主流的配置，普遍认为 CPU 最快就是好，而追求一步到位更成为不少人的宗旨。其实，实用才应该是购机的首要要求。普通用户购买计算机，一般是用来处理文字、图像，上网冲浪，管理日常财务，玩游戏及多媒体应用等。以现在计算机硬件的强大功能，即使是按最低档次配置的计算机也可实现上述功能，只不过因操作系统的不同和应用软件的差异，运行速度略有快慢而已。但很多用户都本着"花钱就要买最好的"的思想，要买当前最快的 CPU、最大的显示器等,希望"一步到位",以免几年后被淘汰。但事实非如此,以显示器为例,17英寸^①纯平显示器在2000年刚开始进入市场时,价格都在3000元左右,现在不到100元,而新型的25英寸LED显示器现在也在1500元左右。显示器作为计算机中贬值相对较慢的配件尚且如此,更何况CPU、内存、显卡等有可能在一夜之间身价大跌的配件。现在计算机配件的更新速度越来越快,即使是一台现今硬件配置最好的计算机,也只能够领先两年。三年以后,无论从硬件方面还是软件方面来说,都属于"淘汰"产品。因此,对一般的家庭用户而言,追求"一步到位"的思想是不可取的。普通用户在选择计算机配件时应该选择当前的主流产品,只要能够实现所要求的功能就可以了。

(2)CPU决定一切

很多用户以为CPU的性能决定一切,认为只要有了好的CPU,机器的性能就一定不会差。CPU虽然对整机性能影响很大,但不决定一切。装机时一定要记住高性能的CPU也需要其他高性能配件的配合才能发挥出全部功效。一台计算机的整体性能很大程度上是由整体配置中性能最低的配件所决定的,因此每一个计算机配件都很重要,即使是毫不起眼的电源也会对计算机的整体性能产生影响。如果没有好的硬件与之配套,再好的CPU也无法提升系统功能。配置计算机时一定要注意计算机配件间的合理搭配。

(3)最新的就是最好的

有的人以为最新的计算机配件就是最好的,其功能是最强大的。的确,最新的计算机配件有着更为先进的技术和更好的功能,但并不是说它没有不足之处。其一,一种新的计算机配件刚刚推出时,它的价格最为昂贵。其二,新的配件刚刚推出时,尚无足够的软件与之配套,它的强大功能还无法完全发挥出来,而它与其他配件的兼容性也有待时间考验,这时候购买,很有可能会在使用过程中出现问题。

(4)盲目跟风

大部分人在购买计算机前都会征求别人的意见,问问哪些产品口碑较好,然后依照这些意见购买。这样做固然有其好处,却也有不小的弊端。适合别人的产品不一定就适合自己,计算机的用途不同,硬件配置也应随之变化,不可生搬硬套既定模式。例如,想做图形设计,听别人说GeForce GTX1080-8GD5X显卡的性能不错,却不知GeForce GTX1080-8GD5X显卡的优越性能主要体现在它对计算机游戏的支持上。买计算机配件一定要适合自己的需要,切忌盲目跟风。

3. 配置举例

表1.1、表1.2和表1.3分别给出了高档、中档和低档计算机配置的参考选择示例,而具体配置要根据技术和市场变化决定。选购时要特别注意主板、CPU和内存三个主要部件之间的匹配,匹配得好其运行效率高,否则可能运行效率不高,甚至无法使用。

表1.1　高档硬件配置

部件	品牌型号	数量	参考价格/元
CPU	Intel 酷睿 i7 7700K(4.2GHz、8MB 缓存、4核8线程、LGA 1151)	1	2700
主板	华硕 PRIME Z270M-AR(LGA 1151)	1	1500
内存	金士顿 HX426C15FBK2/16 DDR4(8GB×2、2666MHz)	1	1000

---

① 1英寸=2.54厘米。

续表

部件	品牌型号	数量	参考价格/元
硬盘	希捷 ST2000NM0033（3.5 英寸、2TB、7200 转、128MB、SATA3、6Gbit/s）	1	830
显卡	华硕 ROG STRIX-RX470-O4G-GAMING（4GB/256bit/6600MHz）	1	1500
显示器	惠普（HP）25ES	1	1500

表 1.2　中档硬件配置

部件	品牌型号	数量	参考价格/元
CPU	Intel 酷睿 i5 7600（3.5GHz、6MB 缓存、4 核 4 线程、LGA 1151）	1	1750
主板	华硕 H61M-A/USB3（LGA 1155）	1	550
内存	金士顿 HX424C15FB/4　DDR4（4GB、2400 MHz）	1	250
硬盘	希捷 ST1000NM0055（3.5 英寸、1TB、7200 转、128MB、SATA3、6Gbit/s）	1	650
显卡	华硕 R7 350 2GD5（2GB/128bit/1125MHz）	1	550
显示器	飞利浦 257E7QDSA	1	1000

表 1.3　低档硬件配置

部件	品牌型号	数量	参考价格/元
CPU	英特尔赛扬双核 G3900 盒装（2.8GHz、2 核 2 线程、LGA 1151）	1	240
主板	华硕 H110M-A M.2（LGA 1151、集成显卡）	1	430
内存	金士顿 KVR21N15/4　DDR4（4GB、2133MHz）	1	190
硬盘	希捷 ST1000DM010 SATA3（3.5 英寸、1TB、7200 转、64MB、SATA、6Gbit/s）	1	350
显示器	飞利浦 234E5QSB	1	850

1.1.3　计算机硬件安装

组装计算机时，应按照下述步骤有条不紊地进行。

① 安装电源。

② CPU 的安装：在主板处理器插座上插入安装所需的 CPU，并且安装散热风扇。

③ 安装内存条：将内存条插入主板内存插槽中。

④ 将主板安装在机箱主板预留位置内。

⑤ 安装硬盘、光驱。

⑥ 安装显卡，根据显卡总线选择合适的插槽（注：集成显卡的主板不用安装）。

⑦ 机箱与主板间的连线，即各种指示灯、电源开关线。PC 喇叭的连接，以及硬盘、光驱和软驱电源线及数据线的连接。

⑧ 连接输入、输出设备，使键盘、鼠标、显示器与主机一体化。

⑨ 给计算机加电，检测主机是否正常工作，若显示器能够正常显示，表明初装已经正确，此时进入 CMOS 进行系统初始设置。若开机不显示，再重新检查各个接线。

完成上述的步骤，一般硬件的安装就已基本完成了，但要使计算机运行起来，还需要进行软件的安装。

1. 安装电源

将机箱（图 1.6）盖打开，然后将电源（图 1.7）放进机箱上的电源位，并将电源上的螺丝固

图 1.8　电源安装方向

定孔与机箱上的固定孔对正，先拧上一颗螺钉(固定住电源即可)，然后将其他 3 颗螺钉孔对正位置，再拧上剩下的螺钉即可。

在安装电源时，要注意电源放入的方向，有些电源有两个风扇，或者有一个排风口，则其中一个风扇或排风口应对着主板，如图 1.8 所示，放入后稍稍调整，让电源上的 4 个螺钉和机箱上的固定孔分别对齐。

2. 安装 CPU 及散热器

图 1.2 所示是 LGA 1151 接口的英特尔处理器，图 1.9 所示是主板上的 LGA 1151 处理器插座。在安装 CPU 之前，先打开主板上的 CPU 插座，方法如下。

① 用适当的力向下微压固定 CPU 的压杆，同时用力往外推压杆，使其脱离固定卡扣。

② 将固定处理器的盖子与压杆反方向提起，如图 1.10 所示。

图 1.9　LGA 1151 处理器插座

图 1.10　打开处理器的盖子

③ 将 CPU 安放到 LGA 1151 接口中。

在安装处理器时，需要特别注意。仔细观察，在 CPU 处理器的两侧有防呆接口，安装时，处理器上两侧的防呆接口与主板上的防呆柱子对齐，如图 1.11 所示，然后慢慢地将处理器轻压到位。这不仅适用于英特尔的处理器，而且适用于目前所有的处理器，特别是对于采用针脚设计的处理器而言，如果方向不对则无法将 CPU 安装到位，在安装时要特别注意。

④ 将 CPU 放到位后，盖好扣盖，并反方向微用力扣下处理器的压杆，注意卡扣应推入前端固定点下，如图 1.12 所示。

图 1.11　防呆接口

图 1.12　放到位的 CPU

⑤ 散热器安装准备。由于 CPU 发热量很大，因此要安装一款散热性能出色的散热器，才能使其正常工作，否则可能损坏 CPU。如果散热器安装不当，散热的效果也会大打折扣。图 1.13 是可以为 Intel LGA 1366/115X/775 处理器安装的原装散热器，安装前，先要在 CPU 表面均匀地涂上一层导热硅脂(很多散热器在购买时已经在底部与 CPU 接触的部分涂上了导热硅脂，这时就没有必要再在处理器上涂一层了)。

图 1.13　散热器底部涂上导热硅脂

⑥ 将散热器的四角对准主板相应的位置，然后用力压下四角扣具即可，如图 1.14 所示。有些散热器采用了螺丝设计，因此散热器会提供相当的踮角，只需要让四颗螺丝受力均衡即可。

⑦ 固定好散热器后，将散热风扇接到主板的供电接口上。找到主板上安装风扇的接口(主板上的标识字符为 CPU_FAN)，将风扇插头插好即可，如图 1.15 所示。由于主板的风扇电源插头都采用了防呆式的设计，反方向无法插入，因此安装相当方便。

图 1.14　将四角对准主板相应位置

图 1.15　插好风扇供电插头

图 1.16　不同的颜色区分双通道与单通道

3. 安装内存

在内存成为影响系统整性能的最大瓶颈时，双通道的内存设计大大解决了这一问题。Intel 64 位处理器支持的主板目前均提供双通道功能。主板上的内存插槽一般都采用两种不同的颜色来区分双通道与单通道，如图 1.16 所示，将两条规格相同的内存插入相同颜色的插槽中，即打开了双通道功能。

安装内存时，先用手将内存插槽两端的扣具打开，然后将内存平行放入内存插槽中(内存插槽也使用了防呆式设计，反方向无法插入，在安装时可以对应一下内存与插槽上的缺口)，用两拇指按住内存两端轻微向下压，听到"啪"的一声后，即说明内存安装到位。

4. 安装主板

目前，大部分主板板型为 ATX 或 MATX 结构，因此机箱的设计一般都符合这种标准。

① 将主板垫脚螺母安放到机箱主板托架的对应位置(有些机箱购买时就已经安装了)。

② 双手平行托住主板,将主板放入机箱中。然后安放到位,可以通过机箱背部的主板挡板来确定,如图 1.17 所示(注意,不同的主板的背部 I/O 接口是不同的,在主板的包装中均提供一块背挡板,因此在安装主板之前先要将挡板安装到机箱上)。

图 1.17　机箱背部的主板挡板

③ 拧紧螺丝,固定好主板。在安装螺丝时,注意每颗螺丝不要一次性就拧紧,等全部螺丝安装到位后,再将每颗螺丝拧紧,这样做的好处是随时可以对主板的位置进行调整。

5. 安装硬盘

对于普通的机箱,只需要将硬盘放入机箱的硬盘托架上,拧紧螺丝使其固定即可。很多用户使用了可拆卸的 3.5 英寸机箱托架,这样安装起硬盘来更加简单。

注意:在安装的时候,要尽量把螺丝拧紧,把它固定得稳一点,因为硬盘经常处于高速运转的状态,这样可以减少噪声以及防止振动。

6. 安装光驱

对于普通的机箱,只需要将机箱 4.25 英寸的托架前的面板拆除,并将光驱推入对应的位置,拧紧螺丝即可。

7. 安装显卡

用手轻握显卡两端,垂直对准主板上的显卡插槽,向下轻压插入插槽中,用螺丝固定显卡。固定显卡时,要注意显卡挡板下端不要顶在主板上,否则无法插到位。插好显卡后,固定挡板螺丝时要松紧适度,注意不要影响显卡插脚与 PCI/PCE-E 槽的接触,更要避免引起主板变形。

8. 安装线缆

(1)安装硬盘电源与数据线

SATA 串口由于具备更高的传输速率渐渐替代了 PATA 并口成为当前的主流,目前大部分硬盘都采用了串口设计。

图 1.18 所示是两块主板上提供的 SATA 接口,其中右边主板上的 SATA 接口四周设计了一圈保护层,这样对接口起到了很好的保护作用,好的主板上一般都会采用这样的设计。

图 1.18　主板上的 SATA 接口

① 安装电源线和数据线到硬盘，图 1.19 是一块 SATA 串口硬盘，右边红色的为数据线，黑黄红交叉的是电源线，将其插入即可。

SATA线接口

硬盘轻拿轻放

硬盘供电线接口

图 1.19　硬盘电源与数据线连接

② 将数据线的另一端插入主板的一个 SATA 串口(注意，串口是 SATA3 应插入 SATA3 口，是 SATA2 应插入 SATA2 口)。如果有多块硬盘，则应注意主副盘插入 SATA 串口的编号。

接口全部采用防呆式设计，反方向无法插入。仔细观察接口的设计，就能够看出如何连接。

(2)主板供电电源线安装

① CPU 供电接口线安装。多数 CPU 供电接口采用 4pin(四针)的加强供电接口设计，高端的使用了 8pin 设计，以提供 CPU 稳定的电压供应。图 1.20 是 4pin、6pin 和 8pin CPU 供电线头，图 1.21 所示是主板上的 CPU 4pin 供电接口。

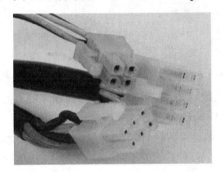

图 1.20　4pin、6pin 和 8pin CPU 供电线头

图 1.21　主板上的 CPU 4pin 供电接口

接口采用了防呆式的设计，只有按正确的方法才能够插入。仔细观察接口的设计，然后将供电线插到主板的接口上。

② 主板电源线连接。目前大部分主板采用了 24pin (24 针)的供电接口设计，如图 1.22 所示，但仍有少量主板为 20pin，不论采用 24pin 还是 20pin，其插法都是一样的。

主板供电的接口上的一面有一个凸起的槽，而在电源的供电接口上的一面也采用了卡扣式的设计，这样设计的好处一方面是防止用户反插，另一方面也可以使两个接口更加牢固地安装在一起，仔细观察接口，按正确的方向将供电线插到主板的接口上。

图 1.22　主板 24pin 供电接口

(3)连接主板信号线和 USB 扩展接口线

主板上 USB 及机箱开关、重启、硬盘工作指示灯接口，安装方法可以参考主板说明书进行。

特别需要说明的是，在 SLI 或交火的主板上，也就是支持双卡互联技术的主板上，一般提供额外的显卡供电接口，在使用双显卡时，注意要插好此接口，以提供显卡充足的供电。

9. 连接外设

将机箱盖盖好，然后把键盘、鼠标、显示器、音箱等输入/输出设备连接到主机箱，仔细观察各连线的接口(图 1.23)，按正确的方向连接即可。

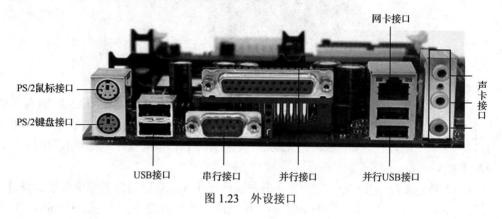

图 1.23　外设接口

1.1.4　计算机软件安装

1. BIOS 设置

BIOS 的全称是 ROM-BIOS，即只读存储器基本输入/输出系统，它通常存储在主板上的一块 ROM 芯片中，实际是一组为计算机提供最低级、最直接硬件控制的程序，它是连通软件程序和硬件设备的枢纽，通俗地说，BIOS 是硬件与软件程序之间的一个"转换器"(虽然它本身也只是一个程序)，负责解决硬件的即时要求，并按软件对硬件的操作要求具体执行。一块主板性能优越与否，在很大程度上就取决于 BIOS 程序的管理功能是否合理、先进。

(1)BIOS 的作用

BIOS 主要保存最重要的基本输入/输出程序、系统信息设置、开机加电自检程序和系统启动自举程序，在计算机系统中起着非常重要的作用，主要作用有以下 3 个方面。

① 自检及初始化程序。

② 硬件中断处理。

③ 程序服务请求。

(2) BIOS 的分类

目前市面上较流行的主板 BIOS 主要有 AMI BIOS、Award BIOS、Phoenix BIOS 三种类型。

① AMI BIOS。AMI BIOS 是 AMI 公司出品的 BIOS 系统软件，最早开发于 20 世纪 80 年代中期，为多数的 286 和 386 计算机系统所采用，因对各种软、硬件的适应性好，硬件工作可靠，系统性能较佳，操作直观方便的优点受到用户的欢迎。

② Award BIOS。Award BIOS 是 Award Software 公司开发的 BIOS 产品，目前十分流行，其特点是功能比较齐全，对各种操作系统提供良好的支持。

③ Phoenix BIOS。Phoenix BIOS 是 Phoenix 公司的产品，Phoenix BIOS 多用于高档的原装品牌机和笔记本电脑上，其画面简洁，便于操作。

前 Phoenix 公司已经被 Award 公司兼并，而实际上 Phoenix BIOS 又与 AMI BIOS 类似，所以实际上只有 Award BIOS 和 AMI BIOS 两种类型。

(3) BIOS 的使用方法

① 进入 BIOS。在计算机将启动时，BIOS 会检验系统中的硬件配备，这时按下一个特定键即可唤起 BIOS 设定程序，这个按键大部分是"删除"键（Del 键），有些系统用的是 F2 键（一般在启动计算机后，屏幕左下角都会出现提示），进入 BIOS 后，会看到如图 1.24 所示的主菜单界面。

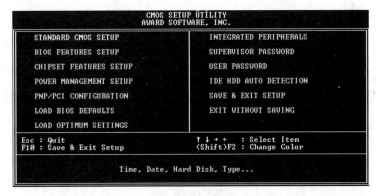

图 1.24　BIOS 主菜单

② 修改 BIOS 设定。进入 BIOS 后，可以使用上、下键在主菜单的各项功能之间切换，然后按下 Enter 键进入所选项的设置界面；如果要修改所选择项目的数值，必须使用+或-键以及配合 Page Up 或 Page Down 键来完成；如果要返回上级菜单，只需要按下 Esc 键即可。

③ 离开 BIOS 设定。在 BIOS 设定完毕时，按下 F10 键或选择主菜单上的存储及离开设定（Save & Exit Setup），会弹出对话框让用户选择 Y 或 N，输入 Y 就可以保存所做的设置，退出 BIOS 系统。如果不想保存所做的设置，则可以选择 Exit Without Saving，也会弹出对话框让用户选择 Y 或 N，输入 Y 就可以直接退出系统了。

(4) BIOS 与 CMOS 的区别

BIOS 是一组为计算机提供最低级、最直接的硬件控制的程序，通常存储在主板上的一块 ROM 芯片上。

通常 CMOS 是指目前绝大多数计算机中都使用的一种用电池供电的可读写的 RAM 芯片，里面装的是关于系统配置的具体参数，其内容可通过设置程序进行读写。

注意：BIOS 是 ROM 芯片，其中的内容断电后不会丢失，而 CMOS 是 RAM 芯片，其中的内容只有靠主板上的电池供电才不会丢失。

2. 硬盘分区

现在的操作系统（如 Windows 7）虽然采用了新的文件管理机制（如采用 32 位表示逻辑扇区号，可以使单个逻辑分区的容量达到 232×512=2048GB），可支持不对硬盘分区，但分区越大造成的浪费就越大。

虽然磁盘是按扇区划分的，但是给一个文件分配磁盘空间却不是按扇区而是按"簇"进行的，一个文件至少要占用一个簇空间，大于一簇的文件则分配两簇或多簇。在硬盘中，簇的大小与分区的大小有关，分区越大，簇就越大，因此造成的浪费就越大。

(1) 分区的好处

① 在一个硬盘安装不同的操作系统。

② 将一个大容量的硬盘分成多个容量相对较小的逻辑分区，可方便文件管理，提高系统查找和读写文件的速度。

③ 可根据需要在不同的分区存放不同的数据，如通常在 C 盘安装操作系统，在其他分区存放用户数据，这样可避免因系统盘损坏而导致用户数据也损坏。

(2) 分区的类型

硬盘分区后可分为主分区、扩展分区和逻辑分区。因为主分区一般有操作系统的引导信息，所以主分区一般作为引导分区，主要用于安装操作系统，使计算机以主分区进行启动。除了主分区外，硬盘其余的空间一般作为扩展分区，扩展分区又可划分成多个逻辑分区，即我们平常使用的如 D 盘和 E、F 盘等逻辑盘。硬盘分区过程和分区后的示意图如图 1.25 所示。

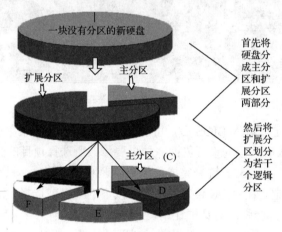

图 1.25　硬盘分区示意图

创建分区时，实际上就设置好了硬盘的各项物理参数，指定了硬盘主引导记录(Master Boot Record，MBR)和引导记录备份的存放位置。而对于文件系统以及其他操作系统管理硬盘所需要的信息则是通过之后的高级格式化，即 FORMAT 命令来实现。

根据目前流行的操作系统，常用的分区格式有 FAT16、FAT32、NTFS 及 Ext 和 Swap 四种。而 Windows 7 系统主要使用 NTFS 格式。

(3) 分区操作

硬盘分区的方法有很多，如使用 DOS 的 Fdisk 命令，安装 Windows 7 时分区，使用 DiskMan、PartitionMagic、EZ 等工具软件。具体分区时，先规划分几个区及各分区的大小，然后按使用的分区工具软件说明进行操作即可。

3. 安装 Windows 7 操作系统

目前有很多种安装 Windows 7 的方法，如光驱直接安装、Windows XP 升级安装、U 盘安装等。这里介绍用安装光盘引导启动安装的方法。

（1）启动安装程序

① 进入 BIOS 设置，将光驱设置为第 1 启动驱动器，然后将 Windows 7 系统盘放入光驱中。

② 重启计算机，安装从光盘引导后弹出安装启动界面（注：不同的 Windows 7 版本，其界面稍有区别）。

（2）安装 Windows 7

有两种安装模式，全新（custom）安装为推荐使用模式，升级（upgrade）安装模式则需要在安装前复制一些文件。这里选择全新安装模式。

① 进入全新安装界面后，选择安装盘，默认选择第一个分区（即 C 盘），进行格式化之后才开始安装。

② 按部就班地一步步安装，Windows 7 系统安装分为五个步骤，分别是复制文件、展开文件、安装功能、安装更新和完成安装，这五个步骤是打包在一起的，并不需要单独进行操作。

③ 进入系统的一些设置，主要有用户名、密码、产品序列号、设置语言类型、时间和货币显示种类，以及键盘和输入方式。

Windows 7 在首次启动的时候多了一个无线网络的设置项，对于上网本这样非常依赖于无线网络的产品来说，这个设置无疑是很贴心的。设置完无线网络，就进入了 Windows 7 的桌面，完成安装。

注：①在安装系统时该系统的盘符中不可以有文件，如有文件是不可以选择"下一步"继续的，需要格式化分区；②整个安装过程需要两次重新启动；③安装完成后，通过 Windows Update 可以获得几乎所有的硬件驱动，更新后就可以投入使用了。

4. 安装驱动程序

一般驱动程序的安装应该遵从下列安装顺序。

① 系统补丁。

② 主板驱动。

③ DirectX 9.0。

④ 各种板卡驱动（板卡驱动主要包括网卡、声卡、显卡等）。

⑤ 各种外设。

通常计算机还会有其他的外部连接设备，最常见的就是打印机、扫描仪、键盘、鼠标等。对于键盘、鼠标一般来说都是可以不用安装驱动的，但对于有特殊功能的键盘、鼠标来说，就可能需要安装相应的驱动才能获得这些功能。

5. 安装常用应用软件

根据需要安装一些常用的应用软件，主要包括以下几类。

① 办公类软件，如金山的 WPS、微软的 Office 等。

② 阅读工具软件，如 Adobe Reader 等。

③ 媒体播放工具软件，如 RealONE Player、千千静音等。

④ 病毒查杀软件，如金山卫士、360 安全卫士等。

⑤ 压缩工具软件，如 WinRAR 等。

⑥ 聊天软件，如 QQ 等。

⑦ 下载软件，如网际快车、迅雷等。

⑧ 看图软件，如 ACDSee 等。

这些软件的安装都比较简单，一般按提示即可安装完成。需要注意的是选择安装路径(即安装的软件存放在磁盘的位置)和启动方式。

6. 系统测试

(1)CPU、内存和主板的测试

CPU-Z 是一款常用的 CPU、内存和主板检测软件，如图 1.26 所示，选择不同的标签，可以测试相应的部件。主要具有以下功能。

① 鉴定处理器的类别及名称。

② 探测 CPU 的核心频率以及倍频指数。

③ 探测处理器的核心电压。

④ 超频可能性探测(指出 CPU 是否被超过频，不过并一定完全正确)。

⑤ 探测处理器所支持的指令集。

⑥ 探测处理器一、二级缓存信息，包括缓存位置、大小、速度等。

⑦ 探测主板部分信息，包括 BIOS 种类、芯片组类型、内存容量、AGP 接口信息等。

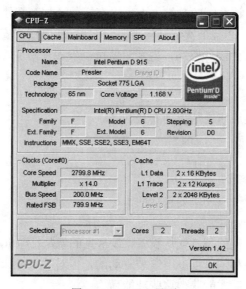

图 1.26　CPU-Z 界面

(2)显卡、显示器测试

可以安装 3D Mark 软件测试，启动后单击 Change 按钮，然后选择测试项目即可。Ntest.exe 是一款专用的显示器测试软件，可以检查显示器的显示情况。

(3)硬盘测试

TCD Lab 出品的 HD Tach 是一款专门针对磁盘底层性能的测试软件，它主要通过分段复制不同容量的数据到硬盘进行测试，可以测试硬盘的连续数据传输速率。图 1.27 是其运行界面，选择磁盘测试标签，可以进行磁盘的测试。

图 1.27　HD Tach 显示的磁盘信息

1.2　Windows 7 高级管理

操作系统提供了人机交互的界面，因此，理解和掌握其提供的交互方法，是使用好计算机的第一步。而 Windows 7 引入了多点触摸操作，实现了一个屏幕多点操作，使计算机可以感应到输入的快慢与力度，可以对用户的动作进行识别，因此使得系统操作更加人性化。

1.2.1　Windows 7 界面简介

1. 桌面添加"计算机"图标

Windows 7 的桌面排列方式，以及增强的任务栏、开始菜单和资源管理器，一切都旨在以直观和熟悉的方式帮助用户通过少量的鼠标操作来完成更多的任务。

在默认的状态下，Windows 7 安装之后桌面上只保留了"回收站"的图标，如果想添加"计算机""用户的文件""网络"等图标，用户可以通过"桌面图标"设置将其添加到桌面。具体方法如下。

① 右击桌面打开"个性化"设置窗口(图 1.28)，然后选择窗口左侧的"更改桌面图标"项，系统弹出"桌面图标设置"对话框，如图 1.29 所示。

② 在图 1.29 所示的"桌面图标设置"对话框中勾选要添加的图标选项，然后单击"确定"按钮，桌面便会出现添加的图标。

2. 关闭 Windows Aero 特效

Aero 特效就是一种华丽的界面效果，能够带给用户全新的感观，其透明效果能够让使用者一眼看穿整个桌面。Aero 的 Windows Flip 和 Windows Flip 3D 两项新功能，能够轻松地在桌面上以视觉鲜明的便利方式管理窗口。当然该特效是花费了不少系统资源才得以实现的，如果对系统的响应速度要求高过外观的表现，那么不妨关掉此特效。

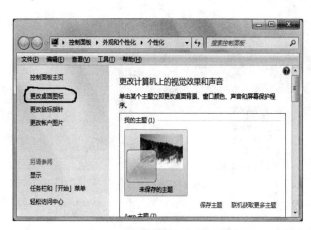

图 1.28　"个性化"窗口　　　　　　　　　图 1.29　"桌面图标设置"对话框

设置 Aero 特效的方法是：右击桌面打开"个性化"设置窗口(图 1.30)，然后选择窗口中的"窗口颜色"选项，系统更新窗口为"窗口颜色和外观"，如图 1.31 所示，在其左下方，勾选"启用透明效果"，就可以使用 Aero 特效，去掉勾选即可关闭特效。

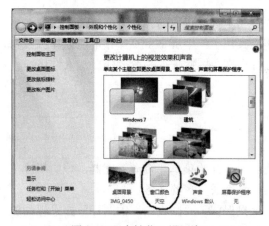

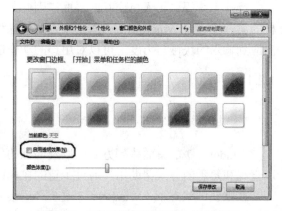

图 1.30　"个性化"设置窗口　　　　　　　图 1.31　"窗口颜色和外观" 设置窗口

3．工具栏优化

Windows 7 的工具栏预览功能是一项非常好的功能，但是对于一些配置较低的计算机，使用预览每次都需要等待很长时间，此时可以试着将预览时间缩短，以此来加快预览速度。方法如下。

① 在 Windows 开始菜单中的搜索栏中输入 regedit，打开注册表编辑器，然后仔细找到 HKEY_CURRENT_USER/Software/Microsoft/Windows/CurrentVersion/Explorer/Advanced 文件夹，右击该文件夹选择"新建 DWORD 值"然后将其命名为 ThumbnailLivePreviewHoverTime。

② 将此项的值修改为十进制的数值，因为单位时间是毫秒，所以随意填写一个三位数的值即可，如 200、300 等。

③ 修改完成后关闭注册表编辑器，重启计算机即可生效。

注：因为此处涉及修改注册表，建议不熟悉注册表的用户一定要小心仔细看清每一步再修改。

1.2.2　Windows 7 文件管理

1.　文件索引

文件索引（Windows Search）服务为文件、电子邮件和其他内容提供内容索引、属性缓存和搜索结果。Windows 7 在安装完成后，会逐步创建特定文件、文件夹和其他目标的索引，如开始菜单项目和 Outlook 邮件等。这些索引数据将被存放到 C:\ProgramData\Microsoft\Search 文件夹中。当使用开始菜单或资源管理器的搜索框时，Windows 将从已索引的数据中查找匹配内容，从而大大提升了搜索效率。

索引功能默认被配置为自动索引用户目录、开始菜单项目、离线文件、Outlook 通讯录、Outlook 邮件、OneNote 笔记（如已安装），以及 Internet Explorer 历史记录。

一般情况下，Windows 7 系统的索引文件建立后几乎不需要维护，但是如果在索引中找不到已知的文件或者在其他特殊情况时，就可能需要修改或者重建索引，方法如下。

① 在 Windows 7 系统的"开始"菜单中的搜索框里输入"索引选项"，再单击"索引选项"，系统就会弹出"索引选项"对话框，如图 1.32 所示。

② 单击"修改"按钮，弹出"索引位置"对话框，如图 1.33 所示，文件树目录很详细，添加到索引的位置一目了然，勾选要索引的驱动器或文件夹即可。

图 1.32　"索引选项"对话框

图 1.33　"索引位置"对话框

③ "高级"功能可以选择为加密文件建立索引，如果需要重新维护，可以单击"重建按钮"，如图 1.34 所示。

由于索引服务都在后台运行，可能有时候会出现占用资源的情况，此时可在"索引选项"

图 1.34 "高级选项"对话框

对话框中单击"暂停"按钮，索引服务即可停止后台运行。也可以永久性地关闭系统搜索索引服务，方法如下。

① 打开"开始"菜单，右击"计算机"项，在快捷菜单中选择"管理"项打开"计算机管理"窗口，如图 1.35 所示。

图 1.35 "计算机管理"窗口

② 在服务列表中寻找到 Windows Search 项，然后右击选择停止此服务即可。

当然，如果用户对文件系统不清楚，就不要关闭"索引服务"，因为 Windows 7 的这项服务提高了搜索索引的效率，可以节省搜索文件时的大量时间，记不住所放文件的位置时还得用它。

2.　保护移动存储器上的数据（BitLocker To Go）

Windows 7 的 BitLocker To Go 为用户提供了对 USB 移动存储设备（如移动硬盘）的加密支持，以便在这些数据丢失或被盗时帮助保护它们。BitLocker To Go 使用方法如下。

①　右击移动盘盘符，在弹出的快捷菜单中选择"启用 BitLocker"项，系统首先对加密盘进行初始化，然后弹出"驱动加密"对话框，如图 1.36 所示。

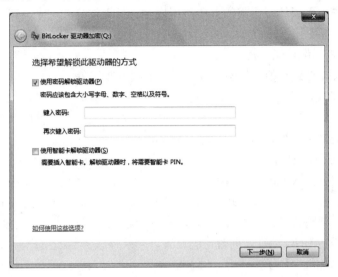

图 1.36　"驱动加密"对话框

②　Windows 7 提供了"密码"和"智能卡"两种解锁方式。选择密码解锁，则按提示输入密码（注意密码的长度和复杂性按要求设置），然后单击"下一步"按钮。

③　在新的提示对话框中选择将恢复密钥保存文件，然后选择另一个存储器保存，系统更新对话框内容为"启动加密"提示，如图 1.37 所示。

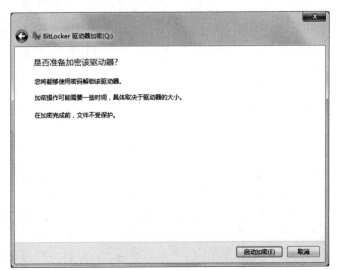

图 1.37　"启动加密"提示

④ 在图 1.37 所示的对话框中单击"启动加密"按钮，系统开始对要加密的盘进行加密。加密完成后，用户将此移动盘接入计算机时，都会先要求输入密码解锁，密码正确后才能使用，否则不能使用。

3. 备份与还原

存储在计算机系统中的数据内容无论采取什么安全措施，都有可能遭遇突发事件的袭击而意外损坏或丢失，而损坏或丢失的重要数据内容一旦无法寻找回来，造成的损失可能就是致命的。

(1)Windows 7 备份功能的特色

Windows 7 系统的数据备份和还原技术具有下面一些特色。

① 按需进行数据备份。备份还原功能首次在文件版本与系统设置方面进行了自由分合，突破了传统备份还原功能在执行数据还原操作时，无法有效分割文件版本还原与系统还原的弊病，从而大大提升了数据备份还原效率。例如，Windows 7 系统可以允许只对系统磁盘分区执行数据备份、还原操作，也可以允许对其他普通分区下的数据文件执行备份、还原操作。

② 网络备份功能。Windows 7 系统支持更加灵活的网络备份功能。为了有效保护备份内容的安全，Windows 7 系统的备份还原功能允许将目标数据内容备份存储到某一个合适的网络位置处，例如，要将备份保存路径指向位于局域网中的另外一台文件服务器时，可以直接输入该文件服务器的 UNC 地址，同时正确设置好登录该服务器的用户名、密码等网络凭据，这样就能完成网络备份操作了。

③ 离线系统还原功能。遇到系统崩溃现象时，用户往往无法正常使用系统还原功能对系统进行恢复操作，这个时候 Windows 7 系统的离线系统还原功能就可以很好地发挥作用了。只要重新启动 Windows 7 系统，及时按下 F8 功能键打开对应系统的高级启动菜单，选择其中的"系统恢复选项"，再执行"系统还原"命令就可以顺利地进行离线系统还原操作了。

④ 备份的内容范围广泛。由于 Windows 7 系统新增加了用户的库文件，为了保证这些数据文件的安全，Windows 7 系统的还原备份功能允许对用户库文件直接进行备份操作，同时，为了提高网络备份效率，Windows 7 系统还允许对系统映像文件执行备份、还原操作，并支持将系统映像文件直接备份保存到 DVD 光盘介质中，日后用户可以从 DVD 光盘介质上直接还原 Windows 7 系统。

⑤ 创建系统修复光盘。为了快速还原系统，Windows 7 除了支持系统映像直接备份功能，还提供了系统修复光盘创建功能、系统封装功能等，这些功能都可以让用户快速地将不正常的系统恢复到正常运行状态。

(2)数据备份的步骤

Windows 7 系统的备份功能增加了更多的功能选项，借助这些功能选项，可以按照实际的需要灵活进行数据备份操作。一般来说，当成功安装部署好 Windows 7 系统后，应该先对这个"干净"的系统执行一次数据备份操作，确保日后系统遇到故障不能正常运行时，可以快速地将系统故障恢复到正常状态。在执行数据备份操作时，可以按照下面的操作来进行。

① 依次执行 Windows 7 系统桌面上的"开始"→"控制面板"命令，在弹出的系统控制面板窗口中逐一双击"系统和安全""备份和还原"图标，进入对应系统的"备份和还原"管理窗口，如图 1.38 所示。

图 1.38　"备份和还原"窗口

② 单击该管理窗口中的"设置备份"功能按钮，打开 Windows 7 系统的数据备份向导设置窗口，在其中选中保存备份的具体位置。如果本地计算机中有一个足够大的磁盘分区，那么可以考虑选中该磁盘分区来保存目标备份内容，如果本地没有大的磁盘分区空间，可以单击"保存在网络上"按钮，然后设置好网络路径，即保存到网络的存储空间中。之后单击"下一步"按钮，系统弹出"设置备份"对话框，如图 1.39 所示。

图 1.39　"设置备份"对话框

③ Windows 7 系统在默认状态下，会自动对用户的库文件、系统桌面以及系统文件夹中的数据内容执行备份操作，同时还会自动创建系统映像文件，以便日后能快速地进行系统还原操作。如果默认设置选项无法满足自己的实际要求，可以选中"让我选择"功能选项，在其后弹出的设置窗口中，选择 Windows 7 系统所在的安装磁盘分区选项，例如，默认状态下可以选中 C 盘分区，同时单击"备份系统映像"选项。之后单击"下一步"按钮，系统显示"设置备份"对话框，如图 1.40 所示。

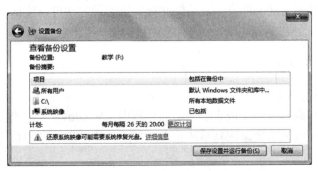

图 1.40　设置的备份摘要

④ 在"设置备份"对话框(图 1.40)中检查上述备份设置是否正确,如果不正确,可以直接单击"取消"按钮,重新设置备份参数。如果备份设置正确,单击"更改计划"按钮,进行下一步设置具体的备份操作执行时间和日期,最后单击"保存设置并运行备份"按钮结束数据备份操作的设置任务。

注:日后一旦到了指定日期和时间,该备份操作计划就会自动开始运行。当然,用户也可以通过单击"立即备份"按钮,立即执行该项备份计划。

(3)还原备份

有了备份文件,以后就能快速将系统或重要数据恢复。Windows 7 系统的数据还原功能采用多种方法来还原系统或恢复数据。

在进行一般的数据还原操作时,可以按照前面备份的操作方法,打开 Windows 7 系统的"备份和还原"管理窗口(图 1.38),单击其中的"选择要从中还原文件的其他备份"按钮,弹出文件还原向导对话框,之后选中本地的目标备份文件,或者单击"浏览网络位置"按钮从网络的某个位置处选择目标备份文件,最后单击"还原"按钮开始进行数据还原操作。

如果系统遇到错误不能正常运行,还可以对整个系统进行还原。在进行这种还原操作时,可以单击 Windows 7 系统"备份和还原"管理窗口中的"恢复系统设置或计算机"功能按钮,打开系统恢复向导窗口,单击其中的"高级恢复方法"功能按钮弹出高级恢复方法窗口,如图 1.41 所示。

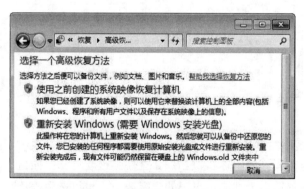

图 1.41　高级恢复方法窗口

Windows 7 系统高级恢复方法提供了两种方式来还原系统(图 1.41),一种是通过"使用之前创建的系统映像恢复计算机"功能选项来进行快速还原操作,另一种是先重新安装操作系统,之后像还原数据文件那样来还原系统文件,这两种方法可以根据实际情况进行有针对性的选择。

4. 常用还原备份方法

(1)快速恢复系统状态

在频繁安装、卸载应用程序或设备驱动的过程中,Windows 7 系统很容易发生错误而不能正常运行,此时可以采用快速恢复系统状态的方法,让发生故障的系统快速恢复正常,方法如下。

① 创建系统还原点。打开 Windows 7 的"开始"菜单,在"开始"菜单中右击"计算

机"项，从弹出的快捷菜单中选择"属性"命令，系统弹出"系统属性"对话框，在此窗口中选择"系统保护"命令，系统弹出"系统属性"对话框，然后选择打开"系统保护"标签设置页面，如图 1.42 所示。

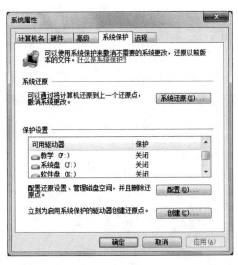

图 1.42　"系统属性"对话框

② 在"保护设置"位置处，选中 Windows 7 系统所在的磁盘分区选项，再单击"配置"按钮，进入系统还原设置对话框。由于现在只想对 Windows 7 系统的安装分区进行还原操作，因此在这里必须选中"还原系统设置和以前版本的文件"选项，再单击"确定"按钮返回"系统保护"标签设置页面。

③ 单击该设置页面中的"创建"按钮，在其后的界面中输入识别还原点的描述信息，同时系统会自动添加当前日期和时间，再单击"创建"按钮，这样 Windows 7 系统的"健康"运行状态就可成功保存下来。

日后一旦 Windows 7 系统遇到错误不能正常运行，可以单击这里的"系统还原"按钮，再选择系统"健康"运行状态下创建的系统还原点，最后单击"完成"按钮来快速恢复系统运行状态。

(2) 彻底还原系统状态

很多时候，遇到的故障都是 Windows 7 系统根本无法启动运行，在这种状态下即使为 Windows 7 系统创建了系统还原点，也无法通过上面的方法将系统的运行状态恢复正常。为了保证系统运行安全，可以先为 Windows 7 系统创建系统映像文件。

在执行彻底还原操作时，可以尝试将系统切换进入安全模式状态，来打开系统备份和还原中心管理窗口进行系统还原操作，若安全模式也无法进入，不妨通过"系统恢复选项"控制台来进行离线系统还原。

在系统启动过程中，只要及时按下 F8 功能键，就可以打开 Windows 7 系统的高级启动菜单，从中选择"修复计算机"选项，此时系统会切换进入"系统恢复选项"控制台，接下来运行其中的"系统映像恢复"命令，就能从已备份的系统映像中彻底还原受损的 Windows 7 系统了。

(3) 快速还原数据文件

对系统的还原操作往往是系统不能正常运行时才进行的，但很多时候用户需要进行的操作是对普通的数据文件进行还原。为了能够快速还原数据文件，必须在系统安装设备驱动或应用程序的时候，及时对目标数据文件所在的磁盘分区创建还原点，在进行这种操作时，可以先按前面的操作打开 Windows 7 的"系统属性"设置窗口，单击其中的"系统保护"标签(图 1.42)，在其后的标签设置页面中选中目标数据文件所在的磁盘分区，再单击"配置"按钮，打开如图 1.43 所示的配置"系统保护资料"对话框，选中"仅还原以前版本的文件"选项，之后单击"确定"按钮开启目标磁盘分区的"卷影副本"功能，日后一旦该磁盘分区中的数据内容发生变化，Windows 7 系统就能创建该文件的卷影副本。

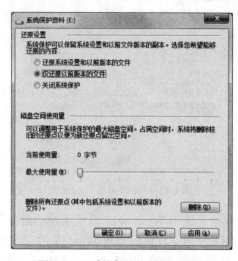

图 1.43 "系统保护资料"对话框

接着单击"系统保护"标签设置页面中的"创建"按钮，为目标磁盘分区创建一个原始还原点，这个还原点包含的数据内容往往是目标数据文件的最原始版本。

以后，每当在目标磁盘分区中安装了新的设备驱动或应用程序时，都需要按照前面的操作手工创建一个系统还原点，每一个系统还原点对应一个文件版本。以后当想将数据文件还原到某个时间点时，可以直接打开系统资源管理器窗口，找到目标数据文件，并右击该文件图标，从弹出的快捷菜单中执行"属性"命令，打开目标数据文件的属性设置窗口，选该设置窗口中的"以前的版本"选项，同时在对应选项设置页面的文件夹版本列表框中，选择一个合适的版本选项，最后单击"还原"按钮就能将目标数据文件快速还原。

(4)创建系统修复光盘

Windows 7 系统提供了创建系统修复光盘，这样一旦系统瘫痪，就可以使用"系统修复光盘"恢复瘫痪的计算机，方法如下。

① 依次执行 Windows 7 系统桌面上的"开始""控制面板"命令，在弹出的系统控制面板窗口中逐一选择"系统和安全""备份和还原"命令项，进入对应系统的"备份和还原"管理窗口，如图 1.38 所示。

② 选择图 1.38 所示的管理窗口左侧列表区域中的"创建系统修复光盘"命令项，弹出系统修复光盘创建向导窗口，如图 1.44 所示，依照屏幕向导的提示选择一个 CD 或 DVD 驱动器，同时将空白光盘插入该驱动器中，之后按照默认设置完成剩余操作。这样，一个系统修复光盘就创建好了。

图 1.44　"创建系统修复光盘"窗口

③ 若运行的系统一旦崩溃，则在启动计算机时，只要从系统修复光盘启动计算机，之后按提示操作，就能从已备份的系统映像中彻底还原受损的 Windows 7 系统。

1.2.3　Windows 7 管理设置

1. 加快 Windows 7 系统启动速度

Windows 7 系统默认使用一个处理器来启动系统，但现在多数计算机都用多核处理器，因此，增加用于启动的内核数量即可加快开机启动速度。具体方法如下。

① 打开 Windows 7 "开始"菜单，在搜索程序框中输入 msconfig 命令，在弹出的"系统配置"对话框中选择"引导"选项卡(英文系统是 Boot)，如图 1.45 所示。

② 在"引导"选项卡中单击"高级选项"按钮，系统弹出"引导高级选项"对话框，如图 1.46 所示。勾选"处理器数"，选择处理器数，一般有多大就选多大，这里所用计算机最大支持 4 个，所以就将处理器调整到 4，然后勾选"最大内存"，同时调大内存，如 1024MB 或更大。

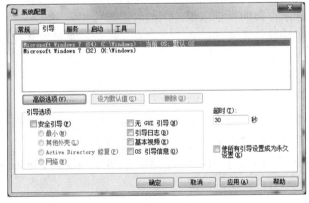

图 1.45　"系统配置"对话框

图 1.46　"引导高级选项"对话框

③ 确定后重启计算机生效。

2. 窗口切换提速

Windows 7 的界面可以设置得很美观，但美观是以付出性能为代价的，如果关闭 Windows 7 系统中窗口最大化和最小化时的特效，就可以使窗口切换加快，不过会失去视觉上的享受。

① 打开"开始"菜单，右击"计算机"项，在快捷菜单中选择"属性"项，打开"系统"窗口，如图1.47所示。

② 在"系统"窗口的左下方选择"性能信息和工具"项(图 1.47)，再在新窗口中选择"调整视觉效果"项，此时弹出"性能选项"对话框，如图1.48所示。

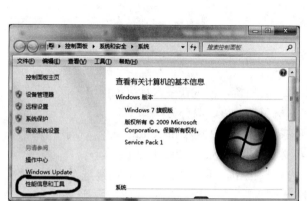

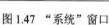

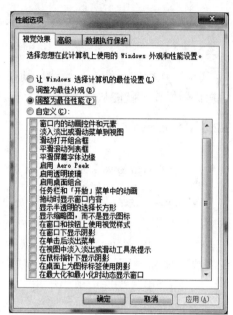

图1.47 "系统"窗口　　　　　　　　图1.48 "性能选项"对话框

③ 在"性能选项"对话框中，选择"视觉效果"选项卡，"调整为最佳性能"列表中的最后一项是最大化和最小化窗口时动态显示窗口的视觉效果，取消勾选即可。

注：Windows 7默认显示所有的视觉特效，这里可以自定义部分显示效果来提升系统速度。大家也可试一试去掉其他效果。

3. 关闭系统搜索索引服务

此方法非常适于有良好文件管理习惯的用户，因为他们非常清楚每一个需要的文件都存放在何处，需要使用时可以很快找到，那么关掉该服务就可以节省系统的资源。

在"开始"菜单的搜索栏中输入services命令立即打开程序，在本地服务中寻找到Windows Search项，然后右击选择"停止此服务"即可。

4. 删除系统中多余的字体

Windows 7系统中多种默认的字体也将占用不少系统资源，对于 Windows 7 性能有要求的用户可以除掉多余没用的字体，只留下常用的，这对减少系统负载，提高性能也是会有帮助的。

① 打开 Windows 7 的控制面板，选择"外观和个性化"选项，然后在其中选择"字体"项，此时窗口中显示出 Windows 7 系统默认的字体列表，如图1.49所示。

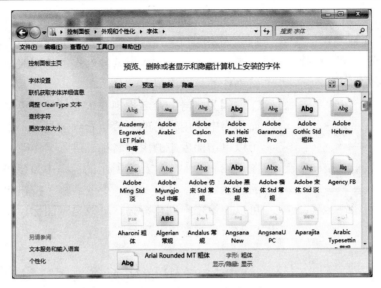

图 1.49　Windows 7 字体列表

② 把那些从来不用的字体都删除，删除的字体越多，得到的空闲系统资源越多。

注：如果担心以后还有可能用到这些字体，也可以先将不用的字体保存到另外的文件夹里，然后放到其他磁盘中，之后再删除，这样当以后用时再复制回来即可。

5. 合理分配权限，正确创建 Windows 7 标准用户

在 Windows 7 中，标准用户是一个隶属于 Users 组、拥有普通（受限）权限的用户账号，该账号能够运行大部分系统上的应用程序（只要该程序完全遵循 Windows 的要求来编写），并能够执行有限的系统配置。

① 打开"控制面板"，选择"用户账户和家庭安全"选项，然后再选择"用户账户"选项，弹出"用户账户"窗口，如图 1.50 所示。

② 在"用户账户"窗口中选择"管理其他账户"选项，然后在新弹出的窗口中选择"创建一个新的账户"选项，系统弹出"创建新的账户"窗口，如图 1.51 所示。

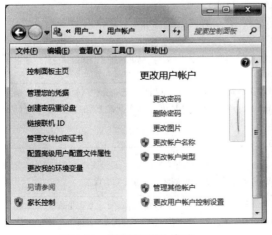

图 1.50　"用户账户"窗口　　　　　　　　　　图 1.51　"创建新的账户"窗口

图 1.52　账户显现名称设置窗口

③ 在"创建新的账户"窗口中选中"标准用户",然后输入新账户名称,之后单击"创建账户"按钮即可创建一个标准用户。完成后就能够在"管理账户"面板中看到新添加的标准用户。

因为账号的命名规则要求必须输入英文字母或数字,而作为中文用户可能更希望看到的是一个中文显示,那么可以单击面板中的用户名称,进入"更改账户"面板,如图 1.52 所示。在图 1.52 所示的窗口中为该账号命名一个新的显示名称,之后单击"更改名称"按钮即可。此外,还可以为该账户创建密码、更改显示图标、设置家长控制、更改账户类型以及删除账户等。

1.3　Windows 10 操作系统

微软公司 2015 年 7 月 29 日正式发布 Windows 10 操作系统,并首次以免费升级的模式提供给符合资质的正版 Windows 7 和 8/8.1 设备的用户。现在有更多的用户开始使用 Windows 10 操作系统。

1.3.1　Windows 10 的安装

1. 版本及主要功能

Windows 10 的版本及主要功能如表 1.4 所示。

表 1.4　Windows 10 的版本及主要功能

版　　本	介　　绍
家庭版 Windows 10 Home	面向使用 PC、平板电脑和二合一设备的消费者。它将拥有 Windows 10 的主要功能:Cortana 语音助手(选定市场)、Edge 浏览器、面向触控屏设备的 Continuum 平板电脑模式、Windows Hello(脸部识别、虹膜、指纹登录)、串流 Xbox One 游戏的能力、微软开发的通用 Windows 应用(Photos、Maps、Mail、Calendar、Music 和 Video)
专业版 Windows 10 Professional	面向使用 PC、平板电脑和二合一设备的企业用户。除具有 Windows 10 家庭版的功能外,它还使用户能管理设备和应用,保护敏感的企业数据,支持远程和移动办公,使用云计算技术。另外,它还带有 Windows Update for Business,微软承诺该功能可以降低管理成本、控制更新部署,让用户更快地获得安全补丁软件
企业版 Windows 10 Enterprise	以专业版为基础,增添了大中型企业用来防范针对设备、身份、应用和敏感企业信息的现代安全威胁的先进功能,供微软的批量许可(volume licensing)客户使用,用户能选择部署新技术的节奏,其中包括使用 Windows Update for Business 的选项。作为部署选项,Windows 10 企业版将提供长期服务分支(long term servicing branch)
教育版 Windows 10 Education	以 Windows 10 企业版为基础,面向学校职员、管理人员、教师和学生。它将通过面向教育机构的批量许可计划提供给客户,学校将能够升级 Windows 10 家庭版和 Windows 10 专业版设备
移动版 Windows 10 Mobile	面向尺寸较小、配置触控屏的移动设备,如智能手机和小尺寸平板电脑,集成有与 Windows 10 家庭版相同的通用 Windows 应用和针对触控操作优化的 Office。部分新设备可以使用 Continuum 功能,因此连接外置大尺寸显示屏时,用户可以把智能手机用作 PC

续表

版　本	介　　绍
企业移动版 Windows 10 Mobile Enterprise	以 Windows 10 移动版为基础，面向企业用户。它将提供给批量许可客户使用，增添了企业管理更新，以及及时获得更新和安全补丁软件的方式
物联网版 Windows 10 IoT Core	面向小型低价设备，主要针对物联网设备。微软预计功能更强大的设备如 ATM、零售终端、手持终端和工业机器人，将运行 Windows 10 企业版和 Windows 10 移动企业版

功能弃用：如果是升级安装 Windows 10，则 Windows Media Center、桌面小工具、"纸牌"、"扫雷"和"红心大战"游戏将会在安装的过程中被删除。

如果系统已经安装了 Windows Live Essentials，则 OneDrive 应用程序将被删除并由内置版本的 OneDrive 取代，用户可以通过 OneDrive 设置选择同步哪些文件夹。

2. 系统初始化安装

新买的计算机开机后会出现"快速上手"界面，见图 1.53。此时可以选择"使用快速设置"或"自定义设置"，建议选择"自定义设置"，因为"使用快速设置"会被微软搜集很多个人信息。

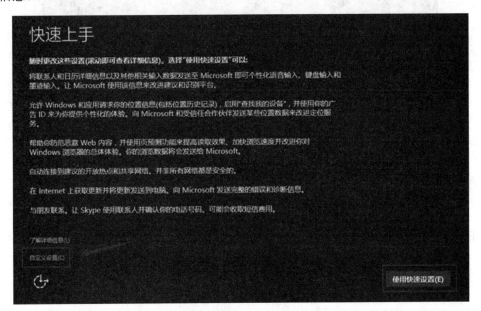

图 1.53　"快速上手"界面

选择后按提示进行相关设置，最后会重启并设置 Windows 10 登录账号等信息。登录账号等信息根据需要自行选择设置即可，之后进入 Windows 10 系统桌面，如图 1.54 所示，系统初始化完成。

Windows 10 升级安装：单击开始升级后，进入升级安装，安装分三个环节，中间会重启几次，安装完成后进入 Windows 10 正式版配置环节，其过程与"快速上手"的介绍相同。成功后进入桌面，同时原来的所有软件都还可以使用。

用 U 盘安装 Windows 10：制作一个具有启用功能的 Windows 10 安装 U 盘，将其插入要安装的计算机中，将第一启动盘设置为 U 盘启动，然后重启计算机，此时计算机从 U 盘引导启动，同时自动进入 Windows 10 操作系统安装界面，根据安装向导操作即可完成 Windows 10 系统的全新安装操作，其配置环节过程与"快速上手"的介绍相同。与升级安装 Windows 10 系统相比，采用全新安装系统后，需要另外购买序列号进行激活。

1.3.2　Windows 10 界面简介

1. 桌面

新安装的 Windows 10 系统桌面如图 1.54 所示，桌面与 Windows 7 系统相同，上面只有一个回收站应用项图标。

图 1.54　Windows 10 系统桌面

2. 任务栏

任务栏上各部件也基本与 Windows 7 系统相同，但增加了"有问题尽管找我""任务视图""应用商店"等新的应用项，如图 1.55 所示。

图 1.55　Windows 10 任务栏

任务视图：将用户打开的文档和应用程序在桌面上用一个个小窗口显示，便于用户在打开的多个文档和应用程序间进行切换。

应用商店：用来下载微软平台上的应用。

3. 开始菜单

单击开始菜单按钮，会弹出如图 1.56 所示的开始菜单界面，开始菜单融合了 Windows 7 开始菜单以及 Windows 8/Windows 8.1 开始屏幕的特点。Windows 10 开始菜单左侧为常用项目和最近添加项目显示区域，另外还用于显示所有应用列表；右侧是用来固定应用磁贴或图标的区域，方便快速打开应用。与 Windows 8/Windows 8.1 相同，Windows 10 中同样引入了新类型 Modern 应用，对于此类应用，如果应用本身支持，还能够在动态磁贴中显示一些信息，用户不必打开应用即可查看一些简单信息。

其中：菜单界面最左边的四个按钮命令作用如图 1.57 所示。开始菜单中的所有应用列表提供了首字母索引功能，方便快速查找应用，当然，这需要事先对应用的名称和所属文件夹有所了解。例如，IE 浏览器位于 Windows 附件之下，可以通过拖曳菜单右侧的滚动条找到 W 起始的应用程序项，然后打开 Windows 附件项找到 IE 浏览器。单击应用列表的任意首字母，则弹出字母列表以方便选择(图 1.58)，当单击某一个字母时，系统就会将该字母起始的应用程序显示出来。

图 1.56　开始菜单

图 1.57　开始菜单左边四个按钮

图 1.58　字母列表

4. 窗口

单击"资源管理器"按钮,打开 Windows 10 的资源管理器窗口,如图 1.59 所示。其窗口与 Windows 7 基本一致,只是边界是一条线。

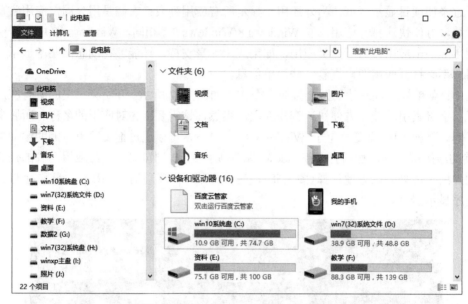

图 1.59　Windows 10 资源管理器窗口

5. Windows 10 虚拟桌面

Windows 10 系统新增了一项 Task View(虚拟桌面)功能,即可以虚拟出多个桌面,让同一个工作中的程序放在一个桌面里面,另外的工作则放入另一个虚拟桌面,让工作和任务更加条分缕析、井井有条。在不同的虚拟桌面中运行不同的程序,在多个桌面之间相互切换互不干扰,使工作变得更轻松。例如,在演示时,可以新建一个桌面,这样就不会让观众看到自己原来桌面上的文档了,这个功能有点像安卓或者 iOS 系统中的多屏功能。

Windows 10 虚拟桌面目标如下。

① 给用户更多桌面空间来组织相关窗口。

② 帮助用户快速定位和切换任何窗口与窗口分组。

③ 让用户方便地重新安排分组,并且根据任务进展移动窗口。

④ 确保用户对不同窗口分组进行有效的区分控制。

新建桌面的方法:按下 Windows 徽标键+Tab 或单击任务栏的"任务视窗"按钮,在弹出的窗口右下角有一个"新建桌面+"按钮,如图 1.60 所示。单击它就可以新建一个桌面了。也可以直接同时按下 Ctrl+Win+D 这三个快捷键新建一个桌面,并自动跳转到新的桌面。

使用热键来快速地切换不同的桌面,起到隐藏原来桌面的效果。Windows 10 虚拟桌面功能热键如下。

① Win + Ctrl +左箭头/右箭头:切换到前一个/后一个桌面。

图 1.60　Windows 10 虚拟桌面选择界面

② Win + Ctrl + D：创建一个新桌面。

③ Win + Ctrl + F4：关闭当前桌面。

④ Win + Tab：将鼠标放在要切换的窗口上并单击，就可以切换到相应的桌面了。

删除桌面：按 Win + Tab 组合键，把鼠标放在要关闭的窗口上面的删除按钮处，如图 1.61 所示，然后单击即可删除选择的虚拟桌面。

图 1.61　虚拟桌面删除按钮

1.3.3　Windows 10 系统设置

Windows 10 系统和以前的版本一样，也是通过控制面板中提供的应用程序完成系统的配置，方法与 Windows 7 系统相同。另外还可以通过开始菜单中的"设置"命令按钮，通过打开"Windows 设置"窗口进行系统配置，如图 1.62 所示。

升级安装 Windows 10 系统后，下面几个系统设置应当按自己的情况进行重新配置。

1. 关闭后台应用

手机使用者都听说过后台应用，这是一种特殊的 App 运行模式，能够及时为用户提供相应的应用信息。不过后台运行总是要耗内存的，而且也会消耗很多电力，因此有必要对后台应用进行限制。

Windows 10 在"设置"→"隐私"中加入了一项"后台应用"，打开后能够让用户自由地控制每一款应用(Modern)的运行状况，如图 1.63 所示。例如，不怎么依赖地图，那么就将它关闭。

图 1.62　Windows 设置窗口

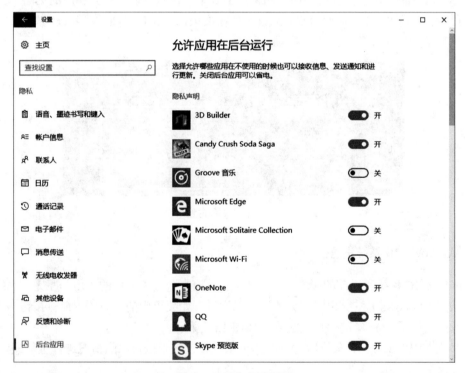

图 1.63　后台应用设置

2. 下载离线地图

像手机系统一样，Windows 10 也在系统中内置了一项地图 App。

在 Windows 10 "设置面板"→"系统"标签中，单击最下方的"脱机地图"按钮。然后单击"下载地图"按钮，选择想下载的国家和地区即可。

3. 关闭 Wi-Fi 共享

为了方便交流，Windows 10 默认开启了将主机账户里的联系人全部设为可以共享 Wi-Fi 的人。这样当账户里的联系人来时，手机就能直接上网，再也不用麻烦地询问 Wi-Fi 密码。

在 Windows 10 "设置面板" → "网络和 Internet" → "WLAN" → "管理 Wi-Fi 设置" 中，提供了相关设置选项，如任意开启或关闭 Wi-Fi 共享，甚至自由控制哪些联系人可以共享 Wi-Fi。

4. 关闭 P2P 更新分享

就像很多 P2P 下载软件一样，Windows 10 也加入了一项类似的功能。该功能可以帮助用户大幅提升下载与更新(补丁包)时的连接速率，换言之，Windows 10 里的更新可能会比以往更快。当然要想实现这一步也是要付出一点代价的，当接收别人数据的同时自己也是一位数据贡献者，于是乎，当所有人都使用 Windows 10 时，一个庞大的 P2P 网络便诞生了。

一般情况下这个并不会导致很严重的问题，但如果使用的是基于流量的网络，那么就需要对它进行一点点限制了。在 Windows 10 的 "设置" → "更新与安全" → "Windows 更新" → "高级选项" → "选择如何提供更新" 中，会看到一项 "当此项打开时，你的电脑还可以将以前下载的部分 Windows 更新和应用发送到本地网络上的电脑或 Internet 上的电脑，具体视下面选择的内容而定"，如图 1.64 所示。

简单来说，它是控制整个 P2P 更新共享的总开关，打开它开启该功能，关闭它停止该功能。此外还可以控制更新的来源是来自于同局域网的其他计算机，还是互联网上的所有计算机。

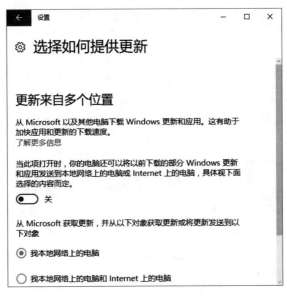

图 1.64　Windows 10 P2P 更新设置

5. 清理 C 盘空间

如果 Windows 10 是从老系统升级而来的，那么 C 盘就会自动保留下原系统的备份文件 (Windows.old)，多数情况下它们的容量不会少于 10GB。单击 C 盘图标，然后执行 "磁盘清理"→"清理系统文件"命令，几分钟后就能把失去的空间找回来。注意：删除之后就不能再回滚至老系统。

6. 开始菜单

通过"设置"→"个性化"→"开始"命令可对开始菜单进行自定义，如图 1.65 所示。例如，是否显示最常用的应用，是否显示最近添加的应用等。

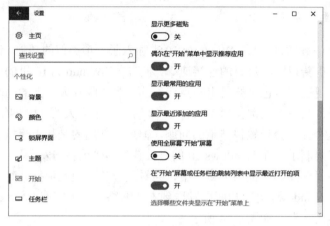

图 1.65　自定义开始菜单

1.4　知 识 扩 展

移动智能终端是可以在移动中使用的计算机设备，安装有操作系统，使用宽带无线移动通信技术实现互联网接入，通过下载、安装应用软件和数字内容为用户提供服务的终端产品，如图 1.66 所示。广义地讲，常用的移动智能终端包括手机、笔记本电脑、平板电脑、POS 机，甚至包括车载计算机等。但是大部分情况下是指具有多种应用功能的智能手机以及平板电脑。

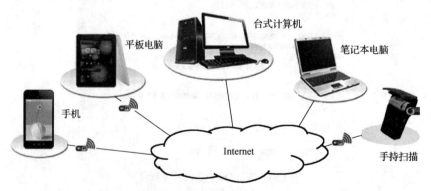

图 1.66　常用的移动智能终端

随着网络和技术朝着越来越宽带化的方向发展，移动通信产业将走向真正的移动信息时代。另外，随着集成电路技术的飞速发展，智能移动终端已经拥有了强大的处理能力，移动终端正在从简单的通话工具变为一个综合信息处理平台。

1.4.1　移动智能终端简介

移动智能终端作为简单通信设备伴随移动通信发展已有几十年的历史。自 2007 年开始，智能化引发了移动终端基因突变，从根本上改变了终端作为移动网络末梢的传统定位。移动智能终端几乎在一瞬间转变为互联网业务的关键入口和主要创新平台，新型媒体、电子商务和信息服务平台，互联网资源、移动网络资源与环境交互资源的最重要枢纽，其操作系统和处理器芯片甚至成为当今整个 ICT 产业的战略制高点。随着移动智能终端的持续发展，其必将成为渗透广泛、普及迅速、影响巨大、深入至人类社会生活方方面面的终端产品。

现在的移动智能终端不仅可以通话、拍照、听音乐、玩游戏，而且可以实现包括定位、信息处理、指纹扫描、身份证扫描、条码扫描、RFID 扫描、IC 卡扫描以及酒精含量检测等丰富的功能，成为移动执法、移动办公和移动商务的重要工具。有的移动智能终端还将对讲机也集成到移动终端上。移动终端已经深深地融入我们的经济和社会生活中，为提高人民的生活水平、提高执法效率、提高生产的管理效率、减少资源消耗和环境污染以及突发事件应急处理增添了新的手段。

1. 特征

移动智能终端通常具备以下四大特征。

① 具备高速接入网络的能力，可支持桌面互联网主流应用的移动化迁移。

② 具备开放的、可扩展的操作系统平台，支持应用程序的灵活开发、安装及运行。

③ 具备较强的处理能力，可以进行数据的访问、管理、生成和收集等。

④ 具备丰富的人机交互方式，即在 3D 等未来显示技术和语音识别、图像识别等多模态交互技术的发展下，以人为核心的更智能的交互方式。

2. 分类

常见的移动智能终端包括个人数字助理(Personal Digital Assistant，PDA)智能终端、智能手机、笔记本电脑、平板电脑、车载智能终端、智能电视、可穿戴设备等。

① PDA 智能终端。PDA 又称为掌上计算机，可以帮助我们完成在移动中工作、学习、娱乐等。按使用来分类，分为工业级 PDA 和消费品 PDA。工业级 PDA 主要应用在工业领域，常见的有条码扫描器、RFID 读写器、POS 机等。工业级 PDA 内置高性能进口激光扫描引擎、高速 CPU 处理器、WinCE 5.0/Android 操作系统，具备超级防水、防摔及抗压能力。广泛用于鞋服、快消、速递、零售连锁、仓储、移动医疗等多个行业的数据采集，支持 BT/GPRS/3G/Wi-Fi 等无线网络通信。消费品 PDA 包括智能手机、平板电脑、手持的游戏机等。

② 智能手机。智能手机(Smartphone)，是指"像个人计算机一样，具有独立的操作系统，可以由用户自行安装软件、游戏等第三方服务商提供的程序，通过此类程序不断对手机的功能进行扩充，并可以通过移动通信网络来实现无线网络接入的这样一类手机的总称"。手机已从功能性手机发展到以 Android、iOS 系统为代表的智能手机时代，是可以在较广范围内使用的便携式移动智能终端，已发展至 4G 时代。

③ 笔记本电脑。笔记本电脑又称为"便携式计算机"，其最大的特点就是机身小巧，相

比台式机携带方便。虽然笔记本电脑的机身十分轻便，但完全不用怀疑其应用性，日常操作和基本商务、娱乐操作，笔记本电脑完全可以胜任。

④ 平板电脑。平板电脑也叫便携式计算机(Tablet Personal Computer，Tablet PC、Flat PC、Tablet、Slates)，是一种小型、方便携带的个人计算机，以触摸屏作为基本的输入设备。它拥有的触摸屏(也称为数位板技术)允许用户通过触控笔或数字笔来进行作业而不是传统的键盘或鼠标。用户可以通过内建的手写识别、屏幕上的软键盘、语音识别或者一个真正的键盘(如果该机型配备的话)。平板电脑由比尔·盖茨提出，应支持来自 Intel、AMD 和 ARM 的芯片架构，从微软提出的平板电脑概念产品上看，平板电脑就是一款无需翻盖、没有键盘、小到放入手袋，但却功能完整的台式计算机。

⑤ 车载智能终端。车载智能终端具备 GPS 定位、车辆导航、采集和诊断故障信息等功能，在新一代汽车行业中得到了大量应用，能对车辆进行现代化管理，车载智能终端将在智能交通中发挥更大的作用。

⑥ 可穿戴设备。越来越多的科技公司开始大力开发智能眼镜、智能手表、智能手环、智能戒指等可穿戴设备产品。智能终端开始与时尚挂钩，人们的需求不再局限于可携带，更追求可穿戴，手表、戒指、眼镜都有可能成为智能终端。

3. 功能

除基本功能外移动智能终端还具有一些其他功能，这些功能与具体的应用和系统密切相关，也是选择移动智能终端需要首先考虑的。

① 条码扫描。条码扫描功能目前有激光和 CCD 两种技术。激光扫描只能识读一维条码，CCD 技术可以识别一维和二维条码，比较流行的观点是识读一维条码时，激光扫描技术比 CCD 技术更快、更方便。具有条码扫描功能的手持终端通常称为条码数据采集器。

② IC 卡读写。集成 IC 卡读写功能的终端通常称为 IC 卡手持数据终端，主要用于 IC 卡证卡管理。

③ 非接触式 IC 卡读写。集成非接触式 IC 卡读写功能的终端通常称为非接触式 IC 卡手持数据终端，主要用于非接触式 IC 卡管理。

④ 内置信息钮。所谓信息钮就是内置的非接触式 IC 卡芯片，主要用于巡更。

⑤ 指纹采集、比对。具有指纹的采集识别功能，广泛应用于金融、银行、社会保险等对安全要求较高的领域。

⑥ GPS。行业应用，主要用于公安，更大量的在于民用市场，为驾驶员提供电子地图及定位服务。

⑦ GSM/GPRS/CDMA 无线数据通信。主要功能为可以通过无线数据通信的方式与数据库进行实时数据交换。主要在两种情况下需要使用此功能：一是对数据的实时性要求很高的应用；二是应用中因各种原因无法将所需要的数据存储在手持终端，可能是所需要的数据过大，也可能是需要保密等。

⑧ GSM/GPRS/CDMA 短信通信。几乎所有支持无线数据通信的手持终端都支持短信通信，之所以将该功能列出，是因为有些手持终端产品只支持短信通信，该功能的实时性较 GSM/GPRS/CDMA 无线数据通信的实时性稍低，并且有时因为短信服务器的原因可能会丧失实时性，除非租用专用短信服务器，并且通信过程中整体数据带宽很小。

⑨ GSM/GPRS/CDMA 无线语音通信。该功能主要用于语音通话，经过二次开发后在一定程度上可替代对讲机。

⑩ 红外数据通信(IrDA)。作为最早的短距离无线数据通信技术，目前该功能在各种手持终端中几乎是标准配置，除了部分手机和很少的手持终端外，大部分手持终端都含此功能。不过要注意的是，并不是号称支持 IrDA 的手持终端都真正支持 IrDA，很多手持终端只实现了 IrDA 协会给出的物理层规范，并没有实现 IrDA 协议栈，在 IrDA 的官方标准中是不承认的。

⑪ 红外数据通信(电力红外)。电力红外规约是中国电力部颁布的标准，是用于电力设备之间的数据通信标准，之所以在这里提到这个功能是因为国产的大量抄表机都带有该功能。

⑫ 蓝牙通信。蓝牙通信功能是新一代短距离无线通信技术，目前主要是 PDA 和手机中采用得比较多。其他数据终端中也逐渐开始使用该技术，短距离蓝牙通信可达 10m，长距离蓝牙通信可达 100m，在通信数据量不是很大的情况下，蓝牙技术也可以替代 802.11b 组网。

⑬ RS232 串行通信。作为最基本的数据通信方式，基本上所有的手持数据终端都带有该功能。

⑭ RS485 串行通信。RS485 是用于长距离的串行通信技术，只有很少的专用手持终端带有该功能。

⑮ USB 通信。USB 通信技术因其通信速率快，所以目前很多移动智能终端都开始采用，特别是 PDA，其用途主要是与台式计算机进行大量的数据交换。但 USB 通信不是对等的，USB 设备分为主设备与从设备，主设备只能与从设备通信，无法与主设备通信，所以很少有手持终端既可以作为 USB 主设备、又可以作为 USB 从设备。

⑯ 802.11B。802.11B 作为无线局域网的主流技术，目前的发展速度非常快，很多移动智能终端已经配备了该功能，具有该功能的手持终端可以在一个比较大的范围内组网并与台式计算机、服务器等进行数据交换，可在大的封闭空间(如厂房、仓库)进行无线数据交换。如果空间超过了无线信号可以覆盖的范围，可以增加多个节点来解决。

⑰ 打印。有些移动智能终端集成了打印功能，可以直接打印单据。

⑱ 手写识别。手持终端的输入功能与台式计算机、工控机等设备相比，一直是非常弱的，手写识别可以缓解这个问题，如果用户需要大量的文字输入，那么必须要有此功能。

⑲ 汉字输入。对于一些没有手写识别功能的移动智能终端，如果要进行汉字输入，那么该功能是必不可少的，并且输入法也要考虑。

⑳ 其他功能。还有些手持终端带有一些其他的功能，如拍照、可插 CF 卡、可插 SD 卡等，需要根据用户的需要选择。

1.4.2　智能手机

智能手机，是指像个人计算机一样，具有独立的操作系统，可以由用户自行安装软件、游戏等第三方服务商提供的程序，通过此类程序来不断对手机的功能进行扩充，并可以通过移动通信网络来实现无线网络接入的这样一类手机的总称。

手机已从功能性手机发展到以 Android、iOS 系统为代表的智能手机时代，是可以在较广范围内使用的便携式移动智能终端，已发展至 4G 时代。

现代的移动终端已经拥有极为强大的处理能力(CPU 主频已经接近 2G)、内存、固化存储介质以及像计算机一样的操作系统，是一个完整的超小型计算机系统，可以完成复杂的处理任务。移动终端也拥有非常丰富的通信方式,即可以通过 GSM、CDMA、WCDMA、EDGE、3G、4G 等无线运营网通信,也可以通过无线局域网、蓝牙和红外进行通信。

1. 特点

一般智能手机具有以下六大特点。

① 具备无线接入互联网的能力:即需要支持 GSM 网络下的 GPRS 或者 CDMA 网络的 CDMA1X 或 3G(WCDMA、CDMA-2000、TD-CDMA)网络,甚至 4G(HSPA+、FDD-LTE、TDD-LTE)。

② 具有 PDA 的功能:包括个人信息管理(PIM)、日程记事、任务安排、多媒体应用、浏览网页等。

③ 具有开放性的操作系统:拥有独立的 CPU 和内存,可以安装更多的应用程序,使智能手机的功能可以得到无限扩展。

④ 人性化:可以根据个人需要扩展机器功能。根据个人需要,实时扩展机器内置功能,以及软件升级,智能识别软件兼容性,实现了软件市场同步的人性化功能。

⑤ 功能强大:扩展性能强,第三方软件支持多。

⑥ 运行速度快:随着半导体业的发展,CPU 发展迅速,使智能手机在运行方面越来越极速。

2. 分类

智能手机可分为安装和不安装操作系统两类。

(1)安装操作系统类

① Android 系统手机。Android 系统是专为 Internet 应用而设计的开放式操作系统。Android 的开放模式,让应用不断地优化,更利于 Android 系统手持终端二次开发。

② Windows Mobile 系统手机。Windows Mobile 系统是 Microsoft 公司针对手持终端开发的操作平台,其包括底层操作系统 Windows CE 及上层驱动和应用等。基于 Windows Mobile 的移动设备为企业提供了优秀的行业应用平台,它可以提供广泛的可选硬件、强大的开发工具和长效的电池使用时间。

③ Windows CE 系统手机。Windows CE 系统是针对单机设计的,其互联网功能、触摸屏功能比 Android 系统弱,互联网体验相对较差。

④ iOS 系统手机。苹果 iOS 系统是专为苹果公司手机 iPhone 用的,运行稳定、流畅都是其优点。

(2)不安装操作系统类

基于 C 语言、Linux 需要二次开发的嵌入式系统,具有人机交互的图形界面与通信界面,此类嵌入式系统具有消耗资源低的特点,更具有专业性和稳定性。

3. 硬件

(1)CPU

CPU 运行开放式操作系统,负责整个系统的控制,为无线 Modem 部分的数字基带(DBB)芯片,主要完成语音信号的 A/D 转换、D/A 转换,数字语音信号的编解码,信道编解码和无线 Modem 部分的时序控制。处理器上含有液晶显示器(LCD)控制器、摄像机控制器、SDRAM 和 SROM 控制器、很多通用的 GPIO 口及 SD 卡接口等。

(2)传感器

智能手机已经逐渐深入并广泛应用到人们的日常生活中,人们对智能手机的要求也越来越高。很多人会奇怪,智能手机是如何实现自动转屏等各种功能的呢? 其实,这都是用传感器实现的。

自动旋转屏幕是依靠加速度传感器也就是重力感应器实现的。加速度传感器能够测量加速度,可以监测手机的加速度的大小和方向。因此能够通过加速度传感器来实现自动旋转屏幕,以及应用于一些游戏中。

智能手机中还会应用到距离感应器,能够通过红外光来判断物体的位置。当将距离感应器应用于智能手机中时,手机将会具备多种功能,如接通电话后自动关闭屏幕来省电,此外还可以实现"快速一览"等特殊功能。

气压传感器则能够对大气压变化进行检测,应用于手机中则能够实现大气压、当前高度检测以及辅助 GPS 定位等功能。

光线感应器在手机中也普遍应用,主要用来根据周围环境光线,调节手机屏幕本身的亮度,以提升电池续航能力。

(3)地面传送器

澳大利亚初创公司 Locata 正在试图将 GPS 带到地面来克服 GPS 的限制。该公司制作了与 GPS 原理相同的定位传送器,不过安装在建筑物和基站塔上。因为这种传送器是固定的,并且提供比卫星更强的信号,Locata 可以提供非常精准的定位。

(4)电子罗盘

电子罗盘可以更好地保障人们不迷失方向。GPS 只能判断所处的位置,如果是静止或缓慢移动,GPS 无法得知所面对的方向。

4. 系统重装

智能手机使用久了,总会出现各种各样的问题,而且系统会越来越不好用,速度也会变得越来越慢,此时重装系统可以解决这一问题。

智能手机重装系统与台式计算机的操作步骤不同,智能手机在格式化的同时会自动生成操作系统,无须也无法干预安装。生成操作系统就是提取固化在手机上的只能通过刷机升级的操作系统,也就是说,重装系统后的系统版本就是目前使用的系统的版本。下面介绍重装安卓手机系统。

(1)刷机方式

刷机方式有两种:一种是使用软件下载 ROM 一键在线刷机;另外一种是把 ROM 复制到 SD 卡里面然后进入 Recovery 模式进行刷机。

刷机者要清楚什么是工程模式、什么是 Recovery 模式、什么是 3se 模式等,这些都是刷机时可能会遇到的。一般来讲,只需要了解 Recovery 模式就可以进行刷机操作,这相当于计算机的"Ghost 系统",可以对系统进行一键备份、一键还原等操作。

不同类型的手机在刷机的时候会有一定的差别,然而大的原理都是相同的。一般而言,最为可靠的方式,就是在网上找与要刷机的手机型号相同的刷机案例教程,然后进行刷机。

刷机步骤如下。

① 做好数据的备份，只要做好联系人、文件夹、重要软件和照片的备份。使用专业的备份软件可以完成上述备份。

② 保证手机电池电量充足。

③ 下载刷机软件，按照要求将手机连接到计算机上，一只手按住电源键，另一只手按住音量键（注意：有些品牌手机可能有所不同），不能松手，直到屏幕出现 Formatting....，才可以松手。等待两分钟，手机会自动重启。

④ 重新下载备份软件，恢复之前的备份。

⑤ 整理一下手机桌面，获取 root 权限，删除不必要的程序。

注意： 刷机是有风险的，适用于有相关知识和实践经验的专业人员采用。

（2）重置

如果手机已经慢到了忍无可忍的地步，此时可将手机恢复成出厂设置。恢复成出厂设置会抹除手机上的数据，并将手机恢复到刚买时的设置。一般重置方法如下。

① 打开手机设置应用程序项。根据使用手机的不同，设置程序的图标也不尽相同。可以在应用程序菜单中找到设置，也可以按下手机上专用的菜单按钮来打开设置。

② 找到恢复出厂设置选项。手机品牌不同，"恢复出厂设置"功能应用程序项可能位于不同的子菜单中，一般情况是在如下介绍的两个部分中：选择设置中的"隐私"，然后滑动页面，找到位于下方的"恢复出厂设置"选项；选择设置中的"备份和重置"，然后滑动页面，找到"恢复出厂设置"。

注意： 有些手机把这两项放在"系统与设备"菜单中。此时先选择"系统与设备"项，然后选择"隐私"或"备份和重置"项即可。

③ 选择要备份的数据进行备份。需要将手机通讯录、短信等进行备份（可以使用百度云盘），以便恢复出厂设置之后，及时恢复。

④ 单击"重置设备"按钮，这会清除手机中存储的所有数据，并将手机恢复为默认出厂设置。此时，屏幕上会显示出自己所登录的账户。

如果想将 SD 记忆卡里的数据一并删除，那么勾选屏幕对应的选择项即可。

⑤ 选择"删除所有数据"项来确认重置操作。这会清除手机中存储的所有数据，并将设备恢复为默认出厂设置。完成后手机会和刚从包装盒里拿出来的新手机一样。

（3）硬重置

① 关闭手机。重置操作之前，应关闭设备。如果设备处于当机状态，那么可以直接拔出手机电池来强制断电。

② 按住恢复按钮。根据使用的手机品牌不同，重置按钮也各不相同。可以查看说明书的相关介绍来找到对应按钮。找到重置按钮后，按住按钮，并持续几秒钟。有些手机使用通用的按钮组合键实现重置设备操作。常用的组合键如下：音量增加按钮+ Home 键 + 电源键、音量减小按钮 + 电源键、Home 键 + 电源键。

如果以上按键都不起作用，那么可以在网上搜索适用于自己手机的"恢复模式"按钮。

③ 选择恢复出厂设置。打开恢复菜单后，通过音量调节按钮来选择其中的选项。可能需要打开恢复菜单才能找到硬重置模式。有些设备需要使用电源键或拍摄键才能选择菜单选项。操作时系统会询问是否确认重置手机。

④ 等待设备完成重置。重置手机后，手机会恢复到默认出厂设置，就像从包装盒里拿出来的新手机一样。

注意： 重置手机前应备份数据，不同的安卓系统手机的用户界面可能略有不同。

1.4.3　平板电脑

平板电脑作为一种小型、便捷的微型计算机已经得到越来越多的使用。平板电脑集移动商务、移动通信和移动娱乐为一体，具有手写识别和无线网络通信功能，一般通过触摸屏来进行操作，不需要鼠标、键盘等，方便使用。

1. 简介

20 世纪 60 年代末，来自施乐帕洛阿尔托研究中心的艾伦·凯（Alan Kay）就提出了"Dynabook"的概念，他想象这是一台可以带着跑的计算机，主要功能是帮助小孩学习。为了发展 Dynabook，艾伦甚至发明了 Smalltalk 编程语言，并发展出图形使用者接口，也就是苹果麦金塔计算机的原型。

1989 年 9 月，GRiD Systems 公司成功制造第一台商业化平板电脑，并命名为 GRiD Pad，它的操作系统基于 MS-DOS。

2000 年 6 月，微软在".NET 战略"发布会上首次展示了还处于开发阶段的 Tablet PC。2000 年 11 月，在全球三大计算机展之一的美国拉斯维加斯计算机展（Comdex Fall 2000）上，比尔·盖茨进行了 Tablet PC 专题演讲，将 Tablet PC 定义为"基于 Windows 操作系统的全能 PC"。2002 年 12 月 8 日，微软在纽约正式发布了 Tablet PC 及其专用操作系统 Windows XP Tablet PC Edition，这标志着 Tablet PC 正式进入商业销售阶段。

史蒂夫·乔布斯于 2010 年 1 月 27 日在美国旧金山欧巴布也那艺术中心发布 iPad。iPad 重新定义了平板电脑的概念和设计思想，取得了巨大的成功。这个平板电脑（iPad）的概念和微软那时（Tablet）已不一样。iPad 让人们意识到，并不是只有装 Windows 的才是计算机，苹果的 iOS 系统也能做到。

2012 年 6 月 19 日，微软在美国洛杉矶发布 Surface 平板电脑，该产品分为两个版本：Surface RT 使用 Windows RT 操作系统，CPU 为四核 NVIDIA Tegra 3；Surface 中文版/专业版则预装 Windows 8，CPU 使用第三代智能英特尔酷睿 i5 处理器。由于 Surface 可以外接键盘，因此微软称这款平板电脑接上键盘后可以轻松变身为"全桌面 PC"，如图 1.67 所示。

Surface平板电脑

2. 分类

平板电脑按结构设计可分为集成键盘的"可变式平板电脑"和可外接键盘的"纯平板电脑"两种类型。其中纯平板型是将计算机主机与数位液晶屏集成在一起，将手写输入作为其主要输入

图 1.67　平板电脑

方式，它们更强调在移动中使用，当然也可随时通过 USB 端口、红外接口或其他端口外接键盘/鼠标。

平板电脑按其触摸屏的不同，一般可分为电阻式触摸屏和电容式触摸屏两种类型。

平板电脑本身内建了一些新的应用软件，用户只要在屏幕上书写，即可将文字或手绘图形输入计算机。

3. 操作系统

就目前的平板电脑来说，最常见的操作系统是 Windows 操作系统、Android 操作系统和 iOS 操作系统，还有像 Windows CE 操作系统，另外 MeGoo 和 Moblin 两个操作系统作为 Intel 针对手机和 MID 市场的主打产品，在未来也很有可能出现在平板电脑平台上，还有被称为云计算必然产物的 WebOS。

(1) Windows

Windows 操作系统是专门为个人(台式)计算机设计的，它在台式计算机上得到了广泛的使用，因此 Windows 操作系统有一个在平板电脑平台上使用的好基础。但是它不是针对平板电脑而设计的系统，因而也导致了它并不适合平板电脑，再加上用户在使用习惯上的惯性思维，导致 Windows 无论从软硬件配合还是使用感受等多个方面，都无法发挥出相应的潜力，且无法满足用户苛刻的要求。

(2) Android

Android 是 Google 于 2007 年底发布的基于 Linux 平台的开源手机操作系统，之后又加以改进用在了上网本和 MID 上。该平台由操作系统、用户界面和应用软件组成，号称首个为移动终端打造的真正开放和完整的移动软件。

简单地说，Android 系统实际上是一个非常开放的系统，它不但能实现用户最常用的平板电脑的功能，又能够实现像手机一样的各种具有特定指向性的操作，而且它是专门针对移动设备而研发的操作系统，在系统资源消耗、人机交互设计上都有优势，是取传统与超前各类优势于一身的操作系统。

(3) iOS

iOS(又称 iPhone OS)是由苹果公司为旗下产品开发的操作系统，随着 iPad 上市，它也一举被视为最适合平板电脑的操作系统。

iOS 是将触控操作这一概念真正发扬光大的操作系统，用户在界面上使用多点触控直接操作，而控制方法包括滑动、轻触开关及按键等，与系统互动包括滑动、轻按、挤压及旋转等。iOS 具有流畅的人机交互的感觉，以及苹果日渐庞大的资源库，苹果庞大的资源库，实际上就是 App Store 提供的通过审核的第三方应用程序，以及通过 Safari 浏览器支持的一些第三方应用程序，即 Web 应用程序。除此之外，实际上还有一些非法的第三方软件已经可以在这套系统中运行。而在应用程序之外，像电子书、音乐、电影电视等各类资源，都已经成了苹果的看家产品。

(4) MeeGo

MeeGo 是诺基亚和 Intel 宣布推出的一个免费手机操作系统，这种基于 Linux 的平台融合了诺基亚的 Maemo 和 Intel 的 Moblin 平台，可在智能手机、笔记本电脑、计算机和电视等多种电子设备上运行，有助于这些设备实现无缝集成，可以把它看作未来平板电脑操作系统的一个强有力的新生力量。

(5) Windows CE

Windows CE 被设计成针对小型设备的通用操作系统，简单地说就是拥有有限内存的无磁盘系统，不像其他的 Windows 操作系统，Windows CE 并不是代表一个标准的相同的对所有平台适用的软件。

简单地说，Windows CE 属于嵌入式操作系统，使用标准 Win 32 API 子集，很多 Windows 程序可以方便地移植到 CE 上，所以应用程序的兼容性好，而且开发非常方便。但由于实现简便操作，让底层开发做了不少工作，所以 Windows CE 的体积并不小，导致系统资源的占用较大，而且 Windows CE 是经过虚拟地址映射的，也导致运行速度和效率低于同类嵌入式操作系统。

(6) WebOS

WebOS 可以简单地称为网络操作系统，是一种基于浏览器的虚拟的操作系统，用户通过浏览器可以在这个 WebOS 上运用基于 Web 的在线应用的操作来实现个人操作系统上的各种操作，包括文档的存储、编辑、媒体播放等。

可以说 WebOS 是一种脱离了本地操作系统可以随时随地通过网络进行操作的"云计算"的一种模式，也是未来的发展趋势。WebOS 不用依赖于某种特定的本地操作系统，更可以把它看成一种跨平台的形式，也就是跨本地操作系统的平台。简单地说，在本地操作系统支持一个浏览器的情况下，不管用任何本地操作系统都可以正常地运行。根据"奥卡姆剃刀原理"，实际上一个 WebOS 不需要携带本地操作系统部分，只要用户安装一个任意的本地操作系统就可以了，或者说，不需要硬件相关部分，只要它可以运行网络浏览器就可以进行操作，因为浏览器就是它的运行环境。

这类系统的优势显而易见，不需要高端的硬件配置即可实现复杂的操作，不需要固定的终端即可对同一文件随时随地进行操作，可以说它是真正实现终端设备的个性化的基础，到那时候用户再挑选设备就会变成选择体型大小、选择外观设计、选择品牌，而不用像现在这样有这么多因素制约。

4. 硬件

平板电脑硬件主要由屏幕、外壳、主板、电池、摄像头五大部件组成。而输入设备是触摸屏(外屏)和按钮，输出设备是显示屏(内屏)和扬声器。

(1)屏幕

屏幕可以说是平板产品最核心的表现力，任何信息都在其屏幕上得以表现。屏幕的性能指标除了分辨率，还有屏幕比例与工艺。

① 屏幕比例。目前平板电脑的屏幕比例基本为 4：3、16：9、16：10 三种，其显示效果有一定区别。4：3 比例更适合阅读、浏览网页，16：9 更适合电影、游戏，而 16：10 在观看电影时屏幕上下会出现多余黑边。

② 工艺。目前平板电脑屏幕主要由三个部分组成：从上到下分别是保护玻璃、触摸屏、显示屏。而这三个部分是需要进行贴合的，其工艺分为全贴合与框贴两种工艺。

全贴合工艺比框贴工艺透光性更好，从图像显示反射的影像更加优秀。

(2)外壳

外壳是决定其手感与机身整体坚固度的重要因素。就目前来看，多数为金属、塑料、玻璃三种材料，每种材料都有自己的优缺点，但因为工艺不同，材料的表现形式也不一样。三种材料中金属材质稳定结构最高、质感最强。

金属背壳优缺点：在质感与高强度的稳定结构方面表现出强大的优势，而易导热的热性使得机身表边的温度在夏天更高，冬天更低，使其缺点也展露无遗。

塑料背壳优缺点：原材料较为廉价，工艺相对简单且容易加工，相比金属质轻、耐冲击性好，有助于减轻产品的质量，提升其便携性；缺点也是显而易见的，容易老化，耐热性差，热膨胀率大，受到高热会产生有毒的化学物质，对使用者的健康造成影响。

玻璃背板的优缺点：产品质感、隔热性与手感都有较大的提升，但抗压强度低是一个致命缺点。

（3）主板

平板电脑的主板上集成了 CPU、内存、闪存等零部件，因此主板的性能直接关系到整个平板电脑的性能，可以说是决定其优劣的关键。平板电脑一般都是采用 PCB 主板，将 CPU 等集成在主板上，所以硬件是无法在线升级的，其性能在设计方案时已经注定在一起。

（4）电池

目前平板产品电池都内置在其中，同等配置下，产品电池容量越大，续航时间越长。

（5）摄像头

现在多数平板电脑都配有摄像头，其性能的主要判断指标是像素。像素越高，摄像头越加优秀。闪光灯是一种补光设备，能在瞬间发出很强的光线，多用于光线较暗的场所暂时照明（在光线较亮的场所也可用于给被拍摄对象局部补光，如逆光拍照等），成像质量好，使照片更清晰。

5. 基本操作

平板电脑都采取多点触控的屏幕，大部分操作都可以在屏幕上完成。手指基本操作主要如下。

① 单击动作：轻轻短按屏幕上的图标或按钮，作用是启动应用程序，选择菜单或选项。

② 长按动作：按住一个图标不放，直至机器发出振动提示，可以进行删除、重排等。

③ 拖动动作：长按某图标至振动，然后轻轻移动手指，可移到你想放的位置。

④ 滑动动作：手指轻轻划过页面，可左右移动（在网页或程序列表等地方上下移动），页面会跟着手指滑动的方向滚动。

⑤ 双击动作：轻轻点击屏幕两次，可快速放大或缩小网页。

⑥ 缩放动作：用两个手指同时按住屏幕，然后分别向外拖动即为放大，向内即为缩小。

⑦ 旋转动作：将平板电脑旋转至合适的方向，可以完成竖屏与横屏的转换。

1.4.4　App

App 是英文 Application 的简称，翻译成中文就是应用软件的意思，通常是指使用在移动智能终端中的应用软件。现在移动智能终端主流的操作系统是 iOS 系统、Android 系统、Symbian、Windows Phone 和 BlackBerry OS 等，而在移动智能终端中安装的应用软件就称为 App。

App 一般要到应用市场下载，现在 iOS 系统中使用的 App 应用商店为苹果公司 iTunes 商店里面的 App Store，Android 系统中使用的 App 应用商店有 Google Play、360 手机应用商店、百度 Android 应用中心、豌豆荚、91 手机助手等很多第三方应用平台。

1. App 简介

(1)类型

App 的类型很多，大体可以分为应用 App 和游戏 App，到 App 应用商店下载 App 的时候，应用商店一般把 App 分门别类，方便下载，现在使用最多的应用 App 类型有系统美化、生活社交、阅读教育、影音图像、理财办公、智能硬件六大类别。例如，微信和移动智能终端的 QQ 是腾讯公司推出的生活社交类 App，移动智能终端的淘宝就是阿里巴巴公司推出的购物类 App，手机中可能还安装有手机助手类应用，如金山、360 手机助手等，这类 App 就是系统安全和优化类 App，还有手机中看电影、看电视的 App，如爱奇艺、优酷手机端等，这些就是影音类 App。

(2)App 的文件格式

① iOS 系统的 App 格式有 ipa、pxl、deb。因为 iOS 系统的不开源性，这类格式的 App 都是用在 iPhone 系列的手机和平板电脑上。

② Android 系统的 App 格式为 apk，主要用在使用 Android 系统的智能手机和平板电脑上。

③ 诺基亚 S60 系统的 App 格式有 sis、sisx。

④ 微软的 Windows Phone 7、Windows Phone 8 系统，App 格式为 xap。

(3)App 的开发编程语言

App 开发的语言有很多种，主要为以下四种。

① iOS 平台开发语言为 Objective-C，开发者一般使用苹果公司开发的 iOS SDK 搭建开发环境，iOS SDK 是开发 iPhone 和 iPad 应用程序过程中必不可少的软件开发包，提供了从创建程序到编译、调试、运行、测试等一些开发过程中所需要的工具。

② Android 开发语言为 Java，开发者一般是用谷歌公司开发的 Android SDK 搭建开发环境，使用 Java 进行 Android 应用的开发。

③ 微软 Windows Phone 7 开发语言是 C#。

④ Symbian 系统版本开发语言是 C++。

总之，不同的移动智能终端系统，开发公司都开发了针对其系统的应用软件开发工具，利用他们的开发工具，可以轻松地搭建出开发环境，通过学习相应 SDK 的开发文档，进行各种 App 的开发。

(4)三种移动 App(应用程序)开发方式

移动 App 的开发方式主要分为 Native App、Web App 和 Hybrid App 三种。在 App 开发时应选择对应的方式进行。

① Native App。

Native App 指的是原生程序，一般依托于操作系统，有很强的交互，是一个完整的 App，可拓展性强，需要用户下载安装使用(简单来说，原生应用是特别为某种操作系统开发的，如 iOS、Android、黑莓等，它们是在各自的移动设备上运行的)。

该模式通常由"云服务器数据+App 应用客户端"两部分构成，App 应用所有的 UI 元素、数据内容、逻辑框架均安装在手机终端上。

原生应用程序是某一个移动平台(如 iOS 或 Android)所特有的，使用相应平台支持的开发工具和语言(如 iOS 平台支持 Xcode 和 Objective-C, Android 平台支持 Eclipse 和 Java)。

Native App 即使没有网络连接, 也可以运行, 这是其最主要的优点之一。

Native App 特点如下。

a. 每一种移动应用系统都需要独立的开发项目。

b. 每种平台都需要独立的开发语言。例如, Java(Android)、Objective-C(iOS)、Visual C++(Windows Mobile)等, 需要使用各自的软件开发包、开发工具以及各自的控件。

c. 需要开发"云服务器数据中心"和"App 客户端"。

d. 每次获取最新的 App 功能, 需要升级 App 应用, 且安装包相对较大, 包含 UI 元素、数据内容、逻辑框架。

e. 移动智能终端无法上网也可访问 App 应用中以前下载的数据。

f. 可以调用智能终端的硬件设备(语音、摄像头、短信、GPS、蓝牙、重力感应等)。

g. 适用游戏、电子杂志、管理应用、物联网等无须经常更新程序框架的 App 应用。

② Web App。

Web App 指采用 HTML5 语言写出的 App, 不需要下载安装。生存在浏览器中的应用, 基本上可以说是触屏版的网页应用(Web 应用本质上是为移动浏览器设计的基于 Web 的应用, 它们是用普通 Web 开发语言开发的, 可以在各种智能手机浏览器上运行)。

Web App 开发即是一种框架型 App 开发模式(HTML5 App 框架开发模式), 该开发具有跨平台的优势, 该模式通常由"HTML5 云网站+App 应用客户端"两部分构成, App 应用客户端只需安装应用的框架部分, 而应用的数据则是每次打开 App 的时候, 去云端取数据呈现给移动智能终端用户。

Web App 特点如下。

a. 因为运行在移动智能终端的浏览器上, 所以只需要一个开发项目。

b. 可以使用 HTML5、CSS3、JavaScript 以及服务器端语言来完成。

c. 需开发"HTML5 云网站"和"App 客户端"。

d. 每次打开 App, 都要通过 App 框架向云网站取 UI 及数据。

e. 无法上网则无法访问 App 应用中的数据。

f. 框架型的 App 无法调用移动智能终端的硬件设备(语音、摄像头、短信、GPS、蓝牙、重力感应等)。

g. 框架型 App 的访问速度受手机终端上网的限制, 每次使用均会消耗一定的上网流量。

h. 框架型 App 应用的安装包小巧, 只包含框架文件, 而大量的 UI 元素、数据内容则存放在云端。

i. 用户无须频繁更新 App 应用, 与云端实现的是实时数据交互。

j. 适用电子商务、金融、新闻资讯、企业集团, 需经常更新内容的 App 应用。

③ Hybrid App。

Hybrid App 指的是半原生半 Web 的混合类 App。需要下载安装, 看上去类似于 Native App, 但只有很少的 UI Web View, 访问的内容是 Web。

混合应用程序让开发人员可以把 HTML5 应用程序嵌入到一个细薄的原生容器里面, 集原生应用程序和 HTML5 应用程序的优点(及缺点)于一体。

Hybrid App 是原生应用和 Web 应用的结合体, 采用了原生应用的一部分、Web 应用的一部分，所以必须部分在设备上运行、部分在 Web 上运行。不过混合应用中比例很自由，如 Web 占 90%，原生占 10%；或者各占 50%。

2. App 开发流程

制作一款 App，必须要有相关的主意(idea)，也就是说，第一步是 App 的主意形成。其次，就是通过主意来进行 App 的主要功能设计以及大概界面构思和设计。

App 的开发是一个不断推敲的过程，一般开发步骤如下。

① 进行前期沟通。开发 App，必须要进行前期沟通，初步表明此款 App 要实现的效果，属于哪个类型的 App。在功能和实现价值基本敲定的情况下，开始进入项目评估阶段。

② 签订合同。这个时候产品经理会根据之前商定的功能进行价格和工期的评估，确立一个初步的项目排期。在系列的前期工作得到客户认可的情况下，签订合同正式开始项目。

③ 设计初步的效果图。项目开始后，设计部门开始设计 UI 和用户体验(UE)，针对产品开展创意设计，形成初步的效果图，经过首次客户的确认。根据交流的具体结果进行二次修改，最终与客户确认高保真视觉图。

④ 进行研发。

a. 选择合适的支持从 App 编辑到编译、调试、运行、测试等一系列开发过程的 App 开发工具，创建 App(应用程序)。

b. 大功能模块代码编写。

c. 大概的界面模块编写。

d. 把大概的界面和功能连接后，App 软件开发大致完成。

⑤ 测试。经过设计者一段时间的研发，产品基本成型，正式开始测试，并与客户进行沟通确认没有 bug。

⑥ 验收。由客户进行测试，提出修改意见。

⑦ 正式上线。客户验收合格满意后，开发者会将 App 交付客户，客户根据 App 预估的访问量、用户数量等来进行服务器的选择，服务器可以自己购买管理，可以购买后托管，也可以直接租赁。选定好服务器以后 App 就可以正式上线。

3. App 开发工具

App 开发是指专注于移动智能终端应用软件开发与服务。App 开发包括 Android、iOS 和 Windows 三个平台。

专业人员一般使用 App 开发语言工具进行开发，这种开发 App 需要较强的编程知识和经验，且开发周期长。现在有许多能够创建简单 App 应用的傻瓜工具，只要有相关的 HTML5、CSS 和 JavaScript 知识，便可以轻松快速地开发出实用的 App。这种傻瓜工具，甚至能让对编程代码一窍不通的普通开发者，创建一个 App 客户端，并可以对 App 程序进行应用更新维护。这为开发者带来了更好的开发解决办法，在开发平台中多种开发工具、全类别的第三方服务商使 App 开发变得简便、快速。

下面介绍常用的一些开发工具。

① Bizness Apps。Bizness Apps 目前支持 iOS(iPhone、iPad)及 Android 平台上的本机 App

制作。Bizness Apps 为每种类型提供了相应的模板,包含该类型大部分的常见功能,用户完全不需要具备任何编程知识,只要进行按钮勾选及拖拽,就能完成大部分设计工作。

在 App 完成后,Bizness Apps 会把 App 上传到它们在 iOS 和 Android 应用商店的账号。当然,也可以申请账号自己上传。

② AppMakr。AppMakr 是 DIY App 在线开发工具,目前支持 iOS、Android 和 Windows Phone 等系统。AppMakr 可以让用户无须编程,只需简单的"拖放操作"即可快速创建 iOS 或 Android App 应用程序。

此外,AppMakr 还能将网站连接到应用程序、支持 HTML5、推送通知和广告支持。用户可以使用自己的开发许可,将 App 发布到 App Store 等应用商店中进行推广。

③ AppsGeyser。AppsGeyser 是一个 Android 应用网站,可以瞬间把博客生成一个 apk 的安装文件,并且还支持二维码下载,让用户也做一次 Android 开发者。它可以把任何网页内容变成一个 Android 的应用。

④ Mobile Roadie。Mobile Roadie 提供一个应用开发平台,整合 YouTube、Brightcove、Flickr、Twitpic、Ustream、Topspin、Google 资讯、RSS、Twitter 和 Facebook。可使用该应用平台开发 iOS 和 Android 的应用,并可以使用其提供的内容管理系统更新资讯,也可自行修改应用细节。Mobile Roadie 还提供了数据分析工具。

⑤ DevmyApp。这是一款 iOS 客户端开发软件,该软件可以创建、设计和开发 iOS 应用程序,同时还可避免为一些经常出现的功能模块重复编写代码,这款程序比较适合苹果手机客户端软件的制作开发。

⑥ AppMachine。这是一款支持 iOS 和 Android 系统的跨平台开发工具。用户可以通过修改 AppMachine 所提供的 20 种应用设计模板来进行 App 设计。另外用户也可以自己 DIY,添加包括新闻、LBS、社交媒体、拍照、摄像等多个集成内容。通过 AppMachine 提供的应用模板,用户能够快速地创建独具特色的应用。相对于大多数移动应用 DIY 产品来说,AppMachine 并不依赖于 HTML5,从而实现了真正的完全本地化。

⑦ DingDone。DingDone 开发出的是 Web App,操作简单,傻瓜化操作适合没有任何基础的人玩。它的应用种类也很丰富,互动功能完善,最关键的是可修改的元素足够多。

⑧ Epub360。Epub360 是在线使用的交互内容设计平台,无须编程,可在线设计交互式电子杂志、品牌展示、产品指南、培训课件、交互童书、微网页等互动内容,一次创作,可同时发布到 iOS、Android、桌面及微信。Epub360 提供很多的设计元素,是为专业设计师精心打造的交互设计利器。

⑨ Appy Pie。Appy Pie 是一款支持 Android 系统的跨平台开发工具。这个开发工具不仅可以做一般 App,还提供了多种类型应用程序的创建模块,通过选择可在线快速进行 App 的开发。这极大地方便了开发者进行 App 的开发。

⑩ AppsBuilder。AppsBuilder 是一个跨平台的在线开发 App 工具,为用户提供快速的原生 App 的解决方案。AppsBuilder 可实现定制的视觉设计和实现应用跨平台的能力,其内置插件可以将博客网站直接转换成原生 App 软件。

AppsBuilder 支持的系统平台比较多,包括 iPhone、iPad、Windows Phone、Android、Chrome,甚至还有 HTML5。

⑪ AppMobi。AppMobi 推出的全新 App 制作工具 XDK,使用户只要会 HTML5、CSS3

或 JavaScript 代码，就可以使用 XDK 编写程序，不需要学习 Objective-C 或下载其他的 App 软件开发工具包。XDK 让用户可以使用行业标准来构建应用程序，同时提供了 AppMobi 自有的 JavaScript 库，包含类似转换滤镜和滚动条等内容。

⑫ APICloud。APICloud 移动开发平台为移动开发者从"云"和"端"两个方向提供 API，简化移动应用开发技术。APICloud 由"云 API"和"端 API"两部分组成，可以帮助开发者快速实现移动应用的开发、测试、发布、管理和运营的全生命周期管理。

APICloud 开发平台是用 Web 语言同时开发 iOS 和 Android App。此外，APICloud 平台上有数百个各式各样的功能模块，方便在线开发各类 App 软件。

⑬ Titanium。Titanium 是 Appcelerator 公司旗下的一款开源的跨平台开发框架，和 PhoneGap 及 Sencha Touch 一样，都是让开发者使用 HTML/CSS/JS 来开发出原生的桌面及移动应用，还支持 Python、Ruby 和 PHP。Titanium 最大的特点就是，由于是基于硬件的开发，开发过程中所创建的应用可选择存储在设备或云端之上。

⑭ MoSync。MoSync 是一款 FOSS 跨平台移动应用程序开发 SDK 工具，主要用于移动游戏开发，它基于标准的 Web 编程技术。这个 SDK 为开发人员提供了集成的编译器、代码库、运行时环境、设备配置文件及其他实用工具。MoSync 现在包括基于 Eclipse 的集成开发环境(IDE)，用于 C/C++编程，计划支持 JavaScript、PHP、Ruby、Python 及诸如此类的其他语言。

⑮ Intel XDK。Intel XDK 的前身是 AppMobi XDK，是一款帮助开发者使用 HTML5 开发移动及 Web 应用的跨平台开发工具。XDK 包括了一个 HTML5 开发环境和一组支持创建混合 iOS 及 Android 应用的云服务，这些应用能够直接提交到不同的应用商店之中。除此之外，XDK 还提供了调试工具，可以进行屏幕仿真调试、设备实际调试和遥控调试，不包括 Ad-Hoc 模式和安全特性。

⑯ RhoMobile。RhoMobile 是由 Motorola 开发的一款开源的基于 Ruby 的移动应用开发框架，其前身为 Rhodes 框架，专门用于构建可以运行在多种平台之上的企业级原生 App。通过 RhoMobile，开发者无须考虑设备类型、操作系统、屏幕尺寸等诸多问题，只需掌握 HTML 和 Ruby 就可开发出运行在 iOS、Android、Windows Mobile、BlackBerry、Windows Phone 等智能手机上的 App。

⑰ Bedrock。Bedrock 是 Metismo 公司基于 Java 跨平台中间件技术的核心产品，旨在帮助开发者快速开发跨平台的移动游戏和应用。Bedrock 的交叉编译程序会把 Java 源代码转换成其他如 C++、C#、ActionScript 等编程语言，其独特的 IDE 特性，可以让开发者方便地在各种平台上开发应用和游戏，此外 Bedrock 还能直接把开发者编写的代码程序跨平台地部署到各种移动操作平台上。

⑱ LiveCode。LiveCode 是由 RunRev 公司推出的一款强大的图形化开发环境，不仅免费，还可以提供 10 倍的效率提升并减少 90%的代码。其强大之处在于非常容易学习和使用，可以让一个不会编程的人在很短的时间内就能开发出原生的，能够运行于 PC、服务器、移动设备上的应用程序。

上述开发 App 工具，都配备了相关的使用教程，使用者可以把它们从网络中下载下来，经过几个案例的开发就可以轻松地掌握这门技术。

习　题　1

一、计算机选配

某用户需要购买一台计算机，其日常主要用计算机进行股票交易、浏览信息、听听音乐、看看电影、网上购物和聊天。请按照此需求，并结合当前的计算机技术和市场情况，给出两套性价比高的计算机配置参考。

二、Windows 界面设置

操作系统是人机的界面，Windows 操作系统提供个性化的界面定制，通过实验，掌握初步的 Windows 界面设置及认识 Windows 操作环境。

1. 对"任务栏和开始菜单"进行设置。右击任务栏的"开始"图标，在快捷菜单中选择"属性"选项，然后在打开的"任务栏和「开始」菜单属性"对话框(图 1.68)中进行个性化的设置。例如，设置任务栏为自动隐藏。

2. 调整任务栏的大小，并把位置移动到屏幕的顶端。

3. 右击"时间"通知图标，在弹出的快捷菜单(图 1.69)中选择"属性"选项，然后在显示的"通知区域图标"窗口中设置要在任务栏上出现的图标和通知。记录设置的情况，然后观察任务栏右侧的变化。

例如，设系统时间为 19:01，日期为 2006 年 10 月 1 日，然后再改为即时时间和日期。

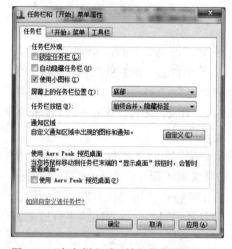

图 1.68　"任务栏和「开始」菜单属性"对话框　　　　　图 1.69　右击"时间"通知图标弹出的快捷菜单

4. 定制 Windows 的桌面。右击桌面空白处，在快捷菜单中选择"个性化"，然后在打开的 "个性化设置"窗口(图 1.70)中进行"桌面背景""屏幕保护程序""窗口颜色"等的设置。

5. 把桌面上的图标按"自动排列"方式排列。打开几个应用程序窗口，分别将它们"层叠""横向平铺""纵向平铺"。

6. 打开"写字板"窗口，练习窗口的移动、缩放、最小化、最大化、还原、关闭等操作。

图 1.70　"个性化设置"窗口

7．在"写字板"窗口中分别利用键盘和鼠标打开菜单栏上的菜单项，查看菜单中的命令；打开控制菜单练习最小化、最大化、还原、关闭命令的操作。

8．在桌面上创建一个"写字板"和"画图"快捷方式图标。

三、Windows 文件操作

1．通过"资源管理器"进行文件操作。

① 在 C 盘根文件夹建立一个 Lx 子文件夹，然后在 Lx 文件夹下建立 ME 子文件夹。

② 把 C 盘上某个文件夹下的扩展名为 JPG 的文件(选择一个)和扩展名为 XLS 的文件(选择一个)移到 ME 子文件夹中。

③ 利用"记事本"建立 Readme.txt 文件，存入 Lx 文件夹中；再从 Lx 文件夹中将 Readme.txt 文件移到 ME 子文件夹中。

④ 分别用"超大图标""大图标""中等图标""小图标""列表""详细信息""平铺""内容"八种方式显示 Lx 文件夹，并将每种显示方式的情况及适用面写出来。

⑤ 把复制的前两个文件属性设为"只读"和"隐藏"，然后尝试能否删除该文件。将出现的结果记录下来。

⑥ 删除 Lx 文件夹下的部分文件，然后打开"回收站"查看，查看后将"回收站"中的部分文件恢复。

2．熟悉资源管理器窗口。

① 打开"资源管理器"，并适当调整左右窗格的大小。

② 在左窗格练习"展开"和"折叠"文件夹操作，在右窗格练习选定文件，以不同的显示方式(如大图标、小图标、列表、详细资料等)显示文件，在"详细资料"方式下按不同的顺序排列文件。

③ 在"资源管理器"中，分别右击某一文件夹、任务栏空白处、软盘驱动器图标、右窗格空白处和任务栏图标，打开相应快捷菜单查看其中的内容。

④ 关闭"资源管理器"的左窗格，然后再将其调出。

3．建立文件夹，进行文件的复制、移动、删除等操作。

① 在左窗格中选中 C 盘，在 C 盘的根文件夹下建立 1 个名为 eaxm 的文件夹，再在该文件夹(eaxm)下建立一个以自己学号为名字的子文件夹。

② 在 C:\Windows 文件夹中任选 4 个类型为"文本文件"的文件，将它们复制到 C:\eaxm 文件夹中(要求用鼠标拖动完成)。

③ 将 C:\eaxm 文件夹中的 1 个文件移动到以自己学号为名字的子文件夹中(要求用鼠标拖动完成)，并重命名该文件的名字。

④ 在 C:\eaxm 文件夹中创建 1 个类型为"文本文件"的空文件，文件名为 mylx。

⑤ 在 C:\eaxm 文件夹中任选 1 个文件，删除，打开"回收站"看一看有没有刚才删除的文件。再在 C:\eaxm 文件夹中任选 1 个文件，然后按下 Shift 键(不要松开)，再按 Delete 键，打开"回收站"看一看有没有刚才删除的文件。

⑥ 在 C 盘中查找 Notepad 程序文件，找到后运行该程序。

四、控制面板的使用

控制面板提供了一系列对 Windows 系统进行配置的程序，通过启动这些程序可以方便地完成对系统软、硬件的安装和设置等工作。

1．打开 Windows 7 的控制面板，寻找字体文件夹，进入该文件夹，以"详细资料"方式查看本机已安装的字体。Windows 系统提供了多种字体，而多种默认的字体将占用不少系统资源，对性能有要求的用户可以删除掉多余没用的字体，只留下常用的，这可减少系统负载，提高性能。如果担心以后可能用到这些字体，可以将不用的字体保存在另外的一个文件夹中或放到其他移动存储器中，这样以后用时再复制回来即可。

2．在控制面板中打开"鼠标"属性窗口，适当调整指针速度，并按自己的喜好选择是否显示指针轨迹及调整指针形状。

3．在控制面板中打开"输入法"属性窗口，进行如下操作：删除"区位输入法"，添加"王码五笔字型"输入法；将"搜狗输入法"的热键设置为 Ctrl+Alt+O。

4．启动控制面板中的"用户和密码"程序，以自己的姓名建立一个(受限)账户，并注销原用户，以新建的账户登录。

5．将任务栏右面托盘中的声音和输入法指示器去掉，思考一下，应选择控制面板的什么应用程序，并实际操作完成此任务。

6．设置多核 CPU 下的启动速度。为了让装有 Windows 7 系统的计算机能够更好地利用双核或者多核 CPU，可以用以下设置方法提高启动速度。

① 单击"开始"按钮，在开始菜单的"搜索程序和文件"输入框中输入 Msconfig 后回车，打开系统配置对话框，如图 1.45 所示。

② 切换到引导选项标签，单击高级项按钮，弹出"引导高级选项"对话框，如图 1.46 所示。

③ 在对话框中勾选处理器数，在下拉菜单里选择处理器的数目，如四核就选择 4，并勾选最大内存选项，然后单击"确定"按钮返回，重启计算机即可。

7．自己制作一组图片，并将其制作为屏幕保护。

8．用画图软件自绘一幅图片，绘制完成后以"背景.bmp"为名保存，然后把这张图片作为桌面背景，并采用"居中"的显示方式。

五、关闭后台应用

在 Windows 10 系统中打开"后台应用"对话框，然后根据情况进行关闭后台应用设置。

六、App 开发

从网上下载一款具有开发 App 功能的软件，并安装在自己的计算机中。然后运行该软件开发一个简单的能在手机上运行的小程序。

第 2 章　Office 2013 高级应用

用计算机解决日常工作学习中的文字编辑、表格计算、内容展示是必须掌握的基本技能，本章将以 Word、Excel、PowerPoint 高级应用为基础来说明如何进行文字排版、数据计算以及内容的有效展示。

2.1　Word 2013 高级应用

2.1.1　样式

1. 样式的概念

样式是 Word 中的重要功能，可以帮助用户快速格式化 Word 文档。所谓样式是指用有意义的名称保存的字符格式和段落格式的集合，这样在编排重复格式时，先创建一个该格式的样式，然后在需要的地方套用这种样式，就无须对它们进行重复的格式化操作了。

2. 新建样式

在 Word 2013 的空白文档窗口中，用户可以新建一种全新的样式。例如，新的表格样式、新的列表样式等。

新建样式的步骤如下。

① 打开 Word 2013 文档窗口，在"开始"功能区的"样式"分组中单击显示样式窗口按钮，如图 2.1 所示。

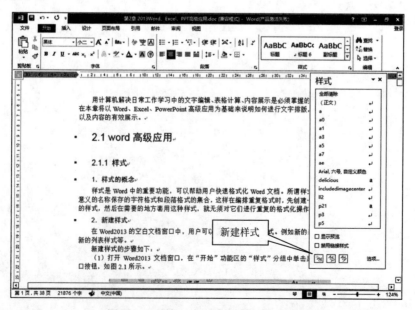

图 2.1　"开始"功能区的"样式"分组

②　在打开的"样式"窗口中单击"新建样式"按钮，系统弹出"根据格式设置创建新样式"对话框，如图 2.2 所示。

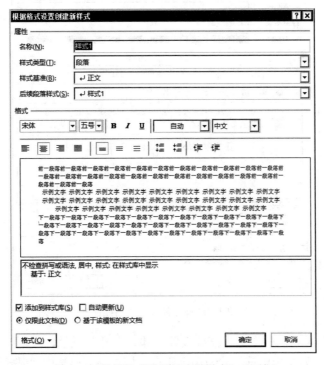

图 2.2　"根据格式设置创建新样式"对话框

在"名称"编辑框中输入新建样式的名称。然后单击"样式类型"下拉三角按钮，在"样式类型"下拉列表中包含五种类型。

a. 段落：新建的样式将应用于段落级别。

b. 字符：新建的样式将仅用于字符级别。

c. 链接段落和字符：新建的样式将用于段落和字符两种级别。

d. 表格：新建的样式主要用于表格。

e. 列表：新建的样式主要用于项目符号和编号列表。

③　选择一种样式类型，如"段落"。

④　单击"样式基准"下拉三角按钮，在"样式基准"下拉列表中选择 Word 2013 中的某一种内置样式作为新建样式的基准样式，如选择"标题"作为基准样式。

基准样式是最基本或原始的样式，文档中的其他样式以此为基础。如果更改文档基准样式的格式元素，则所有基于基准样式的其他样式也相应发生更改。要创建的样式与哪个样式接近就选择该样式作为基准样式。

⑤　单击"后续段落样式"下拉三角按钮，在"后续段落样式"下拉列表中选择新建样式的后续样式，如图 2.3 所示。

后续段落是指这个样式之后的段落的格式，如第一段是"标题 1"的样式，第二段接着是什么样式。一般来说，像"标题"类的样式，后面往往跟的是"正文"或者是"标题 2"。就像文章的结构一样，最常用的是"第一章"，然后是"第一节"，再是"第一点"，最后是"正文"。

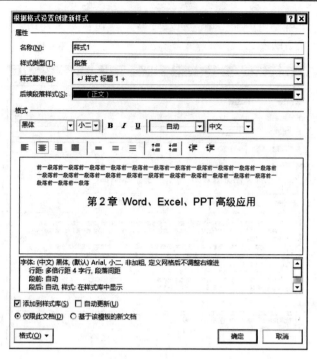

图 2.3　选择新建样式的后续样式

⑥ 在"格式"区域，根据实际需要设置字体、字号、颜色、段落间距、对齐方式等段落格式和字符格式。如果希望该样式应用于所有文档，则需要选中"基于该模板的新文档"单选框。设置完毕单击"确定"按钮即可。

2.1.2　模板

1. 模板的概念

模板实际上是模板文件的简称，也就是说，模板是一种特殊的文件，在创建其他文件时使用它。在 Word 中单击"新建空白文档"按钮创建一个空白的文档，也可使用模板，这时候 Word 使用 Normal 模板来创建该空文档。

实际上，每个模板都提供了一个样式集合，供格式化文档使用。样式是模板中的重要元素之一，把在制作某个文档中所创建的样式都保存下来，供以后处理同类型的文档使用，模板就是实现这个目标的有效途径。除了样式之外，模板还包含宏、自动图文集、自定义的工具栏等其他元素。因此可以把模板形象地理解成一个容器，它包含上面提到的各种元素。不同功能的模板包含的元素不尽相同，而一个模板中的这些元素，在处理同一类型的文档时是可以重复使用的。

2. 使用现有的模板创建文档

Word 提供了各式各样的模板，使用现有模板创建文档的一个前提条件是，对现有的模板的特性和功能比较了解。如果选择了不恰当的模板，那么制作完成的文档外观可能是非常别扭的。使用现有模板的大部分工作是在填空，包括向导方式的模板，都是根据提示填入自己需要的实际内容。

下面，使用 Word 提供的简历向导模板制作一份具备专业外观的个人简历。

步骤如下。

① 启动 Word 2013，进入程序主界面后，执行菜单"文件"→"新建"命令，显示"新建"任务对话框。在显示的"可用模板"中选择"基本简历"模板，如图 2.4 所示。

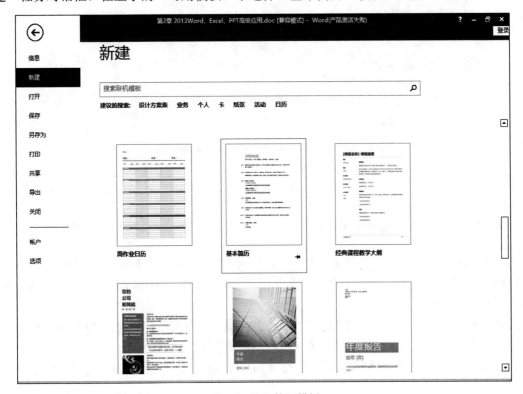

图 2.4　选择简历模板

② 单击"创建"按钮后，可以看到简历文档的标题框架已经成型了，如图 2.5 所示。

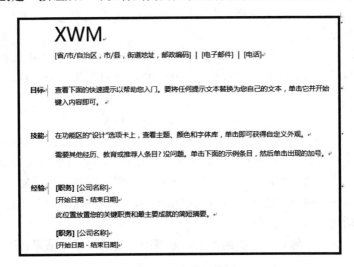

图 2.5　基本简历模板

③ 根据文档中的提示和自己的实际情况，把自己的相应信息"填入"文档中便可。

当开始输入部分信息时，文档中只提供了一个时间段供填写，但有好几个时间段的教育信息要填写，这时就需要增加信息段落。

④ 添加信息段落。在填写"教育"部分的具体信息之前，先考虑好大致有几个时间段要输入。然后选中文档提供的一个时间段教育信息的相应段落，单击右下角的"+"按钮，这样就制作好了另一个时间段的教育信息段落组，如图2.6所示。

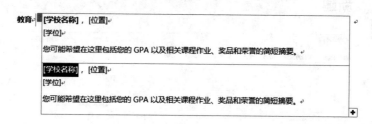

图2.6　增加教育信息段落组

3. 在 Word 2013 文档中新建模板

Word 2013 允许用户创建自定义的 Word 模板，以适合工作需要。在 Windows Vista 或 Windows 7 系统中，默认的"模板"文件夹目录为：Users\Administrator\AppData\Roaming\Microsoft\Templates。

要想找到上述文件夹，必须在当前系统中允许显示隐藏文件和文件夹。以 Windows 7 系统为例，在 Word 2013 文档中新建自定义模板的步骤如下。

① 打开 Word 2013 文档窗口，在当前文档中设计自定义模板所需要的元素，如文本、图片、样式等。

② 完成模板的设计后，在"快速访问工具栏"单击"保存"按钮。打开"另存为"对话框，选择"保存位置"为 Users\Administrator \Documents\自定义 Office 模板，然后单击"保存类型"下拉三角按钮，并在下拉列表中选择"Word 模板"选项。在"文件名"编辑框中输入模板名称，并单击"保存"按钮即可。

③ 单击"文件"→"新建"按钮，在打开的"新建文档"对话框中选择"个人"选项，在模板列表中可以看到新建的自定义模板。选中该模板即可新建一个文档。

2.1.3　长文档编辑

一篇长篇文档应该包括两个层次的含义：内容与表现，内容是指文章作者用来表达自己思想的文字、图片、表格、公式及整个文章的章节段落结构等，表现是指长篇文档页面大小、边距、各种字体、字号等。相同的内容可以有不同的表现，例如，一篇文章在不同的出版社出版会有不同的表现；而不同的内容可以使用相同的表现，例如，一个期刊上发表的所有文章的表现都是相同的。

在写长篇文档之前，做好各方面的准备，并按照一定的规律来编写和排列，会起到事半功倍的效果。

1．用好样式

编写长篇文档，一定要使用样式，除了 Word 原先所提供的标题、正文等样式外，还可以自定义样式。对于相同排版表现的内容一定要坚持使用统一的样式，这样做能大大减少工作量和出错机会。如果要对排版格式(文档表现)进行调整，只需一次性修改相关样式即可。使用样式的另一个好处是可以由 Word 自动生成各种目录和索引。

一般情况下，不论撰写学术长篇文档还是学位长篇文档，相应的杂志社或学位授予机构都会根据其具体要求，给长篇文档撰写者一个清楚的格式要求。例如，要求宋体、小四、行间距 17 磅等。这样，长篇文档的撰写者就可以在撰写长篇文档前对样式进行一番设定，这样就可很方便地编写长篇文档了。

2．使用交叉引用设置编号

不要自己输入编号，推荐使用交叉引用，否则手动输入的编号有可能给文章的修改带来麻烦。标题的编号可以通过设置标题样式来实现，表格和图形的编号通过设置题注的编号来完成。尤其是在写"参见第×章、如图×所示"等字样时，应使用交叉引用，当以后插入或删除新的内容时，所有的编号和引用都将自动更新，不需要人力维护。并且可以自动生成图、表目录。

3．使用分节符

文字处理时，用户关心的重点应是文章的内容，文章的表现就交给 Word 去处理。如果希望在一篇文档里得到不同的页眉、页脚、页码格式，可以插入分节符，并给每一节设置不同的格式。切换到"页面布局"功能区，在"页面设置"分组中选择"分隔符"下拉菜单，在其中选择所要的分节符。Word 提供的分节符主要有以下几种.

(1)下一页分节符

"下一页"命令插入一个分节符，并在下一页上开始新节。此类分节符对于在文档中开始新的一章尤其有用。

(2)连续分节符

"连续"命令插入一个分节符，新节从同一页开始。连续分节符对于在页上更改格式(如不同数量的列)很有用。

(3)"奇数页"或"偶数页"分节符

"奇数页"或"偶数页"命令插入一个分节符，新节从下一个奇数页或偶数页开始。如果希望文档各章始终从奇数页或偶数页开始，请使用"奇数页"或"偶数页"分节符选项。

4．编辑公式

(1)启动公式编辑器

需要编辑公式时，执行菜单"插入"命令，选择符号区域中"公式"命令按钮下的"插入新公式"，系统弹出"公式"工具栏，如图 2.7 所示。

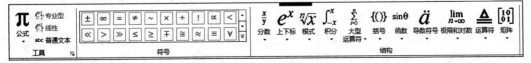

图 2.7　"公式"工具栏

（2）公式编辑器的应用

编辑一个数学公式，其中包含下标符号、乘法、除法、减法、积分算式等基本符号。公式的样式如下：

$$P_i = \frac{W}{V} \int_a^b \frac{x}{1-x} \mathrm{d}x$$

操作步骤如下。

① 制作下标变量。单击"公式模板"工具栏上的"上标和下标模板"按钮，选择相应的公式模板，然后在字符框中输入"P"，在下标框中输入"i"。注意：当鼠标指针指向某公式模板时，系统将自动显示该模板的名称。

② 制作分式。输入"="之后，单击"公式"工具栏的"分数"按钮，在分子框中输入"W"，在分母框中输入"V"。

③ 制作积分表达式。单击"公式模板"工具栏的"积分"模板，在上限框中输入"b"，在下限框中输入"a"。

④ 单击"公式模板"工具栏的"分数"按钮，在分子框中输入"x"；在分母框中输入"1–x"。

⑤ 在分数后输入"dx"。

⑥ 单击数学公式工具栏以外的任何部位，结束公式编辑，并返回到 Word 文档的正常编辑状态。

如果要删除公式中出现的错误内容，必须先选定错误的字符或表达式。有下面两种选定的方式：如果要删除的内容是一个独立的字符，可以通过双击字符来选定；如果要删除的内容是多个字符或组合字符，需要拖动鼠标来选定对象。

5. 使用文档结构图

文档结构图是一个完全独立的窗格，它由文档各个不同等级的标题组成，显示整个文档的层次结构，可以对整个文档进行快速浏览和定位。打开文档结构图的步骤如下。

① 打开 Word 2013 文档窗口，切换到"视图"功能区。在"视图"功能区的"显示"分组中选中"导航窗格"复选框。

② 在打开的导航窗格中，单击"标题"按钮可以查看文档结构图，从而通览 Word 2013 文档的标题结构，如图 2.8 所示。

6. 制作目录

目录用来列出文档中的各级标题及标题在文档中相对应的页码。

（1）目录制作的基本思路

① 修改标题样式的格式。通常 Word 内置的标题样式不符合论文的格式要求，需要手动修改。可修改的内容包括字体、段落、制表位和编号等，按论文格式的要求分别修改标题 1～3 的格式。

② 在各个章节的标题段落应用相应的格式。章的标题使用"标题 1"样式，节标题使用"标题 2"，第三层次标题使用"标题 3"。使用样式来设置标题的格式还有一个优点，就是更改标题的格式非常方便。假如要把所有一级标题的字号改为"小三"，只需更改"标题 1"样

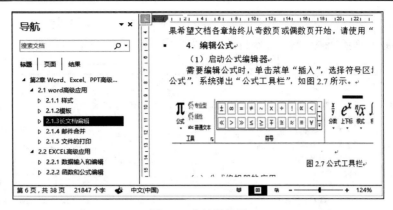

图 2.8　文档结构图

式的格式设置，然后自动更新，所有章的标题字号都变为"小三"号，不用手工去一一修改，不容易出错。

③ 提取目录。按文章格式要求，目录放在正文的前面。在正文前插入一个新页(在第一章的标题前插入一个分页符)，光标移到新页的开始，添加"目录"。若有章节标题不在目录中，肯定是没有使用标题样式或使用不当，不是 Word 的目录生成有问题，应检查相应章节设置。此后若章节标题改变或页码发生变化，只需更新目录即可。

注：目录生成后，有时目录文字会有灰色的底纹，这是 Word 的域底纹，打印时是不会打印出来的。

(2)插入目录的步骤

插入目录的具体步骤如下。

① 打开 Word 2013 文档窗口，为了方便起见，直接在首页中插入分节符"下一页"，这样就可以对目录单独进行格式编辑。在下一节设置"页码格式"时，页码编号设置为"续前节"。

② 切换到"引用"功能区。在"目录"分组中单击"目录"按钮，在下拉菜单中选择"自定义目录"选项。系统弹出"目录"对话框，如图 2.9 所示。

图 2.9　"目录"对话框

③ 根据需求选择显示效果。单击"确定"按钮，在刚才插入的新页上生成了目录，如图 2.10 所示。现在目录是按照要求生成了三级目录，如果页码不符合要求，需要再进行一些编辑。

图 2.10　生成目录

④ 双击正文页脚，进入编辑状态，如图 2.11 所示。

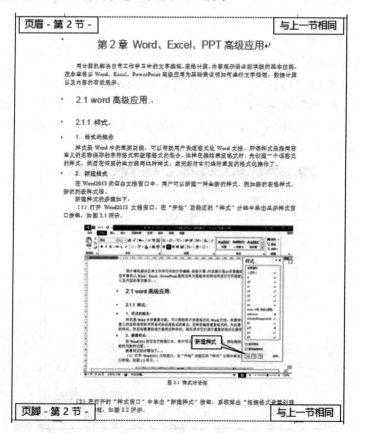

图 2.11　文档进入编辑状态

⑤ 在页眉页脚功能区中选择页码,再在菜单中选择"设置页码格式"项,如图 2.12 所示。默认情况是:起始页码 1。

⑥ 插入的目录是一个 Word 控件,所以不需要再次插入目录,只需要在目录上方右击,在弹出的快捷菜单中选择"更新域"选项便更新了目录。

(3)在这里需要注意的问题

① 如果需要对某一页/某几页单独进行格式编辑,而不想影响其他页的格式,基本上都是使用分隔符"下一页"。

② 无论目录占据了多少页,只需要根据上述方法,在需要显示为第一页的页面双击页码进入页脚编辑模式,在设置页码格式中将"续前节"改为"起始页码 1"。

图 2.12　"页码格式"对话框

2.1.4　邮件合并

1. 邮件合并简介

(1)什么是邮件合并

"邮件合并"这个名称最初是在批量处理"邮件文档"时提出的。具体地说就是在邮件文档(主文档)的固定内容中,合并与发送信息相关的一组通信资料(通信资料来源于数据源,如 Excel 表、Access 数据表等),从而批量生成需要的邮件文档,大大提高工作的效率。显然,"邮件合并"功能除了可以批量处理信函、信封等与邮件相关的文档,一样可以轻松地批量制作标签、工资条、成绩单等。

(2)邮件合并的使用场合

最常用的需要批量处理的信函、工资条等文档,它们通常都具备两个规律。

① 需要制作的数量比较大。

② 这些文档内容分为固定不变的内容和变化的内容,如信封上的寄信人地址和邮政编码、信函中的落款等,这些都是固定不变的内容;而收信人的地址、邮编等就属于变化的内容。其中变化的部分由数据表中含有标题行的数据记录表表示(含有标题行的数据记录表通常是指这样的数据表:它由字段列和记录行构成,字段列规定该列存储的信息,每条记录行存储着一个对象的相应信息)。

(3)邮件合并的基本过程

邮件合并包含三个过程,理解了这三个基本过程,就可以有条不紊地运用邮件合并功能解决实际问题了。

① 建立主文档。

"主文档"就是前面提到的固定不变的主体内容,如信封中的落款、信函中的对每个收信人都不变的内容等。使用邮件合并之前先建立主文档,一方面可以考察工作是否适合使用邮件合并;另一方面是为数据源的建立或选择提供标准和思路。

② 准备数据源。

数据源就是前面提到的含有标题行的数据记录表,其中包含着相关的字段和记录内容。数据源表格可以是 Word、Excel、Access 或 Outlook 中的联系人记录表。

在实际工作中，数据源通常是现成存在的。例如，要制作大量客户信封，多数情况下，客户信息可能早已被客户经理做成了 Excel 表格，其中含有制作信封需要的"姓名""地址""邮编"等字段。在这种情况下，直接使用就可以了。如果没有，则要根据主文档对数据源的要求建立，常常使用 Excel 制作。

③ 合并邮件。

前面两件事情都做好之后，就可以将数据源中的相应字段合并到主文档的固定内容之中了，表格中的记录行数，决定着主文件生成的份数。整个合并过程将利用"邮件合并向导"进行，非常轻松容易。

2. 使用邮件合并功能完成信函

下面将介绍如何创建，并通过使用 Excel 工作表中的数据打印套用信函，Word 中使用邮件合并功能。

(1) 设置 Excel 数据文件

在进行邮件合并向导之前，确保 Excel 工作表已构造完成。数据表应满足以下要求。

① 第一行应该包含字段名称，每个字段的名称应是唯一的。

② 每行应提供有关特定项的信息。

③ 表中没有空白的行。

创建 Excel 数据文件，内容如图 2.13 所示。

	A	B	C	D	E	F
1	姓名	职务	单位	地址	城市	邮编
2	王铁山	董事长	西安智能设备有限公司	高新路18号	西安	710025
3	唐小红	总经理	陕西现代通讯有限公司	科技一路6号	西安	710012
4	李凤兰	校长	长安网络教育学校	唐延南路5号	西安	710069
5	杨金株	技术总监	雁塔光电子信息有限公司	锦业路12号	西安	710054
6	杨露雅	财务总监	碑林教学仪器厂	西部大道9号	西安	710009

图 2.13　地址表

创建 Excel 数据文件后，保存并关闭数据文件。

(2) 设置主文档

① 在"邮件"选项卡上的"开始邮件合并"组中单击"开始邮件合并"图标，选择"邮件合并分步向导"选项，如图 2.14 所示。

② 在"选择文档类型"中选中"信函"选项。

③ 活动文档将成为主文档。主文档包含文本和图形都是相同的合并文档的每个版本的。例如，对于寄信人地址和称呼套用信函中的是相同的每个版本。

④ 单击"下一步：开始文档"，如图 2.15 所示。

⑤ 选择开始文档，选择"使用当前文档"。

⑥ 单击"下一步：选取收件人"按钮。

(3) 指定 Excel 数据源

① 系统弹出"选择收件人"对话框，选择"使用现有列表"，单击"浏览"按钮，在"选择数据源"对话框(图 2.16)中找到并单击要使用的 Excel 工作表，然后单击"打开"按钮。

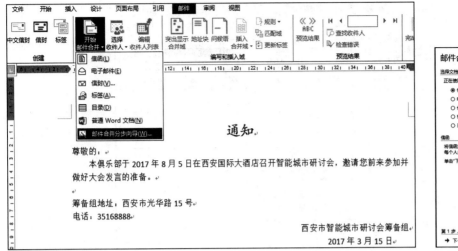

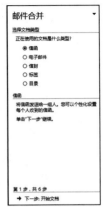

图 2.14　选择邮件合并　　　　　　　　　　　　　　图 2.15　选择文档类型

图 2.16　"选择数据源"对话框

②"邮件合并收件人"对话框中显示了数据源中的所有条目。此处，可以调整要包含在合并中的收件人列表，如图 2.17 所示。

(4)选择该收件人

① 在"邮件合并"对话框中选择所需包括的收件人。

② 单击"下一步：撰写信函"按钮。

(5)插入合并域

在主文档中单击将要插入域的位置，单击"插入合并域"按钮，选择需要的域。主要包括地址块、问候语、电子邮政和其他项目等，插入姓名和职务，如图 2.18 所示。

(6)保存文档

执行"文件"→"另存为"命令。命名该文档，然后单击"保存"按钮。

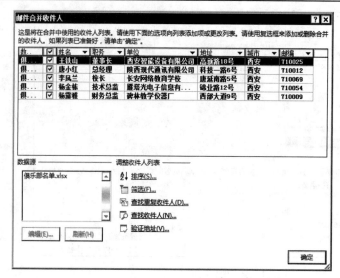

图 2.17　设置邮件合并收件人

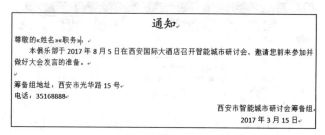

图 2.18　插入合并域

(7)完成合并

① 单击"邮件|完成|完成并合并"按钮，选择"编辑单个文档"。

② 在"合并到新文件"对话框中选择要合并的记录。

③ 单击"确定"按钮，完成合并。

3. 使用邮件合并功能打印成绩单

在每学期放假之前，各班级班主任老师都要把学生的分数统计出来上报到教务处，然后寄发学生成绩通知单。各班主任老师在整理分数汇总到 Excel 之中时，如果一个一个复制粘贴，效率低还容易出错，其实完全不必如此，用 Word 的"邮件合并"功能就能快速完成这项工作。

(1)创建通知单文档

按常规方法在 Word 中创建成绩通知单文档，表格中要填写具体的学号、姓名及成绩的行空着不填；做好页面设置(如用 A4 纸)，最后在文档末尾加上 4～5 个空行，如图 2.19 所示。

(2)选取 Excel 数据文件

① 在"邮件"功能区，执行"开始邮件合并"按钮，在下拉菜单中，选择"信函"。

② 在"邮件"功能区，执行"选择收件人并"按钮，选择"使用现有列表"，系统弹出"选取数据源"对话框。选择"成绩表.xlsx"文件，如图 2.20 所示。

学生成绩表					
专业	学号	姓名	程序设计	数学	英语
					2017 年 3 月 15 日

图 2.19　制作成绩单

	A	B	C	D	E	F	G	H	I
1	专业	学号	姓名	性别	程序设计	数学	英语	总评	备注
2	勘查技术与工程	2016345	王铁山	男	75	82	60		
3	计算数学	2016341	李凤兰	女	85	72	60		
4	数学	2016344	杨露雅	女	72	56	66		
5	数学	2016337	李壇高	男	91	61	88		
6	经济学	2016339	赵博阳	男	65	92	90		
7	管理科学	2016338	李慧	女	99	82	68		

图 2.20　成绩表

(3) 插入合并域

① 在"邮件/编写和插入域"功能区，执行"插入合并域"命令，弹出"插入合并域"对话框，所有可用的域都一目了然，然后在表格中一一对应地插入这些域即可，如图 2.21 所示。

学生成绩表					
专业	学号	姓名	程序设计	数学	英语
《专业》	《学号》	《姓名》	《程序设计》	《数学》	《英语》
					2017 年 3 月 15 日

图 2.21　插入合并域

(4) 合并到新文档

① 在"邮电/完成"功能区，执行"完成并合并"命令，选择"编辑单个信函"。

② 弹出"合并到新文档"对话框，在该对话框中选择要合并的记录。

③ 单击"确定"按钮，完成合并，结果如图 2.22 所示。

图 2.22　合并结果

2.1.5　文件的打印

1. 打印指定的节

Word 2013 可以自定义打印范围，可以指定一个或多个节或多个节的若干页。如果想打印一节内的多页，可以键入"p 页码 s 节号"，例如，打印第 3 节的第 5 页到第 7 页，只要键入"p5s3-p7s3"即可；如果打印整节，只要键入"s 节号"，如"s3"；如果想打印不连续的节，可以依次键入节号，并以逗号分隔，如"s3,s5"；如果想打印跨越多节的若干节，只要键入此范围的起始页码和终止页码以及包含此页码的节号，并以连字符分隔，如"p2s2-p3s5"。

2. 按纸型缩放打印

在 Word 的"打印"对话框的右下方有一个"每版打印 1 页"选项，在其下拉菜单中有"缩放至按纸张大小"选项，在这个选项的下拉菜单中，再选择所使用的纸张即可实现缩印。例如，在编辑文件时所设的页面为 A4 大小，却想使用 16 开纸打印，那么只要选择 16 开纸型，Word 会通过缩小整篇文件的字体和图形的尺寸将文件打印到 16 开纸上，完全不需重新设置页面并重新排版，如图 2.23 所示。

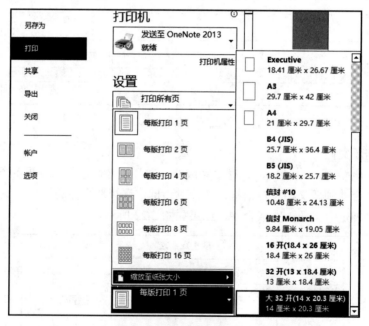

图 2.23　缩放打印选项

3. 取消无法继续的打印任务

有时在打印 Word 文件时，会遇到打印机卡纸等中断情况，关闭打印机电源取出纸后再打开电源打印，却会发现无法继续进行了。这时，不需要重新启动系统，只要双击任务栏上的打印机图标，再取消打印工作即可。

4.　让打印文字不再重叠

有时用 Word 编辑文件时，明明觉得设置得很正常，而且打印预览时文字也排列得非常整齐，但用打印机打印后发现偏偏部分文字重叠在了一起。这时可以执行"文件"→"页面设置"命令，对页面的纸张大小、纸张类型，按照用户所使用的纸张进行设置，并且对行距、字间距等参数进行适当调整或直接还原为默认值。

5.　设置特殊页码显示格式

(1) 设置页码显示格式为"第 X 页，共 Y 页"

① 将光标放在插入页码的位置，执行"插入/文本"功能区中的"文档部件"命令，在下拉菜单中选择"域"，如图 2.24 所示。

② 单击"插入域"按钮，系统弹出"域"对话框，选择"Page"，单击"确定"按钮，如图 2.25 所示。

图 2.24　插入域

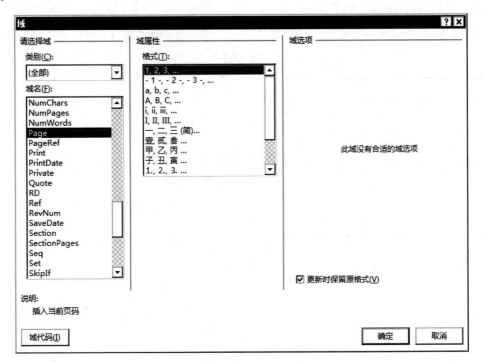

图 2.25　选择 Page

③ 再次单击"文档部件"，插入 SectionPages 域，结果如图 2.26 所示。

④ 分别添加"第　页，共　　页"格式，在页脚按 Alt+F9 键，切换到域修改模式，如图 2.27 所示。

⑤ 添加文字，如图 2.28 所示。

⑥ 按 Alt+F9 组合键，可以看到结果，如图 2.29 所示。

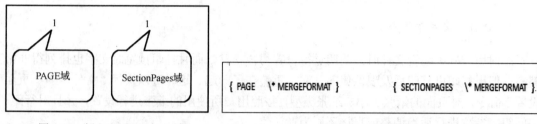

图 2.26　插入 SectionPages 域　　　　　　　　图 2.27　域修改模式

图 2.28　修改内容 　　　　　　　　图 2.29　显示结果

(2)折页打印

如果想制作实验报告、编制试卷等折页文件，基本步骤如下。

① 执行"插入"功能区的"页脚"命令，而后切换至第一页的页脚(或页眉)。对两分栏来说，可在与左栏对应的合适位置输入和在与右栏对应的合适位置输入 PAGE 域，如图 2.30 所示。

② 修改内容，如图 2.31 所示。

输入"第　页"，按 Ctrl＋F9 组合键产生大括号"{ }"。然后在大括号"{ }"内输入其他字符。

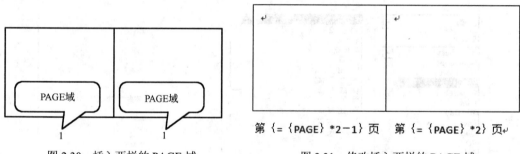

图 2.30　插入两栏的 PAGE 域　　　　　　图 2.31　修改插入两栏的 PAGE 域

③ 完成后，按 Alt+F9 组合键，切换到显示模式，结果如图 2.32 所示。

图 2.32　设置结果

此方法可以进一步扩展，如对三分栏格式来说，必须将每栏"第　页"之间的域代码修改为"{＝{PAGE}＊3－2}""{＝{PAGE}＊3－1}""{＝{PAGE}＊3}"。

N 分栏则是"{＝{PAGE}＊N－(N－1)}""{＝{PAGE}＊N－(N－2)}"…"{＝{PAGE}＊N}"。

2.2　Excel 2013 高级应用

2.2.1　数据输入和编辑

1. 将单元格区域从公式转换成数值

有时，可能需要将某个单元格区域中的公式转换成数值，常规方法是使用"选择性粘贴"中的"数值"选项来转换数据。其实，有更简便的方法：首先选取包含公式的单元格区域，鼠标指针移到区域边沿变为花型时按住鼠标右键将此区域沿任何方向拖动一小段距离(不松开鼠标)，然后再把它拖回去，在原来单元格区域的位置松开鼠标(此时，单元格区域边框变花了)，从出现的快捷菜单中选择"仅复制数值"选项。

2. 按小数点对齐

有两种方法使数字按小数点对齐。

① 选中位数少的单元格，根据需要单击"格式"工具栏上的"增加小数位数"按钮多次，将不足位数补以 0。

② 选中位数少的单元格，右击选择"设置单元格格式"选项，在弹出的窗口中单击"数字"标签，选中"数值"，在右面的"小数位数"中输入需要的位数，程序就会自动以 0 补足位数。同样，对于位数多的单元格，如果设置了较少的小数位数，程序会自动去掉后面的数字。

3. 对不同类型的单元格定义不同的输入法

在一个工作表中，通常既有数字，又有字母和汉字。于是，我们在编辑不同类型的单元格时，需要不断地切换中英文输入法，这不但降低了编辑效率，而且让人觉得麻烦。下面的方法能让 Excel 针对不同类型的单元格实现输入法的自动切换。

① 选择需要输入汉字的单元格区域，执行"数据/数据工具"→"数据验证/数据验证"命令，在"数据有效性"对话框中选择"输入法模式"选项卡，在"模式"下拉列表中选择"打开"，单击"确定"按钮。

② 选择需要输入字母或数字的单元格区域，执行"数据/数据工具"→"数据验证/数据验证"命令，选择"输入法模式"选项卡，在"模式"下拉列表中选择"关闭"，单击"确定"按钮。

此后，当插入点处于不同的单元格时，Excel 会根据上述设置，自动在中英文输入法间进行切换，从而提高了输入效率。

4. 隐藏单元格中的所有值

有时候，需要将单元格中的所有值隐藏起来，步骤如下。

单击"开始/数字"功能区右下角的"对话框"按钮，弹出"设置单元格格式"对话框，在其中选择"数字"选项卡，在"分类"列表中选择"自定义"，然后将"类型"框中已有的代码删除，键入"；；；"(3 个分号)即可，如图 2.33 所示。

图 2.33 "设置单元格格式"对话框

提示：单元格数字的自定义格式是由正数、负数、零和文本 4 个部分组成的。这 4 个部分用 3 个分号分隔，哪个部分空，相应的内容就不会在单元格中显示。

5. 将复制的单元格插入到现有单元格之间

如果想要将一块复制的单元格插入到其他行或列之间，而不是覆盖这些行或列，可以通过下面这个简单的操作来完成。

选择将要复制的单元格，单击"开始/剪贴板"功能区的"复制"按钮，在工作表上选择将要放置被复制单元格的区域，然后按下"Ctrl-Shift-+"，选择单元格移动方式(下移或右移)，然后单击"确定"按钮。现在，复制的单元格将插入到合适的位置，不需要担心它们覆盖原有的信息。

6. 用下拉列表快速输入数据

如果某些单元格区域中要输入的数据很有规律，如学历(本科、硕士、博士)、职称(技术员、助理工程师、工程师、高级工程师)等，输入时具体步骤如下。

① 选取需要设置下拉列表的单元格区域。

② 执行"数据/数据工具"→"数据验证/数据验证"命令，在"数据验证"对话框中选择"设置"选项卡，在"允许"下拉列表中选择"序列"，在"来源"框中输入设置下拉列表所需的数据序列，如"技术员,助理工程师,工程师,高级工程师"，并确保复选框"提供下拉箭头"被选中，如图 2.34 所示，单击"确定"按钮即可。

这样在输入数据的时候，就可以单击单元格右侧的下拉箭头选择输入数据，从而加快了输入速度。

7．Excel 工作簿的保护

Excel 工作簿的保护分为三个层次：工作簿级的保护、工作表级的保护和单元格级的保护。

（1）工作簿级的保护

步骤如下。

① 在"审阅"工具组的"更改"分组中单击"保护工作簿"图标。

② 在弹出的"保护结构和窗口"对话框中输入密码后，然后单击"确定"按钮，如图 2.35 所示。

图 2.34　设置数据验证

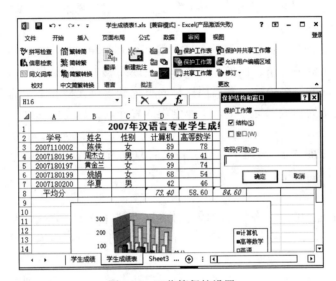

图 2.35　工作簿保护设置

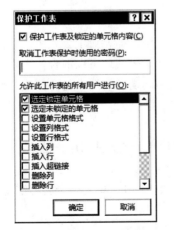

图 2.36　设置工作表用户操作权限

"隐藏"，则公式不可见。

③ 对工作表进行保护设置。

（2）工作表级的保护

步骤如下。

① 在"审阅"工具组的"更改"分组中单击"保护工作表"图标。

② 在弹出的"保护工作表"对话框中设置用户操作权限，然后输入密码，单击"确定"按钮，如图 2.36 所示。

（3）单元格级的保护

① 选中需要进行保护的单元格，如图 2.35 中的"姓名"单元格进行保护，然后单击鼠标右键，在弹出的菜单中选择"设置单元格格式"选项。

② 在"设置单元格格式"窗口中选择"保护"选项，选中"锁定"，则对选定的单元格进行保护。如果同时勾选

2.2.2　函数和公式编辑

Excel 的数据计算是通过公式实现的，可以对工作表中的数据进行加、减、乘、除等运算。

Excel 的公式以等号开头，后面是用运算符连接对象组成的表达式。表达式中可以使用圆括号"( )"改变运算优先级。公式中的对象可以是常量、变量、函数及单元格引用，如=C3+C4、=D6/3-B6、=sum(B3:C8)等。当引用单元格的数据发生变化时，公式的计算结果也会自动更改。

1.　单元格的三种引用方式

单元格引用分为相对引用、绝对引用和混合引用三种。

(1)相对引用

相对引用是用单元格名称引用单元格数据的一种方式。例如，求 E3、F3 和 G3 三个单元之和，则公式为= E3+F3+G3。

相对引用方法的好处是：当编制的公式被复制到其他单元格中时，Excel 能够根据移动的位置自动调节引用的单元格。例如，要计算学生成绩表中所有学生的总评，只需在第一个学生总分单元格中编制一个公式，然后用鼠标向下拖动该单元格右下角的填充柄，拖到最后一个学生总评单元格处释放鼠标左键，所有学生的总评均计算完成。

(2)绝对引用

在行号和列标前面均加上"$"符号。在公式复制时，绝对引用单元格将不随公式位置的移动而改变单元格的引用。

(3)混合引用

混合引用是指在引用单元格名称时，行号前加"$"符号或列标前加"$"符号的引用方法。即行用绝对引用，而列用相对引用；或行用相对引用，而列用绝对引用。其作用是不加"$"符号的随公式的复制而改变，加了"$"符号的不发生改变。

例如，E$2 表示行不变而列随移动的列位置自动调整。$F2 表示列不变而行随移动的行位置自动调整。

(4)不同引用之间切换

当在 Excel 中创建一个公式时，该公式可以使用相对单元引用，即相对于公式所在的位置引用单元，也可以使用绝对单元引用，引用特定位置上的单元。公式还可以混合使用相对单元和绝对单元。通过使用下面的方法，可以轻松地在三种引用间切换：选中包含公式的单元格，在公式栏中选择想要改变的引用，按下 F4 键切换。

(5)同一工作簿中不同工作表单元格的引用

如果要从 Excel 工作簿的其他工作表中(非当前工作表)引用单元格，其引用方法为："工作表名!单元格引用"。

例如，设当前工作表为"Sheet1"，要引用"Sheet3"工作表中的 D3 单元格，其方法是：Sheet3!D3。

2.　用记事本编辑公式

在工作表中编辑公式时，需要不断查看行、列的坐标，当编辑的公式很长时，编辑栏所占据的屏幕面积越来越大，非常不便。用记事本编辑公式是一个很好的选择。

打开记事本，在里面编辑公式，屏幕位置、字体大小不受限制，其结果又是纯文本格式，可以在编辑后直接粘贴到对应的单元格中而不需要转换。

例如，有一座大学，教学工作的效益系数和人数有如下关系：20～40 人，效益系数为 1；41～60 人，效益系数为 1.1；61～80 人，效益系数为 1.2；81～100 人，效益系数为 1.3；101～120 人，效益系数为 1.4；121～140 人，效益系数为 1.5；141～160 人，效益系数为 1.6；160 人以上，效益系数为 1.7。

假定人数存储于 F3 中，则效益系统的计算公式如下：

=IF(F3<=40,1,IF(F3<=60,1.1,IF(F3<=80,1.2,IF(F3<=80,1.2,IF(F3<=100,1.3,IF(F3<=120, 1.4,IF(F3<=150,1.5,IF(F3<=160,1.6,1.7)))))))))

3．防止编辑栏显示公式

有时，人们可能不希望让其他用户看到公式，可按以下方法设置。

① 右击要隐藏公式的单元格区域，从快捷菜单中选择"设置单元格格式"选项，单击"保护"选项卡，选中"锁定"和"隐藏"。

② 在"审阅"选项卡的"更改"分组中单击"保护工作表"图标。

以后，用户将不能在编辑栏或单元格中看到已隐藏的公式，也不能编辑公式。

2.2.3　图形和图表编辑

1．在图表中显示隐藏数据

通常，Excel 不对隐藏单元格进行图表显示。如果要在图表中显示隐藏的数据，可通过如下操作实现。

① 用鼠标指向图表。

② 右击，在快捷菜单中执行"选择数据"命令，在"选择数据源"对话框中，单击"隐藏的单元格和空单元格"按钮，再单击"确定"按钮。

2．给图表增加新数据系列

有时需要对已创建好的图表增加新的数据系列，虽然可通过重新创建包含新数据系列的图表实现，但对已经存在的图表增加新数据系列显得更为简单、方便。

(1) 使用"选择数据源"对话框

在"选择数据源"对话框中的"图例项(系列)"中，单击"添加"按钮，弹出"编辑数据系列"对话框，在其中的"系列名称"栏中指定数据系列的名称，在"系列值"栏中指定新的数据系列，单击"确定"按钮即可。

(2) 使用"选择性粘贴"对话框

选择要增加的数据系列并将其复制到剪贴板上，然后激活图表，执行"开始/剪贴板"菜单中的"粘贴/选择性粘贴"命令，出现"选择性粘贴"对话框，选择添加单元格为"新建系列"，并选择合适的数值轴，然后单击"确定"按钮即可。

3．对不同的数据系列使用不同坐标轴

有时，需要绘制度量完全不同的数据系列，如果使用同样的坐标轴，很可能某个系列几乎是不可见的，如图 2.37 所示，小家电的销售额较难分辨。

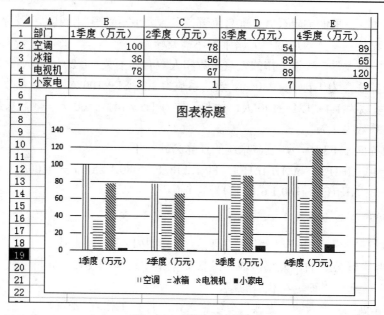

图 2.37　销售标记图表

为了使每个系列都清晰可见，可以使用辅助坐标轴。要为某个数据系列指定一个辅助坐标轴，步骤如下。

① 选定图表中的这个数据系列，右击弹出快捷菜单，执行"数据系列格式"→"坐标轴"命令，选择"次坐标轴"选项。结果如图 2.38 所示，右边出现次坐标轴。

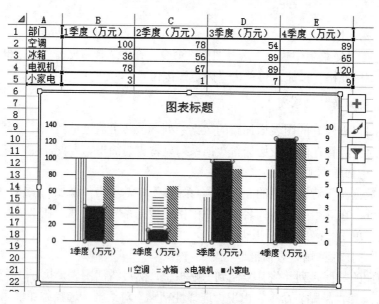

图 2.38　添加次坐标轴后效果

② 柱形图表感觉不美观，右击次坐标轴数据系列，在快捷菜单中选择"更改系列图表类型"选项。在折线图中选择"带数据标记的折线图"选项，结果如图 2.39 所示。

③ 右击柱形图和折线图，选择"添加数据标签"选项，调整数值的位置，如图 2.40 所示。

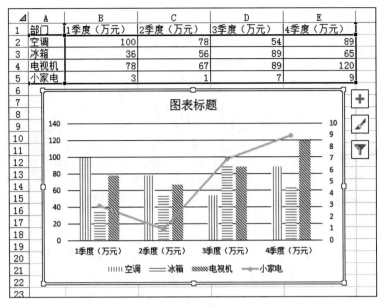

图 2.39　更改图标类型

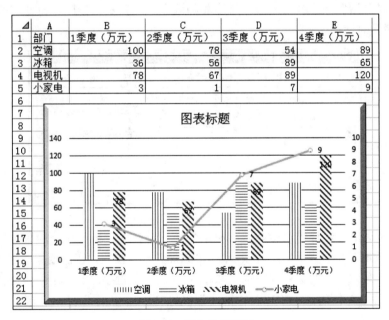

图 2.40　添加数据标签

2.2.4　数据分析和管理

在 Excel 中，数据清单是包含相似数据组并带有标题的一组工作表数据行。可以把"数据清单"看成最简单的"数据库"，其中行作为数据库中的记录，列作为字段，列标题作为数据库中的字段名的名称。借助数据清单，可以实现数据库中的数据管理功能——筛选、排序等。Excel 除了具有数据计算功能，还可以对表中的数据进行排序、筛选等操作。

1. 数据的排序

假设"大学成绩表",如图2.41所示。

A	B	C	D	E	F	G	H	I
1	大学成绩表							
2 专业	学号	姓名	性别	程序设计	数学	英语	总评	备注
3 勘查技术与工程	2016345	王铁山	男	75	60	60	65.0	及格
4 数学	2016341	李凤兰	女	85	72	60	72.3	中等
5 物理	2016344	杨露雅	女	50	56	66	57.3	不及格
6 化学	2016337	李增高	男	91	61	88	80.0	良好
7 经济学	2016339	赵博阳	男	65	92	90	82.3	良好
8 管理科学	2016338	李慧	女	99	82	90	90.3	优秀

图 2.41　大学成绩表

如果想将图2.41所示的"大学成绩表"按男女分开,再按总评从大到小排序,总评相同时,再按英语成绩从大到小排序。即排序是按性别、总评、英语三列为条件进行的,此时可用下述方法进行操作。

① 选择单元格A2到I8区域。

② 执行"开始"→"编辑"→"排序和筛选"→"自定义排序"命令,弹出如图 2.42所示的"排序"对话框。

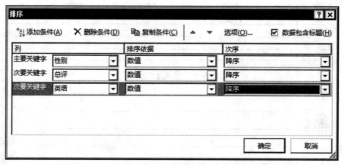

图 2.42　"排序"对话框

③ 在该对话框中,选中"数据包含标题"按钮,在主要关键字下拉列表框中选择"性别"字段名,同时选中次序为"降序";单击"添加条件"按钮,在次要关键字下拉列表框中选择"总评"字段名,同时选中次序为"降序";在次要关键字(第三关键字)下拉列表框中选择"英语"字段名,同时选中次序为"降序";最后单击"确定"按钮。排序结果如图 2.43所示。

A	B	C	D	E	F	G	H	I
1	大学成绩表							
2 专业	学号	姓名	性别	程序设计	数学	英语	总评	备注
3 管理科学	2016338	李慧	女	99	82	90	90.3	优秀
4 数学	2016341	李凤兰	女	85	72	60	72.3	中等
5 物理	2016344	杨露雅	女	50	56	66	57.3	不及格
6 经济学	2016339	赵博阳	男	65	92	90	82.3	良好
7 化学	2016337	李增高	男	91	61	88	80.0	良好
8 勘查技术与工程	2016345	王铁山	男	75	60	60	65.0	及格

图 2.43 "大学成绩表"排序结果

2. 数据的筛选

如果想从工作表中选择满足要求的数据，可用筛选数据功能将不用的数据行暂时隐藏起来，只显示满足要求的数据行。

(1) 自动筛选

例如，对大学成绩表进行数据筛选。将如图 2.41 所示的大学成绩表单元格 A2 到 I8 区域组成的表格进行如下的筛选操作。

先选择单元格 A2 到 I8 区域，执行菜单栏上的"开始/编辑"→"排序和筛选"→"筛选"命令，则出现如图 2.44 所示的数据筛选窗口。

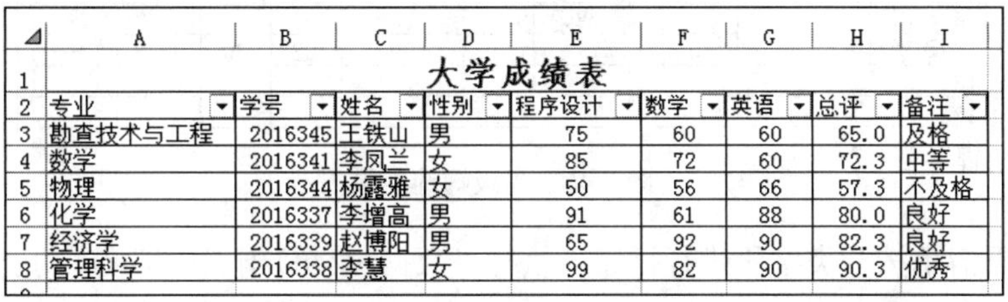

	A	B	C	D	E	F	G	H	I
1			大学成绩表						
2	专业	学号	姓名	性别	程序设计	数学	英语	总评	备注
3	勘查技术与工程	2016345	王铁山	男	75	60	60	65.0	及格
4	数学	2016341	李凤兰	女	85	72	60	72.3	中等
5	物理	2016344	杨露雅	女	50	56	66	57.3	不及格
6	化学	2016337	李增高	男	91	61	88	80.0	良好
7	经济学	2016339	赵博阳	男	65	92	90	82.3	良好
8	管理科学	2016338	李慧	女	99	82	90	90.3	优秀

图 2.44　数据筛选窗口

可以看到每一列标题右边都出现一个向下的筛选箭头，单击筛选箭头打开下拉菜单，从中选择筛选条件即可完成，如筛选性别为"女"的同学。在有筛选箭头的情况下，若要取消筛选箭头，也可以通过选择菜单"数据/排序和筛选/筛选"命令完成。

(2) 高级筛选

高级筛选的筛选条件不在列标题处设置，而是在另一个单元格区域设置，筛选的结果既可以放在原来的位置，又可以放在工作表的其他位置。具体操作如下。

① 将数据清单的所有列标题复制到数据清单以外的单元格区域(称条件区域)。

② 在条件区域输入条件。

要注意的是：凡是表示"与"条件的，都写在同一行上；凡是表示"或"条件的，都写在不同行上。

③ 选择菜单栏上的"数据"→"排序和筛选/高级筛选"命令，弹出"高级筛选"对话框，选择设置筛选结果放置位置"方式"和"列表区域"(原数据区域$A$2:$I$8)、"条件区域"($A$10:$I$12)及"复制到"(筛选结果区域$A$14:$I$19)选项，如图 2.45 所示。

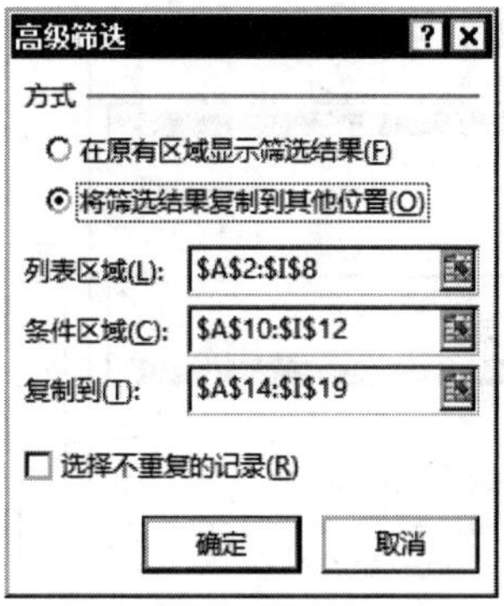

④ 单击"确定"按钮，筛选结果如图 2.46 所示。

图 2.45　"高级筛选"对话框

3. 数据的分类汇总

所谓分类汇总，就是对数据清单按某字段进行分类，将字段值相同的连续记录作为一类，进行求和、平均和计数等汇总运算。在分类汇总前，必须对要分类的字段进行排序，否则分类汇总无意义。操作步骤如下。

	A	B	C	D	E	F	G	H	I
1				大学成绩表					
2	专业	学号	姓名	性别	程序设计	数学	英语	总评	备注
3	勘查技术与工程	2016345	王铁山	男	75	60	60	65.0	及格
4	数学	2016341	李凤兰	女	85	72	60	72.3	中等
5	物理	2016344	杨露雅	女	50	56	66	57.3	不及格
6	化学	2016337	李增高	男	91	61	88	80.0	良好
7	经济学	2016339	赵博阳	男	65	92	90	82.3	良好
8	管理科学	2016338	李慧	女	99	82	90	90.3	优秀
9									
10	专业	学号	姓名	性别	程序设计	数学	英语	总评	备注
11					>=90				
12						>=80	>=80		
13									
14	专业	学号	姓名	性别	程序设计	数学	英语	总评	备注
15	化学	2016337	李增高	男	91	61	88	80.0	良好
16	经济学	2016339	赵博阳	男	65	92	90	82.3	良好
17	管理科学	2016338	李慧	女	99	82	90	90.3	优秀
18									
19									

图 2.46　高级筛选结果

① 对数据清单按分类字段进行排序；执行"数据(菜单)/排序和筛选(功能区)/排序"命令来完成。

② 选中整个数据清单或将活动单元格置于欲分类汇总的数据清单之内。

③ 执行菜单栏上的"数据"→"分级显示"→"分类汇总"命令，弹出"分类汇总"对话框。

④ 在"分类汇总"对话框中依次设置"分类字段""汇总方式""选定汇总项"等，然后单击"确定"按钮。

例如，对如图 2.41 所示的大学成绩表按"性别"进行分类汇总，求程序设计、英语和数学的平均值，"分类汇总"对话框如图 2.47 所示，汇总结果如图 2.48 所示。

图 2.47　"分类汇总"对话框

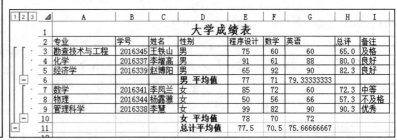

图 2.48　数据分类汇总结果

4. 数据透视表

数据透视表能够将筛选、排序和分类汇总等操作依次完成，并生成汇总表格。汇总表格能帮助用户分析、组织数据。利用它可以很快地从不同角度对数据进行分类汇总。不是所有工作表都有建立数据透视表的必要，对于记录数量众多、结构复杂的工作表，为了将其中的一些内在规律显现出来，可用工作表建立数据透视表。

例如，有一张工资表，字段有姓名、性别、院系名称、职称、基本工资、津贴等。为此，需要建立数据透视表，以便将不同单位和不同职称的内在规律显现出来。以图 2.49 所示工资表为例介绍数据透视表的创建过程。

① 在 Excel 的菜单栏上执行"插入"→"表格"→"数据透视表"命令，弹出"创建数据透视表"对话框，如图 2.50 所示。

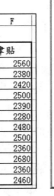

图 2.49　工资表　　　　　　　　　　　图 2.50　"创建数据透视表"对话框

② 在"创建数据透视表"对话框中设置选定区域为"$A$2:$E$14"，选择"现有工作表"单选按钮然后单击"确定"按钮。

③ 弹出的"数据透视表字段列表"对话框中，如图 2.51 所示，定义数据透视表布局，步骤为将"院系名称"字段拖入"筛选器"栏；将"性别"字段拖入"行"栏；将"职称"字段拖入"列"栏；将"基本工资"和"津贴"字段拖入"值"栏。

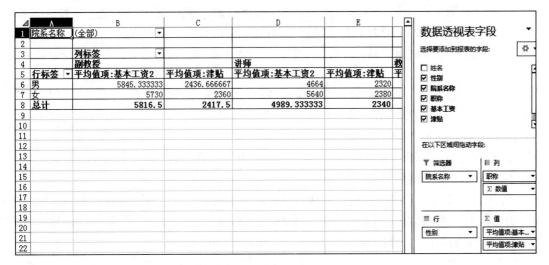

图 2.51　数据透视表

④ 在"值"栏中可以单击数据区的统计字段弹出菜单，在其中选择"值字段设置"来改变统计算法。

新建立的数据透视表如图 2.51 所示。

2.3　PowerPoint 2013 高级应用

2.3.1　制作 PPT 的流程

1. 成功演讲的目标

成功的演讲在实际中通常要达到三个目标。

① 与听众建立联系。这个目标源于心理学的关联性原理和适当知识原理，意味着不要包含过多或过少的信息量，要针对具体听众，筛选信息，同时要用恰当的语言来表达。

② 引导并始终保持听众的注意力。这个目标源于心理学的突出性、可辨性和知觉组织原理。注意力被不同的领域所牵引，所以，要使用杠杆作用的设计原理（如对比度、突出放大显示特别的地方）。要记住，听众会自然而然地将看起来相似的元素默认归为同类。

③ 促进理解和记忆。这个目标源于相容原理和信息变化原理，以及限量原理。信息在与意思一致的情况下，更容易被记住。例如，"蓝色"一词用绿色字体显示，则违背了这一原理。另外要提醒的是，听众期待演讲有变化，例如，突然插进一段笑话、一个故事，幻灯片上的视觉变化或加入一段动画等。当然这些东西必须是有意义的。同时，听众在一个演讲中只能记住有限的内容。

2. 制作 PPT 的基本步骤

① 列提纲。最开始不要去查资料，也不要接触计算机，而是用笔在纸上写出提纲和简单的逻辑结构图。

② 根据提纲设计幻灯片。打开 PPT，不要用任何模板，将提纲按一个标题一页整理出来。

③ 搜集资料，充实幻灯片。有了整篇结构性的 PPT（底版/内容都是空白的，只是每页有一个标题而已），就可以查资料，将适合标题表达的内容整理出来，每页的内容做成带项目编号的要点。

④ 内容的图示。看看哪些内容可以做成图示，如流程、因果关系、时间、并列、顺序等内容都可考虑用图示的方式表现。好的表现顺序是：图→表→字。这个过程中图是否美观不要在意，关键是用图是否准确。

⑤ 选择合适的母版。根据 PPT 呈现的情绪选用不同的色彩搭配，如果觉得系统自带的母版不合适，自己在母版视图中进行调整，添加背景图、Logo、装饰图等。

⑥ 调整美化内容。在母版视图中调整标题、文字的大小、位置和字体。根据母版的色调，美化图示，调整颜色、阴影、立体、线条，美化表格、突出文字等。注意在此过程中，把握整个 PPT 的颜色不要超过 3 个色系。否则 PPT 就显得特别乱。

⑦ 美化页面。看看哪里应该放装饰图，装饰图的使用原则是"符合当页主题，大小、颜色不能喧宾夺主"。

⑧ 播放通读。在放映状态下，通读一遍，不合适或不满意就调整一下。要特别注意错别字，如果出现错别字，别人会怀疑你的专业精神和工作态度。因此，将 PPT 给同事或者朋友检查一下，如果文件很重要，建议多给几个同事检查。

2.3.2　PPT 中插入外部文件

在用 PowerPoint 时，经常要插入声音文件以及 Flash 动画文件。一般情况下，制作好的 PPT 在最后使用时，都必须把所要用到的声音文件和动画文件复制到与 PPT 相同的目录下才可以正常使用。其实，只要在制作的时候稍稍设置一下，就可以把声音文件和动画文件嵌入 PPT 课件中。

1. 插入声音

恰到好处的声音可以使 PPT 具有更出色的表现力。

(1) 循环播放声音直至幻灯片结束

这项操作适用于图片欣赏等，往往是伴随着声音出现一幅幅图片。声音的添加步骤如下（假如共有 10 张幻灯片）。

① 选择要出现声音的第一张幻灯片，执行主菜单"插入/媒体"→"音频"→"PC 上的音频"命令，选择一个声音文件，系统弹出"是否需要在幻灯片放映时自动播放声音" 对话框，选择"是"，这时，在幻灯片上显示一个喇叭图标。

② 插入音频文件后，执行"动画"→"动画窗格"→"效果选项"命令，弹出"播放音频"对话框，找到"效果"标签，进行设置，如图 2.52 所示。

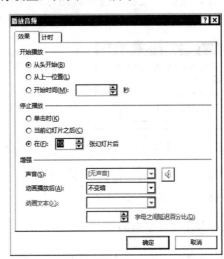

图 2.52　设置效果

以上操作无论是有链接还是无链接的情况，只要单击了 10 张幻灯片就停止播放声音（不是序号的第 10 张）。

(2) 播放声音的指定部分

这项操作适用于只需要播放声音文件的某一部分，而不是全部。例如，重复播放课文朗读里最精彩的几个段落。

操作步骤如下。

① 插入声音文件。

② 单击喇叭标志，在菜单"音频工具/播放"中选择"剪裁声音"，系统弹出"剪裁音频"对话框，拖动"开始时间"和"结束时间"滑块，如图 2.53 所示。

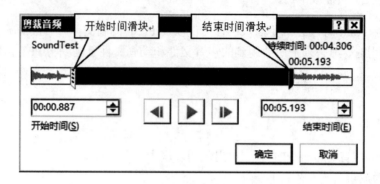

图 2.53　剪裁声音

③ 单击"确定"按钮，完成声音的剪裁。

(3) 给幻灯片配音

这项操作适用于需要重复对每张幻灯片进行解说的情况，解说由自己录制。录制步骤如下。

① 执行菜单"幻灯片放映"→"录制幻灯片演示"→"从当前幻灯片开始录制"命令。系统弹出"录制幻灯片演示"对话框，选择"旁白、墨迹和激光笔"，如图 2.54 所示。

② 单击"开始录制"按钮，进入到幻灯片放映状态，同时，系统弹出"录制"工具栏，如图 2.55 所示。一边播放幻灯片一边对着麦克风朗读旁白。

图 2.54　选择录制旁白

图 2.55　"录制"工具栏

③ 录制完毕后，在每张幻灯片右下角自动显示喇叭图标。播放时如果选择按排练时间放映，则自动播放。

2. 插入控件播放 Flash 动画

这种方法是将动画作为一个控件插入 PowerPoint 中，该方式的特点是它的窗口大小在设计时就固定下来，设定的方框的大小就是在放映时动画窗口的大小。当鼠标在 Flash 播放窗口中时，响应 Flash 的鼠标事件，当鼠标在 Flash 窗口外时，响应 PowerPoint 的鼠标事件，很容易控制。

首先保存演示文稿，并且把需要插入的动画文件和演示文稿放在一个文件夹内。

① 单击"文件"选项，调出"选项"对话框。在"选项"对话框中选择"自定义功能区"，在右面自定义功能区先选择主选项卡，勾选下面的"开发工具"选项，按"确定"按钮返回。

② 在"开发工具"下的控件选区，选择"其他控件"，调出"其他控件"对话框，如图 2.56 所示。选择 Shockwave Flash Object 选项，单击"确定"按钮。

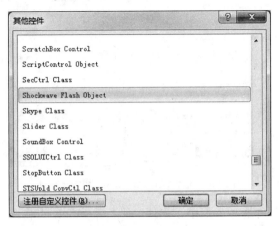

图 2.56　选择控件

③ 在随后打开的控件选项界面中，出现"十"字光标，再将该光标移动到 PowerPoint 的编辑区域中，画出适合大小的矩形区域，也就是播放动画的区域。

④ 在播放控件上右击，选择"属性"选项，调出"属性"对话框，在 movie 项填上 Flash 文件的文件名，请注意，文件名要包括后缀名，关闭返回，结果如图 2.57 所示。

图 2.57　插入效果

3. 插入控件播放视频

这种方法就是将视频文件作为控件插入幻灯片中的，然后通过修改控件属性，达到播放视频的目的。使用这种方法，有多种可供选择的操作按钮，播放进程可以完全自己控制，更加方便、灵活。更适合图片、文字、视频在同一页面的情况。

首先保存演示文稿，并且把需要插入的动画文件和演示文稿放在一个文件夹内。

① 单击"文件"选项，调出"选项"对话框。在"选项"对话框中选择"自定义功能区"，在右面自定义功能区先选择主选项卡，勾选下面的"开发工具"选项，按"确定"按钮返回。

② 在"开发工具"下的控件选区，选择"其他控件"，调出"其他控件"对话框，如图 2.58 所示。选择 Windows Media Player 选项，单击"确定"按钮。

图 2.58　选择 Windows Media Player 控件

③ 在随后打开的控件选项界面中，出现"十"字光标，再将该光标移动到 PowerPoint 的编辑区域中，画出适合大小的矩形区域，随后该区域就会自动变为 Windows Media Player 的播放界面，如图 2.59 所示。

图 2.59　Windows Media Player 播放界面

④ 选中该播放界面，然后右击，从弹出的快捷菜单中执行"属性"命令，打开该媒体播放界面的"属性"窗口。

⑤ 在"属性"窗口中的"URL"设置项处正确输入视频文件的详细路径及文件名。这样在打开幻灯片时，就能通过"播放"控制按钮来播放指定的视频了。

⑥ 为了让插入的视频文件更好地与幻灯片组织在一起，还可以修改"属性"设置界面中控制栏、播放滑块条以及视频属性栏的位置。

⑦ 在播放过程中，可以通过媒体播放器中的"播放""停止""暂停""调节音量"等按钮对视频进行控制。

2.3.3　轻松制作精美的专业电子相册

网上有很多制作电子相册的软件，其实用 PowerPoint 也可以很轻松地制作出专业级的电子相册。

操作步骤如下。

① 启动 PowerPoint，新建一个空白演示文稿。执行"插入"命令，选择"图像"控件区的"相册/新建相册"选项，弹出"相册"对话框，如图 2.60 所示。

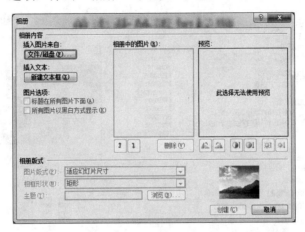

图 2.60　"相册"对话框

② 相册的图片可以选择磁盘中的图片文件，单击"文件/磁盘"按钮选择磁盘中已有的图片文件。

在弹出的选择插入图片文件的对话框中可按住 Shift 键(连续的)或 Ctrl 键(不连续的)选择图片文件，选好后单击"插入"按钮返回"相册"对话框。如果需要选择其他文件夹中的图片文件可再次单击该按钮加入。

③ 所有被选择插入的图片文件都出现在"相册"对话框的"相册中的图片"文件列表中，如图 2.61 所示。

图 2.61　调整图片顺序

　　单击图片名称可在预览框中看到相应的效果。单击图片文件列表下方的"↑""↓"按钮可改变图片出现的先后顺序，单击"删除"按钮可删除加入的图片文件，通过图片"预览"框下方提供的六个按钮，还可以旋转选中的图片，改变图片的亮度和对比度等。

　　④ 单击"图片版式"右侧的下拉按钮，可以指定每张幻灯片中图片的数量和是否显示图片标题。单击"相框形状"右侧的下拉按钮可以为相册中的每一个图片指定相框的形状，但该功能必须在"图片版式"不使用"适应幻灯片尺寸"选项时才有效。单击"主题"框右侧的"浏览"按钮还可以为幻灯片指定一个合适的模板。设置如图 2.62 所示。

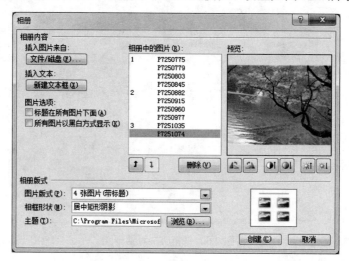

图 2.62　设置相册版式

　　⑤ 单击"创建"按钮，相册创建成功，如图 2.63 所示。

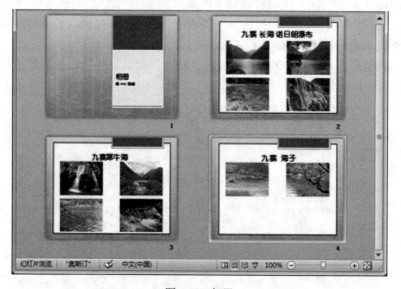

图 2.63　相册

　　到此，一个简单的电子相册已经生成了。如果需要进一步对相册效果进行美化，还可以对幻灯片辅以一些文字说明，设置背景音乐、过渡效果和切换效果。

在制作过程中还有一个技巧,如果图片文件的文件名能适当地反映图片的内容,可勾选图 2.62 中的"标题在所有图片下面"复选项,相册生成后会看到图片下面会自动加上文字说明(即为该图片的文件名),该功能也只有在"图片版式"不使用"适应幻灯片尺寸"选项时才有效。

2.3.4　PowerPoint 的常用技巧

PowerPoint 还有特殊的功能,这些功能有助于提高工作效率并制作出更漂亮的演示文稿。

1. 方便的快捷方式

通常情况下,可以利用屏幕左下角的视图按钮在几种不同的视图状态(普通视图、幻灯片浏览视图、幻灯片放映)之间进行快速切换。但使用键盘与视图按钮相配合还可以获得完全不同的效果。

① 单击"普通视图"按钮同时按下 Shift 键就可以切换到"幻灯片母版视图";再单击一次"普通视图"按钮(不按 Shift 键)则可以切换回来。

② 单击"幻灯片浏览视图"按钮时按下 Shift 键就可以切换到"讲义母版视图"。

③ 进入"普通视图",然后选择第一个想要显示的幻灯片。按住 Ctrl 键并单击"幻灯片放映"按钮。可以单击幻灯片缩略图进行换片,就像进行全屏幕幻灯片放映时一样。这样就能在编辑的时候预览得到的结果。

④ 按住 Ctrl+Shift 键然后再单击各种不同的视图按钮可以得到更多的选项。

Ctrl+Shift+"普通视图"按钮会关闭左侧的标记区和备注页,并把幻灯片扩充到可用的空间。

Ctrl+Shift+"幻灯片浏览视图"按钮则可以把演示文稿显示为大纲模式。

Ctrl+Shift+"幻灯片放映"按钮会打开一个"设置放映方式"对话框。

2. 绘制路径

PowerPoint 允许在一幅幻灯片中为某个对象指定一条移动路线,这在 PowerPoint 中称为"动作路径"。使用"动作路径"能够为演示文稿增加非常有趣的效果。例如,可以让一个幻灯片对象跳动着把观众的眼光引向所要突出的重点。

为了方便设计,PowerPoint 中包含了相当多的预定义动作路径。指定一条动作路径的过程如下。

① 选中某个对象,然后从菜单中执行"动画"→"添加动画"命令,系统弹出"进入"对话框,选择"其他动作路径",系统弹出"添加动作路径"对话框,如图 2.64 所示。

② 选择需要的路径,确保"预览效果"复选框被选中,然后单击不同的路径效果进行预览。当找到比较满意的方案后,就选择它并单击"确定"按钮。

图 2.64　"添加动作路径"对话框

3. 其他小技巧

(1) 应用多个模板

可以在一个演示文稿中应用任意多个模板。例如，可能会应用第二个模板来引入一个新的话题或者引起观众的注意。具体步骤如下。

① 在"普通视图"中显示该演示文稿，并且让标记区域也显示在屏幕左侧。

② 在"幻灯片"标记中，选择想要应用模板的一个或多个幻灯片图标。

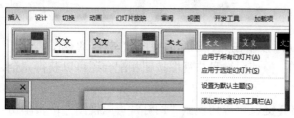

图 2.65　选择模板

③ 从菜单中选择"设计"选项，右击需要的模板，在快捷菜单中选择"应用于选定幻灯片"选项，如图 2.65 所示。

(2) 增加更多可取消操作数

在默认情况下 PowerPoint 最多允许撤销 20 次操作，但实际上可以把这个上限提高到 150 次。执行"文件"→"选项"→"高级"命令，在"编辑选项"区修改"最多可取消操作数"字段(从 3 到 150 均可)，然后单击"确定"按钮退出。需要注意的是，当增加 PowerPoint 的最多可取消操作数时，它所占用的 PC 内存也会随之增加。

习　题　2

一、文档编排实验

1. 实验一。

(1) 要求。

① 将文档的纸张大小(版面尺寸)设置为自定义(宽：17.6 厘米，高：19 厘米)。

② 将文档的版心位置页面边距(版心位置)设置为上边距 2 厘米、下边距 2 厘米，左边距 1.5 厘米、右边距 1.5 厘米。

③ 将文档标题"应聘书(网页编辑)"设置字体属性为：黑体、小三、加粗，对齐方式为居中对齐。正文字体为：宋体、五号。

④ 将正文各段落设置为：左右缩进各 1 个字符，段前、段后间距各为 0.5 行，行距最小值为 14 磅(提示：先在"工具/选项/常规"中设置度量单位，再设置行距)，第一段首行缩进 2 个字符。

⑤ 将第一段中文字"本人自己做了一个个人网站，日访问量已经达到了 100 人左右。"加波浪下划线，添加灰度–15%底纹(应用范围为文字)。

⑥ 将第二段中文字分为等宽的两栏，栏间距 0.5 字符，加分隔线。

⑦ 设置正文第二段首字的下沉行数为 2、字体为楷体_GB2312、距正文 0.2 厘米。

⑧ 在输入的文字后面插入日期，格式为"****年**月"，右对齐。

⑨ 给王楠插入脚注，注文为"王楠，女，27 岁，西北大学经济管理专业毕业"。

(2)文字内容。

应聘书(网页编辑)

尊敬的先生/小姐：

您好！我从报纸上看到贵公司的招聘信息，我对网页兼职编辑一职很感兴趣。我现在是出版社的在职编辑，从 2004 年获得硕士学位后至今，一直在出版社担任编辑工作。两年以来，对出版社编辑的工作已经有了相当的了解和熟悉。经过行业工作协会的正规培训和两年的工作经验，我相信我有能力担当贵公司所要求的网页编辑任务。我对计算机有着非常浓厚的兴趣。我能熟练使用(Ⅰ FrontPage、Ⅱ DreamWeaver、Ⅲ PhotoShop、Ⅳ Flash)等网页制作工具。本人自己做了一个个人网站，日访问量已经达到了 100 人左右。

通过互联网，我不仅学到了很多在日常生活中学不到的东西，而且坐在电脑前轻点鼠标就能尽晓天下事的快乐更是别的任何活动所不及的。由于编辑业务的性质，决定了我拥有灵活的工作时间安排和方便的办公条件，这一切也在客观上为我的兼职编辑的工作提供了必要的帮助。基于对互联网和编辑事务的精通和喜好，以及我自身的客观条件和贵公司的要求，我相信贵公司能给我提供施展才能的另一片天空，而且我也相信我的努力能让贵公司的事业更上一层楼。随信附上我的简历，如有机会与您面谈，我将十分感谢。即使贵公司认为我还不符合你们的条件，我也将一如既往地关注贵公司的发展，并在此致以最诚挚的祝愿。

谢谢！

此致，敬礼！

应聘人：王楠　　2017 年 5 月

(3)效果如图 2.66 所示。

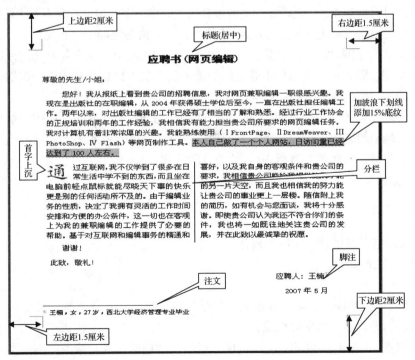

图 2.66　Word 实验一效果

2．实验二。

(1)要求。

① 将文档的纸张大小(版面尺寸)设置为自定义(宽：19 厘米，高：20 厘米)。

② 将文档的版心位置页面边距(版心位置)设置为上边距 2.54 厘米、下边距 2.54 厘米，左边距 3.17 厘米、右边距 3.17 厘米。

③ 输入文字内容，将文档标题"国家体育场(鸟巢)简介"插入到竖排文本框中，设置字体属性为：隶属、小一、加粗，设字符缩放 80%。文本框属性为：线条颜色为深黄，线形为 3 磅双线，环绕方式为四周环绕。正文字体为：宋体、五号。

④ 从网站下载鸟巢夜景图，四周环绕插入文中。

⑤ 设置页眉内容为"国家体育场(鸟巢)简介"，字体为隶属，字号为小五。

⑥ 设置页脚内容为"注：文字、照片来自：国家体育场官方网站 http://www.n-s.cn/cn/"。

(2)文字内容。

国家体育场位于北京奥林匹克公园中心区南部，为 2008 年第 29 届奥林匹克运动会的主体育场。工程总占地面积 21 公顷，建筑面积 258000m²。场内观众坐席约为 91000 个，其中临时坐席约 11000 个。奥运会、残奥会开闭幕式、田径比赛及足球比赛决赛在这里举行。奥运会后这里将成为文化体育、健身购物、餐饮娱乐、旅游展览等综合性的大型场所，并成为具有地标性的体育建筑和奥运遗产。

国家体育场工程为特级体育建筑，主体结构设计使用年限 100 年，耐火等级为一级，抗震设防烈度 8 度，地下工程防水等级 1 级。工程主体建筑呈空间马鞍椭圆形，南北长 333 米、东西宽 294 米的，高 69 米。主体钢结构形成整体的巨型空间马鞍形钢桁架编织式"鸟巢"结构，钢结构总用钢量为 4.2 万吨，混凝土看台分为上、中、下三层，看台混凝土结构为地下 1 层，地上 7 层的钢筋混凝土框架-剪力墙结构体系。钢结构与混凝土看台上部完全脱开，互不相连，形式上呈相互围合，基础则坐在一个相连的基础底板上。国家体育场屋顶钢结构上覆盖了双层膜结构，即固定于钢结构上弦之间的透明的上层 ETFE 膜和固定于钢结构下弦之下及内环侧壁的半透明的下层 PTFE 声学吊顶。

国家体育场工程按 PPP(Private + Public + Partnership) 模式建设，中国中信集团联合体负责国家体育场的投融资、建设、运营和管理。中信联合体出资 42%，北京市政府给予 58%的资金支持。中信联合体拥有赛后 30 年的特许经营权。

(3)效果如图 2.67 所示。

二、电子表格处理实验

采用 Excel 电子表格软件完成下列任务。

1．制作学生成绩表。

(1)要求。

① 设计成绩表并输入数据。成绩表由"学号、班级、姓名、性别、计算机基础、大学语文、英语、高等数学"等字段构成。

任务知识点：Excel 的启动、界面构成、退出；数据的输入与修改；不同类型数据的输入规则；数据的填充；数字格式的设置方法。

提示：8 个同学学号连续，学号和班级在单元格中居中。

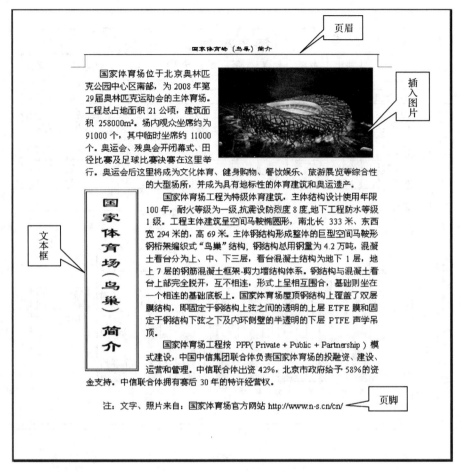

图 2.67　Word 实验二效果

② 成绩表的编辑和美化。将成绩表加上表格标题"学生成绩表"，并设置居中对齐方式；给整个表格数据添加边框，给标题行设置底纹；给表格设置合适的高度和宽度。

任务知识点：行、列的插入/删除，单元格格式设置(单元格合并、对齐方式、边框、底纹)，单元格属性设置等。

③ 用柱形图直观显示成绩的分布，创建由姓名和各科成绩构成的图表。

任务知识点：图表的创建、图表类型。

④ 利用条件格式将小于 60 的成绩用红字显示。

⑤ 成绩查询，对成绩表中的数据进行查询(筛选)，查询出平均成绩在 75 分以上的学生成绩表。

任务知识点：数据筛选。

⑥ 成绩排序，为成绩表添加"排名"一列，并按平均成绩进行排名。

任务知识点：公式和函数的使用；数据排序、数据的自动填充。

(2) 效果。

效果如图 2.68 所示。

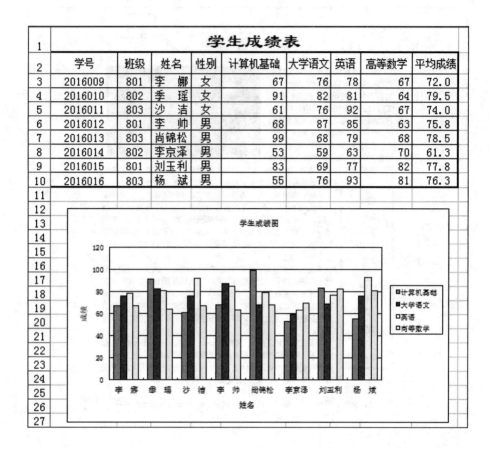

图 2.68 Excel 实例一结果

2. 表格统计

(1) 要求。

在实例一的学生成绩表上分别完成以下任务。

① 分别按班级统计各门课平均成绩和在同一班级中按性别统计各门课平均成绩。

② 按性别分类统计各班级的计算机基础平均值及总计，生成统计数据透视表。

(2) 效果如图 2.69 所示。

	学号	班级	姓名	性别	计算机基础	大学语文	英语	高等数学	平均成绩	排名
1				学生成绩表						
2	学号	班级	姓名	性别	计算机基础	大学语文	英语	高等数学	平均成绩	排名
3	2016015	801	刘玉利	男	83	69	77	82	77.8	3
4	2016012	801	李 帅	男	68	87	85	63	75.8	5
5				男 平均值	75.5	78	81	72.5		
6	2016009	801	李 娜	女	67	76	78	67	72.0	7
7				女 平均值	67	76	78	67		
8		801 平均值			72.67	77.33	80.00	70.67		
9	2016014	802	李京泽	男	53	59	63	70	61.3	8
10				男 平均值	53	59	63	70		
11	2016010	802	季 瑶	女	91	82	81	64	79.5	1
12				女 平均值	91	82	81	64		
13		802 平均值			72	70.5	72	67		
14	2016013	803	尚锦松	男	99	68	79	68	78.5	2
15	2016016	803	杨 斌	男	55	76	93	81	76.3	4
16				男 平均值	77	72	86	74.5		
17	2016011	803	沙 洁	女	61	76	92	67	74.0	6
18				女 平均值	61	76	92	67		
19		803 平均值			71.67	73.33	88	72		
20		总计平均值			72.13	74.13	81	70.25		

平均值项:计算机基础	班级			
性别	801	802	803	总计
男	75.5	53	77	71.6
女	67	91	61	73.0
总计	72.7	72.0	71.7	72.1

图 2.69　Excel 实例二结果

三、演示文稿实验

1．个人简历演示文稿的制作。

① 制作个人简历幻灯片，包含标题、照片、个人情况说明。

② 各种内容都要以动画的形式出现。

③ 动画的出现顺序是"标题、照片、个人情况说明"的顺序。

2．在演示文稿中建立有选择的新歌欣赏。

① 建立 4 张幻灯片。

② 第 1 张为导航幻灯片，标题为"新歌欣赏"，在其上有 3 首歌的歌名，第 1 首歌名超链接到第 2 张幻灯片；第 2 首歌名超链接到第 3 张幻灯片；第 3 首歌名超链接到第 4 张幻灯片。

③ 在第 2 张幻灯片上添加第 1 首背景歌曲音乐及与音乐有关的背景图片。

④ 在第 3 张幻灯片上添加第 2 首背景歌曲音乐及与音乐有关的背景图片。

⑤ 在第 4 张幻灯片上添加第 3 首背景歌曲音乐及与音乐有关的背景图片。

注意，在 2、3、4 张幻灯片上的标题为歌名，都有跳转到第 1 张幻灯片的超链接。

第 3 章　网络的安全使用

计算机网络的广泛应用，促进了社会的进步和繁荣，并为人类社会创造了巨大财富。但计算机及其网络自身的脆弱性以及人为的攻击破坏，也给社会和个人带来了损失。因此，网络安全已成为重要研究课题。本章重点讨论网络安全技术措施，包括计算机密码技术、防火墙技术、虚拟专用网技术、网络病毒防治技术以及网络管理技术。

3.1　网络安全技术简介

随着计算机网络技术的发展，网络的安全性和可靠性成为各层用户所共同关心的问题。人们都希望自己的网络能够更加可靠地运行，不受外来入侵者的干扰和破坏，所以解决好网络的安全性和可靠性，是网络正常运行的前提与保障。

3.1.1　网络安全威胁

1.　网络安全

网络安全，是指网络系统的硬件、软件及其系统中的数据受到保护，不受偶然或者恶意的攻击而遭到破坏、更改、泄露，系统连续可靠正常地运行，网络服务不会中断。网络安全的目标是保护信息的机密性、完整性、可用性、可控性等。

2.　网络面临的威胁

一般认为，黑客攻击和计算机病毒是计算机网络系统受到的主要威胁。

（1）黑客攻击

黑客使用专用工具并采取各种入侵手段非法进入和攻击网络，非法使用网络资源，可分为非破坏性攻击和破坏性攻击两类。非破坏性攻击一般是为了扰乱系统的运行，并不盗窃系统资料；破坏性攻击以侵入他人计算机系统、盗窃系统保密信息、破坏目标系统的数据为目的，如图 3.1 所示。

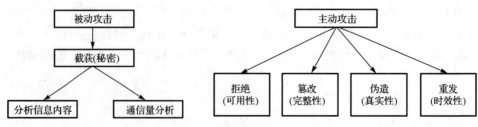

图 3.1　网络安全攻击分类

被动攻击不修改信息内容，所以非常难以检测，因此防护方法重点是加密。主动攻击是对数据流进行破坏、篡改或产生一个虚假的数据流。下面介绍黑客常用的攻击手段。

① 后门程序。

由于程序员设计一些功能复杂的程序时，一般采用模块化的程序设计思想，将整个项目分割为多个功能模块，分别进行设计、调试，这时的后门就是一个模块的秘密入口。在程序开发阶段，后门便于测试、更改和增强模块功能。正常情况下，完成设计之后需要去掉各个模块的后门，不过有时由于疏忽或者其他原因(如将其留在程序中，便于日后访问、测试或维护)后门没有去掉，一些别有用心的人会利用穷举搜索法发现并利用这些后门，然后进入系统并发动攻击。

② 信息炸弹。

信息炸弹是指使用一些特殊工具软件，短时间内向目标服务器发送大量超出系统负荷的信息，造成目标服务器超负荷、网络堵塞、系统崩溃的攻击手段。例如，向未打补丁的 Windows 系统发送特定组合的 UDP 数据包，会导致目标系统死机或重启；向某型号的路由器发送特定数据包致使路由器死机；向某人的电子邮件发送大量的垃圾邮件将此邮箱"撑爆"等。目前常见的信息炸弹有邮件炸弹、逻辑炸弹等。

③ 拒绝服务。

拒绝服务又叫分布式 DoS 攻击，它是使用超出被攻击目标处理能力的大量数据包消耗系统可用系统、带宽资源，最后致使网络服务瘫痪的一种攻击手段，即攻击者在短时间内发送大量的访问请求，而导致目标服务器资源枯竭，不能提供正常的服务。

作为攻击者，首先需要通过常规的黑客手段侵入并控制某个网站，然后在服务器上安装并启动一个可由攻击者发出的特殊指令来控制进程，攻击者把攻击对象的 IP 地址作为指令下达给进程的时候，这些进程就开始对目标主机发起攻击。这种方式可以集中大量的网络服务器带宽，对某个特定目标实施攻击，因而威力巨大，顷刻之间就可以使被攻击目标带宽资源耗尽，导致服务器瘫痪。

④ 网络监听。

网络监听是一种监视网络状态、数据流以及网络上传输信息的管理工具，它可以将网络接口设置在监听模式，并且可以截获网上传输的信息，也就是说，当黑客登录网络主机并取得超级用户权限后，若要登录其他主机，使用网络监听可以有效地截获网上的数据，这是黑客使用最多的方法，但是，网络监听只能应用于物理上连接于同一网段的主机，通常用来获取用户口令。

(2)计算机病毒

计算机病毒侵入网络，对网络资源进行破坏，使网络不能正常工作，甚至造成整个网络的瘫痪。

3.1.2　网络安全措施

在网络设计和运行中应考虑一些必要的安全措施，以便使网络得以正常运行。网络的安全措施主要从物理安全、访问控制、网络通信安全和网络安全管理等 4 个方面进行考虑。

1. 物理安全措施

物理安全性包括机房的安全、所有网络的网络设备(包括服务器、工作站、通信线路、路由器、网桥、存储器、打印机等)的安全性以及防火、防水、防盗、防雷等。网络物理安全性除了在系统设计中需要考虑之外，还要在网络管理制度中分析物理安全性可能出现的问题及相应的保护措施。

2. 访问控制措施

访问控制措施的主要任务是保证网络资源不被非法使用和非常规访问。安全策略应确定对网络资源的访问控制的标准要求，具体如下。

① 入网访问控制。控制哪些用户能够登录并获取网络资源，控制准许用户入网的时间和入网的范围。

② 网络的权限控制。针对网络非法操作所提出的一种安全保护措施，用户和用户组被授予一定的权限。

③ 目录级安全控制。针对目录设置系统管理权限、读权限、写权限、创建权限、删除权限、修改权限、文件查找权限和存取控制权限。

④ 属性安全控制。网络管理员给文件、目录等指定访问属性，将给定的属性与网络服务器的文件、目录和网络设备联系起来。

⑤ 网络服务器安全控制。包括设置口令锁定服务器控制台，设定登录时间限制、非法访问者检测和关闭的时间间隔等。

⑥ 网络检测和锁定控制。网络管理员对网络实施监控，服务器应记录用户对网络资源的访问，对于非法访问应报警。

⑦ 网络端口和节点的安全控制。网络服务器端口使用自动回呼设备、静默调制解调器加以保护，并以加密形式识别节点的身份。

3. 网络通信安全措施

① 建立物理安全的传输介质。例如，在网络中使用光纤来传送数据可以防止信息被窃取。另外可以采用保护网络关键设备(如交换机、路由器等)，制定严格的网络安全规章制度，采取防辐射、防火以及安装不间断电源(UPS)等措施来保障物理安全。

② 对传输数据进行加密。保密数据在进行数据通信时应采取加密措施，包括链路加密和端到端加密。

4. 网络安全管理措施

除了技术措施外，还应加强网络的安全管理、制定相关配套的规章制度、确定安全管理等级、明确安全管理范围、采取系统维护方法和应急措施等，对网络安全、可靠地运行将起到很重要的作用。实际上，网络安全策略是一个综合，要从可用性、实用性、完整性、可靠性和机密性等方面综合考虑，才能得到有效的安全策略。

3.1.3 加密解密技术

因特网是一个面向大众的开放系统，对于信息的保密和系统的安全性考虑得并不完备，由此引起信息安全问题日益严重。密码技术是信息安全的核心和关键技术，通过数据加密技术，可以在一定程度上提高数据传输的安全性，保证传输数据的完整性。

加密技术是把重要的数据变为乱码(加密)传送，到达目的地后再用相同或不同的手段还原(解密)。加密技术包括算法和密钥两个元素。算法是将普通的信息或者可以理解的信息与一串数字(密钥)结合，产生不可理解的密文的步骤，密钥是用来对数据进行编码和解密的一种算法。在安全保密中，可通过适当的密钥加密技术和管理机制来保证网络的信息通信安全。

1. 网络基础

(1)网络通信协议

网络通信协议方案有 OSI 和 TCP/IP 两个协议族。其中 TCP/IP 是 Internet 使用的模型，TCP/IP 使两个主机互相通信时，发送端是自上而下的数据包用于数据报文封装，另外一端则是实现自下而上的报文解封装。两台主机通信并不是计算机本身通信，而是进程和进程之间通信，进程是运行在用户空间上的，内核空间主要是实现更为通用的基本功能，用户空间则是实现某一具体应用相关的内容，如图 3.2 所示。

TCP/IP 的通信协议分为通信子网和资源子网两层，如图 3.2 所示。通信子网是完成报文安全无误送到对端，而资源子网完成数据的组织和在应用层的交换。位于用户空间的是资源子网，位于内核空间的是通信子网，任何一个主机的数据报文都要通过网络来完成通信。

在内核空间中，通信资源中的功能是通过内核中的代码实现的(内核编译)。

在用户空间每安装一款软件，它都能作为协议的客户端或者服务器端互相通信使用。例如，安装了 HTTP，它就能为 HTTP 协议端的服务端工作，浏览器就能作为 HTTP 的客户端使用。因此，在用户空间，所谓应用层协议要靠一个又一个具体的能够进行网络通信的程序来实现，这个程序发起为进程之后可以向内核发起系统调用，调用内核中的通信子网，从而完成数据报文封装完成网络通信的。

(2)数据加密

网络服务器一旦开启监听某端口上建立套接字通信，就意味着 Internet 上任何人都可以加载这里面的数据，当然绝大部分时候还是要避免这种情况的，通信双方其中一方在发报文时，如果能够让数据编码改成别人看不懂的形式，但接收端能还原成能看懂的形式就可以了(加密解密)。

早期很多基础设施是没有加解密功能的，网络安全是不被重视的，如 FTP、SMPTP、POP3等，有些 Web 服务是不具备加解密功能的，如 Nginx、Apache 等。

在应用层与传输层间加半层库 SSL，如图 3.2 所示，这样就可帮助完成数据加解密功能。如果程序自带加解密功能，则不经过这个过程一样可以实现数据安全。

(3)信息加解密的目标

保密性：确保通信信息不被任何无关的人看到。

完整性：实现通信双方的报文不会产生信息丢失；数据完整性；系统完整性。

可用性：通信任何一方产生的信息应当对授权实体可用。

2. 加密算法和协议

(1)对称加密

加密和解密使用同一个密钥。加密数据依赖于算法和密钥，安全性依赖于密钥。因为算法是公开的，人人都可以得到，但是密钥只有通信的主机才有。

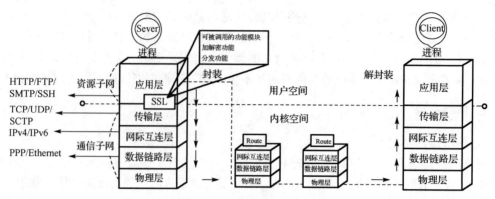

图 3.2　TCP/IP 五层体系结构及 SSL

① DES。数据加密标准(Data Encryption Standard，DES)是 IBM 实验室研发的。加密端 64 位明文产生 64 位密文，解密端 64 位密文还原 64 位明文，8 字节为一块，加密和解密使用 56 位密钥，DES 使用 16 个迭代块实现，是现代加密算法。DES 算法的弱点是不能提供足够的安全性，由于这个原因，后来又提出了三重 DES 或 3DES(triple DES)系统，3DES 比 DES 多 3 个数量级。

② TKIP。动态密钥完整性协议(TKIP)负责处理无线安全问题的加密部分。TKIP 在设计时考虑了当时非常苛刻的限制因素，必须在现有硬件上运行，因此不能使用计算先进的加密算法。

TKIP 是包裹在已有有线等效保密(Wired Equivalent Privacy，WEP)协议密码外围的一层"外壳"，TKIP 由 WEP 使用的同样的加密引擎和串流加密技术(Rivest Cipher，RC4)算法组成。不过，TKIP 中密码使用的密钥长度为 128 位。

③ AES。AES(Advanced Data Encryption Standard)数字签名算法，是一种标准的数字签名标准(DSS)。算法支持 128、192、256 和 384 位密钥长度，有效的密钥长度可达上千位。更重要的是，AES 算法采用了更为高效的编写方法，对 CPU 的占用率较少。

④ 商业中常用的有 BlowFish、TwoFish、IDEA、RC6、CAST5。

特性：加密、解密使用同一个密钥；将原始数据分割成为固定大小的块，逐个进行加密。

缺陷：密钥过多，作为服务器端需要与成千上万个人通信，每一个人都有密钥；密钥分发困难，使密钥交换困难。

(2) 公钥加密

公钥加密的密钥分成公钥(pubkey)和与之配对的私钥(secret key)。公钥从私钥中提取产生，公共给所有人，私钥通过工具创建，使用者自己留存，必须保证其私密性。

公钥与私钥都能对数据加密和解密，用公钥加密的数据，只能使用与之配对的私钥解密，反之亦然。

用途如下。

a. 数组签名：主要在于让接收方确认发送方的身份，完成身份认证。

b. 密钥交换：发送方用对方的公钥加密一个对称密钥，并发送给对方。

c. 数据加密：很少使用，一般都是用来加密码对称加密的密码。

用公钥加密的数据，只有私钥能解密，其保密性能到了保障；性能较差。用私钥加密的数据，只能用公钥解密，任何人都可以获得公钥，可以确认发送方身份(身份认证)。

① RSA。RSA 的理论依据是寻找两个大素数，然后将它们的乘积分解开。在 RSA 算法中，包含两个密钥：加密密钥 PK 和解密密钥 SK，加密密钥是公开的。

密钥对的产生如下。

a. 选择两个大素数 p 和 q，计算 $n = pq$，欧拉函数值 $\Phi(n)=(p{-}1)(q{-}1)$。

b. 然后随机选择加密密钥 e，要求 $1<e<\Phi(n)$ 且 $(\Phi(n),e)=1$ 即 e 与 $(p{-}1)(q{-}1)$ 互质。

c. 最后，利用 Euclid 算法计算解密密钥 d，满足 $ed=1\bmod\Phi(n)$。

注：其中，n 和 d 也要互素。数 e 和 n 是公钥，d 是私钥。两个素数 p 和 q 不要让任何人知道。

其加密与解密为：加密时进行 $C = p^{\wedge}e \bmod n$ 计算(公钥加密)；解密时进行 $p=C^{\wedge}d \bmod n$ 计算(私钥解密)。

RSA 算法既能用于数据加密，也能用于数字签名。RSA 算法的优点是密钥空间大，缺点是加密速度慢，如果 RSA 和 DES 结合使用，则正好弥补 RSA 的缺点。即 DES 用于明文加密，RSA 用于 DES 密钥的加密。由于 DES 加密速度快，适合加密较长的报文，而 RSA 可解决 DES 密钥分配的问题。

② DSA。DSA 是基于整数有限域离散对数难题的，其安全性与 RSA 相比差不多。DSA 的一个重要特点是两个素数公开，这样，当使用别人的 p 和 q 时，即使不知道私钥，也能确认它们是否是随机产生的，还是做了手脚，RSA 算法却做不到。DSA 不能加密，只能进行数字签名(身份认证)。

③ ECC。椭圆曲线密码编码学(Elliptic Curves Cryptography，ECC)算法的数学理论非常深奥和复杂，在工程应用中比较难以实现，但它的单位安全强度相对较高。

ECC 进行加解密的过程如下。

选择一个适合的椭圆曲线 $Ep(a,b)$，并取椭圆曲线上的一点作为基点 G，选择一个私有密钥 K,并生成公开密钥 $K=KG$。

加密时，将明文编码到 $Ep(a,b)$ 上的一点 M，并产生一个随机整数 $r(r<n)$。计算点 $C_1=M+rK$，$C_2=rG$，将 C_1、C_2 存入密文。

解密时，从密文中读出 C_1、C_2，计算 C_1-kC_2，根据 $C_1=kC_2=M+rK(rG)=M+rk-r(kG)=M$，解得的结果就是点 M，即明文。

ECC 特点如下。

抗攻击性强：相同的密钥长度，其抗攻击性要强很多倍。

计算量小，处理速度快：ECC 总的速度比 RSA、DSA 要快得多。

存储空间占用小 :ECC 的密钥尺寸和系统参数与 RSA、DSA 相比要小得多，意味着它所占的存储空间要小得多，这对于加密算法在 IC 卡上的应用具有特别重要的意义。

带宽要求低：当对长消息进行加解密时，三类密码系统有相同的带宽要求，但应用于短消息时 ECC 带宽要求却低得多，带宽要求低使 ECC 在无线网络领域具有广泛的应用前景。

ECC 可用于数据加密、签名等，也可生成软件序列号，微软的软件序列号就是用 ECC 生成的。

④ ELGamal。ElGamal 加密算法是基于 Diffie-Hellman 密钥交换算法，由 Taher Elgamal 在 1985 年提出的。ElGamal 加密算法可以应用在任意一个循环群上。在群中有的运算求解很困难，这些运算通常与求解离散对数相关，求解的困难程度决定了算法的安全性。

ElGamal 算法既能用于数据加密，也能用于数字签名，其安全性依赖于计算有限域上离散对数这一难题。

密钥对产生方法：首先选择一个素数 p 和两个随机数 g、$x(g$、$x<p)$，计算 $y \equiv g^x (\bmod\ p)$，已知 y，求解 x 是非常困难的事情(离散对数求解难题)，则其公钥为 y、g 和 p，私钥是 x，g 和 p 可由一组用户共享。

ElGamal 用于数字签名。

(3)散列加密

散列加密是指提取数据指纹，只能加密，不能解密。散列是信息的提炼，通常其长度要比信息小得多，且为一个固定长度。加密性强的散列一定是不可逆的，这就意味着通过散列结果，无法推出任何部分的原始信息。任何输入信息的变化，哪怕仅一位，都将导致散列结果的明显变化，这称为雪崩效应。散列还应该是防冲突的，即找不出具有相同散列结果的两条信息。具有这些特性的散列结果就可以用于验证信息是否被修改。

单向散列函数一般用于产生消息摘要、密钥加密等，常见的有 MD5 和 SHA。

MD5(Message Digest Algorithm 5)是 RSA 数据安全公司开发的一种单向散列算法，非可逆，相同的明文产生相同的密文。

SHA(Secure Hash Algorithm)可以对任意长度的数据运算生成一个 160 位的数值。

SHA-1 与 MD5 均由 MD4 导出。相应地，它们的强度和其他特性也是相似的，但还有以下几点不同。

① 对强行供给的安全性：最显著和最重要的区别是 SHA-1 摘要比 MD5 摘要长 32 位。使用强行技术，产生任何一个报文使其摘要等于给定报摘要的难度对 MD5 是 2128 数量级的操作，而对 SHA-1 则是 2160 数量级的操作。这样，SHA-1 对强行攻击有更大的强度。

② 对密码分析的安全性：MD5 的设计易受密码分析的攻击，SHA-1 不易受这样的攻击。

③ 速度：在相同的硬件上，SHA-1 的运行速度比 MD5 慢。

散列加密的用途是保证数据完整性。例如，在一个网站下载软件，为了验证软件在下载过程中没有被第三方修改，网站会提供一个 MD5 和软件的特征码，只要把 MD5 码下载下来和下载的软件进行运算就可以得到软件的特征码，只要这个特征码和网站提供的一样，就说明软件没有被修改，如果不一样，百分之百是被修改了。

(4)密钥交换

因特网密钥交换(Internet Key Exchange，IKE)技术一般有公钥加密和 DH 两种方法。

① 公钥加密。

通过非对称加密算法，加密对称加密算法的密钥，再用对称加密算法实际要传输的数据。

② DH(Deffie-Hellman)。

前提是发送方和接收方协商使用同一个大素数 P 和生成数 g，各自产生随机数 X 和 Y。发送方将 g 的 X 次方 $\bmod\ P$ 产生的数值发送给接收方，接收方将 g 的 Y 次方 $\bmod\ P$ 产生的数值发送给发送方，发送方再对接收的结果做 X 次方运算，接收方对接收的结果做 Y 次方运算，最终密码形成，密钥交换完成。

下面是一个实例。

a. 甲方与乙方协定使用 p=23 以及 g=5。

b. 甲方选择一个秘密整数 a=6，计算 $A = 5^6 \bmod 23 = 8$，并将 8 发送给鲍伯。

c. 乙方选择一个秘密整数 b=15,计算 $B = 5^{15} \bmod 23 = 19$，并将 19 发送给爱丽丝。

d. 甲方计算 $s = 19^6 \bmod 23 = 2$。

e. 乙方计算 $s = 8^{15} \bmod 23 = 2$。

两种技术更倾向于后者，因为使用公钥发给对方，不管怎么讲这个密码是在网上传输了的，所以其他人有可能通过暴力方式破解。

DH 的优势在于能让双方使一个眼色而不用发密码，双方就能得到密码了。

3.2　环境配置

网络安全是一门实践性很强的学科，包括许多实验，良好的实验配置是必需的。网络安全实验配置最少应该有两个独立的操作系统，而且两个操作系统可以通过以太网进行通信。

考虑到网络安全实验对系统具有破坏性及有些计算机可能不具有联网的条件等因素，这里介绍在一台计算机上安装一套操作系统，然后利用工具软件（VMware Workstation）再虚拟一套操作系统作为网络安全的攻击对象。

3.2.1　安装 VMware 虚拟机

1. VMware Workstation

VMware Workstation 是一款功能强大的桌面虚拟计算机软件，使用户可在单一的桌面上同时运行不同的操作系统，以此进行开发、测试、部署新的应用程序的最佳解决方案。VMware Workstation 可在一台实体计算机上模拟完整的网络环境，可以通过网卡和实际的操作系统进行通信，通信的过程和原理与真实环境下的两台计算机一样。

2. 准备

要安装一个虚拟机软件 VMware，首先准备一台安装好操作系统的计算机（因为需要装两套操作系统，所以内存应该比较大，如 2GB）。这里准备的是一台安装 Windows 7 系统的计算机，给系统打上相关的补丁，并将该系统的 IP 地址设置为 192.168.179.5，根据需要可以设置为其他的 IP 地址。

3. 安装 VMware Workstation

① 运行 VMware Workstation 软件，弹出"安装向导"对话框，单击"下一步"按钮，弹出"许可协议"对话框，选择接受，单击"下一步"按钮，弹出"安装类型"对话框，选"典型"安装项。然后单击"下一步"按钮，弹出"目标文件夹"对话框。

② 在"目标文件夹"对话框中设置安装 VMware Workstation 的路径，然后单击"下一步"按钮，接下来安装过程依次弹出"软件更新""用户体验改进计划""快捷方式"对话框，

根据需要选择后单击"下一步"按钮，弹出"已准备好执行请求的操作"对话框，单击"继续"按钮，系统开始执行安装。

③ 安装完成前弹出"输入许可证密钥"对话框，输入许可证密钥后，单击"输入"按钮完成安装。

注：这里使用的 VMware Workstation10 版，版本不同其安装界面和过程会有所不同，但总的过程基本一样。

3.2.2　创建新虚拟机

安装完 VMware Workstation 后，就可以在其中安装其他操作系统。为了使所有的网络安全攻击实验都可以成功完成，在这里安装一个没有打过任何补丁的 Windows XP 系统。

具体安装方法如下。

① 运行虚拟机，在 VMware Workstation 窗口(图 3.3)中选择"创建新的虚拟机"选项，进入"新建虚拟机向导"对话框，如图 3.4 所示，在其中选中"典型"单选按钮，然后单击"下一步"按钮，弹出如图 3.5 所示的"安装客户机操作系统"对话框。

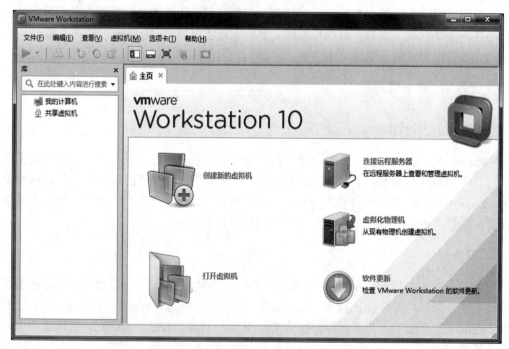

图 3.3　VMware Workstation 窗口

② 在对话框中有三个选择(图 3.5)，这里选择"安装程序光盘"选项，并将光盘放入所选的光盘驱动器中，系统自动提示已经检测到所放的操作系统，如图 3.5 所示(这里放的是 Windows XP 系统盘)，然后单击"下一步"按钮，弹出输入 Windows 产品密钥和设置密码对话框，如图 3.6 所示。输入后单击"下一步"按钮，弹出安装此虚拟机名称和安装位置对话框，如图 3.7 所示。

图 3.4　"新建虚拟机向导"对话框

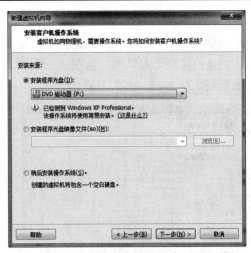

图 3.5　"安装客户机操作系统"对话框

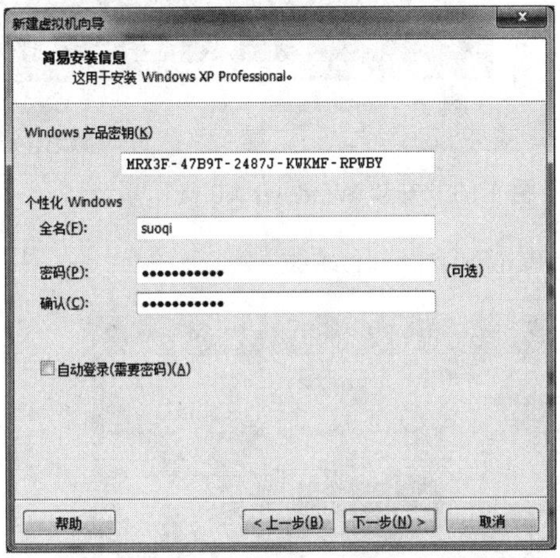

图 3.6　产品密钥和设置密码对话框

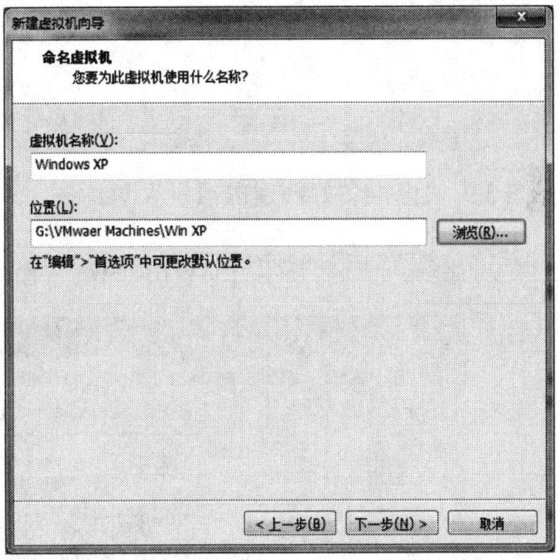

图 3.7　名称和安装位置对话框

③ 给新建的虚拟机命名，并选择某个文件夹作为它的存储目录，即虚拟机的操作系统安装所在位置。然后单击"下一步"按钮，弹出"指定磁盘容量"对话框，如图 3.8 所示。

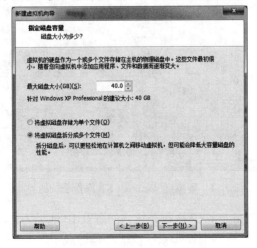

图 3.8　"指定磁盘容量"对话框

④ 指定磁盘容量，即设定虚拟操作系统硬盘的空间大小，一般情况下按默认值处理，不做调整。另外选择"将虚拟磁盘拆分成多个文件"项，单击"下一步"按钮，弹出"已准备好创建虚拟机"对话框，如图 3.9 所示。单击"完成"按钮，返回 VMware 窗口中，系统开始安装操作系统，如图 3.10 所示。

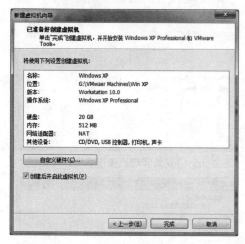

图 3.9 "已准备好创建虚拟机"对话框　　　　　　　图 3.10　安装 Windows XP 操作系统

⑤ 安装好后，虚拟机 Windows XP 操作系统的界面如图 3.11 所示。

图 3.11　虚拟机 Windows XP 操作系统的界面

启动成功后，进入 Windows XP 操作系统，配置其 IP 地址为 192.168.179.6，使之和主机能够通过网络进行通信。这样两套操作系统就成功地建成了。

3.3　网络攻击与防范

目前网络攻击的方法运用往往非常灵活，从攻击的目的来看，有拒绝服务攻击、获取系统权限攻击、获取敏感信息攻击等；从攻击的切入点来看，有缓冲区溢出攻击、系统设置漏洞的攻击等；从攻击的纵向实施过程来看，又有获取初级权限攻击、提升最高权限的攻击、后门攻击、跳板攻击等；从攻击的类型来看，包括对各种操作系统的攻击、对网络设备的攻击、对特定应用系统的攻击等。

3.3.1　攻击与防范技术

1. 攻击技术

监听：在计算机上设置一个程序监听目标计算机与其他计算机通信的数据。

扫描：利用程序扫描目标计算机开放的端口等，目的是发现漏洞，为入侵该计算机做准备。

入侵：当探测发现对方存在漏洞以后，入侵到目标计算机获取信息。

后门：成功入侵目标计算机后，在目标计算机中种植木马等后门。

隐身：入侵完毕退出目标计算机后，将自己入侵的痕迹清除，以防止被管理员发现。

2. 防御技术

配置安全的操作系统：操作系统的安全是整个网络安全的关键，应及时设置好其相关的防御项，如安全策略。

加密技术：为了防止被监听和盗取数据，将所有的数据进行加密。

防火墙技术：利用防火墙，对传输的数据进行限制，从而防止被入侵。

入侵检测：如果网络防线最终被攻破了，需要及时发出被入侵的警报。

为了保证网络的安全，在软件方面可以有两种选择，一种是使用已经成熟的工具，如抓数据包软件 Sniffer，网络扫描工具 X-Scan 等；另一种是自己编制有关程序。

3.3.2　拒绝服务攻击

拒绝服务攻击(Denial of Service，DoS)是一种使目标计算机系统或网络无法正常工作，从而无法提供正常服务的攻击。严格来说，拒绝服务攻击并不是某一种具体的攻击方式，而是攻击所表现出来的结果，最终使得目标系统因遭受某种程度的破坏而不能继续提供正常的服务，甚至导致物理上的瘫痪或崩溃。具体的方法可以是多种多样的，可以是单一的手段，也可以是多种方式的组合利用，其结果都是一样的，即合法的用户无法访问所需信息。

1. 拒绝服务攻击的类型

拒绝服务攻击一般分为两种类型，具体如下。

① 使系统或网络瘫痪。攻击者发送一些非法的数据或数据包，使系统死机或重新启动。本质上是攻击者进行了一次拒绝服务攻击，因为没有人能够使用资源，即发送少量的数据包就使一个系统无法访问。在大多数情况下，系统重新上线需要管理员的干预，重新启动

或关闭系统。所以这种攻击是最具破坏力的，因为做一点点就可以破坏，而修复却需要人的干预。

② 使系统或网络不能响应。这种攻击是向系统或网络发送大量信息，使系统或网络不能响应。例如，如果一个系统无法在一分钟之内处理 100 个数据包，攻击者却每分钟向他发送 1000 个数据包，这时，当合法用户要连接系统时，用户将得不到访问权，因为系统资源已经不足。进行这种攻击时，攻击者必须连续地向系统发送数据包。当攻击者不向系统发送数据包时，攻击停止，系统也就恢复正常了。有时，这种攻击会使系统瘫痪，然而大多数情况下，恢复系统只需要少量的人为干预。

这两种攻击既可以在本地机上进行也可以通过网络进行。

2. 常见的拒绝服务攻击方式

① Ping of Death。根据 TCP/IP 的规范，一个包的长度最大为 65536B。尽管一个包的长度不能超过 65536B，但是一个包分成的多个片段的叠加却能做到。当一个主机收到长度大于 65536B 的包时，就是受到了 Ping of Death 攻击，该攻击会造成主机宕机，即停止运行。

② Teardrop。IP 数据包在网络传递时，数据包可以分成更小的片段。攻击者可以通过发送两段(或者更多)数据包来实现 Teardrop 攻击。第一个包的偏移量为 0，长度为 N，第二个包的偏移量小于 N。为了合并这些数据段，TCP/IP 堆栈会分配超乎寻常的巨大资源，从而造成系统资源的缺乏甚至机器的重新启动。

③ Land。攻击者将一个包的源地址和目的地址都设置为目标主机的地址，然后将该包通过 IP 欺骗的方式发送给被攻击主机，这种包可以造成被攻击主机因试图与自己建立连接而陷入死循环，从而很大程度地降低了系统性能。

④ Smurf。该攻击向一个子网的广播地址发一个带有特定请求(如 ICMP 回应请求)的包，并且将源地址伪装成想要攻击的主机地址。子网上所有主机都回应广播包请求而向被攻击主机发包，使该主机受到攻击。

⑤ SYN Flood。该攻击以多个随机的源主机地址向目的主机发送 SYN 包，而在收到目的主机的 SYN ACK 后并不回应，这样，目的主机就为这些源主机建立了大量的连接队列，而且由于没有收到 ACK 一直维护着这些队列，造成了资源的大量消耗而不能向正常请求提供服务。

⑥ CPU Hog。一种通过耗尽系统资源使运行 NT 的计算机瘫痪的拒绝服务攻击，利用 Windows 排定当前运行程序的方式所进行的攻击。

⑦ Win Nuke。它是以拒绝目的主机服务为目标的网络层次的攻击。攻击者向受害主机的端口 139，即 NetBIOS 发送大量的数据。因为这些数据并不是目的主机所需要的，所以会导致目的主机死机。

⑧ RPC Locator。攻击者通过 Telnet 连接到受害者机器的端口 135 上，发送数据，导致 CPU 资源完全耗尽。依照程序设置和是否有其他程序运行，这种攻击可以使受害计算机运行缓慢或者停止响应。无论哪种情况，要使计算机恢复正常运行速度，必须重新启动。

3.3.3 网络测试命令 Ping

测试网络的命令 Ping(网间控制报文协议)是用于测试网络连接量的程序。它发送一个

ICMP 响应请求消息给目的地，并报告是否收到所希望的 ICMP 应答，校验与远程或本地计算机的连接。

Ping 命令用于确定本地主机是否能与另一台主机交换(发送与接收)数据报，它发送 4 个 ICMP 回送请求，每个 32B 数据。该命令可在"命令"环境中完成，命令如下。

格式：Ping　目标 IP 地址。

1. Ping 使用

要在计算机使用 Ping 命令，首先需要打开 DOS 命令界面，然后在其中使用 Ping 命令。

(1)打开 DOS 命令界面

在 Windows 7 系统中，单击"开始"菜单，在搜索程序框中输入 cmd，然后选择上面显示的 cmd.exe 文件，即可打开 DOS 命令界面，如图 3.12 所示。

图 3.12　DOS 命令界面

(2)Ping 本地计算机

在 DOS 命令界面中输入：Ping 127.0.0.1。

如果一切正常，则将显示如图 3.13 上部所显示的返回信息。

图 3.13　Ping 返回的信息

注：127.0.0.1 地址是为了检查本地的 TCP/IP 有没有设置好，如发现本地址无法 Ping 通，就表明本地机 TCP/IP 不能正常工作或者网卡损坏。

2. Ping 攻击

在 TCP/IP 的 RFC 文档中对包的最大尺寸都有严格的限制规定，许多操作系统的 TCP/IP

协议栈都规定 ICMP 包大小为 64KB，且在对包的标题头进行读取之后，要根据该标题头里包含的信息来为有效载荷生成缓冲区。例如，Ping of Death 就是故意产生畸形的测试 Ping 包，声称自己的尺寸超过 ICMP 上限，也就是加载的尺寸超过 64KB 上限，使未采取保护措施的网络系统出现内存分配错误，导致 TCP/IP 协议栈崩溃，最终接收方宕机。

(1)解析对方的计算机 NetBIOS 名

Ping 命令中可以使用"-a"参数，它的作用是可以解析对方的计算机 NetBIOS 名，使用格式如下：

```
c:\ping  IP 地址 -a
```

想要解析谁的计算机 NetBIOS 名，就填上它的 IP 地址。

例如，c:\ping 192.168.179.6 -a

(2)向目标机发送数据包

Ping 命令中的"-t"参数可以使本地计算机不停地向目标机发送数据包，直到被用户以 Ctrl+C 中断，这样就使目标机不停地接收数据包。

例如，Ping 192.168.179.6 -t

一个简单的 Ping 攻击，只需网中多台计算机同时在 Ping 后加上参数-t 对目标机进行长时间测试，从攻击的意义而言就完成了一次 Ping 攻击，大量的数据包将会使目标机运行速度越来越慢，甚至瘫痪。

(3)设定发送数据包的大小

Ping 命令中的"–l"参数用于设定发送数据包的大小，其范围为 0～65532。

例如，Ping 192.168.179.6 -l 65500 -t

注：如果几台计算机同时 Ping 同一台计算机，不停地向它发送 65500 这么大的数据包，则可直接导致它网络瘫痪系统死机。

3. 防范 Ping 攻击

操作步骤如下。

(1)在控制台中添加 IP 安全策略

① 打开 Windows 7 开始菜单，在搜索程序框中输入 mmc，然后选择上面显示的 mmc.exe 文件，此时系统将会打开"控制台 1"窗口，如图 3.14 所示。

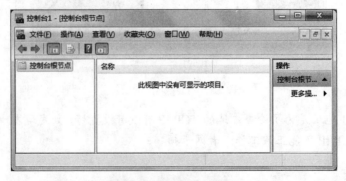

图 3.14 "控制台 1"窗口

②在图 3.14 所示窗口执行"文件"→"添加/删除管理单元"命令，此时系统打开"添加或删除管理单元"对话框，如图 3.15 所示，在列表中选择"IP 安全策略管理"项，然后单击"添加"按钮。系统弹出"选择计算机域"对话框，如图 3.16 所示。

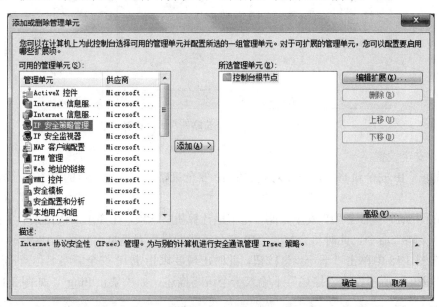

图 3.15　"添加或删除管理单元"对话框

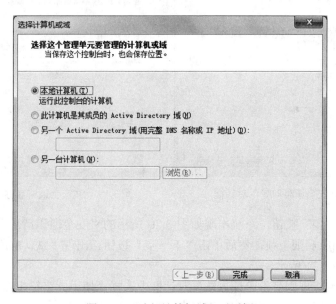

图 3.16　"选择计算机域"对话框

③在"选择计算机域"对话框中选"本地计算机"选项，然后单击"完成"按钮，退出该对话框回到"添加或删除管理单元"对话框，单击"确定"按钮，返回图 3.14 所示的"控制台 1"窗口，此时将会发现在"控制台根节点"下多了"IP 安全策略，在本地计算机"项，如图 3.17 所示。

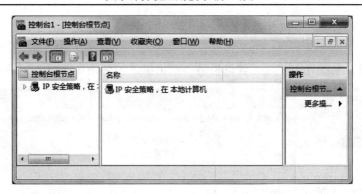

图 3.17　添加 "IP 安全策略" 在本地计算机

(2) IP 安全设置

在添加了 IP 安全策略后，还要对创建的 IP 安全策略，进行进一步的 IP 安全设置，步骤如下。

① 在图 3.17 中右击 "IP 安全策略，在本地计算机" 选项，在弹出的快捷菜单中执行 "创建 IP 安全策略" 命令，此时将会打开 "IP 安全策略向导" 对话框，如图 3.18 所示。

② 在图 3.18 中单击 "下一步" 按钮，此时出现要求指定 IP 安全策略名称及描述向导对话框，如图 3.19 所示。在 "描述" 下输入一个策略描述，如 "禁止 Ping"，如图 3.19 所示。

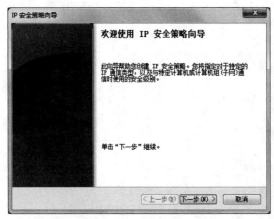

图 3.18　"IP 安全策略向导" 对话框　　　　　　图 3.19　IP 安全策略名称及描述对话框

③ 单击 "下一步" 按钮，系统出现如图 3.20 所示的 "安全通讯请求" 对话框，在其中选择 "激活默认相应规则" 项，然后单击 "下一步" 按钮，出现 "默认响应规则身份验证方法" 对话框，如图 3.21 所示。

④ 在 "默认响应规则身份验证方法" 对话框中选择 "使用此字符串保护密钥交换(预共享密钥)" 选项，然后在下面的文字框中任意键入一段字符串(如 "禁止 Ping")，如图 3.21 所示。单击 "下一步" 按钮，出现 "完成 IP 安全策略向导" 对话框，在其中单击 "完成" 按钮，完成 IP 安全设置的创建工作。

(3) 编辑 IP 安全策略属性

在以上 IP 安全策略创建后，在控制台中就会看到刚刚创建好的 "新 IP 安全策略" 项，接下来对其属性进行编辑修改，步骤如下。

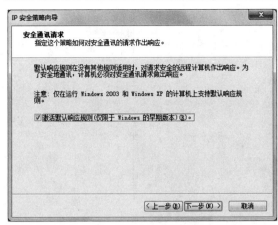

图 3.20　"安全通信请求"对话框

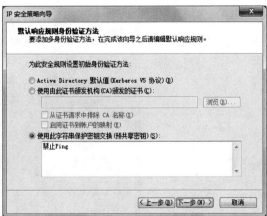

图 3.21　"默认响应规则身份验证方法"对话框

① 在图 3.17 所示的"控制台 1"窗口中双击创建好的新 IP 安全策略，此时弹出"新 IP 安全策略属性"对话框，如图 3.22 所示。单击"添加"按钮，此时将会弹出"安全规则向导"对话框，直接单击"下一步"对话框，进入"隧道终结点"对话框，如图 3.23 所示。

图 3.22　"新 IP 安全策略属性"对话框

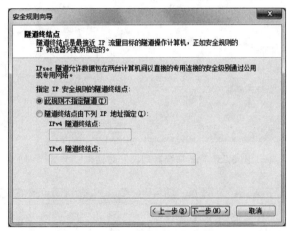

图 3.23　"隧道终结点"对话框

② 在"隧道终结点"对话框中选择"此规则不指定隧道"项，然后单击"下一步"按钮，此时弹出"网络类型"对话框，如图 3.24 所示。在对话框中选择"所有网络连接"项，这样就能保证所有的计算机使用 Ping 命令都不能 Ping 通该主机。

③ 在图 3.24 所示对话框中单击"下一步"按钮，弹出如图 3.25 所示的"IP 筛选器列表"对话框，单击"下一步"按钮，系统弹出"筛选器操作"对话框，如图 3.26 所示。

④ 在图 3.24 所示对话框中单击其中的"添加"按钮，打开"新 IP 筛选器列表"对话框，如图 3.27 所示，在其中单击"添加"按钮，此时打开"筛选器操作向导"对话框，直接单击"下一步"按钮，系统弹出"IP 筛选器描述和镜像属性"设置对话框，如图 3.28 所示。

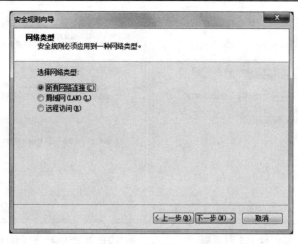

图 3.24　"网络类型"对话框

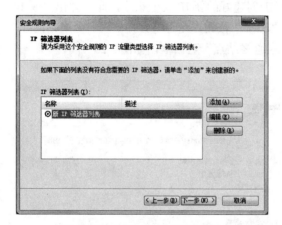

图 3.25　"IP 筛选器列表"对话框

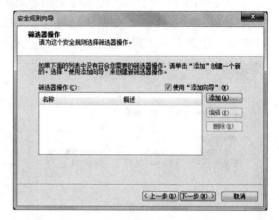

图 3.26　"筛选器操作"对话框

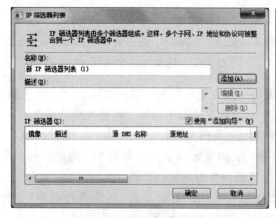

图 3.27　"新 IP 筛选器列表"对话框

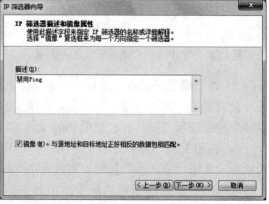

图 3.28　"IP 筛选器描述和镜像属性"对话框

⑤ 在图 3.28 所示的对话框中，在"描述"中输入描述(如"禁用 Ping")，单击"下一步"按钮，系统弹出如图 3.29 所示的"IP 流量源"对话框，将"源地址"选择为"我的 IP 地址"，如图 3.29 所示。然后单击"下一步"按钮，系统弹出如图 3.30 所示的"IP 流量目标"

对话框，将其中的"目标地址"选为"任何 IP 地址"，这样任何 IP 地址的计算机都不能 Ping
这台计算机。

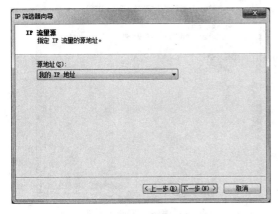 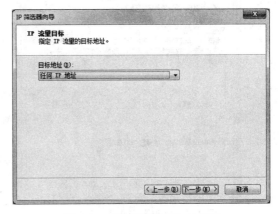

图 3.29　"IP 流量源"对话框　　　　　　　图 3.30　"IP 流量目标"对话框

⑥ 单击"下一步"按钮，弹出"IP 协议类型"对话框，如图 3.31 所示。将"选择协议
类型"选为"ICMP"项。然后单击"下一步"按钮，在新的对话框中单击"完成"按钮，完
成设置，回到如图 3.27 所示的"新 IP 筛选器列表"对话框，在其中可以看到"IP 筛选器"
框中已经列出刚才的设置项。最后单击"确定"按钮，系统返回如图 3.22 所示的"新 IP 安
全策略属性"对话框。

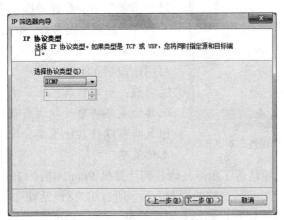

图 3.31　"IP 协议类型"对话框

⑦ 在图 3.22 所示的"新 IP 安全策略属性"对话框中单击"编辑"按钮，弹出"编辑规
则属性"对话框。如图 3.32 所示，在对话框中选择"安全方法"选项卡，然后单击"编辑"
按钮，弹出"编辑安全方法"对话框，如图 3.33 所示，这里选择"完整性和加密"项，单击
"确定"按钮，回到图 3.32 所示对话框。

⑧ 在图 3.32 所示对话框选择"身份验证方法"选项卡，然后单击"编辑"按钮，系统
弹出如图 3.34 所示的"身份验证方法属性"对话框，选择"使用此字符串(预共享密钥)"选
项，然后在下面的文字框中任意键入一段字符串(如"禁止 Ping")，之后单击"确定"按钮
回到图 3.32 所示对话框。

图 3.32　"编辑规则属性"对话框

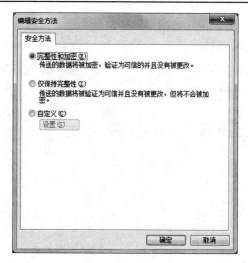

图 3.33　编辑"安全方法"

图 3.34　"身份验证方法属性"对话框

⑨ 在图 3.32 中单击"确定"按钮回到图 3.22 所示对话框中。继续单击"确定"按钮，回到图 3.17 所示的"控制台 1"窗口，保存相关的设置即可。

(4)指派 IP 安全策略

安全策略创建完毕后并不能马上生效，还需通过"指派"功能令其发挥作用，方法如下。

在"控制台根节点"中右击"新的 IP 安全策略"项，然后在弹出的菜单中执行"分配"命令，即可启用该策略。

注：一台计算机上每次只能分配一个策略，分配其他策略将自动取消当前已分配的策略。域上的组策略可以将其他策略分配给此计算机，并可忽略本地策略。

至此，这台主机已经具备了拒绝其他任何计算机 Ping 本机的 IP 地址的功能，不过在本地仍然能够 Ping 通自己。经过这样的设置之后，所有用户（包括管理员）都不能在其他计算机上对这台计算机进行 Ping 操作，即具有阻止 Ping 威胁的功能。

3.3.4　检测系统漏洞

系统漏洞是指应用软件或操作系统软件在逻辑设计上的缺陷或在编写时产生的错误，这个缺陷或错误可以被计算机黑客利用，通过植入木马、病毒等方式来攻击或控制整个计算机，从而窃取重要的资料和信息，甚至破坏系统。

1．漏洞扫描工具 X-Scan

X-Scan 采用多线程方式对指定 IP 地址段（或单机）进行安全漏洞检测，扫描内容包括：远程服务类型、操作系统类型及版本，各种弱口令漏洞、后门、应用服务漏洞、网络设备漏洞、拒绝服务漏洞等二十几个大类。X-Scan 是完全免费的软件，无须注册，无须安装，所包含的文件如表 3.1 所示。

表 3.1　X-Scan 包含的文件

xscan_gui.exe	X-Scan 图形界面主程序
checkhost.dat	插件调度主程序
update.exe	在线升级主程序
*.dll	主程序所需动态链接库
dat/language.ini	多语言配置文件，可通过设置"LANGUAGE\SELECTED"项进行语言切换
dat/language.*	多语言数据文件
dat/config.ini	当前配置文件，用于保存当前使用的所有设置
dat/*.cfg	用户自定义配置文件
dat/*.dic	用户名/密码字典文件，用于检测弱口令用户
plugins	用于存放所有插件(后缀名为.xpn)
scripts	用于存放所有 NASL 脚本(后缀名为.nasl)
scripts/desc	用于存放所有 NASL 脚本多语言描述(后缀名为.desc)
/scripts/cache	用于缓存所有 NASL 脚本信息，以便加快扫描速度(该目录可删除)

(1) 启动 X-Scan

运行 X-Scan 主程序，即可打开其操作窗口，如图 3.35 所示。

(2) 设置扫描参数

在图 3.35 窗口菜单中打开"设置"项，然后执行"扫描参数"命令，弹出"扫描参数"窗口，如图 3.36 所示。X-Scan 的扫描参数主要包括检测范围、全局设置和插件设置3 个方面。

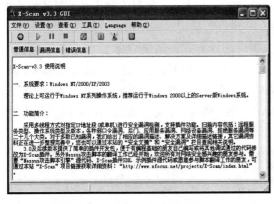

图 3.35　X-Scan 主操作窗口

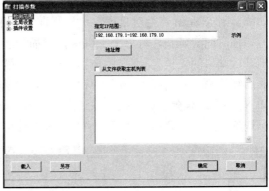

图 3.36　检测范围

① 检测范围。

"检测范围"参数用于指定 IP 范围，可以输入独立 IP 地址或域名，也可输入以"-"和","分隔的 IP 范围，如"192.168.0.1-20,192.168.1.10-192.168.1.254"，或类似"192.168.100.1/24"的掩码格式。

"从文件获取主机列表"复选框是用于从文件中读取待检测主机地址，文件格式应为纯文本，每一行可包含独立 IP 或域名，也可包含以"-"和","分隔的 IP 范围。

② 全局设置。

在全局设置中，可以对要扫描的模块、端口等进行设置。

"扫描模块"项用于检测对方主机的一些服务和端口等情况，可以全部选择或只检测部分服务，如图 3.37 所示。

"并发扫描"项用于设置检测时的最大并发主机和并发线程的数量，也可以单独为每个主机的各个插件设置最大线程数，如图 3.38 所示。

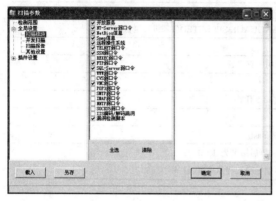

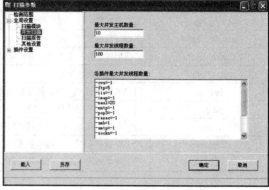

图 3.37　扫描模块项　　　　　　　　　　　　图 3.38　并发扫描项

"扫描报告"项用于设置扫描结束所产生的报告文件名和类型。扫描结束后生成的报告文件名保存在 LOG 目录下。扫描报告目前支持 TXT、HTML 和 XML 三种格式。这里假设选择 HTML 类型，如图 3.39 所示。

"其他设置"项可设置"跳过没有响应的主机"功能，如果对方禁止了 Ping 或防火墙设置使其没有响应，则 X-Scan 将会自动跳过，接着检测下一台主机。如果选择了"无条件扫描"功能，则 X-Scan 将会对目标主机进行详细检测，得到的结果相对详细准确，如图 3.40 所示，但扫描时间会延长，对单个主机进行扫描一般会采用这种方式。如果选择了"跳过没有检测到开放端口的主机"，则在用户指定的 TCP 端口范围内没有发现开放端口，将跳过对该主机的后续检测。若选择"使用 NMAP 判断远程操作系统"，则 X-Scan 使用 SNMP、NETBIOS 和 NMAP 综合判断远程操作系统类型，若 NMAP 频繁出错，可关闭该选项。最后一项"显示详细进度"主要用于调试，平时不推荐使用该选项。

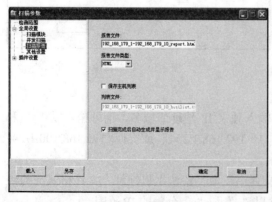

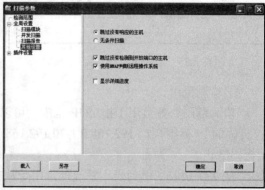

图 3.39　扫描报告项　　　　　　　　　　　　图 3.40　其他设置项

③ 插件设置。

插件设置包含针对各个插件的单独设置，如"端口扫描"插件的端口范围设置、各弱口令插件的用户名/密码字典设置等。可以对插件进行一些必要的检测。

"端口相关设置"可自定义一些需要检测的端口，检测方式分 TCP 或 SYN 两种，TCP方式容易被对方发现，但准确性要高一些；SYN 则相反，如图 3.41 所示。

"SNMP 相关设置"选项主要是针对 SNMP 信息的一些检测设置。

"NETBIOS 相关设置"选项是针对 Windows 系统 NETBIOS 信息的检测设置，包括的项目有很多，只需要选择使用的内容即可。

"漏洞检测脚本设置""CGI 相关设置""字典文件设置"等功能一般采用默认设置即可。

(3)检测漏洞

在设置好上述参数之后，返回到 X-Scan 主窗口(图 3.35)中，单击"开始"按钮，X-Scan先加载漏洞脚本，当加载完毕之后，立即进行漏洞检测，具体检测过程如图 3.42 所示。如果检测到了漏洞，则可以在"漏洞信息"列表框对其进行查看。

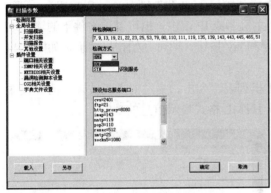

图 3.41　端口相关设置

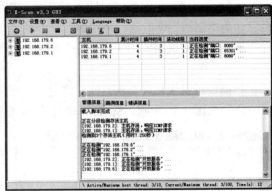

图 3.42　检测漏洞

在扫描结束之后，将自动弹出检测报告，包括漏洞的风险级别和详细的信息，以便对所扫描的主机进行分析，如图 3.43 所示。

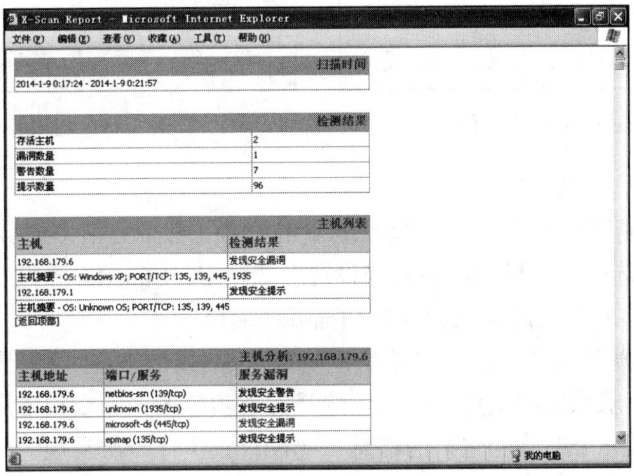

图 3.43　检测报告

2. 端口扫描工具 SuperScan

SuperScan 是一个 IP 和端口扫描软件，功能比较强大，具有以下功能。

① 通过 Ping 来检验 IP 是否在线。

② IP 和域名相互转换。

③ 检验目标计算机提供的服务类别。

④ 检验一定范围目标计算机是否在线和端口情况。

⑤ 工具自定义列表检验目标计算机是否在线和端口情况。

⑥ 自定义要检验的端口，并可以保存为端口列表文件。

⑦ 软件自带一个木马端口列表 trojans.lst，通过这个列表可以检测目标计算机是否有木马；同时，也可以自己定义修改这个木马端口列表。

可以看出，这款软件几乎将与 IP 扫描有关的所有功能全部都包括了。

(1) SuperScan 扫描端口

运行 SuperScan 主程序，即可打开其主界面操作窗口，如图 3.44 所示。SuperScan 启动会默认为"扫描"菜单项，允许输入一个或多个主机名或 IP 范围，也可以选文件下的输入地址列表，输入主机名或 IP 范围后开始扫描，单击 Play 按钮，即可开始扫描地址，如图 3.44 所示。

扫描进程结束后，SuperScan 将提供一个主机列表，列出扫描过的主机被发现的开放端口信息，如图 3.45 所示。SuperScan 还有选择以 HTML 格式显示信息的功能。

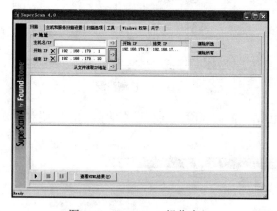

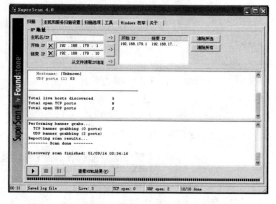

图 3.44　SuperScan 操作窗口　　　　　　　图 3.45　扫描开放端口信息列表

(2) 主机和服务器扫描设置

前面的使用只能够从一群主机中执行简单的扫描，然而，很多时候需要定制扫描。在图 3.44 所示窗口中选择"主机和服务扫描设置"选项卡，SuperScan 显示主机和服务扫描设置项目，如图 3.46 所示，在此可设置具体扫描哪些端口。

① 查找主机。默认发现主机的方法是重复请求(回显请求)。可以选择时间戳请求、地址屏蔽请求和信息请求来发现主机。注意，选择的选项越多，那么扫描用的时间就越长。如果试图尽量多地收集一个明确的主机的信息，建议首先执行一次常规的扫描以发现主机，然后再利用可选的请求选项来扫描。

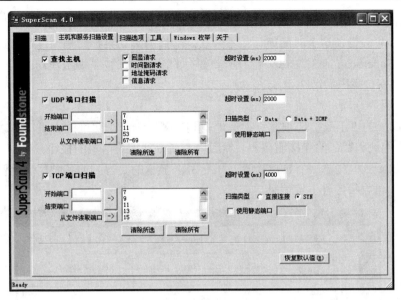

图 3.46　主机和服务扫描设置项目

② UDP 端口扫描和 TCP 端口扫描。SuperScan 最初开始扫描的仅仅是几个最普通的常用端口。原因是有超过 65000 个的 TCP 和 UDP 端口，若对每个可能开放端口的 IP 地址进行超过 130000 次的端口扫描，那将需要很长的时间，因此 SuperScan 最初开始扫描的仅仅是那几个最普通的常用端口，但用户可以在此设置扫描额外端口的选项。

(3) 扫描选项

扫描选项，如图 3.47 所示，允许进一步控制扫描进程。首选项是定制扫描过程中主机和通过审查的服务数。1 是默认值，一般来说足够了。在扫描选项中，能够控制扫描速度和通过扫描的数量；能够设置主机名解析的数量，同样，数量 1 足够了。

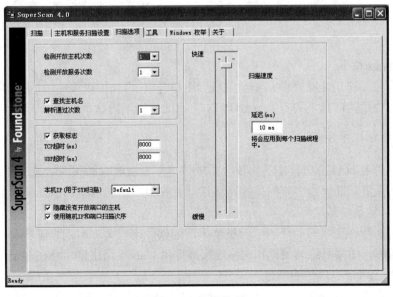

图 3.47　扫描选项

"获取标志"是根据显示一些信息尝试得到远程主机的回应。默认的延迟是 8000ms，如果所连接的主机较慢，这个时间就显得不够长。旁边的滚动条是扫描速度调节选项，能够利用它来调节 SuperScan 在发送每个包时所要等待的时间。最快是调节滚动条为 0，但扫描速度设置为 0，有包溢出的潜在可能。

(4)"工具"选项

SuperScan 的"工具"选项允许很快地得到许多关于一个明确的主机信息。正确输入主机名或者 IP 地址和默认的连接服务器，然后单击要得到相关信息的按钮。例如，Ping 一台服务器或 Traceroute 和发送一个 HTTP 请求。图 3.48 显示的是得到的各种信息示例，通过选择不同的按钮，可收集各种主机信息。

图 3.48　得到的各种信息示例

(5)Windows 枚举

Windows 枚举选项能够提供从单个主机到用户群组，再到协议策略的所有信息，如图 3.49所示。如果想收集的信息是关于 Linux/UNIX 主机的，则不用这个选项。

3. 网络抓包软件 Sniffer

Sniffer 软件是 NAI 公司推出的协议分析软件，主要功能有捕获网络流量进行详细分析、利用专家分析系统诊断问题、实时监控网络活动、收集网络利用率和错误等。

(1)运行环境及安装

Sniffer 可运行在局域网的任何一台机器上，因软件比较大，运行时需要的内存比较大，否则运行比较慢，如果是练习使用，网络连接最好用 Hub 或路由器，且在一个子网，这样能抓到连到 Hub 上每台机器传输的包。

安装非常简单，setup 后全部按默认选择即可，这里安装的是 Sniffer 4.7.5 版，安装完后要重启计算机系统才能正常使用。

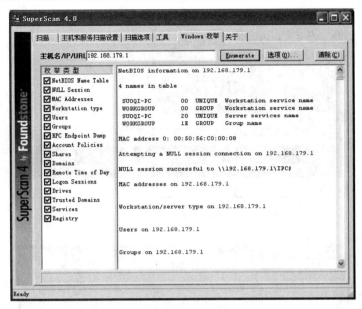

图 3.49 Windows 主机的大量信息

第一次运行时需要选择网络适配器，确定从计算机的哪个网络适配器上接收数据，如图 3.50 所示。如果没有出现选择位置对话框，则可通过图 3.51 所示的主窗口，执行其菜单"文件"里的"选定设置"命令项打开。

图 3.50 选择网络适配器

图 3.51 Sniffer 主窗口

(2) 网络流量表

在图 3.51 所示的主窗口中单击"仪表板"图标，出现"仪表板"窗口，如图 3.52 所示，里面有三个表，第一个表显示的是网络的使用率(utilization)，第二个表显示的是网络的每秒钟通过的包数量(packets)，第三个表显示的是网络的每秒错误率(errors)。通过这三个表可以直观地观察到网络的使用情况，红色部分显示的是根据网络要求设置的上限。选择"网络"和"粒度分布"选项将显示更为详细的网络相关数据的曲线图。

(3) 主机列表

在图 3.51 所示的主窗口中单击"主机列表"图标，出现主机列表窗口，如图 3.53 所示，选择"IP 地址"选项，界面中出现的是所有在线的本网主机地址及连到外网的外网服务器地址，此时想看看 192.168.179.6 这台机器的上网情况，只需单击该地址即可。

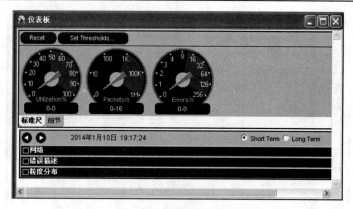

图 3.52 "仪表板"窗口

IP地址	入境数据包	出境数据包	字节	出境字节	广播	多s
192.168.179.1	8	72	624	6,656	0	
192.168.179.6	8	8	624	624	0	
192.168.179.255	60	0	5,760	0	0	
224.0.0.252	4	0	272	0	0	

图 3.53 主机列表窗口

单击"协议 🔍"图标,显示的是整个网络中的协议分布情况,可清楚地看出哪台机器运行了哪些协议,如图 3.54 所示。

协议	地址	入境数据包	入境字节	出境数据包	出境字节
ICMP	192.168.179.6	8	624	8	624
	192.168.179.1	8	624	8	624
	192.168.179.255	11	2,762	0	0
NetBIOS_DGM_U	192.168.179.1	0	0	4	988
	192.168.179.6	0	0	7	1,774
NetBIOS_NS_U	192.168.179.1	0	0	1,404	134,784
	192.168.179.255	1,404	134,784	0	0
其他	192.168.179.1	0	0	348	23,664
	224.0.0.252	348	23,664	0	0

图 3.54 协议列表

单击"流量 📖"图标,显示的是整个网络中的机器所用带宽前 10 名的情况。显示方式是柱状图,如图 3.55 所示。

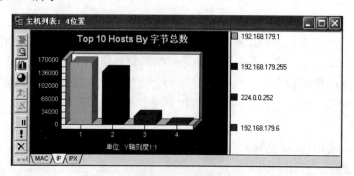

图 3.55 流量列表

（4）网络连接

在图 3.51 所示的主窗口中单击"矩阵"图标，出现全网的连接示意图，图中绿线表示正在发生的网络连接，蓝线表示过去发生的连接。将鼠标放到线上可以看出连接情况。

（5）用 Sniffer 抓包

进入 Sniffer 主界面，抓包之前必须首先设置要抓取数据包的类型。执行主菜单"捕获"下的"定义过滤器"命令，弹出如图 3.56 所示的"定义过滤器-捕获"对话框。选择"地址"选项卡，内容如图 3.56 所示。

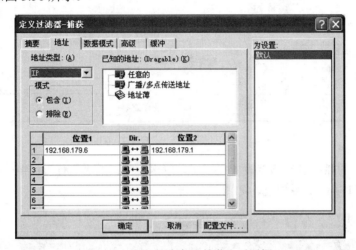

图 3.56　"定义过滤器-捕获"对话框

首先设置"地址类型"为 IP，然后在"位置 1"下面输入主机的 IP 地址 192.168.179.5；在与之对应的"位置 2"下面输入虚拟机的 IP 地址 192.168.179.1，如图 3.56 所示。

设置完毕后，选择该对话框的"高级"选项卡，拖动滚动条找到 IP 项，将 IP 和 ICMP 选中，如图 3.57 所示。

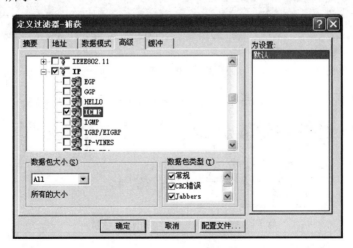

图 3.57　选择抓取 IP 数据包

继续向下拖动滚动条，将 TCP 和 UDP 选中，再把 TCP 下面的 FTP 和 Telnet 两个选项选中，如图 3.58 所示。即定义要抓取的数据包的类型为 IP、TCP、FTP、UDP、Telnet。

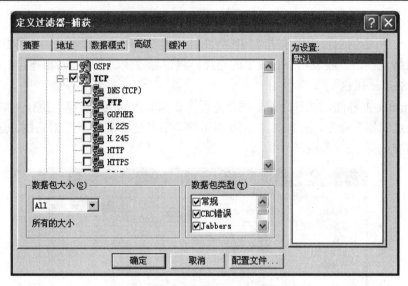

图 3.58　选择抓取 TCP、FTP 等数据包

至此 Sniffer 的抓包过滤器就设置完毕了，单击主窗口的"执行"按钮开始抓包，之后在主机的 DOS 窗口中 Ping 虚拟机，如图 3.59 所示。

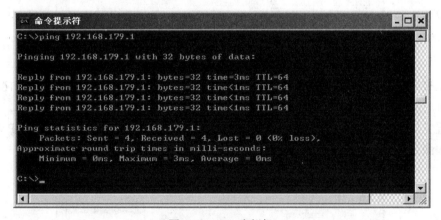

图 3.59　Ping 虚拟机

在 Ping 指令执行完毕后，单击工具栏上的停止并分析按钮，如图 3.60 所示。

图 3.60　停止并分析按钮位置示意

在图 3.61 所示的抓包信息显示窗口中选择"解码"选项，显示如图 3.62 所示窗口，可以看到数据包在两台计算机间的传递过程。

至此，Sniffer 将 Ping 的数据包成功获取了。

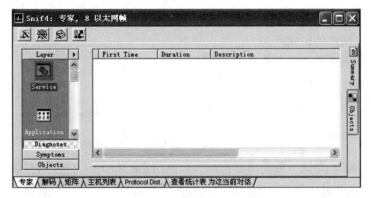

图 3.61　抓包信息显示窗口

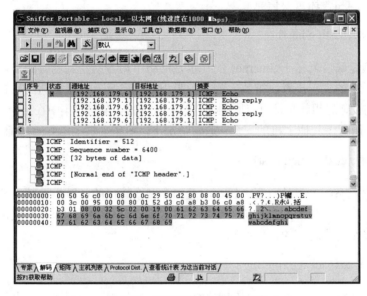

图 3.62　抓取的数据包信息列表

3.4　防火墙技术

近年来，一连串的网络非法入侵给人们带来了不安。很多政府机关的内部网建立起来了，但是因为担心网络安全问题而没有真正将内部网接入 Internet。防火墙是由 Check Point 创立者 Gil Shwed 于 1993 年发明并引入国际互联网的。它是一种位于内部网络与外部网络之间的网络安全系统，一项信息安全的防护系统，依照特定的规则，允许或限制传输的数据通过。

3.4.1　防火墙概论

为了防止内部网络不被入侵，企业内部网在接入 Internet 的时候就必须加筑安全的"护城河"，通过"护城河"将内部网保护起来，而这个"护城河"就是防火墙。

防火墙是网络安全政策的有机组成部分，它通过控制和检测网络之间的信息交换与访问行为来实现对网络的安全管理，从总体上看，防火墙应具有以下五大基本功能。

① 过滤进出网络的数据包。

② 管理进出网络的访问行为。

③ 封堵某些禁止的访问行为。

④ 记录通过防火墙的信息内容和活动。

⑤ 对网络攻击进行检测和告警。

1. 防火墙 (Firewall)

所谓"防火墙",是指一种将内部网和公众网络(如 Internet)分开的方法,它实际上是一种隔离技术。防火墙是在两个网络通信时执行的一种访问控制手段,它能允许"同意"数据进入网络,同时将"不同意"的数据拒之门外,最大限度地阻止网络中的黑客访问网络,防止他们更改、复制和毁坏重要信息。

2. 堡垒主机 (bastion host)

堡垒主机应是高度暴露于 Internet 的,也是网络中最容易受到侵害的主机。堡垒主机也就是防火墙体系中的大无畏者,把敌人的火力吸引到自己身上,从而达到保护其他主机的目的。堡垒主机的设计思想就是检查点原则,把整个网络的安全问题集中在某个主机上解决,从而省时省力,不用考虑其他主机的安全。通常情况下,堡垒主机上运行一些通用的操作系统。

3. 双宿主机 (dual homed host)

现在的防火墙系统大多是双宿主机,即有两个网络接口的计算机系统,其中一个接口接内部网,一个接口接外部网。有的防火墙是多宿主机,有三个或多个网络接口,可以连接多个网络,实现多个网络之间的访问控制。

4. 数据包过滤 (package filtering)

一些设备,如路由器、网关或双宿主机,可以有选择地控制网络上往来的数据流。当数据包要经过这些设备时,这些设备可以检查 IP 数据包的相应选项,根据既定的规则来决定是否允许数据包通过。

5. 屏蔽路由器 (screened router)

屏蔽路由器也叫过滤路由器,是一种可以根据过滤原则对数据包进行阻塞和转发的路由器,现在有很多路由器都具备包过滤的功能。

6. 屏蔽主机 (screened host)

被放置到屏蔽路由器后面的网络上的主机称为屏蔽主机,该主机能被访问的程度取决于路由器的屏蔽规则。

7. 屏蔽子网 (screened subnet)

屏蔽子网指位于屏蔽路由器后面的子网,子网能被访问的程度取决于屏蔽规则。

8. 代理服务器(proxy server)

代理服务器就像中间人，是一种代表客户和真正服务器通信的程序，一般在应用层实现。典型的代理接受用户的请求，然后根据事先定义好的规则，决定用户或用户的 IP 地址是否有权使用代理服务器(也可能支持其他的认证手段)，然后代表客户建立一个和真实服务器之间的连接。

9. IP 地址欺骗(IP spoofing)

这是一种黑客的攻击形式，黑客使用一台机器上网，而用另一台机器的 IP 地址，从而装扮成另一台机器和服务器打交道。防火墙可以识别其中一种 IP 地址欺骗。

10. 隧道路由器(tunneling router)

它是一种特殊的路由器，可以对数据包进行加密，让数据能通过非信任网，如 Internet，然后在另一端用同样的路由器进行解密。

11. 虚拟专用网(Virtual Private Network，VPN)

一种连接两个远程局域网的方式，连接要通过非信任网，如 Internet，所以一般通过隧道路由器或 VPN 网关来实现互连。

12. DNS 欺骗(DNS spoofing)

通过破坏被攻击机上的域名服务器的缓存，或破坏一个域名服务器来伪造 IP 地址和主机名的映射，从而冒充其他机器。DNS 欺骗现在也是黑客攻击服务器的常用手段。

3.4.2　防火墙策略

在构筑防火墙保护网络之前，需要制定一套完整有效的安全战略。一般这种安全战略分为网络服务访问策略和防火墙设计策略两个层次。

1. 网络服务访问策略

网络服务访问策略是一种高层次的、具体到事件的策略，主要用于定义在网络中允许的或禁止的网络服务，而且还包括对拨号访问以及 SLIP/PPP 连接的限制。这是因为对一种网络服务的限制可能会促使用户使用其他的方法，所以其他途径也应受到保护。例如，如果一个防火墙阻止用户使用 Telnet 服务访问 Internet，一些人可能会使用拨号连接来获得这种服务，这样就可能会使网络受到攻击。

一般情况下，一个防火墙执行两个通用网络服务访问策略中的一个：允许从内部站点访问 Internet 而不允许从 Internet 访问内部站点；只允许从 Internet 访问特定的系统，如信息服务器和电子邮件服务器。一些防火墙也允许从 Internet 访问几个选定的主机，而这也只是在确实有必要时才这样做，而且还要加上身份认证。

为了使防火墙能如人所愿地发挥作用，在实施防火墙策略之前，必须制定相应的服务访问策略，这种策略一定要具有现实性和完整性。现实性的策略在降低网络风险和为用户提供合理的网络资源之间做出了一个权衡。一个完备的、受到公司管理方面支持的策略可以防止用户的抵制，不完备的策略可能会因雇员不能理解而被雇员忽略，这种策略是名存实亡的。

2. 防火墙设计策略

防火墙设计策略是具体地针对防火墙，制定相应的规章制度来实施网络服务访问策略。在制定这种策略之前，必须了解这种防火墙的性能以及缺点、TCP/IP 本身所具有的易受攻击性和危险。像前面所提到的那样，防火墙一般执行以下两种基本设计策略中的一种。

① 除非明确不允许，否则允许某种服务。

② 除非明确允许，否则将禁止某种服务。

执行第一种策略的防火墙在默认情况下允许所有的服务，除非管理员对某种服务明确表示禁止。执行第二种策略的防火墙在默认情况下禁止所有的服务，除非管理员对某种服务明确表示允许。

总而言之，防火墙是否适合取决于安全性和灵活性的要求，所以在实施防火墙之前，考虑一下策略是至关重要的。如果不这样做，会导致防火墙不能达到要求。

3.4.3 防火墙的体系结构

防火墙可以设置成许多不同的结构，并提供不同级别的安全，而维护运行的费用也不同。各种组织机构应该根据不同的风险评估来确定不同的防火墙类型。下面将讨论一些典型的防火墙的体系结构，这对于在实践中，根据自身的网络环境和安全需求建立一个合适的防火墙结构将会有所帮助。按体系结构可以把防火墙分为包过滤型防火墙、屏蔽主机防火墙、屏蔽子网防火墙和一些防火墙结构的变体。按技术的实现，可以把防火墙分为包过滤型防火墙、代理防火墙、全状态检查防火墙及混合型防火墙。本节主要从防火墙的体系结构角度来介绍防火墙的几种类型。

1. 包过滤型防火墙

包过滤型防火墙往往可以用一台过滤路由器来实现，对所接收的每个数据包做允许或拒绝的决定。路由器审查每个数据包以便确定其是否与某一条包过滤规则匹配。过滤规则基于可以提供给 IP 转发过程的包头信息。

包的进入接口和出接口如果有匹配，并且规则允许该数据包通过，那么该数据包就会按照路由表中的信息被转发。如果有匹配并且规则拒绝该数据包，那么该数据包就会被丢弃。如果没有匹配规则，用户配置的缺省参数会决定是转发还是丢弃数据包。

包过滤型防火墙一般用在下列场合。

① 机构是非集中化管理。

② 机构没有强大的集中安全策略。

③ 网络的主机数非常少。

④ 主要依赖于主机安全来防止入侵，而当主机数增加到一定程度的时候，仅靠主机安全仍嫌不够。

⑤ 没有使用 DHCP 这样的动态 IP 地址分配协议。

2. 屏蔽主机防火墙

这种防火墙强迫所有的外部主机与一个堡垒主机相连接，而不让它们直接与内部主机相连。为了实现这个目的，专门设置了一个包过滤路由器，通过它把所有外部到内部的连接都路由到了堡垒主机上。图 3.63 显示了屏蔽主机体系结构。

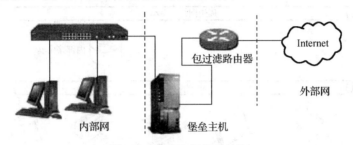

图 3.63　屏蔽主机体系结构

在这种体系结构中，堡垒主机位于内部网络，包过滤路由器连接 Internet 和内部网，它是防火墙的第一道防线。包过滤路由器需要进行适当的配置，使所有的外部连接被路由到堡垒主机上。

对于出站连接(内部网络到外部不可信网络的主动连接)，可以采用不同的策略。对于一些服务，如 Telnet，可以允许它直接通过屏蔽主机防火墙连接到外部网而不通过堡垒主机；其他服务，如 WWW 和 SMTP 等，必须经过堡垒主机才能连接到 Internet，并在堡垒主机上运行该服务的代理服务器。

这个防火墙系统提供的安全等级比包过滤型防火墙系统要高，因为它实现了网络层安全(包过滤)和应用层安全(代理服务)。所以入侵者在破坏内部网络的安全性之前，必须首先渗透两种不同的安全系统。即使入侵者进入了内部网络，也必须和堡垒主机相竞争，而堡垒主机是一台安全性很高的主机，主机上没有任何入侵者可以利用的工具，不能作为黑客进一步入侵的基地。

因为这种体系结构有堡垒主机被绕过的可能，而堡垒主机与其他内部主机之间没有任何保护网络安全的东西存在，所以人们开始趋向另一种体系结构——屏蔽子网。

3. 屏蔽子网防火墙

屏蔽子网在本质上和屏蔽主机是一样的，但是增加了一层保护体系——周边网络，堡垒主机位于周边网络上，周边网络和内部网络被内部路由器分开，其结构如图 3.64 所示。

(1)周边网络

周边网络也称为"停火区"或者"非军事区"(DMZ)，周边网络用了两个包过滤路由器和一个堡垒主机。这是最安全的防火墙系统，因为在定义了"停火区"网络后，它支持网络层和应用层安全功能。网络管理员将堡垒主机、信息服务器、Modem 组以及其他公用服务器放在 DMZ 网络中。DMZ 网络很小，处于 Internet 和内部网络之间。在一般情况下对 DMZ 配置成使用 Internet 和内部网络系统能够访问 DMZ 网络上数目有限的系统，而通过 DMZ 网络直接进行信息传输是严格禁止的。

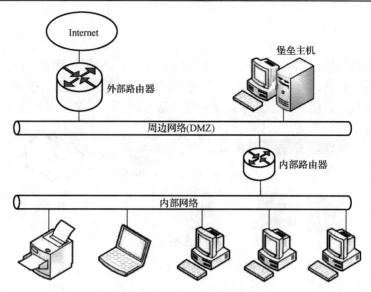

图 3.64　屏蔽子网体系结构

周边网络是一个防护层，它就像电视上军事基地的层层铁门一样，即使攻破了一道铁门，还有另一道铁门。在周边网络上，可以放置一些信息和服务器，如 WWW 和 FTP 服务器，以便于公众的访问。这些服务器可能会受到攻击，因为它们是牺牲主机，但内部网络还是被保护着的。

(2) 堡垒主机

在屏蔽子网体系结构中，堡垒主机被放置在周边网络上，它可以认为是应用层网关，是这种防御体系的核心。在堡垒主机上，可以运行各种各样的代理服务器。

① 在堡垒主机上运行电子邮件代理服务器，代理服务器把入站的 E-mail 转发到内部网的邮件服务器上。

② 在堡垒主机上运行 WWW 代理服务器，内部网络的用户可以通过堡垒主机访问 Internet 上的 WWW 服务器。

③ 在堡垒主机上运行一个伪 DNS 服务器，回答 Internet 上主机的查询。

④ 在堡垒主机上运行 FTP 代理服务器，对外部的 FTP 连接进行认证，并转接到内部的 FTP 服务器上。

对于出站服务，不一定要求所有的服务都经过堡垒主机代理，一些服务可以通过内部过滤路由器和 Internet 直接对话，但对于入站服务，应要求所有的服务都通过堡垒主机。

(3) 内部路由器

内部路由器(又称阻塞路由器)位于内部网和周边网络之间，用于保护内部网不受周边网络和 Internet 的侵害，它执行了大部分的过滤工作。

内部过滤路由器也用来过滤内部网络和堡垒主机之间的数据包，这样做是为了防止堡垒主机被攻占。若不对内部网络和堡垒主机之间的数据包加以控制，当入侵者控制了堡垒主机后，即可不受限制地访问内部网络上的任何主机，周边网络也就失去了意义，在实质上就与屏蔽主机结构一样了。

(4) 外部路由器

外部路由器的一个主要功能是保护周边网络上的主机，但这种保护不是很必要的，因为这主要是通过堡垒主机来进行安全保护的，但多一层保护也并无害处。外部路由器还可以把入站的数据包路由到堡垒主机，外部路由器一般与内部路由器应用相同的规则。

外部路由器还可以防止部分 IP 欺骗，因为内部路由器分辨不出一个声称从周边网络来的数据包是否真的从周边网络来，而外部路由器可很容易分辨出真伪。

4. 其他防火墙结构

(1) 多宿主机防火墙

多宿主机拥有多个网络接口，每一个接口都连在物理上和逻辑上都分离的不同的网段上。每个不同的网络接口分别连接不同的子网，不同子网之间的相互访问实施不同的访问控制策略。

例如，双宿主机防火墙，拥有两个连接到不同网络上的网络接口，可将一个网络接口连接到外部的不可信任的网络上，另一个网络接口连接到内部的可信任的网络上。这种防火墙的最大特点是 IP 层的通信是被阻止的，两个网络之间的通信可通过应用层数据共享或应用层代理服务来完成。

现在出现的新型双宿主机防火墙没有 IP 地址，称为透明防火墙。透明防火墙自身的安全性就比较高，因为没有 IP 地址的情况下，黑客是很难对防火墙进行攻击的。

(2) 一个堡垒主机和一个周边网络

这种结构类型把堡垒主机的一个网络接口接到周边网络，另一个网络接口接到内部网络，过滤路由器的一端接到 Internet，另一端接到周边网络。这种结构是屏蔽子网结构合并内部路由器和堡垒主机时的结构。

(3) 两个堡垒主机和两个周边网络

这种结构使用两台双重宿主堡垒主机，有两个周边网络，并在网络中分成了四个部分：内部网络、外部网络、内部周边网络和外部周边网络。

过滤路由器和外部堡垒主机是外部周边网络上仅有的两个网络接口。

内部周边网络受到过滤路由器和外部堡垒主机的保护，具有一定的安全性，可以把一些相对而言不是很机密的服务器放在这个网络上，并把敏感的主机隐藏在内部网络中。换句话说，一个组织或公司可能需要最大的安全，因此把内部周边网络作为第二缓冲区，把敏感的主机隐藏在内部网络中。

(4) 两个堡垒主机和一个周边网络

可以使用两个具有单一网络接口的堡垒主机，加上一个内部过滤路由器作为阻塞器，内部过滤路由器位于 DMZ 和内部网络之间。显然，这种结构要比标准的屏蔽主机的结构更为安全，因为内部网络受到双重保护，入侵者即使控制了第一个堡垒主机也不能为所欲为，还需设法攻破第二道堡垒主机防线。

(5) 个人防火墙

个人防火墙是一种个人行为的防范措施，这种防火墙不需要特定的网络设备，只要在用户所使用的计算机上安装软件即可。由于网络管理者可以远距离地进行设置和管理，终端用户在使用时不必特别在意防火墙的存在。

个人防火墙把用户的计算机和公共网络分隔开，它检查到达防火墙两端的所有数据包，无论是进入还是发出，从而决定该拦截这个包还是将其放行，是保护个人计算机接入互联网的安全有效措施。

现在有很多的个人防火墙软件，它是应用程序级的。它是在使用基本包过滤防火墙的通信上应用一些防火墙技术来做到这点的。

个人防火墙软件的安全规则方式可分为两种：一种是定义好的安全规则，就是把安全规则定义成几种方案，一般分为低、中、高三种，这样不懂网络协议的用户，也可以根据自己的需要灵活地设置不同的安全方案；还有一种就是用户自定义的安全规则，这需要用户在了解网络协议的情况下，根据自己的安全需要对某个协议进行单独设置。

个人防火墙对遇到的每一种新的网络通信，都会提示用户一次，询问如何处理那种通信。然后个人防火墙便记住响应方式，并应用于以后遇到的相同网络通信。例如，如果用户已经安装了一台个人 Web 服务器，个人防火墙可能将第一个传入的 Web 连接做标志，并询问用户是否允许它通过。用户可能允许所有的 Web 连接、来自某些特定 IP 地址范围的连接等，然后个人防火墙把这条规则应用于所有传入的 Web 连接。

3.4.4　防火墙关键技术

1. 数据包过滤技术

数据包过滤是在网络中适当的位置对数据包实施有选择的通过，选择依据即为系统内设置的过滤规则(通常称为访问控制表(Access Control List，ACL)，只有满足过滤规则的数据包才被转发至相应的网络接口，其余数据包则从数据流中删除。

数据包过滤一般由过滤路由器来完成，这种路由器是普通路由器功能的扩展，是一种硬件设备，价格可能比较昂贵。如果网络不大，也可以用安装相应的软件来实现数据包过滤功能。

2. 代理技术

代理技术也称为应用层网关技术，代理技术与包过滤技术完全不同，包过滤技术是在网络层拦截所有的信息流，代理技术针对每一个特定应用都有一个程序。代理在应用层实现防火墙的功能，代理的主要特点是有状态性。代理能提供部分与传输有关的状态，能完全提供与应用相关的状态和部分传输方面的信息，代理也能处理和管理信息。

(1)应用级代理

应用层网关不用依赖包过滤工具来管理 Internet 服务在防火墙系统中的进出，而是采用为每种所需服务安装在网关上特殊代码(代理服务)的方式来管理 Internet 服务，这能够让网络管理员对服务进行全面的控制。如果网络管理员没有为某种应用安装代理编码，那么该项服务就不支持并且不能通过防火墙系统来转发。同时，代理编码可以配置成只支持网络管理员认为必需的部分功能。图 3.65 所示是 Internet 客户通过代理服务访问内部网主机的结构示意图。

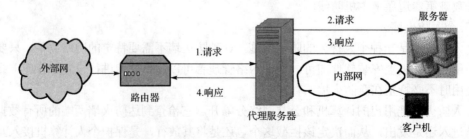

图 3.65　Internet 客户通过代理服务访问内部网主机

应用层网关适应 Internet 的通用用途和需要。智能代理服务器不仅可以转发请求，而且可以起到高速缓存的作用，从而可以减少对远程 HTTP 服务器的访问次数，降低网络流量。一般应用级代理更容易智能化，而回路级代理则功能有限。

(2) 没有代理服务器的代理

一些"存储转发"服务，如 SMTP、NNTP 和 NTP 本身就具有代理的特性，所以它们的代理服务也极易实现。以 E-mail 为例，数据包要经过几台机器的转发，才能最终到达目标主机。若检查 E-mail 的信头，即可发现邮件传送的路径。

3. 电路级网关技术

电路级网关也是一种代理，但是只是建立起一个回路，对数据包只起转发的作用。电路级网关只依赖于 TCP 连接，并不进行任何附加的包处理或过滤。

在电路级网关中，数据包被提交给用户应用层来处理，网关只用来在两个通信终点之间转接数据包，只是简单的字节复制，由于连接起源于防火墙，故隐藏了受保护网络的有关信息。

4. 状态检查技术

一个防火墙为了提供可靠的安全性，必须跟踪流经它的所有通信信息。为了达到控制所有类型数据流的目的，防火墙首先必须获得所有层次和与应用相关的信息，然后存储这些信息，还要能够重新获得以及控制这些信息。防火墙仅检查独立的信息包是不够的，因为状态信息(以前的通信和其他应用信息)是控制新的通信连接的最基本的因素。对于某一通信连接，通信状态(以前的通信信息)和应用状态(其他的应用信息)是对该连接做控制决定的关键因素。因此为了保证高层的安全，防火墙必须能够访问、分析和利用以下几种信息。

① 通信信息：所有应用层的数据包的信息。

② 通信状态：以前的通信状态信息。

③ 来自应用的状态：其他应用的状态信息。

④ 信息处理：基于以上所有元素的灵活的表达式的估算。

5. 地址翻译技术

地址翻译就是将一个 IP 地址用另一个 IP 地址代替。

尽管最初设计 NAT 的目的是增加在专用网络中可使用的 IP 地址数，但是它有一个隐蔽的安全特性，如内部主机隐蔽等，保证了网络的一定安全。地址翻译主要用在两个方面。

① 网络管理员希望隐藏内部网络的 IP 地址。这样，Internet 上的主机无法判断内部网络的情况。

② 内部网络的 IP 地址是无效的 IP 地址。这种情况主要是因为现在的 IP 地址不够用，要申请到足够多的合法 IP 地址很难办到，因此需要翻译 IP 地址。

在上面两种情况下，内部网对外面是不可见的，Internet 不能访问内部网，但是内部网内主机之间可以相互访问。应用网关防火墙可以部分解决这个问题，例如，也可以隐藏内部 IP，一个内部用户可以 Telnet 到网关，然后通过网关上的代理连接到 Internet。

6. 其他防火墙技术

除了上面介绍的防火墙技术外，加密技术、虚拟网技术、安全审计、安全内核、身份认证、负载平衡、内容安全等技术也被防火墙产品所采用。

3.4.5 Windows 10 防火墙设置

Windows 10 提供的防火墙功能非常全，但只有对防火墙技术及规则有所了解，才能设置得适合实际需要。下面介绍 Windows 10 防火墙的设置。

1. 允许应用或功能通过 windows 防火墙设置

① 打开开始菜单，单击"系统设置"按钮(图 1.57)，打开设置窗口(图 1.62)，在对话框中选择"网络和 Internet"项，然后选择右方列表中的"Windows 防火墙"项进入防火墙配置窗口，如图 3.66 所示(也可以通过右击"开始菜单"，在菜单中选择"控制面板"，然后在"控制面板"对话框中选择"系统和安全"项，在打开的"系统和安全"对话框右侧菜单中选择列表中的"Windows 防火墙"项进入防火墙配置窗口)。

图 3.66　Windows 防火墙配置窗口

进入后能看到一个专用网络与来宾或公用网络，是否记得无线连入网络，连接成功都要选择连入是什么网络，选择性和安全策略相关。现在这台设备只有一个来宾或公用网络连接。

② 选择左方的"允许应用或功能通过 Windows 防火墙"项进行配置，进入后列出了所有的应用，如图 3.67 所示。在这里选择应用是否能通过专网或公网向往通信。

如果 Windows 防火墙无法认到的应用，可以通过单击"允许其他应用"按钮，在弹出的对话框中通过浏览选择相应命令添加进行设置。

2. 高级设置

在图 3.66 中单击左侧菜单栏中的"高级设置"项，打开"高级安全 Windows 防火墙"

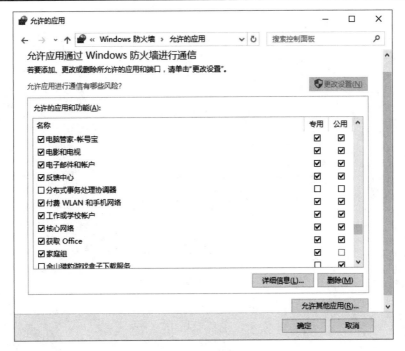

图 3.67 允许应用配置列表

设置对话框,如图 3.68 所示。在高级设置中,可以按出站、入站两个方向进行更细规则的安全策略定义,如果不了解,不要随意更改预设策略,否则正常应用通信可能会出问题。

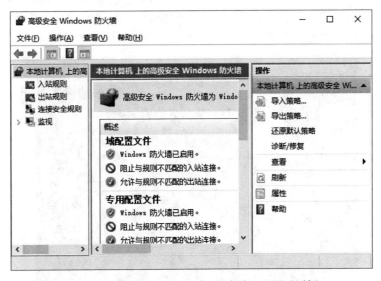

图 3.68 "高级安全 Windows 防火墙"配置对话框

3. 启用或关闭 Windows 防火墙

在图 3.66 中单击左侧菜单栏中的"启用或关闭 Windows 防火墙"项,打开设置界面,如图 3.69 所示。按自己的需要选择启用或关闭 Windows 防火墙项。

图 3.69　自定义设置启用或关闭 Windows 防火墙

3.5　知　识　扩　展

3.5.1　ipconfig 指令

ipconfig 指令显示所有 TCP/IP 网络配置信息、刷新动态主机配置协议(DHCP)和域名系统(DNS)设置。使用不带参数的 ipconfig 可以显示所有适配器的 IP 地址、子网掩码和默认网关。

例如，在 DOS 命令行下输入 ipconfig 指令，其结果如图 3.70 所示。

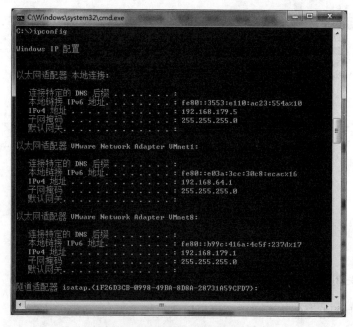

图 3.70　查看本机 IP 配置

3.5.2　netstat 指令

netstat 指令显示活动的连接、计算机监听的端口、以太网统计信息、IP 路由表、IPv4 统计信息(IP、ICMP、TCP 和 UDP)。

例如，在 DOS 命令行下输入 netstat 指令，其结果如图 3.71 所示。

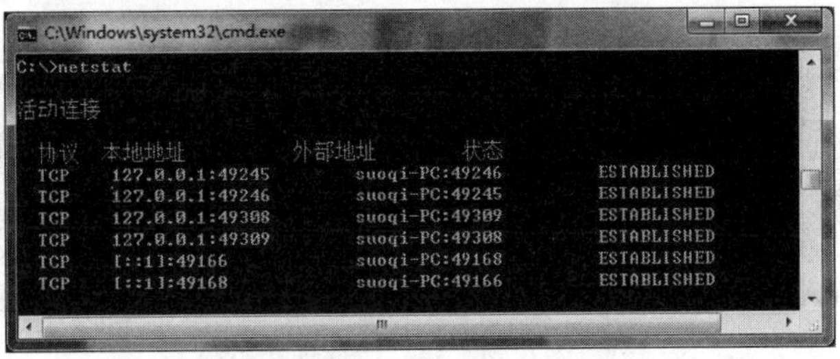

图 3.71　查看本机网络连接情况

使用 netstat -an 命令可以查看目前活动的连接和开放的端口，是网络管理员查看网络是否被入侵的最简单方法。

3.5.3　net

net 指令在网络安全领域通常用来查看计算机上的用户列表、添加和删除用户、和对方计算机建立连接、启动或者停止某网络服务等。利用 net user 查看计算机上的用户列表，结果如图 3.72 所示。

图 3.72　查看计算机上的用户列表

例 1：使用下面两个命令建立用户并添加到管理员组。

```
net user s1 123456 /add
net localgroup administrators s1 /add
```

依次在 DOS 命令行下执行这两条命令，结果如图 3.73 所示。

图 3.73　建立用户并添加到管理员组

例2：和对方计算机建立信任连接。

只要拥有某主机的用户名和密码，就可以用 IPC$(Internet Protocol Control)建立信任连接，建立信任连接后，可以在命令行下完全控制对方计算机。

例如，得到 IP 为 192.168.179.6 计算机的用户 s1 密码为 123456，则可以利用指令"net use \\192.168.179.6\ipc$ 123456 /user:s1"建立信任连接，如图 3.74 所示。

图 3.74　建立信任连接

建立完毕后，就可以操作对方的计算机，如查看对方计算机上的文件，如图 3.75 所示。

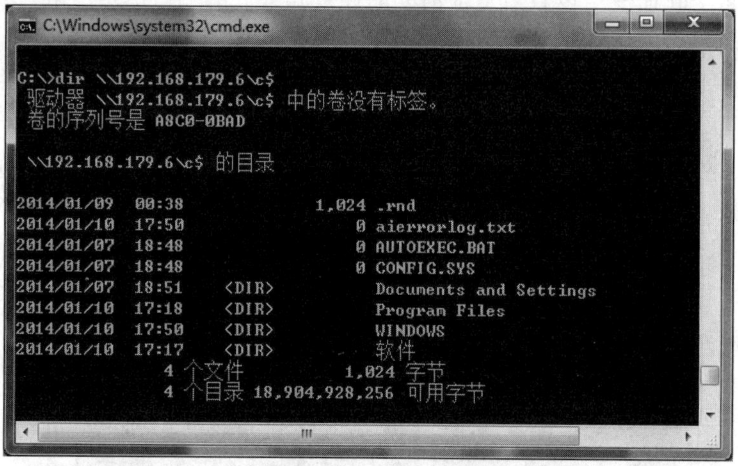

图 3.75　查看对方的计算机

注：建立信任连接命令执行时，有时会出现错误，以下是常见的三种错误情况及解决方法。

(1)53 错误：找不到网络路径

这是目标主机打开了系统防火墙或者其他防火墙软件，解决方法是关闭目标防火墙。

(2)1326 错误解决方法

① 检查命令是否错误或者用户名错误。

② 在远程机的"控制面板/文件夹选项/查看"对话框中，去掉"简单的文件共享"选取。简单文件共享会把网络连接权限都归为 guest 连接，是无法访问 IPC$等管理共享的。

(3)1327 错误(登录失败：用户账户限制)

可能的原因包括不允许空密码，登录时间限制，或强制的策略限。

解决方法：在远程机的"控制面板/管理工具/本地安全策略/安全选项/用户权限"指派中，禁用"空密码用户只能进行控制台登录"。

习　题　3

一、选择题

1. 保护计算机网络设备免受环境事故的影响属于信息安全的_____。
   - A. 人员安全　　　　B. 物理安全　　　　C. 数据安全　　　　D. 操作安全
2. 加密数据依赖于算法和密钥，其安全性依赖于_____。
   - A. 算法　　　　　　B. 密钥　　　　　　C. 安全规则　　　　D. 监测
3. 保证数据的完整性就是_____。
   - A. 保证因特网上传送的数据信息不被第三方监视
   - B. 保证因特网上传送的数据信息不被篡改
   - C. 保证电子商务交易各方的真实身份
   - D. 保证发送方不抵赖曾经发送过某数据信息
4. 某种网络安全威胁是通过非法手段取得对数据的使用权，并对数据进行恶意添加和修改，这种安全威胁属于_____。
   - A. 窃听数据　　　　　　　　　　　B. 破坏数据完整性
   - C. 拒绝服务　　　　　　　　　　　D. 物理安全威胁
5. 在网络安全中，捏造是指未授权的实体向系统中插入伪造的对象。这是对_____。
   - A. 可用性的攻击　　　　　　　　　B. 保密性的攻击
   - C. 完整性的攻击　　　　　　　　　D. 真实性的攻击
6. 防火墙能够_____。
   - A. 防范恶意的知情者　　　　　　　B. 防范通过它的恶意连接
   - C. 防备新的网络安全问题　　　　　D. 完全防止传送已被病毒感染的软件和文件
7. 防火墙是隔离内部和外部网的一类安全系统。通常防火墙中使用的技术有过滤和代理两种。路由器可以根据_____进行过滤，以阻挡某些非法访问。
   - A. 网卡地址　　　　B. IP 地址　　　　C. 用户标识　　　　D. 加密方法
8. 下面关于加密说法正确的是_____。
   - A. 加密包括对称加密和非对称加密两种
   - B. 信息隐蔽是加密的一种方法
   - C. 如果没有信息加密的密码，只要知道加密程序的细节就可以对信息进行解密
   - D. 密钥的位数越多，信息的安全性越高

二、简答题

1. 什么是网络安全？网络安全包括哪些方面？
2. 网络系统本身存在哪些安全漏洞？
3. 网络面临的威胁有哪些？
4. 系统漏洞产生的原因主要有哪些？

5．简述数据进行加密的作用。

6．个人防火墙的作用有哪些？

三、操作题

1．Ping 命令使用。

① 不停地 Ping 主机，直到按下 Control-C。

② 发送数据包大小为 65500 到 IP 地址 192.168.179.6。

③ 发送数据包大小为 65500 到 IP 地址 192.168.1.6，并且不要分段。

```
Ping -l 65500 -f 192.168.179.6
```

2．ipconfig 命令使用。

① 查看 ipconfig 所有参数。

② 查看所有适配器的完整 TCP/IP 配置信息(ipconfig /all)。

3．查阅资料，在 Windows 7 系统中安装一个 Windows XP 虚拟机，并在 Windows XP 虚拟机中架构 FTP 服务器，并用自己的主机访问。

4．用抓包软件 Sniffer 抓取数据包，并分析。

5．安装 SuperScan 端口扫描软件，并用其进行端口扫描。

6．安装 X-Scan 漏洞扫描端口扫描软件，并用其进行漏洞扫描。

7．从网上下载一款具有加解密功能的软件，并安装在自己的计算机中。然后运行该软件对一个文档进行加密。

8．从网上下载一个具有个人防火墙功能的软件(如金山卫士或 360)，并安装在自己的计算机中。然后运行安装的软件，打开个人防火墙设置进行安全规则配置。

第4章 网页设计与网站建设

构建网站和发布信息的能力是信息社会应具备的基本能力之一，目前，Fireworks CS5+ Flash CS5+ Dreamweaver CS5 已成为网页设计的基本技术。

4.1 网页设计基础

相对于传统的平面设计，网页设计借助网络平台，将传统设计与计算机、互联网技术相结合，实现网页设计的创新应用与技术交流。

4.1.1 HTML 简介

HTML(HyperText Markup Language)称为超文本标记语言，它是 Web 上的专用表述语言。HTML 不是程序设计语言，它只是标记语言，规定网页中信息陈列的格式，指定需要显示的图片、嵌入其他浏览器支持的描述型语言，以及指定超文本链接对象等。

1. HTML 的组成

元素是一个文档结构的基本组成部分，如文档中的头(heads)、表格(tables)、段落(paragraphs)、列表(lists)等都是元素。HTML 就是使用标记表示各种元素，用于指示浏览器以什么方式显示信息。

编制一个 HTML 页面就是使用一些 HTML 规定的标记，将各个元素要显示的格式、风格、位置等给予说明。不同标记的使用、搭配以及嵌套、链接，就构成了不同风格的网页。因此，正确地使用 HTML 中的标记是建立 HTML 页面的关键。

任何一个 HTML 文档都是由头部(head)和正文(body text)两个部分组成的。头部的内容不在页面中显示，只是用于对页面中元素的样式、标题(title)等进行说明或设置。页面上显示的任何东西都包含在正文标记之中，正文中含有实际构成段落、列表、图像和其他元素的文本，这些元素都应用一些标准的 HTML 标记来说明。头部和正文两个部分由一对 HTML 标记包含起来，形成一个 Web 页面。

下面通过记事本创建一个名为 index.html 的 HTML 文件，具体的操作步骤如下。

① 打开记事本程序之后，程序自动创建一个名为"文本文档.txt"的文本文件，输入如下代码，如图 4.1 所示。

```
<html>
<head>
<title>HTML 语言示例说明</title>
</head>
<body>
<b>Web 页面设计</b><p>
```

```
①什么是网页<p>
②构成网页的元素<br>
③网页的类型
</body>
</html>
```

② 在程序代码输入完毕之后，执行"文件"→"另存为"命令，打开"另存为"对话框，保存类型选择"所有类型"，文件名为 index.html。

③ 双击打开文件 index.html，在浏览器中预览所创建的网页，效果如图 4.2 所示。

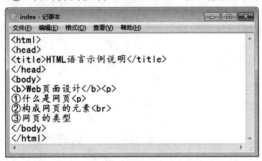

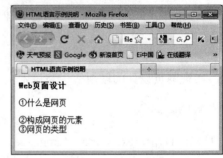

图 4.1　输入代码　　　　　　　　　　　　　图 4.2　显示效果

2. HTML 基本语法

HTML 语法由标签(tags)和属性(attributes)组成。标签又称标记符，在 HTML 中，所有的标签都用尖括号"<>"括起来。

(1)标签的分类

标签可分为单标签和双标签两种类型。

① 单标签。

单标签的形式为<标签 属性=参数>，最常见的如强制换行标签
、分隔线标签<HR>、插入文本框标签<INPUT>。

② 双标签。

双标签的形式为<标签 属性=参数>对象</标签>，如定义"新春快乐"4 个字大小为 8 号，颜色为红色的标签为：<font size=8 color=red>新春快乐</font>。

需要说明的是：在 HTML 中大多数是双标签的形式。

(2)HTML 中的常用标签

HTML 中常用的标签如下。

①
和<p>标签。

在 HTML 文档中无法用多个回车、空格和 Tab 键来调整文档段落的格式，要用 HTML 标签来强制换行和分段。

(即 Break)是换行标签，它是单独出现的，
的作用相当于回车符。

<p>(即 Paragraph)是分段标签，作用是插入一个空行，可单独使用，也可成对使用。

② <img>显示图片标签。

<img>标签常用的属性有 src(图片资源链接)、alt(鼠标悬停说明文字)和 border(边框)等。

③ <title>…</title>标题栏标签。

<title>标签用来给网页命名，网页的名称将显示在浏览器的标题栏中。

④ <a>创建链接标签。

<a>标签常用的属性有 href（创建超文本链接）、name（创建位于文档内部的书签）、target（决定链接源在什么地方显示，参数有_blank、_parent、_selft 和_top）等。

⑤ <table>…</table>创建表格标签。

<table>标签常用的属性有 cellpadding（定义表格内距，数值单位是像素）、cellspacing（定义表格间距，数值单位是像素）、border（表格边框宽度，数值单位是像素）、Width（定义表格宽度，数值单位是像素或窗口百分比）、background（定义表格背景）、<tr>和</tr>（表格中一个表格行的开始和结束）；<td>和</td>（表格中行内一个单元格的开始和结束）。

⑥ <form>…</form>创建表单的标签。

<form>标签常用的属性有 action（接收数据的服务器的 URL）、method（HTTP 的方法，有 post 和 get 两种方法）和 onsubmit（当提交表单时发生的内部事件）等。

⑦ <marquee>…</marquee>创建滚动字幕标签。

在<marquee>和</marquee>标签内放置贴图格式则可实现图片滚动。常用的属性有 direction（滚动方向，参数有 up、down、left 和 right）、loop（循环次数）、scrollamount（设置或获取介于每个字幕绘制序列之间的文本滚动像素数）、scrolldelay（设置或获取字幕滚动的速度）、scrollheight（获取对象的滚动高度）等。

⑧ <!---→生成注释标签。

注释的目的是便于阅读代码，注释部分只在源代码中显示，并不会出现在浏览器中。

上面仅列举了 HTML 中最常用的几种标签和解释，对于初学者来说，简单了解即可。

3. 应注意的问题

在使用 HTML 时，有几点需要注意。

① HTML 标记不区分大小写。例如，<body>、<BODY>或<bOdY>含义相同，都是正文标记。另外标记符中间不能插入空格。例如，<bo　dy>是一个错误的标记。

② HTML 标记中的所有标记符号都是用 ASCII 码来书写的。如果用其他编码书写（如中文字符编码），Web 浏览器将不能识别，只是将其作为页面的内容显示在页面上或忽略掉。

③ 并非所有的 WWW 浏览器都支持所有的标记，如果一个浏览器不支持某个标记，通常会忽略它。

④ HTML 提供了多种标记，每一种标记都有自己特定的作用。也就是说，页面中的任何一个元素都应用标记给予标记说明。

4.1.2　网页设计的常用软件

网页所包含的内容除了文本外，还常常有一些漂亮的图像、背景和精彩的 Flash 动画等，以使页面更具观赏性和艺术性。在网页中添加这些元素，需要借助一些常用网页制作软件。

1. 图形图像处理软件

（1）Photoshop

Photoshop 是真正独立于显示设备的图形图像处理软件，使用该软件可以非常方便地绘制、编辑、修复图像以及创建图像的特效。Photoshop CS5 具有支持宽屏显示器、集 20 多个窗口于一身的 Dock、占用面积更小的工具栏、多张照片自动生成全景、灵活的黑白转换、更易调节的选择工具、智能的滤镜、改进的消失点特性等。

（2）CorelDRAW

CorelDRAW 是 Corel 公司出品的矢量图形制作软件，其不但具有强大的平面设计功能，而且还具有 3D 的效果，同时提供矢量动画、位图编辑和网页动画等多种功能。

（3）Fireworks

Adobe Fireworks 是 Adobe 推出的一款网页作图软件。Fireworks 不仅具备编辑矢量图形与位图图像的灵活性，还提供了一个预先构建资源的公用库，并可与 Adobe Photoshop、Adobe Illustrator、Adobe Dreamweaver 和 Adobe Flash 软件省时集成。在 Fireworks 中将设计迅速转变为模型，或利用来自 Illustrator、Photoshop 和 Flash 的其他资源，然后直接置入 Dreamweaver 中轻松地进行开发与部署。

2. 动画制作软件

Flash 项目可以包含简单的动画、视频内容、复杂的演示文稿、应用程序以及介于这些对象之间的任何事物。使用 Flash 制作出的具体内容就称为应用程序（或 SWF 应用程序），尽管它们可能只是基本的动画，但可以在制作的 Flash 文件中加入图片、声音、视频和特殊效果，创建出包含丰富媒体的应用程序。SWF 格式大量使用矢量图形，文件小，十分适合在 Internet 使用。

3. 网页制作软件

（1）Dreamweaver

Dreamweaver 是一款可视化网页设计制作工具和网站管理工具，支持当前最新的 Web 技术。其包含 HTML 检查、HTML 格式控制、HTML 格式化选项、可视化网页设计、图像编辑、全局查找替换、处理 Flash 和 Shockwave 等多媒体格式，以及动态 HTML 和基于团队的 Web 创作等功能，利用它可以轻而易举地制作出跨越平台限制和跨越浏览器限制的充满动感的网页。

（2）FrontPage

FrontPage 是 Office 家族的一员，使用方便、简单，结合了设计、程序码、预览三种模式。FrontPage 在数据库接口功能方面做了很大改进，特别是它提供的数据库接口向导功能可以替用户产生在线数据库所需要的一切功能，包含数据库的建立、窗体以及所需的各种页面。此外，FrontPage 还允许设定数据库的交互功能，利用该功能，用户可以设置让指定的访问者通过浏览器来编辑数据库中的记录，或者在数据库中新增记录，查看已有的资料等。

（3）GoLive

GoLive 是一套工业级的网站设计、制作、管理软件，可让网站设计者轻易地创造出专业又丰富的网站。GoLive 作为一个类似 Dreamweaver 的网站制作软件，是目前最好用的 CSS+DIV 网站开发软件。在可视化操作方面要比 Dreamweaver 更加人性化，可以让设计师通过简单的步骤就将作品制作为网页。

4.2　网站设计概述

4.2.1　网站的组成要素

一个网站最少包括域名、首页(Flash 引导页、门户型首页、企业型首页)、空间(静态空间、动态空间、视频空间等)、导航栏(公司介绍、产品展示、信息发布、成功案例、联系方式、新闻中心等)等要素。

1. 域名

通过 TCP/IP 协议进行数据通信的主机或网络设备都要拥有一个 IP 地址,但 IP 地址不便记忆。为了便于使用,常常赋予某些主机(特别是提供服务的服务器)能够体现其特征和含义的名称,即主机的域名。

2. 首页

首页类型分为门户型和企业型首页。

(1)门户型首页

门户型首页一般包括公司简介、新闻系统、产品展示系统、人才招聘系统、留言系统、联系我们、订购系统、会员管理系统等。

(2)企业型首页

企业型首页和门户型首页在功能上没有太大区别,主要区别在于内容相对比较少,如门户网站关于新闻的分类可以达到无限,而企业型首页只能达到 3～5 个分类。

3. 空间

空间都需要根据网站的内容进行量身定做,不同类型的网站需要不同类型的空间支持。空间一般主要分为静态空间、动态空间、视频空间等。

(1)静态空间

静态空间通常是指不带数据库功能开发,不支持网站动态语言开发的网站空间。一般只支持静态网页,如扩展名为.htm、.html 的页面。

(2)动态空间

动态空间通常是指支持动态程序设计语言的空间平台,如支持 ASP、JSP、PHP、CGI、.NET 等动态网站常用开发语言。使用动态网站空间是为了开发带数据库功能的网站,通过程序实现数据在数据库表的储存、读取、更新、删除等操作和功能。

(3)视频空间

视频的交互流量巨大,所以需要专门的视频空间来负责流量的运转和资源的支撑,视频空间的容量比一般空间要大很多。

4. 导航栏

网站使用导航栏是为了让访问者更清晰明朗地找到所需要的资源区域，寻找资源。例如，百度主页眉页上的"新闻、网页、MP3、知道……"等选项就是导航栏的一种范例。一般在导航栏中有公司介绍、产品展示、信息发布、成功案例、联系方式等。

4.2.2　网站的设计与建设

1. 网站的系统分析

(1)项目立项

接到客户的业务咨询，经过双方不断地接洽和了解，通过基本的可行性讨论，可初步达成制作协议。较好的做法是成立一个专门的项目小组，小组成员包括项目经理、网页设计员、程序员、测试员等人员。

(2)需求分析

需求分析处于开发过程的初期，它对于整个系统开发过程及产品质量至关重要。在该阶段，开发人员要准确理解用户的要求，进行细致的调查分析，将用户非形式的需求陈述转化为完整的需求定义，再由需求定义转化到相应的形式功能规约(需求说明书)。

很多客户对自己的需求并不是很清楚，有些客户可能对自己要建什么样的网站根本就没有明确的目的，他的网站建好后来干什么也是一无所知。这就需要不断引导，仔细分析，挖掘出客户潜在的、真正的需求。

2. 网站的系统设计

(1)网站总体设计

需求分析后，就要进行总体设计。总体设计是非常关键的一步，它主要确定：网站需要实现哪些功能；网站开发使用什么软件、什么样的硬件环境；网站开发要多少人、多少时间；网站开发要遵循的规则和标准。

在确定网站任务后，需要写一份总体规划说明书，包括：网站的栏目和板块；网站的功能和相应的程序；网站的链接结构；如果有数据库，进行数据库的概念设计；网站的交互性和用户友好设计。

(2)网站详细设计

总体设计阶段以抽象概括的方式给出了问题的解决办法。详细设计阶段的任务就是把解法具体化。详细设计主要是针对程序开发部分来说的，但这个阶段不是真正编写程序，而是设计出程序的详细规格说明，它们包含必要的细节，例如，程序界面、表单、需要的数据等。

(3)网站的制作规范

网站的制作规范一般包括网站目录规范、文件命名规范、链接结构规范。不同的规范应遵守不同的原则。

3. 网站的制作

网站的制作一般经过搜集材料、选择合适的制作工具、制作网页几个阶段。

（1）搜集材料

明确了网站的主题以后，就要围绕主题开始搜集材料。要想让自己的网站能够吸引用户，就要尽量搜集材料，搜集的材料越多，以后制作网站就越容易。网站所包含的资源信息一般有文字资料、图片资料、动画资料，还有一些不属于文字、图片和动画资料的其他一些资料，如需要提供给浏览者下载的软件、视频、音乐文件、交互表格以及其他演示资料等。

（2）选择合适的制作工具

一款功能强大、使用简单的软件往往可以起到事半功倍的效果，网页制作涉及的工具比较多。首先就是网页制作工具，这其中首选是 Dreamweaver 和 FrontPage。如果是初学者，选择 FrontPage 比较合适。除此之外，还有图片编辑工具，如 Photoshop；动画制作工具，如 Flash、COOL 3D、GIF Animator 等；还有网页特效工具，如有声有色等。

现在的网站几乎都是通过数据库驱动的，因此，用户如果想要访问其中的数据，就需要用到 ASP、JSP、PHP 等语言进行网页编程。

（3）制作网页

制作网页是一个复杂而细致的过程，一定要按照先大后小、先简单后复杂来进行制作。所谓先大后小，就是说在制作网页时，先把大的结构设计好，然后再逐步完善小的结构设计。所谓先简单后复杂，就是先设计出简单的内容，然后再设计复杂的内容，以便出现问题时便于修改。

4.3　图　像　处　理

4.3.1　Photoshop 图像处理

Photoshop 是最常见的图像处理软件，通过 Photoshop 可以把图片、剪辑、绘画、图形以及现有的美术作品结合在一起，并进行处理，使之产生各种绚丽甚至超越意想的艺术效果。

1. Photoshop 基本操作

（1）工作界面简介

Photoshop CS5 的工作界面主要由快速切换栏、菜单栏、属性和样式栏、工具箱、面板组、状态栏和图像编辑区等组成，如图 4.3 所示。

① 快速切换栏。快速切换栏在工作界面窗口的最上面，单击其中的按钮后，可以快速切换视图显示。例如，全屏模式、显示比例、网格、标尺等。

② 菜单栏。菜单栏由"文件、编辑、图像、图层、选择、滤镜、分析、3D、视图、窗口和帮助" 11 类菜单组成。菜单栏提供完成工作所需的全部命令项。

③ 工具箱。将常用的命令以图表形式汇集在工具箱中，Photoshop CS5 默认使用单栏工具栏，单击顶部的扩展按钮即可将其变为双栏，反之收缩为单栏状态。右击或按住工具图标右下角的符号，就会弹出功能相近的隐藏工具。

④ 属性和样式栏。在属性和样式栏中可设置在工具箱中选择的工具的选项。根据所选工具的不同，属性和样式栏所提供的选项也有所区别，即该栏会随工具栏选择的具体工具，提供其相应的属性和样式。

图 4.3　Photoshop CS5 工作界面

⑤ 面板组。为了更方便地使用 Photoshop 的各项功能，将其以面板形式提供给用户。面板中汇集了图像操作时常用的选项或功能。在编辑图像时，选择工具箱中的工具或者执行菜单栏上的命令以后，使用面板可以进一步细致调整各项选项，也可以将面板中的功能应用到图像上。

⑥ 状态栏。状态栏用于显示当前编辑的图像文件大小，以及图片的各种信息说明。

⑦ 图像编辑区。这是显示 Photoshop 中正在编辑的图像的窗口。在标题栏中显示文件名称、文件格式、缩放比例以及颜色模式。

(2) 文件的建立

新建文件的过程如下。

① 执行菜单栏的"文件"→"新建"命令，弹出"新建"对话框，如图 4.4 所示。

图 4.4　"新建"对话框

② 在"新建"对话框中设定所建文件的属性。

a. 在"名称"文本框中输入图像名称(如 lx)。

b. 在"预设"的下拉菜单中可选择一些内定的图像尺寸，也可在"宽度"和"高度"后面的文本框中输入自定的尺寸，在文本框后面的下拉菜单中还可选择不同的度量单位。

c. "分辨率"的单位习惯上采用像素/英寸，如果制作的图像是用于印刷，需设定 300 像素/英寸的分辨率。

d. 在"颜色模式"中选择图像的色彩模式（RGB、CMYK、Lab、灰度、位图）。

e. "图像大小"后面显示的是当前文件的大小，数据将随着宽度、高度、分辨率的数值及模式的改变而改变。

f. 在"背景内容"中可从系统提供的白色、背景色和透明三种背景色项中选择一种背景，其中："背景色"是使用当前设置的背景色；"透明"是不设置背景的颜色。

2. 工具箱的使用

工具箱提供了 Photoshop 最常见的处理方式，如图 4.5 所示。

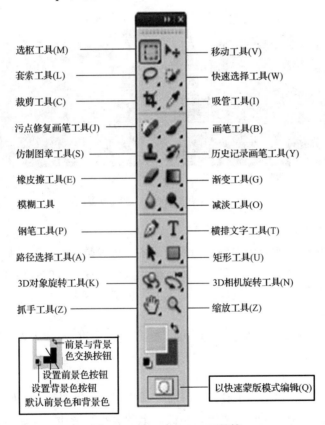

图 4.5　Photoshop CS5 工具箱

（1）属性和样式设置

大多数图像编辑工具都拥有一些共同属性，如色彩混合模式、不透明度、动态效果、压力和笔刷形状等。

① 设置色彩混合模式。

混合模式指将一种颜色根据特定的混合规则作用到另一种颜色上，从而得到结果颜色的方法，称为颜色的混合，这种规格就叫混合模式，也叫混色模式。色彩混合模式决定了进行图像编辑(包括绘画、擦除、描边和填充等)时，当前选定的绘图颜色如何与图像原有的底色进行混合，或当前层如何与下面的层进行色彩混合。

　　要设置色彩混合模式，对于绘图工具而言，可通过该工具的属性和样式栏选择，对于图层而言，可利用图层控制面板选择。

　　② 设置不透明度。

　　通过设置不透明度，可以决定底色透明程度，其取值范围是 1%～100%，值越小，透明度越大。对于工具箱中的很多种工具，在属性和样式栏中都有设置不透明度项，设置不同的值，作用于图像的力度不同。此外，在图层控制面板中也有不透明度这一项，除了背景层之外的图层都能设置不同的透明度，透明度不同，叠加在各种图层上的效果也不一样。

　　图 4.6(a)是将人所在图层的不透明度设为 100%的效果，而图 4.6(b)是不透明度设为 50%的效果图。

(a) 不透明度 100%　　　　　　　　　　　(b) 不透明度 50%

图 4.6　不透明度 100%与 50%设置比较

　　③ 设置流动效果。

　　设置流动效果可以绘制出由深到浅的逐渐线条，该参数仅对画笔、喷枪、铅笔和橡皮擦工具有效，它的取值范围是 1%～100%。流量值越大，由深到浅的效果越匀称，褪色效果越缓慢，但是如果画线较短或此数值较大，则无法表现褪色效果。

　　④ 设置力度效果。

　　对于模糊、锐化和涂抹工具而言，还可以通过力度(强度)参数来设置图像处理时的透明度，力度越小，颜色变化越少。

　　⑤ 设置画笔。

　　在使用画笔、图章、铅笔等工具时，可通过画笔预设板设置画笔，如图 4.7 所示。此外，还可以通过画笔控制面板安装设置画笔，更改画笔的大小和形状，以便自定义专用画笔。

　　Photoshop CS5 将画笔控制面板单独列出来，当使用需要画笔的工具时，打开该控制面板单击选定需要的画笔即可；当使用不需要画笔的工具时，画笔控制面板中画笔为灰色不可用状态。

　　(2)色彩控制器

　　① 使用拾色器。

　　Adobe 颜色拾色器，如图 4.8 所示，是专门用于颜色的设置或选择的工具。在颜色拾色器中选择颜色时，会同时显示 HSB、RGB、Lab、CMYK 和十六进制数的数值。选中"只有 Web 颜色"复选框，则颜色拾色器提供 Web 安全颜色调板中的颜色。

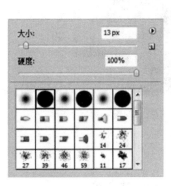

图 4.7　画笔预设

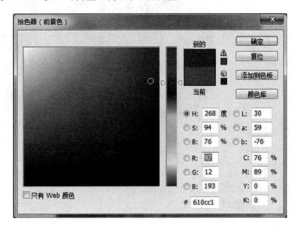

图 4.8　Adobe 拾色器

② 设置前景色、背景色。

在 Photoshop 中，当使用绘图工具时，可将前景色绘制在图像上，前景色也可以用来填充选区或选区边缘。当使用橡皮工具或删除选区时，图像上就会删除前景色而出现背景色。当初次使用 Photoshop 时，前景色和背景色用的是默认值，即分别为黑色和白色。

(3)选取工具

选取工具是用来选择图像编辑区域的一个区域或元素，包括规则选取工具、任意形状选取工具、基于颜色选择工具。

① 规则选取工具。

规则选取工具用于在编辑图形中选出一个规则区域，如矩形、椭圆等。单击此类选取工具，在属性和样式栏中会出现相应的选项，图 4.9 是矩形选取工具的属性和样式栏。

图 4.9　矩形选取工具的属性和样式栏

矩形选取工具：矩形选取工具用于在被编辑的图像中或在单独的图层中选出一个矩形区域。其中，属性和样式栏中的消除锯齿可以使选区边缘更加光滑，也可以设置其羽化值。

椭圆选取工具：椭圆选取工具用于在被编辑的图像中或在单独的图层中选出一个圆或椭圆区域。

图 4.10 是用椭圆选取工具选区的椭圆，其中，图 4.10(a)没有使用羽化效果，即羽化值为 0px(像素)；图 4.10(b)是将羽化值设为 200px(像素)的效果。

单行选框和单列选框工具：用于在被编辑的图像中或在单独的图层中选出 1 个像素宽的横行区域或竖行区域。对于单行或单列选框工具，要建立一个选区，可以在要选择的区域旁边单击，然后将选框拖动到准确的位置。如果看不到选框，则增加图像视图的放大倍数。

(a)没有羽化的椭圆效果　　　　　　　　(b)羽化的椭圆效果

图 4.10　椭圆选取工具选区的椭圆

② 任意形状选取工具。

任意形状选取工具包括拖拉套索工具、多边形套索工具和磁性套索工具。

拖拉套索工具：可以选择图像中任意形态的部分。

多边形套索工具：使用方法是单击形成固定起始点，然后移动鼠标就会拖出直线，在下一个点再单击就会形成第二个固定点，如此类推直到形成完整的选取区域，当终点与起始点重合时，在图像中多边形套索工具的小图标右下角就会出现一个小圆圈，表示此时单击可与起始点连接，形成封闭的、完整的多边形选区。也可在任意位置双击，自动连接起始点与终点形成完整的封闭选区。

磁性套索工具：可以轻松地选取具有相同对比度的图像区域。使用方法是按住鼠标在图像中不同对比度区域的交界附近拖拉，Photoshop 会自动将选区边界吸附到交界上，当鼠标回到起始点时，磁性套索工具的小图标的右下角会出现一个小圆圈，这时松开鼠标即可形成一个封闭的选区。

③ 基于颜色选择工具。

基于颜色选择工具包括快速选择工具和魔棒工具。

快速选择工具：一种基于色彩差别但却是用画笔智能查找主体边缘的方法。使用方法是选择合适大小的画笔，在主体内按住画笔并稍加拖动，选区便会自动延伸，查找到主体的边缘。

魔棒工具：根据相邻像素的颜色相似程度来确定选区的选取工具。使用时，Photoshop 将确定相邻近的像素是否在同一颜色范围容许值之内，所有在容许值范围内的像素都会被选上。这个容许值可以在其属性和样式栏中定义，其中容差的范围为 0～255，默认值为 32。

注：使用上面几种选取工具时，如果按住 Shift 键，可以添加选区，如果按住 Alt 键，则可以减去选区。

(4)修复类工具

修复类工具主要用于对图像的颜色、污点等进行修复。

① 污点修复工具。

污点修复工具可移去污点和对象，它自动从修饰区域的周围取样来修饰污点及对象。图 4.11 是使用污点修复画笔工具对原图片树干上的一个疤痕进行修复的对比图，其中图 4.11(a)为原图，图 4.11(b)为修饰后的效果图。

(a)原始图　　　　　　　　　(b)修复后图

图 4.11　污点修复画笔工具修复图

② 修复画笔工具。

修复画笔工具可以将破损的照片进行仔细修复。首先要按下 Alt 键，利用光标定义好一个与破损处相近的基准点，然后放开 Alt 键，反复涂抹就可以了。

③ 修补工具。

修补工具可以从图像的其他区域或使用图案来修补当前选中的区域。和修复画笔工具相同之处是修复的同时也保留图像原来的纹理、亮度及层次等信息。

方法是先勾勒出一个需要修补的选区，会出现一个选区虚线框，移动鼠标时这个虚线框会跟着移动，移动到适当的位置(如与修补区相近的区域)单击即可。

④ 红眼工具。

使用红眼工具能够简化图像中特定颜色的替换，可以用校正颜色在目标颜色上绘画，如人物等的红眼。

(5)画笔类工具

画笔类工具将以画笔或铅笔的风格在图像或选择区域内绘制图像。使用该类工具时，在各自的属性和样式栏中会涉及一些共同的选项，如不透明度、流量、强度或曝光度。

不透明度用来定义工具(画笔工具、铅笔工具、仿制图章工具、图案图章工具、历史记录画笔工具、历史记录艺术画笔工具、渐变工具和油漆桶工具)笔墨覆盖的最大程度。流量用来定义工具(画笔工具、仿制图章工具、图案图章工具及历史记录画笔工具)笔墨扩散的量。强度用来定义模糊、锐化和涂抹工具作用的强度。曝光度用来定义减淡和加深工具的曝光程度。类似摄影技术中的曝光量，曝光量越大，透明度越低，反之，线条越透明。

虽然以上的各项具有不同的名称，但实际上它们控制的都是工具的操作力度。通常"强度"和"曝光度"的默认值(即第一次安装软件，软件自定的设置值)都是50%，而"不透明度"和"流量"的默认值都为100%。

① 画笔工具。

画笔工具可以创建出较柔和的笔触，笔触的颜色为前景色。其属性和样式栏如图 4.12 所示。

画笔效果可以通过画笔预设和切换画笔面板设定项来实现。当选中喷枪效果时，即使在绘制线条的过程中有所停顿，喷笔中的颜料仍会不停地喷射出来，在停顿处出现一个颜色堆积的色点。如果想使绘制的画笔保持直线效果，可在画面上单击，确定起始点，然后在按住 Shift 键的同时将鼠标键移到另外一处，再单击，两个点之间就会形成一条直线。

图 4.12　画笔工具的属性和样式栏

② 铅笔工具。

铅笔工具可以创建出硬边的曲线或直线，它的颜色为前景色。铅笔工具的属性和样式与画笔工具基本相同，其中"自动抹掉"复选框被选中后，可以用前景色与背景色交替在绘图区域绘图，即如果开始时用工具箱中的前景色绘图，则在刚绘的图上再绘图，此时铅笔工具将用背景色绘图。

(6) 图章工具

图章工具根据其作用方式分成仿制图章和图案图章两个独立的工具，其功能分别是将选定的内容复制或填充到另一个区域。

① 仿制图章工具。

仿制图章可以复制图像的一部分或全部从而产生某部分或全部的拷贝，它是修补图像时经常要用到的编辑工具。用仿制图章工具复制图像，首先要按下 Alt 键，利用图章定义好一个基准点，然后放开 Alt 键，反复涂抹就可以复制了。

② 图案图章工具。

图案图章工具可将各种图案填充到图像中。

方法是：先选择一个填充复制的区域，再在图案图章工具的属性和样式栏(图 4.13)中的图案拾色器中选择预定好的图案，然后使用图案图章工具在选定的区域用鼠标拖动复制即可。

图案拾色器

图 4.13　图案图章工具的属性和样式栏

注：图案拾色器中的图案也可以自定义，方法是用没有羽化设置(羽化值为 0px)的矩形选取工具在图像中选取需要的图案区域，再执行"编辑"菜单下的"定义图案"命令，即可定义一个图案到图案拾色器中。

(7) 填充颜色工具

① 渐变填充工具。

渐变填充工具可以在图像区域或图像选择区域填充一种渐变混合色。此类工具的使用方法是按住鼠标拖动，形成一条直线，直线的长度和方向决定渐变填充的区域和方向。如果在拖动鼠标时按住 Shift 键，可保证渐变的方向是水平、竖直或成45°角。

其属性和样式栏的渐变拾色器提供了填充颜色的选择，同时属性和样式栏还提供线性渐变、径向渐变、角度渐变、对称渐变和菱形渐变 5 种基本渐变模式，如图 4.14 所示。

② 油漆桶工具。

油漆桶工具可以根据图像中像素颜色的近似程度来填充前景色或连续图案。

渐变拾色器　　线　径　角　对　菱
　　　　　　　性　向　度　称　形
　　　　　　　渐　渐　渐　渐　渐
　　　　　　　变　变　变　变　变

图 4.14　渐变填充工具的属性和样式栏

(8) 元素和画布移动工具

① 移动工具。

使用移动工具可以移动图像中被选取的区域(此时鼠标必须位于选区内，其图标表现为黑箭头的右下方带有一个小剪刀)。如果图像不存在选区或鼠标在选区外，那么用移动工具可以移动整个图层。

② 抓手工具。

抓手工具是用来移动画面使能够看到滚动条以外图像区域的工具。抓手工具实际上并不移动像素或以任何方式改变图像，而是将图像的某一区域移到屏幕显示区内。可双击抓手工具，将整幅图像完整地显示在屏幕上。如果在使用其他工具时想移动图像，可以按住 Ctrl+空格键，此时原来的工具图标会变为手掌图标，图像将会随着鼠标的移动而移动。

3. 色彩调整

色彩调整在图像的修饰中是很重要的内容，它可以产生对比效果，使图像更加绚丽。正确运用颜色能使黯淡的图像明亮绚丽，使毫无特色的图像充满活力。

(1) 调整亮度/对比度

"亮度/对比度"可以对图像的亮度和对比度进行直接调整，类似调整显示器的亮度/对比度的效果。但是使用此命令调整图像颜色时，将对图像中所有的像素进行相同程度的调整，从而容易导致图像细节的损失，所以在使用此命令时要防止过度调整图像。

(2) 调整色相/饱和度

"色相/饱和度"不但可以调整整幅图像的色相、饱和度与明度，还可以调整图像中单个颜色成分的色相、饱和度与明度，或使图像成为一幅单色调图形。打开一张要调整"色相/饱和度"的图像，然后执行菜单栏中的"图像"→"调整"→"色相"→"饱和度"命令项(或 Ctrl+U)，弹出"色相/饱和度"对话框，如图 4.15 所示。

在图 4.15 所示的对话框左上方有一个下拉文本框，默认显示的选项是"全图"，单击右边的下拉列表按钮会弹出红色、绿色、蓝色、青色、洋红和黄色 6 种颜色选项，可选择一种颜色单独调整，也可以选择"全图"选项，对图像中的所有颜色整体调整。另外如果将对话框右下角的"着色"复选框选中，还可以将彩色图像调整为单色调图像。下面列出"色相/饱和度"对话框其他设计项的含义。

色相：拖动滑块或在数值框中输入数值可以调整图像的色相。

饱和度：拖动滑块或在数值框中输入数值可以增大或减小图像的饱和度。

明度：拖动滑块或在数值框中输入数值可以调整图像的明度，设定范围是–100～100。对话框最下面的两个色谱，上面的表示调整前的状态，下面的表示调整后的状态。

着色：选中后，可以对图像添加不同程度的灰色或单色。

吸管工具：该工具可以在图像中吸取颜色，从而达到精确调节颜色的目的。

添加到取样:该工具可以在现在被调节颜色的基础上,增加被调节的颜色。

从取样中减去颜色:该工具可以在现在被调节颜色的基础上,减少被调节的颜色。

4. 使用图层

图层是为了方便图像的编辑,将图像中的各个部分独立起来,对任何一部分的编辑操作对其他图层内容不起作用。Photoshop 中的图像可以由多个图层和多种图层组组成,图像在打开的时候通常只有一个背景图层,在设计过程中可以利用建立新的图层放置不同的图像元素,通过调整图层对图像的全部或局部进行色彩调节,通过填充图层创建不同的填充效果。

图层调板,是用来管理和操作图层的,几乎所有和图层有关的操作都可以通过图层调板完成,如图 4.16 所示。如果在浮动面板组上没有显示图层调板,可执行菜单栏的"窗口"→"图层"命令将图层调板调出。

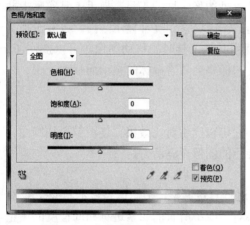

图 4.15 "色相/饱和度"对话框

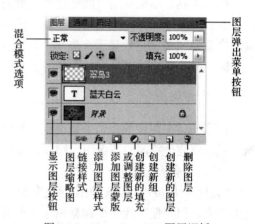

图 4.16 Photoshop CS5 图层调板

图 4.16 的"正常"下拉列表中提供了设定图层之间的六种混合类型模式选项,其具体模式和作用如表 4.1 所示。

表 4.1 混合类型模式和作用

混合模式	类型	作用
正常、溶解	基础型	利用图层的不透明度及图层填充值来控制下层的图像,达到与底色溶解在一起的效果
变暗	降暗型	主要通过滤掉图像中的亮调图像,从而达到图像变暗的目的
正片叠底(Multiply)		
颜色加深(ColorBurn)		
线性加深(LinearBurn)		
深色(Deep colour)		
变亮(Lighten)	提亮型	与降暗型的混合模式相反,它通过滤掉图像中的暗调图像,从而达到使图像变亮的目的
滤色(Screen)		
颜色减淡(ColorDodge)		
线性减淡(LinearDodge)		
浅色(LightColor)		

续表

混合模式	类型	作用
叠加（Overlay）	融合型	主要用于不同程度的融合图像
柔光、强光、亮光		
线性光、点光、实色混合		
差值（Difference）	色异型	主要用于制作各种另类、反色效果
排除（Exclusion）		
减去、划分		
色调、饱和度	蒙色型	主要依据上层图像的颜色信息，不同程度地映衬下层图像
颜色、明度		

在图 4.16 的"锁定"后的"▨ ✎ ✛ 🔒"4 个锁定选项分别表示锁定透明度、锁定图像像素、锁定位置和锁定全部。

锁定透明度：表示图层的透明区域能否被编辑。当选择本选项后图层的透明区域被锁定，不能对图层的透明区域编辑。

锁定图像像素：当前图层被锁定，除可以移动图层上的图像外，不能对图层进行任何编辑。

锁定位置：当前图层不能被移动，但可对图层进行编辑。

锁定全部：表示当前图层被锁定，不能对图层进行任何编辑。

（1）创建新图层

在 Photoshop CS5 中可以使用下列几种方法建立新的图层。

① 单击图层调板下方的"创建新的图层"按钮建立新图。

② 通过"粘贴"命令建立新图层。当在当前图像上执行"粘贴"命令时，Photoshop 软件会自动给所粘贴的图像建一个新图层。

③ 通过拖放建立新图层。同时打开两张图像，然后选择工具箱右上角的移动工具，按住鼠标将当前图像拖曳到另一张图像上，拖曳过程中会有虚线框显示。

④ 从菜单栏中的"图层"菜单中建立新图层。

（2）改变图层的排列顺序

在图层调板中，可以直接用鼠标拖曳任意改变各图层的排列顺序，也可以通过菜单栏的"图层"→"排列"命令来实现图层的排列顺序。

（3）图层的合并

在图层调板右边的弹出菜单中有"向下合并""合并可见图层""拼合图层"三个命令。

① 向下合并。

向下合并是将选择的图层向下合并一层。如果在图层调板中将图层链接起来，原来的"向下合并"命令就变成了"合并链接图层"命令，可将所有的链接图层合并。如果在图层调板中有"图层组"，原来的"向下合并"命令就变成了"合并图层组"命令，可将当前选中的图层组内的所有图层合并为一个图层。

② 合并可见图层。

如果要合并的图层处于显示状态，而其他的图层和背景隐藏，可以执行"合并可见图层"命令，将所有可见图层合并，而隐含的图层不受影响。

③ 拼合图层。

拼合图层可将所有的可见图层都合并到背景上,隐藏的图层会丢失,但执行"拼合图层"命令后会弹出对话框,提示是否丢弃隐藏的图层,所以执行"拼合图层"命令时一定要注意。

(4)图层组

图层组是将相关的图层放在一起的管理图层,可以理解为一个装有图层的器皿。图层在图层组内进行编辑操作与没有使用图层组是相同的。在图层调板中单击 按钮,或在调板的弹出菜单中执行"新图层组"命令,或执行菜单栏的"图层"→"新建"→"图层组"命令,都可以创建一个新的图层组。可将不在图层组内的图层直接拖曳到图层组中,或是将原本在图层组中的图层拖曳出图层组。

直接将图层组拖曳到图层调板下面的垃圾桶图标上,可将整个图层组以及其中包含的图层全部删除。如果只想删除图层组,而保留其中的图层,可在图层调板右上角的弹出菜单中执行"删除图层组"命令,或在主菜单中执行"图层"→"删除"→"图层组"命令,在弹出的对话框中单击"仅组"按钮,只删除图层组,但保留其中的图层;如果单击"组和内容"按钮,可将图层组和其中的图层全部删除。

(5)图层的样式

图层样式提供了更强的图层效果控制和更多的图层效果。单击图4.16的"添加图层样式"按钮或执行菜单栏中的"图层"→"图层样式"命令,可打开"图层样式"菜单,共有多达10种的不同效果,包括投影、内阴影、外发光、内发光、斜面和浮雕、光泽、颜色叠加、渐变叠加、图案叠加和描边效果等。当要对某图层中的对象(如文字等)设置效果时,就可以使用图层样式中的一个或多个样式。

图4.17是对"福"字所在的文字图层设置了效果的示例,从左到右分别是:使用了"外发光"、使用了"内发光"、使用了"投影"与"斜面和浮雕"。

(a)外发光效果　　　　　　(b)内发光效果　　　　　　(c)投影效果

图4.17　对"福"字图层使用图层样式示例

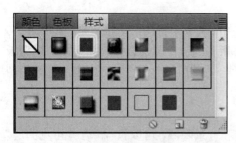

图4.18　"样式"调板

将各种图层样式集合起来完成一个设计后,为了方便其他的图像使用相同的图层效果,可以将其存放在"样式"调板中随时调用。执行"窗口"→"样式"命令,弹出"样式"调板,如图4.18所示。

"样式"调板中已经有了一些预制的样式存在,但是也可以通过"样式"调板提供的"创建新样式"按钮来建立自己的样式。

对于用不到的样式可以将其拖曳到"样式"调板下方的垃圾桶图标上将此样式删除。

5. 使用蒙版

蒙版是一种通常为透明的模板(即一个独立的灰度图),覆盖在图像上保护某一特定的区域,从而允许其他部分被修改。蒙版的作用就是把图像分成两个区域:一个是可以编辑处理的区域;另一个是被"保护"的区域,在这个区域内的所有操作都是无效的。

(1)图层蒙版

图层蒙版是在当前图层上创建的蒙版,它用来显示或隐藏图像中的不同区域。在为当前图层建立蒙版以后,可以使用各种编辑或绘图工具在图层上涂抹以扩大或缩小它。一个图层只能有一个蒙版,图层蒙版和图层一起保存,激活带有蒙版的图层时,则图层和蒙版一起被激活。

(2)创建图层蒙版

选择要建立图层蒙版的层,然后单击图层调板下的"添加图层蒙版"按钮,或执行菜单栏"图层"→"添加图层蒙版"→"显示全部"命令,系统生成的蒙版将显示全部图像。如果单击图层调板下的"添加图层蒙版"按钮的同时按住 Alt 键,或执行菜单栏"图层"→"添加图层蒙版"→"隐藏全部"命令,系统生成的蒙版将是完全透明的,该图层的图像将不可见。图 4.19 是对具有 3 个图层的图像设置图层蒙版的示例,其中图 4.19(a)是未设置图层蒙版;图 4.19(b)是对 3 个图层中的 airplane 层设置图层蒙版的效果,可以看到图像中右上角的飞机被隐藏起来;图 4.19(c)为设置后的图层调板情况。

　(a)未设置图层蒙版　　　　　　(b)对 airplane 层设置隐藏蒙版　　　(c)设置蒙版后的图层调板

图 4.19　创建图层蒙版示例

(3)由选区创建蒙版

首先要建立选区,然后单击图层面板下面的"添加图层蒙版"按钮,或执行"图层"→"添加图层蒙版"→"显示选区"命令,建立的蒙版将使选区内的图像可见而选区外的图像透明,如图 4.20 所示;如果单击图层面板下"添加图层蒙版"按钮的同时按住 Alt 键,或执行"图层"→"添加图层蒙版"→"隐藏选区"命令,生成的蒙版将使选区内的图像透明而选区外的图像可见。

　　(a)建立选区　　　　　　　　　　　　　(b)选区内的图像可见

图 4.20　建立选区创建蒙版示例

(4)编辑图层蒙版

① 图层蒙版调整。

激活图层蒙版(此时在面板的第二列上有带圆圈的标记),当用黑色涂抹图层上蒙版以外的区域时,涂抹之处就变成蒙版区域,从而扩大图像的透明区域;而用白色涂抹被蒙住的区域时,蒙住的区域就会显示出来,蒙版区域就会缩小;而用灰色涂抹将使得被涂抹的区域变得半透明。

② 显示和隐藏图层蒙版。

当按住 Alt 键的同时单击图层蒙版缩略图时,系统将关闭所有图层,以灰度方式显示蒙版。再次按住 Alt 键并同时单击图层蒙版缩略图或直接单击虚化的眼睛图标,将恢复图层显示。

当按住 Alt+Shift 键并单击图层蒙版缩略图时,蒙版区域将被透明的红色所覆盖。再次按住 Alt+Shift 键并同时单击图层蒙版缩略图时,将恢复原来的状态。

③ 停用图层蒙版。

在图层面板上右击图层蒙版缩略图,在弹出的快捷菜单中执行"停用图层蒙版"命令,或直接执行菜单栏的"图层"→"停用图层蒙版"命令,或在按住 Shift 键的同时,单击图层蒙版缩略图,都可以暂时停用(隐藏)图层蒙版,此时,图层蒙版缩略图上有一个红色 X。如果想要再重新显示图层蒙版,执行菜单栏的"图层"→"启用图层蒙版"命令即可。

④ 应用图层蒙版。

要使用图层蒙版编辑后形成的图像,只要执行菜单栏中的"图层"→"图层蒙版"→"应用"命令即可。图 4.21 是对原图使用"完全透明图层蒙版",然后用画笔工具选取鹦鹉,最后使用"应用图层蒙版"获得的一个鹦鹉图。

(a)原图　　　　　　　　　　　　　　　(b)抠出的鹦鹉

图 4.21　　使用完全透明图层蒙版抠出的鹦鹉

(5)删除图层蒙版

选择要删除的图层蒙版,然后执行"图层"→"图层蒙版"→"删除"命令,将会弹出两个子菜单选项,分别为"扔掉"和"应用"。"扔掉"表示直接删除图层蒙版,"应用"表示在删除图层蒙版之前将效果应用到图层,相当于使图层与蒙版合并。

(6)快速蒙版

快速蒙版是用来创建选区的。它可以通过一个半透明的覆盖层观察自己的作品。图像上被覆盖的部分被保护起来不受改动,其余部分则不受保护。在快速蒙版模式中,非保护区域能被 Photoshop 的绘图和编辑工具编辑修改。

在工具箱的最下面有一个"以快速蒙版模式编辑"的按钮，单击这个按钮，可以创建快速蒙版。同时该按钮转换为"以标准模式编辑"，如单击则移除建立的快速蒙版，且非保护区域将转化为一个选区。

4.3.2 CorelDRAW 图形处理

CorelDRAW 是 Corel 公司出品的矢量图形制作软件，其不但具有强大的平面设计功能，而且还具有 3D 的效果，同时提供矢量动画、位图编辑和网页动画等多种功能。

1. 工作界面简介

CorelDRAW 启动成功后的界面如图 4.22 所示，所有的绘图工作都是在该界面下完成，熟悉操作界面是学习 CorelDRAW 各项设计的基础。

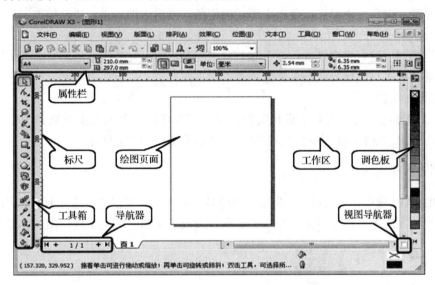

图 4.22 CorelDRAW 工作界面

CorelDRAW 的工作界面主要包括 8 个区域。

（1）菜单栏

CorelDRAW 的主要功能都可以通过执行菜单栏中的命令选项来完成，执行菜单命令是最基本的操作方式。菜单栏中包括文件、编辑、视图、版面、排列、效果、位图、文本、工具、窗口和帮助 11 个功能各异的菜单。

（2）工具箱

系统默认时，工具箱位于工作区的左边。在工具箱中放置了经常使用的编辑工具，并将功能近似的工具归类组合在一起，是用户进行图形绘制编辑工作最直接有效的方法。

注意：工具箱中凡在工具图标中标有小黑三角标记的都有隐藏工具。如果想使用其中的隐藏工具，可单击此工具并按住不放，待出现隐藏工具后松开鼠标，然后在所需的工具上单击即可选取所需的工具。

（3）属性栏

属性栏提供在操作中选择对象和使用工具时的相关属性，通过设置属性栏中的相关属性，可以控制对象产生相应的变化。当没有选中任何对象时，属性栏中提供文档的一些版面布局信息。当选用某一工具后，属性栏中将会出现与之对应的工具属性，可在此属性栏中进行准确的调整。

（4）绘图页面

绘图页面是位于 CorelDRAW 窗口中间的矩形区域，在绘图页面中可绘制图形、编辑文本、编辑图形，绘图页面之外的对象不会被打印。

（5）工作区

工作区又称为"桌面"，是指绘图页面以外的区域。在绘图过程中，用户可以将绘图页面中的对象拖到工作区临时存放。

（6）调色板

系统默认时，调色板位于工作区的右边，利用调色板可以快速地选择轮廓色和填充色。使用时，先选取对象，再单击调色板中所需的颜色，就可对图形进行快速填充。

（7）导航器

导航器适用于进行多文档操作，在导航器中间显示的是文件当前活动页面的页码和总页码，可以通过单击页面标签或箭头来选择需要的页面。

（8）视图导航器

视图导航器适合对放大对象进行编辑，单击工作区右下角的视图导航器图标启动该功能，可以在弹出的迷你窗口中随意移动鼠标，以显示文档的不同区域。

2. 图形处理

CorelDRAW 操作界面友好，它为用户创建各种图形对象提供了一套工具。利用这些工具可以快捷地绘制出各种图形对象，轻松地编辑处理图形文档，常见工具如图 4.23 所示。

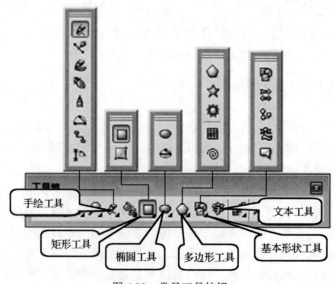

图 4.23　常见工具按钮

"工具箱"中提供了一些用于绘制几何图形的工具，通过它们可以快速地创建基本图形。

① 矩形工具组。

a. 矩形工具。

使用"矩形工具"可以绘制矩形和正方形、圆角矩形。

使用"矩形工具"绘制矩形、正方形、圆角矩形后，在属性栏中会显示出该图形对象的属性参数，通过改变属性栏中的相关参数设置，可以精确地创建矩形或正方形。

绘制矩形后，在工具箱中选中"形状工具"，点选矩形边角上的一个节点并按住左键拖动，矩形将变成有弧度的圆角矩形。在四个节点均被选中的情况下，拖点其中一点可以使其成为正规的圆角矩形，如果只选中其中一个节点进行拖拉，那么就会变成不正规的圆角矩形。图 4.24 展示了正规的圆角矩形和不正规的圆角矩形。

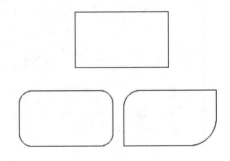

图 4.24　绘制圆角矩形

b. 三点矩形工具。

三点矩形工具主要是为了精确勾图，或者绘制一些比较精密的图形(如工程图等)，它们是矩形工具的延伸工具。

操作方法：选择三点矩形工具；在工作区中按住鼠标左键并拖动，此时会出现一条直线；释放鼠标后移动光标的位置，然后在第三点上单击即可完成绘制。

② 多边形工具组。

多边形工具组主要包括图纸工具、星型工具、复杂星型工具、多边形工具和螺旋形工具5 类工具。

a. 图纸工具。

按住 Ctrl 键拖动鼠标可绘制出正方形边界的网格。

按住 Shift 键拖动鼠标，可绘制出以鼠标单击点为中心的网格。

按住 Ctrl + Shift 键拖动鼠标，可绘制出以鼠标单击点为中心的正方形边界的网格。

b. 星型工具、复杂星型工具、多边形工具。

在属性栏中进行设置后即可改变多边形或星形的形状。

c. 螺旋线工具。

螺旋线是一种特殊的曲线。利用螺旋线工具可以绘制两种螺旋纹：对称式螺纹和对数式螺纹。

③ 基本形状工具组。

基本形状工具组为用户提供了五组几十个外形选项，包括基本形状、箭头形状、流程图形状、星形、标志形状。

④ 艺术笔工具组。

艺术笔工具组提供了手绘工具、贝塞尔工具、艺术笔工具等多项工具。

a. 手绘工具。

手绘工具实际上就是使用鼠标在绘图页面上直接绘制直线或曲线的一种工具。

手绘工具除了绘制简单的直线(或曲线)外，还可以配合其属性栏的设置，绘制出各种粗细、线型的直线(或曲线)以及箭头符号。

图 4.25　5 种不同艺术笔的使用效果

b. 贝塞尔工具。

使用贝塞尔工具可以比较精确地绘制直线和圆滑曲线。贝塞尔工具通过改变节点控制点的位置来控制及调整曲线的弯曲程度。

c. 艺术笔工具。

艺术笔工具是一种具有固定或可变宽度及形状的特殊的画笔工具。利用它可以创建具有特殊艺术效果的线段或图案。在"艺术笔工具"的属性栏中提供了预设、笔刷、喷罐、书法、压力 5 个功能各异的笔形按钮及其功能选项设置。选择笔形并设置宽度等选项后，在绘图页面中单击并拖动鼠标，即可绘制出丰富多彩的图案效果，图 4.25 展示了 5 种笔形效果。

3．轮廓处理

矢量图像由填充色与轮廓色组成，用户可以设定填充色与轮廓色。一般最简单的轮廓处理方式是通过轮廓工具组中的轮廓笔来设置，如图 4.26 所示。

单击工具箱中的轮廓工具组按钮，在展开的工具栏中单击轮廓笔对话框按钮，打开"轮廓笔"对话框，如图 4.27 所示。

图 4.26　轮廓工具组

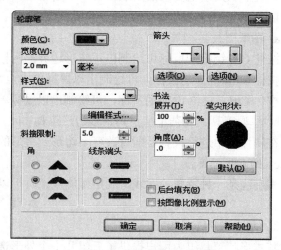

图 4.27　"轮廓笔"对话框

颜色：为对象设置轮廓色，默认调色板为 CMYK 调色板，如要自行设定，可单击调色板下方的"其他……"按钮，在开启的对话框中进行设定。

宽度：在下拉列表中，可以选择轮廓的宽度，也可自行输入轮廓的宽度值。

样式：在下拉列表中，选择轮廓样式。

编辑样式：单击此按钮可以开启"编辑线条样式"对话框，自行编辑轮廓笔的样式，编辑完成后单击"添加"按钮将其添加到样式库中。

箭头：在此项中可以设置箭头的样式。

调整参数，直到满足要求为止。

图 4.28 展示了轮廓处理效果。

4. 颜色填充

颜色填充对于作品的表现非常重要，CorelDRAW 中有三种基本的颜色填充方法。

(1) 使用填充工具组

在填充工具组中有"均匀填充""渐变填充""图样填充""底纹填充""PostScript 填充"5 种基本的填充模式，如图 4.29 所示。

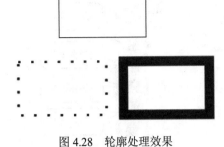

图 4.28　轮廓处理效果

① 均匀填充。

均匀填充是最普通的一种填充方式。单击"均匀填充"按钮，系统弹出"均匀填充"对话框，选择对应的填充颜色便可。

② 渐变填充。

渐变填充包括"线性""射线""圆锥""方角"四种方式，可以灵活地利用各个选项得到需要的渐变填充。

选中要填充的对象，单击"渐变填充"按钮，系统会弹出"渐变填充"对话框。

在"颜色调和"选项中，有"双色""自定义"两项，其中"双色"填充是默认的渐变色彩方式。调整参数，即可完成填充。

③ 图样填充。

图样填充提供三种图样填充模式：双色、全色和位图模式，有多种不同的花纹和样式供用户选择。

选中要填充的对象，单击"图样填充"按钮，系统会弹出"图样填充"对话框。调整参数，即可完成填充。

④ 底纹填充。

底纹填充提供了几百种纹理样式及材质，包括泡沫、斑点、水彩等，用户在选择各种纹理后，还可以在"纹理填充"对话框进行详细设置。

选中要填充的对象，单击"底纹填充"按钮，系统会弹出"底纹填充"对话框。调整参数，即可完成填充。

⑤ PostScript 填充。

PostScript 底纹是用 PostScript 语言编写的一种特殊底纹。

选中要填充的对象，单击"PostScript 填充"按钮，系统会弹出"PostScript 底纹"对话框。调整参数，即可完成填充。

图 4.30 展示了 5 种方式的填充效果。

(2) 使用交互式填充工具组

第二种方式是使用交互式填充工具组进行填充，交互式填充工具组如图 4.31 所示。通过交互式填充工具组提供的工具可以实现更为精细的填充。在该工具组中有两种填充方式：交互式填充工具和交互式网状填充工具。

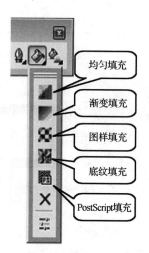

图 4.29　填充工具组

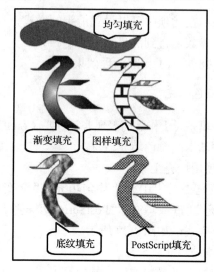

图 4.30　5 种不同填充效果

① 交互式填充工具。

使用交互式填充工具及其属性栏，可以给对象中添加各种类型的填充。在工具箱中单击交互式填充工具按钮，即可在绘图页面的上方看到其属性栏，如图 4.32 所示。

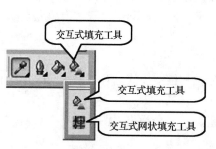

图 4.31　交互式填充工具组

图 4.32　交互式填充工具属性

虽然每一个填充类型都对应着自己的属性栏选项，但其操作步骤和设置方法却基本相同。

使用交互式填充工具的基本操作步骤如下：选中需要填充的对象；在工具箱中选中交互式填充工具；在属性栏中设置相应的填充类型及其属性选项后，即可填充该对象。

② 交互式网状填充工具。

使用交互式网状填充工具可以轻松地创建复杂多变的网状填充效果，同时还可以将每一个网点填充上不同的颜色并定义颜色的扭曲方向。

使用交互式网状填充工具的基本操作步骤如下：选定需要网状填充的对象；单击交互式网状填充工具；在交互式网状填充工具属性栏中设置网格数目；单击需要填充的节点，然后在调色板中选定需要填充的颜色，即可为该节点填充颜色；拖动选中的节点，即可扭曲颜色的填充方向。

图 4.33 展示了对一个 2 行 3 列矩形进行 20%黑，扭曲颜色填充方向的网状填充的效果。

(3) 使用滴管工具组

滴管工具组包含两个基本工具：滴管工具和颜料桶工具，如图 4.34 所示。

使用滴管工具不但可以在绘图页面的任意图形对象上面拾取所需的颜色及属性，还可以从程序之外乃至桌面任意位置拾取颜色。使用颜料桶工具则可以将拾取的颜色(或属性)任意次地填充在其他的图形对象上。

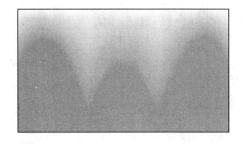

图 4.33　交互式网状填充工具填充效果

① 使用滴管工具拾取示例颜色。

使用滴管工具拾取示例颜色的基本操作步骤如下。

在工具箱中选中吸管工具，此时光标变成吸管形状。

在其属性栏的拾取类型下拉列表框中选择"示例颜色"选项，在属性栏的"样本大小"下拉列表框中设置吸管的取色范围，如图 4.35 所示。

图 4.34　滴管工具组

图 4.35　滴管工具拾取示例颜色属性栏

单击所需的颜色，颜色即被选取；选取颜料桶工具，此时光标变成颜料桶，其下方有一个代表当前所取颜色的色块；将光标移动到需填充的对象中，单击即可为对象填充颜色。

如果要在绘图页面以外拾取颜色，只需单击属性栏中的"从桌面选择"按钮，既可移动吸管工具到操作界面以外的系统桌面上去拾取颜色。

② 使用滴管工具拾取对象属性。

滴管工具和颜料桶工具不但能拾取示例颜色，还能拾取一个目标对象的属性，并将其复制到另一个目标对象上。

使用滴管工具拾取样本属性的基本操作步骤如下。

在工具箱中选中"滴管"工具，并在属性栏中的拾取类型下拉列表框中选择"对象属性"选项，如图 4.36 所示。

打开属性栏的"属性"下拉列表框，选择需要拾取的对象属性；打开属性栏的"变换"下拉列表框，选择需要拾取的变换属性；打开属性栏的"效果"下拉列表框，选择要拾取的效果属性；使用滴管工具在想要复制属性的对象中单击拾取对象属性；使用颜料桶工具将对象属性复制到另一个对象中。

5. 交互式调和工具组

CorelDRAW 提供了调和、轮廓图、封套、变形、立体化、阴影、透明等交互式特效工具，并将它们归纳在一个工具组中，如图 4.37 所示。

图 4.36　滴管工具拾取对象属性属性栏

图 4.37　交互式调和工具组

(1) 交互式调和工具

使用调和功能可以在矢量图形对象之间产生形状、颜色、轮廓及尺寸上的平滑变化,快捷地创建调和效果。

使用交互式调和工具的基本操作步骤如下。

① 先绘制两个用于制作调和效果的对象。

② 在工具箱中选定交互式调和工具。

③ 在调和的起始对象上按住鼠标左键不放,然后拖动到终止对象,释放鼠标即可。

图 4.38 展示了两个 15 角形的调和效果。

(2) 交互式轮廓图工具

轮廓图效果是指由一系列对称的同心轮廓线圈组合在一起所形成的具有深度感的效果。轮廓图效果与调和效果相似,也是通过过渡对象来创建渐变效果,但轮廓图效果只能作用于单个的对象,而不能应用于两个或多个对象。

使用交互式轮廓图工具的基本操作步骤如下。

① 先绘制用于制作轮廓图效果的对象。

② 在工具箱中选择交互式轮廓工具。

③ 用鼠标向内(或向外)拖动对象的轮廓线,在拖动的过程中可以看到提示的虚线框。

④ 当虚线框达到满意的大小时,释放鼠标即可完成轮廓图效果的制作。

图 4.39 展示了对称式螺纹的轮廓图效果。

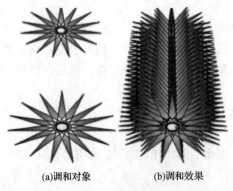

(a)调和对象　　　(b)调和效果

图 4.38　两个 15 角形的调和效果

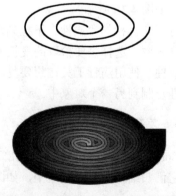

图 4.39　对称式螺纹的轮廓图效果

(3)交互式变形工具

交互式变形工具可以方便地改变对象的外观，通过工具中推拉变形、拉链变形和扭曲变形三种变形方式的相互配合，可以得到意想不到的变形效果。

(4)交互式阴影工具

交互式阴影工具用于为对象添加下拉阴影，增加景深感，从而使对象具有一个逼真的外观效果。阴影效果与选定对象是动态链接在一起的，如果改变对象的外观，阴影也会随之变化。

(5)交互式封套工具

交互式封套工具通过操纵边界框来改变对象的形状，可以方便快捷地创建对象的封套效果。封套效果有点类似于印在橡皮上的图案，扯动橡皮则图案会随之变形。

(6)交互式立体化工具

交互式立体化工具利用立体旋转和光源照射的功能为对象添加产生明暗变化的阴影，可以轻松地为对象添加具有专业水准的矢量图立体化效果或位图立体化效果。

(7)交互式透明工具

交互式透明工具通过改变对象填充颜色的透明程度来创建独特的视觉效果，可以方便地为对象添加"标准""渐变""图样""底纹"等效果。

图 4.40 展示了交互式变形工具、交互式阴影工具、交互式封套工具、交互式立体化工具、交互式透明工具的使用效果。

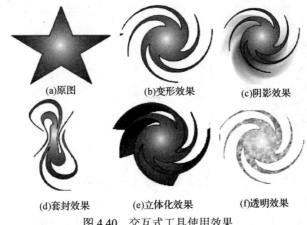

(a)原图　　　(b)变形效果　　　(c)阴影效果

(d)套封效果　　　(e)立体化效果　　　(f)透明效果

图 4.40　交互式工具使用效果

6. 透镜效果

透镜效果是指通过改变对象外观或改变观察透镜下对象的方式所取得的特殊效果。

(1)透镜种类

系统提供了 12 种透镜，如图 4.41 所示。每一种类型的透镜都有自己的特色，能使位于透镜下的对象显示出不同的效果。

① 无透镜效果：消除已应用的透镜效果，恢复对象的原始外观。

② 使明亮：控制对象在透镜范围内的亮度。

③ 颜色添加：添加颜色的不同效果。

④ 色彩限度：将对象上的颜色转换为指定的透镜颜色弹出显示。

⑤ 自定义色彩图：将对象的填充色转换为双色调。

⑥ 鱼眼：通过改变比率增量框中的值来设置扭曲的程度，使透镜下的对象产生扭曲的效果。

⑦ 热图：为对象模拟添加红外线成像效果。

⑧ 反显：按 CMYK 模式将透镜下对象的颜色转换为互补色，产生类似相片底片的效果。

⑨ 放大：产生放大镜一样的效果。

⑩ 灰度浓淡：将透镜下的对象颜色转换成透镜色的灰度等效色。

⑪ 透明度：调节有色透镜的透明度。

⑫ 线框：用来显示对象的轮廓，可为轮廓指定填充色。

(2) 添加透镜效果

虽然每种透镜所产生的效果也不相同，但添加透镜效果的操作步骤却基本相同，添加透镜效果基本步骤如下。

① 选择需要添加透镜效果的对象。

② 执行菜单"效果"→"透镜"命令，弹出"透镜"对话框，如图 4.42 所示。

③ 选择要应用的透镜效果，设置透镜参数。

图 4.41　"透镜"对话框

图 4.42　设置透镜参数

虽然不同类型的透镜所需要设置的参数选项不尽相同，但"冻结""视点""移除表面"是所有型的透镜都有的公共参数。

冻结：选择该参数的复选框后，可以将应用透镜效果对象下面的其他对象所产生的效果添加成透镜效果的一部分，不会因为透镜或者对象的移动而改变该透镜效果。

视点：该参数的作用是在不移动透镜的情况下，只弹出透镜下面的对象的一部分。当选中该选项的复选框时，其右边会出现一个"编辑"按钮，单击此按钮，则在对象的中心会出现一个"×"标记，此标记代表透镜所观察到对象的中心，拖动该标记到新的位置，产生以新视点为中心的对象的透镜效果。

移除表面：选中此选项，则透镜效果只显示该对象与其他对象重合的区域，而被透镜覆盖的其他区域则不可见。

④ 单击"应用"按钮，即可将选定的透镜效果应用于对象中。

注：透镜只能应用于封闭路径及艺术字对象，而不能应用于开放路径、位图或段落文本对象，也不能应用于已经建立了动态链接效果的对象(如立体化、轮廓图等效果的对象)。

图 4.43 展示了对矩形使用 5 种不同透镜的效果。

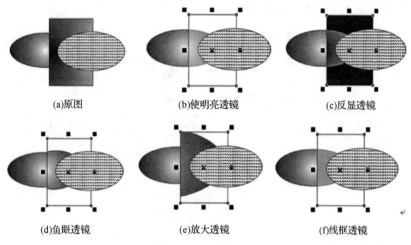

(a)原图
(b)使明亮透镜
(c)反显透镜
(d)鱼眼透镜
(e)放大透镜
(f)线框透镜

图 4.43　5 种透镜效果

(3) 复制与取消透镜效果

如果需要复制透镜的效果，可按如下步骤完成。

① 选择需要添加透镜效果的对象。

② 执行菜单“效果”→“复制效果”→“透镜”命令。

③ 当鼠标变成黑色箭头时，单击已经添加了透镜效果的对象即可复制透镜效果。

如果需要取消透镜的效果，可按如下步骤完成。

① 选择需要取消透镜效果的对象。

② 在“透镜”对话框中选择“无透镜效果”即可取消透镜效果。

7. 文本处理

在绘图过程中，往往离不开文本处理，从本质上讲，文本是具有特殊属性的图形对象。

(1) 创建文本

文本有两种模式：美术字和段落文本。

美术字实际上是指作为一个单独的图形对象来使用的单个的文字对象，可以使用处理图形的方法对其进行编辑处理。

添加美术字的基本步骤如下。

① 在工具箱中选中文本工具。

② 在绘图页面中适当的位置单击，会出现闪动的插入光标。

③ 通过键盘直接输入美术字。

④ 设置美术字的相关属性。

使用选取工具选定已输入的文本，即可看到文本工具的属性栏，如图 4.44 所示。

x: 97.356 mm
y: 224.751 mm
101.915 mm
23.139 mm
.0
华文行楷
72 pt

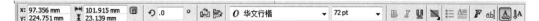

图 4.44　文本属性栏

其设置选项与字处理软件中的字体格式设置选项类似。

图 4.45 展示了美术字的常见处理效果。

图 4.45　美术字处理效果

(2) 制作文本效果

文本除了能进行基础性的编排处理之外，还可制作文本效果。

可以将美术字沿着特定的路径排列，从而得到特殊的文本效果。而且，当路径改变时，沿路径排列的文本也会随之改变。

制作沿路径排列文字的操作步骤如下。

① 输入一段文字，使用绘图工具绘制一条曲线。

② 使用选取工具选定需要处理的文本。

③ 执行菜单"文本"→"使文本沿路径"命令，此时光标变成黑色的向右箭头。

④ 移动该箭头单击曲线路径，即可将文本沿着该曲线路径排列。

图 4.46 展示了沿路径排列文字的创建过程。

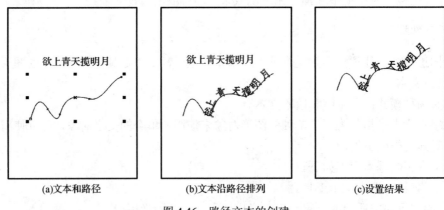

(a)文本和路径　　　　　　(b)文本沿路径排列　　　　　　(c)设置结果

图 4.46　路径文本的创建

选中已经填入路径的文本，可通过属性栏中的选项设置改变文本的排列效果。为了不使曲线路径影响文本排列的美观效果，可以选中路径曲线，将其填充为透明色或按下 Del 键将其删除。

8. 位图处理

CorelDRAW 不但可以创建矢量图形，还可以处理位图并对位图添加各种效果。

（1）缩放和修剪位图

位图在导入时可以修剪，导入后还可以进一步修剪，不仅可以进行缩放、修剪处理，还可以使用位图处理工具编辑位图。

缩放和修剪位图的基本操作步骤如下。

① 导入位图。

② 使用选取工具选中位图，此时图像的四周会出现控制框及 8 个控制节点。

③ 拖动控制框中的控制节点，可缩放位图的尺寸大小。也可通过设置选取工具属性栏中的图像尺寸或比例选项，来控制位图的缩放。

④ 选中形状工具，单击导入的位图，此时图像的四个边角出现四个控制节点。

⑤ 拖动位图边角上的控制节点修剪位图，也可在控制框边线上双击添加转换节点后，再进行编辑。

图 4.47 展示了位图的修剪效果。

图 4.47　位图的修剪效果

（2）旋转和倾斜位图

和其他的矢量图形对象一样，也可以对位图进行旋转和倾斜操作，其操作方法和步骤与矢量对象的操作是一样的。图 4.48 展示了位图的旋转结果。

（3）效果处理

在"效果"菜单中提供有调整、变换及校正功能，如图 4.49 所示。通过调整均衡性、色调、亮度、对比度、强度、色相、饱和度及伽马值等颜色特性，可以方便地调整位图的色彩效果。

图 4.48　位图的旋转效果　　　　　　　　　　图 4.49　"效果"菜单

① 调整功能。

通过调整功能，可以创建或恢复位图中由于曝光过度或感光不足而呈现的部分细节，丰富位图的色彩效果。使用调整功能的方法比较简单和直观，只需选定需要调整的对象，然后选择需要的功能选项，即可通过相应的对话框调整位图效果。

② 变换功能。

通过变换功能，能对选定对象的颜色和色调产生一些特殊的变换效果。

③ 校正功能。

通过校正功能，能够修正和减少图像中的色斑，减轻锐化图像中的瑕疵。使用"蒙尘与刮痕"功能选项，可以通过更改图像中相异的像素来减少杂色。

(4) 使用位图的色彩遮罩

位图的色彩遮罩可以用来显示和隐藏位图中某种特定的颜色，或者与该颜色相近的颜色。

使用色彩遮罩的操作步骤如下。

① 在绘图页面中导入位图，并使它保持被选中状态。

② 执行菜单"位图"→"位图的色彩遮罩"命令，弹出"位图颜色遮罩"对话框，如图 4.50 所示。

③ 选择"位图颜色遮罩"对话框顶部的"隐藏颜色"(或"显示颜色")选项。

④ 选择下面列表框中 10 个颜色框中的一个颜色框。

⑤ 单击列选框下的颜色选择按钮(吸管)，调节"容限"滑块，设置容差值：取值范围为 0~100。容差值为 0 时，只能精确取色，容差值越大，则选取的颜色的范围就越大，近似色就越多。

⑥ 将已变成吸管状的光标移动到位图中想要隐藏(或显示)的颜色处，单击即可选取该颜色。

⑦ 单击"应用"按钮，便可完成位图色彩遮罩的操作。

图 4.51 展示了单色遮罩和多色遮罩的不同效果。

图 4.50 "位图颜色遮罩"对话框

图 4.51 颜色遮罩效果

(5) 改变位图色彩模式

根据不同的应用需求，通过色彩模式转换将位图转换到最合适的色彩模式，从而控制位图的外观质量和文件大小。

通过菜单"位图"→"模式"，可以选择位图的色彩模式，如图 4.52 所示。

黑白(1 位)模式：只能有黑白两色。

灰度(8 位)模式：可以产生一种类似于黑白照片的效果。

双色(8 位)模式：在双色调对话框中不仅可以设置单色调模式，还可以在类型列选栏中选择双色调、三色调及全色调模式。

调色板(8 位)模式：用户可以设定转换颜色的调色板。

RGB 颜色(24 位)模式：RGB 是位图的默认颜色模式。

Lab 颜色(24 位)模式：L、a、b 三个分量各自代表照度、从绿到红的颜色范围及从蓝到黄的颜色范围。

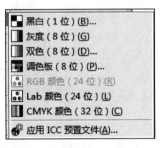

CMYK 颜色(32 位)模式：CMYK 颜色模式的 4 种颜色分别代表了印刷中常用的青、品红、黄、黑 4 种油墨颜色，将 4 种颜色按照一定的比例混合起来，就能得到范围很广的颜色。由于 CMYK 颜色比 RGB 颜色的范围要小一些，故将 RGB 位图转换为 CMYK 位图时，会出现颜色损失的现象。

图 4.52　模式子菜单

图 4.53 展示了位图在不同色彩模式的显示效果。

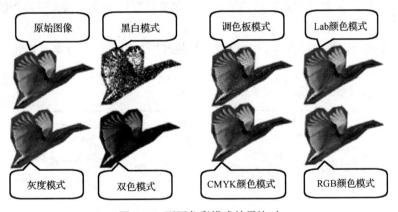

图 4.53　不同色彩模式效果比对

9.　应用滤镜

使用位图滤镜可以迅速地改变位图的外观效果。

(1)滤镜简介

位图菜单中有 10 类位图处理滤镜。每一类滤镜的级联菜单中都包含了多个滤镜效果命令。在这些滤镜效果中，一部分用来校正图像；另一部分则可以用来改变位图原有画面正常的位置或颜色，从而模仿自然界的各种状况或产生一种抽象的色彩效果。

每种滤镜都有各自的特性，灵活运用滤镜可产生丰富多彩的位图效果。

(2)添加滤镜效果

虽然滤镜的种类繁多，但添加滤镜效果的操作却非常相似。

添加滤镜效果的操作步骤如下。

① 选定需要添加滤镜效果的位图。

② 打开"位图"菜单,从相应滤镜组子菜单中执行"滤镜"命令,打开相应的滤镜属性设置对话框,如图 4.54 所示。

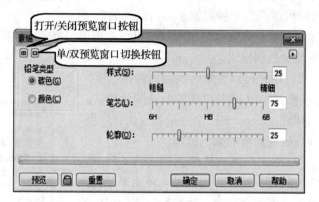

图 4.54　滤镜属性对话框

在滤镜对话框的顶部有两个切换按钮,用于在对话框中打开和关闭预览窗口,以及切换双预览窗口或单预览窗口。在每一个滤镜对话框的底部,都有一个"预览"按钮,单击该按钮,可在预览窗口中预览滤镜添加后的效果。在双预览窗口中,可以比较位图的原始效果和添加滤镜效果之间的变化。

③ 在滤镜属性设置对话框中设置相关的参数选项后,单击"确定"按钮,即可将选定的滤镜效果应用到位图中。

图 4.55 演示了不同滤镜的使用效果。

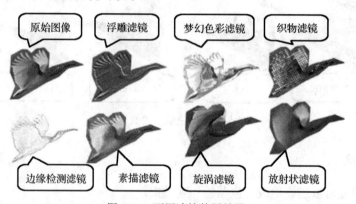

图 4.55　不同滤镜使用效果

(3) 撤销滤镜效果

如果对添加的滤镜效果不满意,可以撤销滤镜效果。撤销滤镜效果的常见方法有两种。

① 使用撤销菜单。

每次添加的滤镜将会出现在"编辑"菜单顶部的"撤销"(Ctrl + Z)命令中,执行该命令,即可将刚添加的效果滤镜撤销。

② 使用工具栏的撤销按钮。

单击常用工具栏中的撤销按钮,可以撤销上一步的添加滤镜操作。

4.3.3　Fireworks 图像处理

Fireworks CS5 是 Adobe 推出的一款网页图形设计的作图软件,用于创建、编辑和优化 Web 图形的多功能程序。可以创建和编辑位图及矢量图像、设计 Web 效果(如变换图像和弹出菜单)、裁剪和优化图形以减小其文件大小以及通过使重复性任务自动进行来节省时间。

1. Fireworks 用户界面简介

Fireworks CS5 软件启动后主界面如图 4.56 所示。

图 4.56　启动主界面

Fireworks CS5 的工作界面主要由标题/菜单栏、常用/修改工具栏、绘图工具箱、编辑窗口(工作区)、属性检查器以及多个浮动面板组成。

单击标题栏右上角的"展开模式"按钮,可以快速更换界面右侧的浮动面板组的显示模式。Fireworks 的工具箱位于整个窗口的左边,主要由选择工具面板、位图工具面板、矢量工具面板、Web 工具面板、颜色工具面板、视图工具面板这六部分构成,如图 4.57 所示。

有的工具图标右下角有黑色三角箭头,则表明此工具是一个工具组,里面是相同类型的各种工具,如钢笔工具,单击三角箭头,则在弹出菜单中显示工具组中的全部工具,可以单击选择任意一个工具来使用。

2. 位图图像处理

照片、扫描图像以及用绘画程序创建的图形都属于位图图形,它们有时称为栅格图像。

(1)选择对象

在画布上对任何对象执行任何操作之前,请先选择该对象。这适用于矢量对象、路径或点、文本块、单词、字母、切片或热点、实例或者位图对象。若要选择对象,请使用"层"面板或选择工具。选择工具如表 4.2 所示。

除了可以通过单击、拖动的方式来选择对象,还可以选择其他对象后面的对象,对堆叠的对象重复单击"选择后方对象"工具,从顶部开始,直到选择需要的对象为止。

注:对于通过堆叠顺序难以到达的对象,也可以在层处于扩展状态时,在"层"面板中单击该对象进行选择。

用户既可以在整个画布上编辑像素,也可以选择一种像素选取工具将编辑范围限制在图像的特定区域内,表 4.3 为位图像素区域的选取工具。

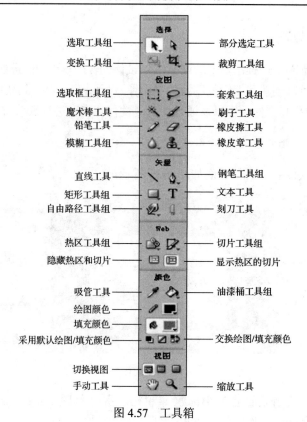

图 4.57　工具箱

表 4.2　位图图形和矢量图形的选择工具

图标	功　　能
⬚	"选取框" 工具可在图像中选取一个矩形像素区域
◯	"椭圆选取框" 工具可在图像中选取一个椭圆形像素区域
◯	"套索" 工具可在图像中选取一个任意形状像素区域
⩔	"多边形套索" 工具可在图像中选取一个直边的任意多边形像素区域
✳	"魔术棒" 工具可在图像中选取一个像素颜色近似的区域

表 4.3　位图像素选取工具

图标	功　　能
▸	"指针工具" 用于在用户单击对象或在其周围拖动选区时选择这些对象
▹	"部分选定" 工具用于选择组内的个别对象或矢量对象的点
�	"选择后方对象" 工具用于选择另一个对象后面的对象
▣	"导出区域" 工具用于选择要导出为单独的文件的区域

对于规则区域，用户可以通过矩形选取框和椭圆选取框对图像进行选取。按住 Shift 键可以选择正方形和圆形的图形区域，而且按住 Shift 键可以使多个选择区域叠加。若要从中心点绘制选取框，按下 Alt 键拖动鼠标即可。

对于不规则区域，则可以通过"套索"工具组或"魔术棒"工具来选取。

① "套索"工具组。

a. 单击套索工具组的"套索"按钮 。

b. 在属性检查器中设置套索工具的属性，设置方法与"选取框"工具相同。

c. 按住鼠标左键，围绕需选取的区域拖动鼠标，绘制出蓝色轨迹。

d. 释放鼠标，若所绘制线条的起点和终点不在一起，Firewords 会自动用一条直线将轨迹的起点和终点连接起来，形成闭合区域。用户也可以将鼠标移动到起点附近，当鼠标指针右下角出现蓝色小方块时释放鼠标。

套索工具选取位图区域的效果如图 4.58 所示。

② "魔术棒"工具。

使用"魔术棒"工具可以选取位图图像中颜色相似的区域，使用方法如下。

a. 单击工具箱"位图"栏的"魔术棒"工具按钮 。

b. 在属性检查器中设置"魔术棒"工具的属性值。其中，"容差"属性用于控制选取像素时相似颜色的色差范围。

c. 以在位图图像上需要选取的位置单击，即可选中与单击之处颜色相似的区域。

d. 执行"选择"→"选择相似颜色"命令，可选取图上该颜色的所有区域。

使用魔术棒工具选取位图中的蝴蝶结区域，如图 4.59 所示。若要同时选中多个区域，需要选择的同时按下 Shift 键。

图 4.58　使用套索工具选取的位图区域

图 4.59　魔术棒选取区域

在属性检查器中设置容差值，容差值越大，表示选取区域内颜色差异越大，容差值越小，表示选取区域内颜色的差异越小，越接近单色。图 4.60（a）为容差值 28 时的选取情况，图 4.60（b）为容差值 102 时的选取情况。

（a）容差值较小

（b）容差值较大

图 4.60　不同容差值下所选取的区域不同

若要删除已选好的选区虚线轮廓，可执行下列操作之一。

a. 绘制另一个选取框。

b. 用选取框工具或套索工具在当前选区的外部单击。

c. 按 Esc 键。

有时很难将图中物体按轮廓选取，而纯色背景相对较好选取，则可以先选取背景，然后使用反选命令将物体选中。反转像素选区的方法如下。

a. 使用任何位图选择工具进行像素选取，如图 4.61 所示。

b. 执行"选择"→"反选"命令以选取之前未被选取的所有像素，如图 4.62 所示。

　　　　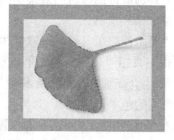

图 4.61　选取叶子周围白色背景像素区域　　　图 4.62　执行反选命令后的选区

(2) 编辑位图图像

① 复制或移动选取框所选的内容。

在使用选择工具将选取框拖到新位置时，选取框会移动，但是其内容不会移动。若要移动所选像素，执行下列操作之一。

a. 使用"指针"工具拖动选区。

b. 在使用任一位图工具时按住 Ctrl 键拖动选区。

若要复制所选像素，执行下列操作之一。

a. 使用"部分选定"工具拖动选区。

b. 按下 Alt 键的同时，用"指针"工具拖动选区。

c. 在按住 Ctrl+Alt 键的同时，用任何位图工具拖动选区。

"编辑"菜单下的"克隆"命令和"重置"命令都可以复制选区，区别是重制出来的选区副本相对之前的对象向下和向右各偏移 10 个像素；克隆的选区副本正好堆叠在原选区的前面。

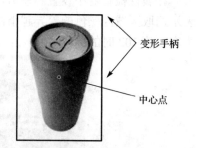

② 图像的变形(也适用于矢量对象)。

使用"修改"→"变形"菜单中各项命令，可以对所选对象、组或者像素选区进行缩放、倾斜、扭曲、旋转、翻转、数值变形等变形处理，旋转及翻转工具。选择"变形"菜单中除了旋转和翻转以外的其他变形工具时，会在

图 4.63　变形手柄和中心点

所选对象周围显示变形手柄，如图 4.63 所示。图 4.64 展示了常见的图像变形效果。

③ 绘制位图对象。

选择"铅笔"工具或者"刷子"工具，绘图前先在属性检查器中设置好属性，然后拖动

图 4.64　经缩放、旋转、倾斜、扭曲及垂直和水平翻转后的对象

鼠标开始绘图。按住 Shift 键并拖动可以将路径限制为水平、竖直或 45°倾斜线。

在属性检查器中，刷子工具的属性设置主要是颜色、笔触等。铅笔工具属性检查器选项如下。

a. 消除锯齿——对绘制的直线的边缘进行平滑处理。

b. 自动擦除——当用"铅笔"工具在笔触颜色上单击时使用填充颜色。

c. 保持透明度——将"铅笔"工具限制为只能在现有像素中绘制，而不能在图形的透明区域中绘制。

④ 填充颜色。

选择颜色面板上的"油漆桶"工具或者"渐变"工具，然后单击像素选区以应用填充。

⑤ 采集颜色。

使用"滴管"工具从图像中采集一种颜色，可以用作笔触颜色或填充颜色。

采集方法如下：打开一个 Fireworks 文档；从"工具"面板的"颜色"部分中选择"滴管"工具，然后在"属性"检查器中进行"平均颜色取样"设置；在文档中的任意位置单击"滴管"工具；所选颜色即会出现在整个 Fireworks 中的所有"笔触颜色"或"填充颜色"框中。

⑥ 擦除像素。

选择"橡皮擦"工具，在属性检查器中，可以选择圆形或方形的橡皮擦形状。通过拖动滑块来设置"边缘""大小""不透明度"级别。在要擦除的像素上拖动"橡皮擦"工具即可擦除像素。

3. 矢量图像处理

矢量图像形状包括基本形状、自动形状(矢量对象组，具有可用于调整其属性的特殊控件)和自由变形形状。可以使用多种工具和技术来绘制与编辑矢量对象。

(1)绘制直线、矩形、椭圆形

具体步骤如下。

① 从"工具"面板中选择"直线"、"矩形"或"椭圆形"工具。

② 在属性检查器中设置笔触和填充属性。

③ 在画布上拖动以绘制形状。

对于"直线"工具，按住 Shift 键并拖动可限制只能按 45°的倾角增量来绘制直线。对于矩形或椭圆形工具，按住 Shift 键并拖动可将形状限制为正方形或圆形。

若要在绘制矩形和椭圆形时调整其位置，则在按住鼠标左键的同时，按住空格键，然后将对象拖动到画布上的另一个位置。

若要重新调整所选线条、矩形或椭圆形的大小，执行下列操作之一。

① 在属性检查器中输入新的宽度(W)或高度(H)值。

② 在工具面板的"选择"部分选择"缩放"工具，并拖动角变形手柄。

③ 执行"修改"→"变形"→"缩放"命令并拖动角变形手柄，或者执行"修改"→"变形"→"数值变形"命令并输入新尺寸。

(2)绘制基本多边形

具体步骤如下。

① 执行"窗口"→"自动形状属性"命令，弹出"自动形状属性"对话框。

② 单击"多边形"工具，系统弹出"自动形状属性"对话框，如图4.65所示。按照需要设置点和边，即可生成相应的多边形，如图4.66所示。

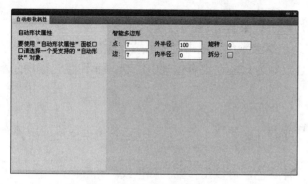

图4.65　智能多变形属性设置图

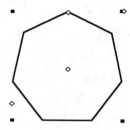

图4.66　绘制的多变形

(3)绘制星形

可以执行"窗口"→"自选图形属性"命令。使用"自动形状属性"对话框中的各种选项自定义创建星形。也可以按照以下方法创建。

① 在工具面板中单击任何位置，然后按U。

② 单击小型向下箭头图标，然后从菜单中选择"星"图标。

③ 在画布上单击或拖动创建星形。

如果要更改星形的形状，可以拖动星形上的各个黄点。当鼠标移动到黄点上方时，将出现一个描述黄点功能的提示。

(4)绘制自动形状

"自动形状"工具如图4.67所示，选择其中任意工具，在工作区单击或拖动即可绘制。

箭头：任意比例的普通箭头，以及直线或弯曲线。

箭头线：可以使用细直的箭线快速访问常用箭头。

斜切矩形：带有切角的矩形。

倒角矩形：带有倒角的矩形(边角在矩形内部呈圆形)。

连接线形：三段连接线形，如那些用来连接流程图或组织图的元素的线条。

面圈形：实心圆环。

L形：直边角形状。

度量工具：以像素或英寸为单位来表示关键设计元素尺寸的普通箭线。

饼形：饼图。

圆角矩形：带有圆角的矩形。

智能多边形：有 3～25 条边的正多边形。

螺旋形：开口式螺旋形。

星形：具有 3～25 个点的星形。

(5) 使用其他自动形状

"自动形状"面板中包含更为复杂的自动形状。可以通过将这些自动形状从"自动形状"面板拖到画布上来将它们放在绘图中。

步骤如下。

① 执行"窗口"→"自动形状"命令，显示"自动形状"面板，如图 4.68 所示。

图 4.67 自动形状工具组

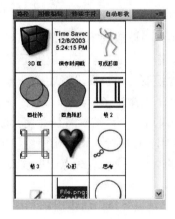

图 4.68 "自动形状"面板

② 将自动形状预览图形从"自动形状"面板拖到画布中。

③ 通过拖动自动形状的某一个控制点来编辑该自动形状。

(6) 用"矢量路径"工具绘制自由变形路径

① 从"钢笔"工具弹出菜单中，选择"矢量路径"工具。

② 在属性检查器中设置笔触属性和"矢量路径"工具选项。为了更精确地对路径进行平滑处理，请从"矢量路径"工具属性检查器的"精度"弹出菜单中选择所需的数字。选择的数字越高，出现在绘制的路径上的点数就越多。

③ 拖动以进行绘制。若要将路径限制为水平或垂直线，请在拖动时按住 Shift 键。

④ 释放鼠标左键以结束路径。若要闭合路径，请将指针返回到路径起始点，然后释放鼠标左键。

(7) 通过用"钢笔"工具绘制点来绘制自由变形路径

首先，使用直线段绘制路径，步骤如下。

① 在工具面板中，选择"钢笔"工具。

② 执行"编辑"→"首选参数"命令，选择"编辑"选项卡上的其中一个选项，然后单击"确定"按钮。弹出"首选参数"对话框，如图4.69所示。

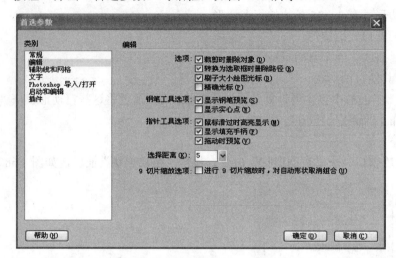

图4.69　"首选参数"对话框

③ 单击画布以放置第一个角点。

④ 移动指针，然后单击以放置下一个点。

⑤ 继续绘制点。直线段将连接点与点之间的每个间隙。

⑥ 执行下列操作之一。

a. 双击最后一个点结束路径并使其成为开口路径。

b. 若要闭合该路径，请单击所绘制的第一个点。闭合路径的起点和终点相同。

(8) 将路径段转换为直线点或曲线点

步骤如下。

首先，将角点转换为曲线点。

① 在"工具"面板中，选择"钢笔"工具。

② 在所选路径上单击一个角点，然后将指针从该点拖走。手柄将扩展，并使邻近段变弯，如图4.70所示。

也可以将曲线点转换为角点。

① 在工具面板中，选择"钢笔"工具。

② 在所选路径上单击一个曲线点，则曲线点变为角点，如图4.71所示。

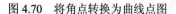
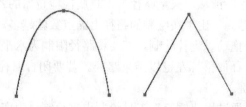

图4.70　将角点转换为曲线点图　　　　　　　图4.71　将曲线点转换为角点

(9)使用点和点手柄编辑自由变形路径

步骤如下。

① 要在路径上选择特定点，可以使用"部分选定"工具，执行以下任一操作。

a. 单击一个点，或按住 Shift 键并依次单击多个点。

b. 在要选择的点周围拖动，以一个矩形框包围要选择的点，松开鼠标即可选中该点。

图 4.72 是选中了曲线顶端和左边的点，然后对两个点同时加以拖动的效果，结果是这两个被选中点之间的线段保持不变，而顶点和未被选中的右边的点之间的线段随着拖动被拉伸。

② 向路径中添加点：使用"钢笔"工具，在路径上不是点的任何位置单击即可插入点。

③ 从所选路径中删除点可更改路径形状或简化编辑，可执行下列操作之一。

a. 使用"钢笔"工具单击所选对象上的角点。

b. 使用"钢笔"工具双击所选对象上的曲线点。

c. 使用"部分选定"工具选择一个点，然后按 Delete 或 Backspace 键。

④ 更改曲线路径段的形状，步骤如下。

a. 使用"指针"或"部分选定"工具选择路径。

b. 使用"部分选定"工具单击选中某个曲线点，则点手柄从该点扩展。

c. 将手柄拖到一个新位置。若要将手柄移动的方向限制为 45°角，请在拖动时按 Shift 键。

蓝色的路径预览显示当释放鼠标左键时将绘制新路径的位置，如图 4.73 所示。

如果向下拖动左侧点手柄，则右侧点手柄将上升。若要点的单侧手柄移动，可按 Alt 键并同时拖动手柄，则可使单侧手柄独立移动，并且影响到的是点的单侧曲线段，如图 4.74 所示。

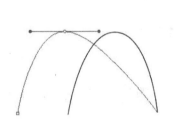

图 4.72　同时拖动顶点和左边的点　　　图 4.73　更改曲线路径形状图　　　图 4.74　使曲线段独立移动

⑤ 调整角点的手柄步骤如下。

a. 使用"部分选定"工具选择某个角点。

b. 按住 Alt 并拖动(在 Windows 中)或按住 Option 并拖动(在 Mac OS 中)，可以显示它的手柄并使相邻段弯曲。

(10)扩展及合并自由变形路径

步骤如下。

① 继续绘制现有的开口路径。

a. 在工具面板中，选择"钢笔"工具。

b. 单击结束点并继续绘制路径。

② 合并两个开口路径。

当连接两个路径时，最顶层路径的笔触、填充和滤镜属性将成为新合并的路径的属性。步骤如下。

a. 选择工具面板中的"钢笔"工具。

b. 单击其中一个路径的端点。

c. 将指针移动到另一个路径的端点并单击。

③ 自动结合相似的开口路径。

可以将一个开口路径与另一个具有相似笔触和填充特性的路径结合在一起，步骤如下。

a. 选择一个开口路径。

b. 选择"部分选定"工具，将该路径的端点拖到距离相似路径的端点几个像素以内。

(11) 复合形状

① 创建复合形状。

复合形状的创建有两种方式。

方式一：创建多个矢量对象之后应用复合形状。

步骤如下。

a. 选择要作为复合形状一部分的所有对象，所选择的任何开放式路径都会自动关闭。如图 4.75 选择了两个矩形矢量对象。

b. 在工具调色板中选择一个矢量工具(矩形、椭圆形、钢笔或矢量路径)。

c. 选择去除/打孔▣，则创建的复合形状如图 4.76 所示。

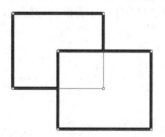　　　　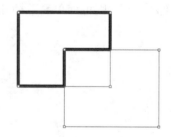

图 4.75　选择两个矢量对象　　　　图 4.76　通过"去除/打孔"工具创建的复合形状

方式二：创建多个矢量对象之前应用复合形状。

步骤如下。

a. 创建第一个矢量对象。

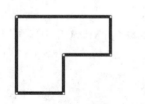

图 4.77　将复合形状的路径转换成合成路径

b. 在第一个对象上绘制其他对象以获得所需的效果。

② 将复合形状转换为合成路径。

若要将图 4.75 的复合形状转换为合成路径，则单击属性检查器中的"组合"按钮。合成路径如图 4.77 所示。另一种创建方法见后面的"创建复合路径"部分。

4. 图层处理

图层将 Fireworks 文档分成不连续的上下重叠的平面，就像是在描图纸的不同覆盖面上绘制插图的不同元素一样。文档中的每个对象都驻留在一个层上，一个文档可以包含许多层，而每一层又可以包含许多子层或对象。

建立图层的好处是，所有图层中的对象按某种混合模式叠放在一起形成了完整的图像，而对其中每个图层中的对象进行编辑修改时，其他图层中的对象不受任何影响，使得编辑修改图像独立化、简易化。

(1) 创建图层

执行下列操作之一。

① 单击"新建/重制层"按钮 。

② 执行"编辑"→"插入"→"层"命令。

③ 从"图层"面板的"选项"菜单或弹出菜单中选择"新建层"或"新建子层"，单击"确定"按钮。图层面板如图 4.78 所示。

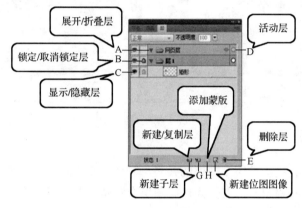

图 4.78　图层面板

在"图层"面板中双击层或对象，为层或对象键入新名称并按 Enter 键，即可对层或对象重新命名。图 4.79 展示了位于不同图层的两个对象：椭圆形和矩形。

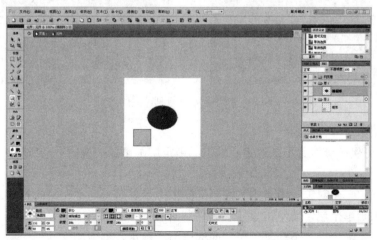

图 4.79　位于不同图层的两个对象：椭圆形和矩形

(2) 显示与隐藏图层

若要隐藏层或层上的对象，单击层或对象名称左侧第一列方形中的眼睛图标 ，眼睛图标消失，指示层或对象是隐藏的，若要显示层或层上的对象，再次单击眼睛图标所在的方形区域，眼睛图标出现，则该层被显示出来。

若要显示或隐藏多个层或对象，可在"图层"面板中沿"眼睛"列拖动指针。

若要显示或隐藏所有层和对象，可从"图层"面板的"选项"菜单中选择"显示全部"或"隐藏全部"选项。图4.80中，矩形对象被隐藏。

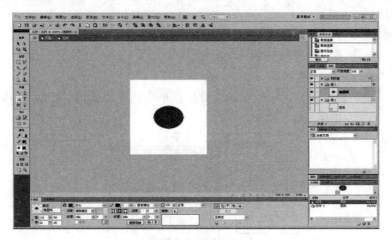

图4.80　隐藏对象和层

(3)排列图层

图层排列顺序会直接影响整个图像的效果，新建一个文档，执行"文件"→"导入"命令，导入蝴蝶和花丛两幅图片，左图为蝴蝶图层在花丛图层之下，在"图层"面板中拖动蝴蝶图层至花丛图层之上，效果如图4.81所示。

图4.81　按不同顺序排列图层的效果

(4)保护层和对象

锁定对象可保护该对象不被选定或编辑，锁定层则可保护该层上的所有对象。锁定对象和层的方法如下。

① 若要锁定一个对象，请单击"图层"面板中紧邻对象名称左侧的列中的方形。

② 若要锁定单个层，请单击紧邻层名称左侧的列中的方形。

③ 若要锁定多个层，请在"图层"面板中沿"锁定"列拖动指针。

④ 若要锁定或解锁所有层，请从"图层"面板的"选项"菜单或弹出菜单中选择"锁定全部"或"解除全部锁定"选项。

挂锁图标 🔒 表示已锁定的项目，挂锁图标消失则表示已解锁。在"图层"面板的"项目"

菜单中，其中"单层编辑"功能可以保护活动层和子层以外的所有层上的对象不被意外地选择或更改。还可以通过隐藏的方法来保护对象和层。

(5)合并不同层对象

若要减少杂乱，可以在"图层"面板中合并对象。要合并的对象和位图不必在"图层"面板中相邻或驻留在同一层上。

向下合并会将所有所选矢量对象和位图对象平面化为正好位于最底端所选对象下方的位图对象。最终获得的是单个位图对象。矢量对象和位图对象一旦合并，就失去了其可编辑性，并且不能再单独进行编辑。

合并各层对象方法如下。

① 在"图层"面板上选择要与位图对象合并的对象。按住 Ctrl 键并单击以选择多个对象。

② 执行下列操作之一。

a. 从"图层"面板的"选项"菜单中选择"向下合并"选项。

b. 右击画布上的所选对象，然后选择"向下合并"选项。

注： "向下合并"不会影响切片、热点或按钮。

(6)将对象分散到图层

如果层中有许多对象，则通过将对象分散到新层，可以避免层中出现杂乱。将创建与父层处于相同级别的新层。此外，新创建的层将保持原有层的层次结构，方法如下。

① 选择包含要分散的对象的层。

② 执行"命令"→"文档"→"分散到层"命令。

(7)删除图层

如果删除一个图层，则删除的层上方的层会成为活动层。如果删除的层是剩余的最后一层，则删除后会创建一个新的空层。

删除图层可以执行下列操作之一。

① 在"图层"面板中将该层拖到垃圾桶图标🗑上。

② 在"图层"面板中选择该层并单击垃圾桶图标。

③ 选择该层并从"图层"面板的"选项"菜单或弹出菜单中选择"删除层"选项。

5. 蒙版

使用蒙版可以封闭下层图像的一部分。例如，可以粘贴一个椭圆形状作为照片上的蒙版。椭圆以外的区域全部消失，就像是被裁剪掉了一样，图片中只显示椭圆内的那部分区域。

(1)使用"粘贴为蒙版"命令遮罩对象

使用"粘贴为蒙版"命令创建蒙版，方法是用一个对象来重叠一个对象或一组对象。"粘贴为蒙版"命令可创建矢量蒙版或位图蒙版。

步骤如下。

① 加载图片到画布上，如图 4.82 所示。

② 绘制或加载要用作蒙版的对象(可以是位图对象也可以是矢量对象)，这里绘制两个圆，如图 4.83 所示。

③ 按住 Shift 键并单击以选择多个对象(这里为两个圆)作为蒙版。

图 4.82　原始图片(一)

图 4.83　绘制两个圆作为蒙版对象

图 4.84　蒙版效果

④ 执行"编辑"→"粘贴为蒙版"命令，生成蒙版效果如图 4.84 所示。

前面展示了对一个图片对象进行蒙版遮罩的过程，也可以对多个对象进行蒙版遮罩。

步骤如下。

① 在原始风景图片中再导入热气球图片，如图 4.85 所示。

② 绘制两个圆。

③ 选中两个图片，执行"修改"→"蒙版"→"组合为蒙版"命令，效果如图 4.86 所示。

图 4.85　导入的风景图片和热气球图片

图 4.86　组合蒙版效果

(2)使用"粘贴于内部"命令遮罩对象

步骤如下。

① 创建将要粘贴于蒙版内部的图片对象，如图 4.87 所示。

② 创建要作为蒙版的对象(可以是位图对象也可以是矢量对象)，这里导入扇子位图作为蒙版对象，如图 4.88 所示。

③ 选中将要粘贴于蒙版内部的图片对象，执行"编辑"→"剪切"命令将填充对象移到剪贴板。

图 4.87　原始图片(二)

④ 选择蒙版对象，如图 4.89 所示。

图 4.88　导入蒙版对象图

图 4.89　填充对象已被剪切，选中蒙版对象

⑤ 执行"编辑"→"粘贴于内部"命令。执行效果如图 4.90 所示。填充对象看起来位于蒙版对象的内部，或者被蒙版对象剪贴了。

(3) 将文本用作蒙版

文本蒙版是一种矢量蒙版，其应用方法与应用使用现有对象的蒙版一样。文本是蒙版对象，应用文本蒙版的常用方法是使用其路径轮廓，但也可以使用其灰度外观应用文本蒙版。图 4.91 展示了文字蒙版效果。

图 4.90　蒙版效果

图 4.91　各种文字蒙版效果

(4) 使用自动矢量蒙版

自动矢量蒙版将预定义的图案作为矢量蒙版应用于位图和矢量对象。可以以后编辑自动矢量蒙版的外观和其他属性。

① 选择位图或矢量对象，如图 4.92 所示。

② 执行"命令"→"创作"→"自动矢量蒙版"命令。

③ 选择蒙版类型，单击"应用"按钮。

效果如图 4.93 所示。

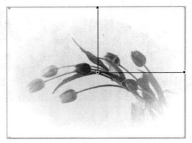

图 4.92　原始图片(三)　　　　　　　　　图 4.93　自动矢量蒙版效果

(5)使用"图层"面板遮罩对象

添加透明的空位图蒙版最快捷的方法是使用"图层"面板。"图层"面板在对象中添加一个白色蒙版,还可以用位图工具在蒙版上面绘制以自定义这个空位图蒙版的形状大小。

步骤如下。

① 导入要遮罩的对象图片,如图4.94所示。

② 在"图层"面板的底部,单击"添加蒙版"按钮。

Fireworks会将空蒙版应用到所选的对象。"图层"面板显示一个表示空蒙版的蒙版缩略图,如图4.95所示。

图4.94　原始图片(四)

图4.95　向图层添加空蒙版

③ 如果被遮罩的对象是位图,可以使用选取框或套索工具来创建像素选区。这里用矩形选取框创建一个矩形选区,如图4.96所示。

④ 从工具面板中选择位图绘画或填充工具(例如,刷子、油漆桶等)。这里选择工具面板的颜色区域的"油漆桶"工具。

⑤ 在所选工具的属性检查器中设置工具选项。这里设置"蒙版"选项为"灰度等级",油漆桶的填充颜色为一个中灰色。

⑥ 当蒙版仍处于选定状态时,在空蒙版的矩形选区内单击填充。得到如图4.97所示的蒙版效果。

图4.96　矩形选取框

图4.97　蒙版遮罩效果

(6) 使用"隐藏全部"创建蒙版

① 选择要遮罩的图片对象，如图 4.94 所示。

② 执行"修改"→"蒙版"→"隐藏全部"命令，则图片被全部隐藏起来。

③ 从工具面板中选择位图绘画或填充工具。这里选择"刷子"工具。

④ 在属性检查器中设置工具选项。选择一种黑色以外的颜色，设置刷子笔尖大小为 25，选择"蒙版"选项为"灰度等级"。

⑤ 在空蒙版上绘制，写字母"ABC"。在绘制的区域中，下层的被遮罩的对象将被显示，并以"刷子"工具所绘制的区域为显示范围，如图 4.98 所示。

图 4.98　使用"隐藏全部"命令创建的蒙版效果

(7) 组合蒙版

可以选择两个或更多的已有对象来制作蒙版效果，被选中的最上层的对象会成为蒙版对象，其他对象为被遮罩对象。最上层对象的类型确定蒙版的类型(矢量或位图)。

步骤如下。

① 用魔术棒工具选中图 4.99 中的兔子，执行"选择"→"反选"命令，选中兔子以外的位图区域，执行剪切命令。

② 打开苹果图片，执行粘贴命令将刚才剪切下来的镂空兔子位图粘贴到苹果对象所在页面并且调整其位置，让兔子的形状正好位于苹果图像区域内，并且镂空兔子位图的矩形边界在苹果图像之外，能够将苹果图像包围。全部包围之后，苹果图像除了兔子部位显示出来，其余部分都被镂空兔子位图遮挡，如图 4.100 所示。

③ 选中镂空兔子位图和苹果位图，执行"修改"→"蒙版"→"组合为蒙版"命令。效果如图 4.101 所示。

图 4.99　兔子图像　　　　图 4.100　选中的镂空兔子图像和苹果图像　　　图 4.101　组合蒙版效果

4.4　Flash CS5 动画处理

Adobe Flash Professional CS5 是一个创作工具，它可以创建出演示文稿、应用程序以及支持用户交互的其他内容。Flash 项目可以包含简单的动画、视频内容、复杂的演示文稿、应用程序以及介于这些对象之间的任何事物。使用 Flash 制作出的具体内容就称为应用程序(或SWF 应用程序)，尽管它们可能只是基本的动画。可以在制作的 Flash 文件中加入图片、声音、视频和特殊效果，创建出包含丰富媒体的应用程序。

4.4.1　Flash CS5 基本操作

1. 建立 Flash CS5 文档

启动 Flash CS5 后，首先出现的是开始界面，如图 4.102 所示。

图 4.102　Flash CS5 开始界面

在该界面中，提供了以下两种建立文档的方法。

(1)从模板创建

这是以模板方式建立文档。方法是：在开始界面中，选择"从模板创建"栏下某一个模板命令项。

(2)新建文档

这种方法建立的是一个空文件，具体内容由用户自己设计。方法是：在开始界面中，选择"新建"栏下某一个命令项(如 ActionScript 3.0 选项)，即可创建一个默认名称为"未命名-1"的.fla 空文档。

注： ActionScript 代码允许为文档中的媒体元素添加交互性，例如，可以添加代码，当用户单击某个按钮时此代码会使按钮显示一个新图像。也可以使用 ActionScript 为应用程序添加逻辑。逻辑使应用程序能根据用户操作或其他情况表现出不同的行为。创建 ActionScript 3 或 Adobe AIR 文件时，Flash Professional 使用 ActionScript 3，创建 ActionScript 2 文件时，它使用 ActionScript 1 和 2。

新建文档之后，就可进入 Flash CS5 的工作界面，如图 4.103 所示。

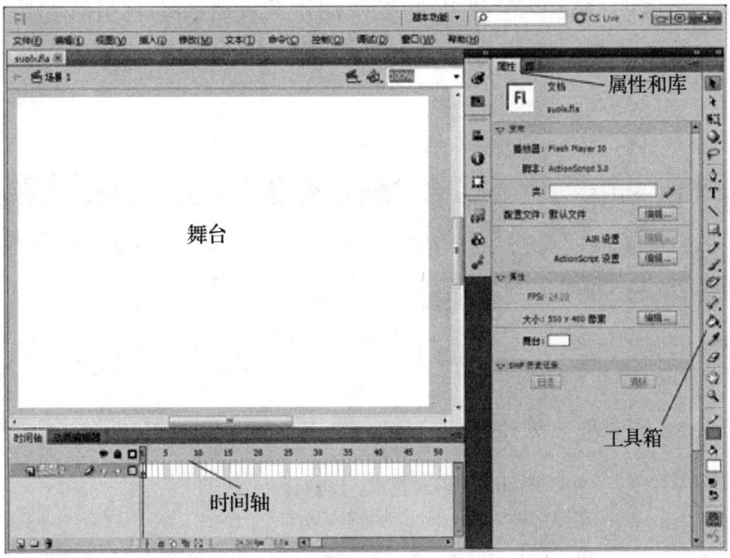

图 4.103　Flash CS5 Professional 工作界面

Flash CS5 的工作界面主要由舞台、工具箱、时间轴、属性、库面板五个主要部分组成，其作用如下。

舞台：图形、视频、按钮等在回放过程中显示在舞台中。

时间轴：控制影片中的元素出现在舞台中的时间。也可以使用时间轴指定图形在舞台中的分层顺序，高层图形显示在低层图形上方。

库面板：用于存储和组织媒体元素与元件。

属性面板：面板显示有关任何选定对象的可编辑信息。

工具箱：包含一组常用工具，可使用它们选择舞台中的对象和绘制图形。

2. Flash CS5 中的基本概念

(1)时间轴、图层和帧

Flash CS5 时间轴、图层和帧界面如图 4.104 所示。时间轴用于组织和控制文档内容在一定时间内播放的图层数和帧数。与胶片一样，Flash 文档也将时长分为帧。时间轴的主要组件是图层、帧和播放头。

① 时间轴。

时间轴顶部的"时间轴标题"指示帧编号。"播放头"指示当前在舞台中显示的帧。播放 Flash 文档时，播放头从左向右通过时间轴。时间轴状态显示在时间轴的底部，它指示所选的帧编号、当前帧频以及到当前帧为止的运行时间。

② 图层。

图层在时间轴左侧(图 4.104)，每个图层中包含的帧显示在该图层名右侧的一行中，图层就像透明的醋酸纤维薄片一样，在舞台上一层层地向上叠加。图层可以组织文档中的插图，可以在图层上绘制和编辑对象，而不会影响其他图层上的对象。如果一个图层上没有内容,那么就可以透过它看到下面的图层。要绘制、上色或者对图层或文件夹进行修改,需要在时间轴中选择该图层以激活它。时间轴中图层或文件夹名称旁边的铅笔图标表示该图层或文件夹处于活动状态。一次只能有一个图层处于活动状态(尽管一次可以选择多个图层)。

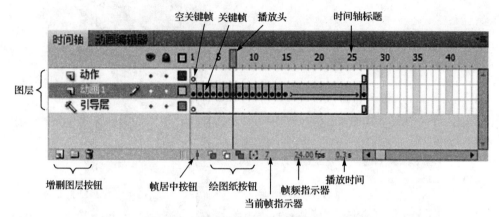

图 4.104　Flash CS5 时间轴、图层和帧界面

当文档中有多个图层时,跟踪和编辑一个或多个图层上的对象可能很困难。如果一次处理一个图层中的内容,这个任务就容易一点。若要隐藏或锁定当前不使用的图层,可在时间轴中单击图层名称旁边的"眼睛"或"挂锁"图标。

③ 帧。

在时间轴中,使用帧来组织和控制文档的内容。不同的帧对应不同的时刻,画面随着时间的推移逐个出现,就形成了动画。帧是制作动画的时间和动画中各种动作的发生,动画中帧的数量及播放速度决定了动画的长度。最常用的帧类型有以下几种。

关键帧:制作动画过程中,在某一时刻需要定义对象的某种新状态,这个时刻所对应的帧称为关键帧。关键帧是画面变化的关键时刻,决定了 Flash 动画的主要动态。关键帧数目越多,文件体积就越大。对于同样内容的动画,逐帧动画的体积比补间动画大得多。

实心圆点是有内容的关键帧,即实关键帧。无内容的关键帧,即空白关键帧,用空心圆点表示。每层的第 1 帧默认为空白关键帧,可以在上面创建内容,一旦创建了内容,空白关键帧就变成了实关键帧。

普通帧:普通帧也称为静态帧,在时间轴中显示为一个矩形单元格。无内容的普通帧显示为空白单元格,有内容的普通帧显示出一定的颜色。例如,静止关键帧后面的普通帧显示为灰色。

关键帧后面的普通帧将继承该关键帧的内容。例如,制作动画背景,就是将一个含有背景图案的关键帧的内容沿用到后面的帧上。

过渡帧:过渡帧实际上也是普通帧。过渡帧中包括了许多帧,但其前面和后面要有两个帧,即起始关键帧和结束关键帧。起始关键帧用于决定动画主体在起始位置的状态,而结束关键帧则决定动画主体在终点位置的状态。在 Flash 中,利用过渡帧可以制作两类补间动画,即运动补间和形状补间。不同颜色代表不同类型的动画,此外,还有一些箭头、符号和文字等信息,用于识别各种帧的类别,如表 4.4 所示。

表 4.4　过渡帧类型

过渡帧形式	说　明
	补间动画用一个黑色圆点指示起始关键帧，中间的补间帧为浅蓝色背景
	传统补间动画用一个黑色圆点指示起始关键帧，中间的补间帧有一个浅紫色背景的黑色箭头
	补间形状用一个黑色圆点指示起始关键帧，中间的帧有一个浅绿色背景的黑色箭头
	虚线表示传统补间是断开的或者是不完整的，如丢失结束关键帧
	单个关键帧用一个黑色圆点表示。单个关键帧后面的浅灰色帧包含无变化的相同内容，在整个范围的最后一帧还有一个空心矩形
	出现一个小 a 表明此帧已使用"动作"面板分配了一个帧动作
hykjk	红色标记表明该帧包含一个标签或者注释
hykjk	金色的锚记表明该帧是一个命名锚记

（2）元件和实例

元件是一些可以重复使用的对象，它们被保存在库中。实例是出现在舞台上或者嵌套在其他元件中的元件。使用元件可以使影片的编辑更加容易，因为在需要对许多重复的元素进行修改时，只要对元件做出修改，程序就会自动地根据修改的内容对所有的该元件的实例进行更新，同时，利用元件可以更加容易创建复杂的交互行为。在 Flash 中，元件分为影片剪辑元件、按钮元件和图形元件三种类型。

① 影片剪辑元件。

影片剪辑元件（Movie Clip）是一种可重复使用的动画片段，即一个独立的小影片。影片剪辑元件拥有各自独立于主时间轴的多帧时间轴，可以把场景上任何看得到的对象，甚至整个时间轴内容创建为一个影片剪辑元件，而且可以将这个影片剪辑元件放置到另一个影片剪辑元件中。还可以将一段动画（如逐帧动画）转换成影片剪辑元件。在影片剪辑中可以添加动作脚本来实现交互和复杂的动画操作。通过对影片剪辑添加滤镜或设置混合模式，可以创建各种复杂的效果。

在影片剪辑中，动画可以自动循环播放，也可以用脚本来进行控制。例如，每看到时钟时，其秒针、分针和时针一直以中心点不动，按一定间隔旋转，如图 4.4 所示。因此，在制作时钟时，应将这些针创建为影片剪辑元件。

② 按钮元件。

按钮用于在动画中实现交互，有时也可以使用它来实现某些特殊的动画效果。一个按钮元件有 4 种状态，它们是弹起、指针经过、按下和点击，每种状态可以通过图形或影片剪辑来定义，同时可以为其添加声音。在动画中一旦创建了按钮，就可以通过 ActionScript 脚本来为其添加交互动作。

③ 图形元件。

图形元件可用于静态图像，并可用来创建连接到主时间轴的可重用动画片段。图形元件与主时间轴同步运行。与影片剪辑和按钮元件不同，用户不能为图形元件提供实例名称，也不能在动作脚本中引用图形元件。

图形元件也有自己的独立的时间轴，可以创建动画，但其不具有交互性，无法像影片剪辑那样添加滤镜效果和声音。

3. 编辑图形

（1）基本工作流程

① 规划文档。决定文档要完成的基本工作。

② 加入媒体元素。绘制图形、元件及导入媒体元素，如影像、视讯、声音与文字。

③ 安排元素。在舞台上和时间轴中安排媒体元素，并定义这些元素在应用程序中出现的时间和方式。

④ 应用特殊效果。套用图像滤镜（如模糊、光晕和斜角）、混合以及其他认为合适的特殊效果。

⑤ 使用 ActionScript 控制行为。撰写 ActionScript 程序代码以控制媒体元素的行为，包含这些元素响应用户互动的方式。

⑥ 测试及发布应用程序。测试以确认建立的文档是否达成预期目标，以及寻找并修复错误。最后将 Fla 文档发布为 SWF 文档，这样才能在网页中显示并使用 Flash Player 播放。

注：在 Flash 中创作内容时，使用称为 Fla 的文档。Fla 文件的文件扩展名为.fla。

（2）工具箱介绍

Flash CS5 工具箱提供了多种绘制图形工具和辅助工具，如图 4.105 所示。其常用工具的作用如下。

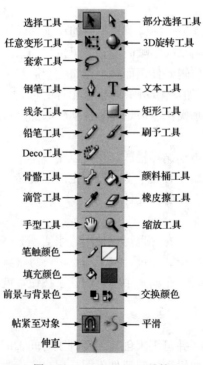

图 4.105　Flash CS5 工具箱

选择工具：用于选择对象和改变对象的形状。

部分选择工具：对路径上的锚点进行选取和编辑。

任意变形工具：对图形进行旋转、缩放、扭曲、封套变形等操作。

套索工具：是一种选取工具，使用它可以勾勒任意形状的范围来进行选择。

3D 旋转工具：转动 3D 模型，只能对影片剪辑发生作用。

钢笔工具：绘制精确的路径(如直线或者平滑流畅的曲线)，并可调整直线段的角度和长度以及曲线段的斜率。

文本工具：用于输入文本。

线条工具：绘制从起点到终点的直线。

矩形工具：用于快速绘制出椭圆、矩形、多角星形等相关几何图形。

铅笔工具：既可以绘制伸直的线条，也可以绘制一些平滑的自由形状。在进行绘图工作之前，还可以对绘画模式进行设置。

刷子工具：绘制刷子般的特殊笔触(包括书法效果)，就好像在涂色一样。

Deco 工具：是一个装饰性绘画工具，用于创建复杂几何图案或高级动画效果，如火焰等。

骨骼工具：向影片剪辑元件实例、图形元件实例或按钮元件实例添加反向运动(IK)骨骼。

颜料桶工具：对封闭的区域、未封闭的区域以及闭合形状轮廓中的空隙进行颜色填充。

滴管工具：用于从现有的钢笔线条、画笔描边或者填充上取得(或者复制)颜色和风格信息。

橡皮擦工具：用于擦除笔触段或填充区域等工作区中的内容。

对应于不同的工具，在工具栏的下方还会出现其相应的参数修改器，可以对所绘制的图形进行外形、颜色以及其他属性的微调。例如，对矩形工具，可以用触笔颜色设定外框的颜色或者不要外框，还可以用填充颜色选择中心填充的颜色或设定不填充，还可以设定为圆角矩形。对于不同的工具，其修改器是不一样的。

(3)基本绘图工具的应用

再漂亮的动画，都是由基本的图形组成的，所以掌握绘图工具对于制作好的 Flash 作品至关重要。

① 线条穿过图形。

当绘制的线条穿过别的线条或图形时，它会像刀一样把其他的线条或图形切割成不同的部分，同时，线条本身也会被其他线条和图形分成若干部分，可以用选择工具将它们分开，如图 4.106、图 4.107 和图 4.108 所示。

图 4.106　原图(一)　　　　图 4.107　在原图上画线　　　　图 4.108　被分开的各部分

② 两个图形重叠。

当新绘制的图形与原来的图形重叠时，新的图形将取代下面被覆盖的部分，用选择工具分开后原来被覆盖的部分就消失了，如图 4.109、图 4.110 和图 4.111 所示。

③ 图形的边线。

在 Flash 中，边线是独立的对象，可以进行单独操作。例如，在绘制圆形或者矩形时，默认情况就有边线，用选择工具可以把两者分开，如图 4.112 和图 4.113 所示。

图 4.109　原图(二)

图 4.110　在其上画图形

图 4.111　被覆盖部分消失

图 4.112　绘制的圆形

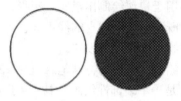
图 4.113　用选择工具可以直接把中间填充部分拖出

(4) 铅笔工具应用

选择"铅笔"工具,在舞台上单击,按住鼠标不放,在舞台上随意绘制出线条。如果想要绘制出平滑或伸直线条和形状,可以在工具箱下方的选项区域中为铅笔工具选择一种绘画模式。可以在铅笔工具"属性"面板中设置不同的线条颜色、线条粗细、线条类型 。

伸直模式下画出的线条会自动拉直,并且画封闭图形时,会模拟成三角形、矩形、圆等规则的几何图形。平滑模式下,画出的线条会自动光滑化,变成平滑的曲线。墨水模式下,画出的线条比较接近于原始的手绘图形。用三种模式画出的一座山分别如图 4.114 所示。

图 4.114　伸直模式、平滑模式和墨水模式绘制的图形

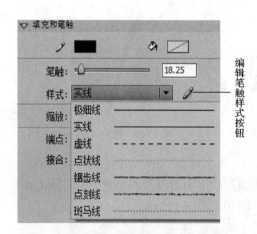
图 4.115　铅笔的线型的设定

铅笔工具的颜色选择,可以用触笔颜色设定。

用铅笔绘制出来的线的形状,可在属性面板中进行设置。在属性面板中可对铅笔绘制的线的宽度和线型进行设定,还可以通过单击"编辑笔触样式"按钮进行自定义线型,如图 4.115 所示。

(5) 线条工具应用

选择"线条"工具,在舞台上单击,按住鼠标不放并拖动到需要的位置,绘制出一条直线。可以在其"属性"面板中设置不同的线条颜色、线条粗细、线条类型等,方法与铅笔绘制的线设置一样。图 4.116 是用不同属性绘制的一些线条示例。

　　这个工具比较简单，主要用于绘制椭圆、矩形、多角星形等相关几何图形。例如，选择"椭圆"工具，在舞台上单击，按住鼠标不放，向需要的位置拖动鼠标，即可绘制出椭圆图形。在"属性"面板也可设置不同的边框颜色、边框粗细、边框线型和填充颜色，图 4.117 是用不同的边框属性和填充颜色绘制的椭圆图形示例。

　图 4.116　不同属性绘制的线条 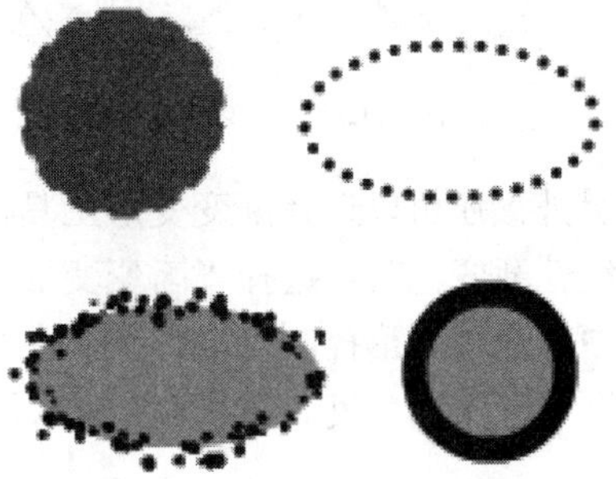　　　　　图 4.117　不同属性绘制的椭圆图形

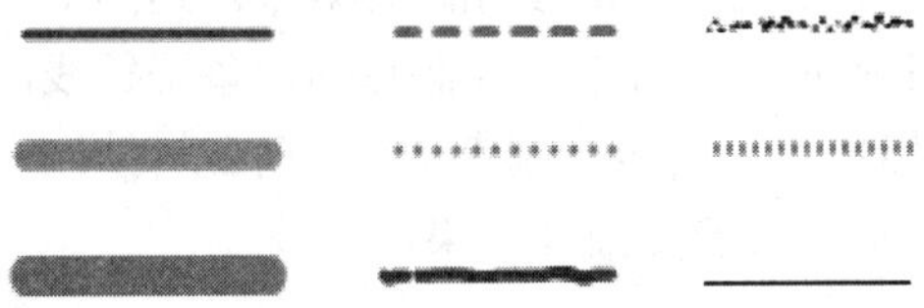

　　(6) 矩形工具应用

　　(7) 刷子工具应用

　　选择"刷子"工具，在舞台上单击，按住鼠标不放，随意绘制出笔触。在工具栏的下方还会出现其相应的参数修改器，如刷子形状，单击后可选择一种形状。在"属性"面板中可设置不同的笔触颜色和平滑度。图 4.118 是用不同的刷子形状绘制的图形示例。

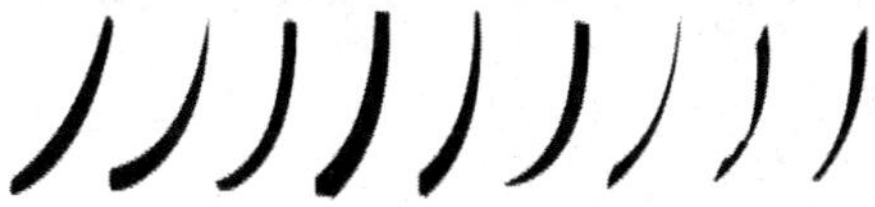

图 4.118　不同刷子形状所绘制的笔触效果

　　(8) 钢笔工具应用

　　选择"钢笔"工具，将鼠标放置在舞台上想要绘制曲线的起始位置，然后按住鼠标不放，此时出现第一个锚点，并且钢笔尖光标变为箭头形状。释放鼠标，将鼠标放置在想要绘制的第二个锚点的位置，单击并按住不放，绘制出一条直线段。将鼠标向其他方向拖动，直线转换为曲线，释放鼠标，一条曲线绘制完成，如图 4.119 所示。

图 4.119　绘制曲线的过程

　　(9) 任意变形工具应用

　　任意变形工具可以随意地变换图形形状，它可以对选中的对象进行缩放、旋转、倾斜、翻转等变形操作。要执行变形操作，需要先选择要改动的部分，再选择任意变形工具，在选定图形的四周将出现一个边框，拖动边框上的控制节点就可以修改大小和变形，如图 4.120 所示。如果要旋转图形，则可以将鼠标移动到控制点的外侧，当出现旋转图标的时候，就可以执行旋转了，如图 4.121 所示。

图 4.120　改变大小和变形

图 4.121　旋转

　　另外，还可以选择渐变变形工具，它可以改变选中图形中的填充渐变效果。当图形填充色为线性渐变色时，选择"渐变变形"工具，单击图形，出现 3 个控制点和两条平行线，向图形中间拖动方形控制点，渐变区域缩小。将鼠标放置在旋转控制点上，拖动旋转控制点来改变渐变区域的角度。图 4.122 所示是应用渐变变形工具改变渐变效果。

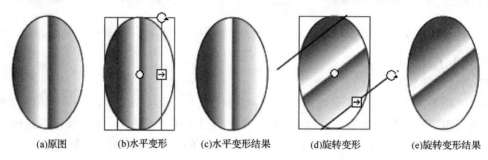

| (a)原图 | (b)水平变形 | (c)水平变形结果 | (d)旋转变形 | (e)旋转变形结果 |

图 4.122　应用渐变变形工具改变渐变效果

　　(10) 辅助绘图工具的应用

　　① 选择工具使用。

　　选择对象：选择"选择"工具，在舞台中的对象上单击即可选择对象。按住 Shift 键，再单击其他对象，可以同时选中多个对象。在舞台中拖曳一个矩形可以框选多个对象。

　　移动和复制对象：选择对象，按住鼠标不放，直接拖曳对象到任意位置。若按住 Alt 键，拖曳选中的对象到任意位置，则选中的对象被复制。

　　调整线条和色块：选择"选择"工具，将鼠标移至对象，鼠标下方出现圆弧。拖动鼠标，对选中的线条和色块进行调整。

　　② 部分选取工具使用。

　　选择"部分选取"工具，在对象的外边线上单击，对象上出现多个节点，如图 4.123 所示。拖动节点可调整控制线的长度和斜率，从而改变对象的曲线形状。

　　③ 套索工具使用。

选择"套索"工具，用鼠标在位图上任意勾选想要的区域，形成一个封闭的选区，释放鼠标，选区中的图像被选中。选择套索工具后会在工具栏的下方出现"魔术棒"和"多边形模式"选取工具。

魔术棒工具：在位图上单击，与单击取点颜色相近的图像区域被选中。

图 4.123　边线上的节点

多边形模式：在图像上单击，确定第一个定位点，释放鼠标并将鼠标移至下一个定位点，再单击，用相同的方法直到勾画出想要的图像，并使选取区域形成一个封闭的状态，双击，选区中的图像被选中。

④ 滴管工具使用。

吸取填充色：选择"滴管"工具，将滴管光标放在要吸取图形的填充色上单击，即可吸取填充色样本，在工具箱的下方，取消对"锁定填充"按钮的选取，在要填充的图形的填充色上单击，图形的颜色被吸取色填充。

吸取边框属性：选择"滴管"工具，将鼠标放在要吸取图形的外边框上单击，即可吸取边框样本，在要填充的图形的外边框上单击，线条的颜色和样式被修改。

吸取位图图案：选择"滴管"工具，将鼠标放在位图上单击，吸取图案样本，然后在修改的图形上单击，图案被填充。

吸取文字属性：滴管工具还可以吸取文字的属性，如颜色、字体、字型、大小等。选择要修改的目标文字，然后选择"滴管"工具，将鼠标放在源文字上单击，源文字的文字属性被应用到目标文字上。

⑤ 橡皮擦工具使用。

选择"橡皮擦"工具，在图形上想要删除的地方按下鼠标左键并拖动鼠标，图形被擦除。在工具箱下方的"橡皮擦形状"按钮的下拉菜单中，可以选择橡皮擦的形状与大小。如果想得到特殊的擦除效果，系统在工具箱的下方设置了如图 4.124 所示的 5 种擦除模式，图 4.125 从左至右分别是用这 5 种擦除模式擦除图形的效果图。

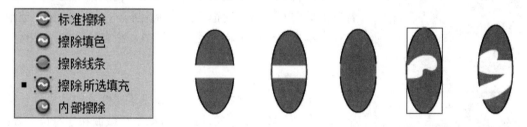

图 4.124　擦除模式　　　　　　　图 4.125　应用 5 种擦除模式擦除图形的效果

标准擦除：这时橡皮擦工具就像普通的橡皮擦一样，将擦除所经过的所有线条和填充，只要这些线条或者填充位于当前图层中。

擦除填色：这时橡皮擦工具只擦除填充色，而保留线条。

擦除线条：与擦除填色模式相反，这时橡皮擦工具只擦除线条，而保留填充色。

擦除所选填充：这时橡皮擦工具只擦除当前选中的填充色，保留未被选中的填充以及所有的线条。

内部擦除：只擦除橡皮擦笔触开始处的填充。如果从空白点开始擦除，则不会擦除任何内容。以这种模式使用橡皮擦并不影响笔触。

(11) 文字工具的应用

从 Flash Professional CS5 开始可以使用"文本布局框架(TLF)"向 Fla 文件添加文本。TLF 支持更多丰富的文本布局功能和对文本属性的精细控制。与以前的文本引擎(现在称为传统文本)相比，TLF 文本可加强对文本的控制，TLF 文本属性面板如图 4.126 所示。

传统文本有静态文本、动态文本和输入文本三种类型的文本块，可在属性面板中设置。

静态文本：是指不会动态更改的字符文本，常用于决定作品的内容和外观。

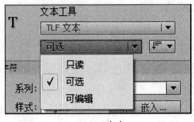

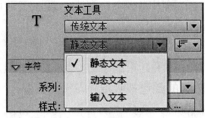

(a)TLF文本　　　　　　　　　　　(b)传统文本

图 4.126　文本模式和类型

动态文本：是指可以动态更新的文本，如体育得分、股票报价或天气报告。

输入文本：可在播放后输入文本。

注：TLF 文本要求在 Fla 文件的发布设置中指定 ActionScript 3.0 和 Flash Player 10 或更高版本；TLF 文本无法用作遮罩，要使用文本创建遮罩，可以使用传统文本。

① 创建文本。

选择"文本工具"后，可在属性面板中选择使用 TLF 文本或传统文本，如图 4.127 所示。如果选择 TLF 文本，则可进一步选择只读、可选或可编辑类型文本块；若选择传统文本，则

图 4.127　文本属性面板

可进一步选择静态文本、动态文本或输入文本。

在舞台单击，出现文本输入光标，直接输入文字即可。若单击后向右下角方向拖曳出一个文本框，输入的文字被限定在文本框中，如果输入的文字较多，会自动转到下一行显示。

② 设置文本的属性。

文本属性一般包括字体属性和段落属性。字体属性包括字体、字号、颜色、字符间距、自动字距微调和字符位置等；段落属性则包括对齐、边距、缩进和行距等。

当需要在 Flash 中使用文本时，可先在属性面板中设置文本的属性，也可以在输入文本之后，再选中需要更改属性的文本，然后在属性面板中对其进行设置。

③ 变形文本。

选中文字，执行两次"修改"→"分离"命令(或按两次 Ctrl+B 组合键)，将文字打散，文字变为如图 4.128(a)所示的位图模式。然后执行"修改"→"变形"→"封套"命令，在文字的周围出现控制点(如图 4.128(b)所示)，拖动控制点，改变文字的形状，如图 4.128(c)所示。最后的变形结果如图 4.128(d)所示。

(a) 打散的文字　　　　(b) 封套　　　　(c) 变形　　　　(d) 变形后的结果

图 4.128　文本变形过程

④ 填充文本。

选中文字，执行两次"修改"→"分离"命令(或按两次 Ctrl+B 组合键)，将文字打散。然后执行"窗口"→"颜色"命令，弹出"颜色"面板，如图 4.129 所示。在类型选项中选择"线性渐变"，在颜色设置条上设置渐变颜色，文字被填充上渐变色。图 4.130 是对"变化"两个文字填充渐变色的效果示例图。

图 4.129　文字填充颜色面板

图 4.130　填充渐变色的文字

4. 编辑对象

使用工具栏中的工具创建的图形相对来说比较单调，如果能结合修改菜单命令修改图形，就可以改变原图形的形状、线条等，并且可以将多个图形组合起来达到所需要的图形效果。

(1)对象类型

Flash 的对象类型主要有矢量对象、图形对象、影片剪辑对象、按钮对象和位图对象。

① 矢量对象。

矢量对象(矢量图形)是由绘画工具所绘制出来的图形，它包括线条和填充两部分。注意，使用文字工具输入文字是一个文本对象，不是矢量对象，但使用"修改"→"分离"命令(或按 Ctrl+B 组合键)打散后，它就变成了矢量对象。

② 图形对象。

图形对象也称图形元件，它是存储在"库"中可重复使用的一种图形对象。理论上讲，任何对象都可以转换为图形对象，但在 Flash 实际操作过程中，从图形元件的作用出发，一般只有将矢量对象、文字对象、位图对象、组合对象转化为图形对象。这里以位图对象为例讲解将位图对象转化为图形对象的过程。

从外部导入的图片是位图对象，它不是图形元件，但可以转换为图形元件。

③ 影片剪辑对象。

影片剪辑对象也称影片剪辑元件，它是存储在"库"中可重复使用的影片剪辑，用于创建独立于主影像时间轴进行播放的实例。理论上讲，任何对象都可以转换为影片剪辑对象，转换的对象主要是根据实际需要而定的。

④ 按钮对象。

按钮对象也称按钮元件，用于创建在影像中对标准的鼠标事件(如单击、滑过或移离等)做出响应的交互式按钮。理论上讲，任何对象都可以转换为按钮对象，在操作过程中，应根据实际需要而定。

⑤ 位图对象。

位图对象是对矢量、图形、文字、按钮和影片剪辑对象打散后形成的分离图形。它主要用于制作形变动画对象,如圆形变成方形,以及文字变形。有些对象只有变为分离图形后(即位图),才能填充颜色,如线条、边线等。

不管何种对象,只要多次执行"修改"→"分离"命令(或按 Ctrl+B 组合键)打散对象后,最终都能转变为位图对象。当然,位图对象通过执行"修改"→"组合"命令,也可以转换为矢量图形。

(2)制作图形元件

图形元件的制作有两种方法:一是直接制作;二是将矢量对象转换成图形元件。

① 直接制作。

执行"插入"→"新建元件"命令,弹出"创建新元件"对话框,如图 4.131 所示,在"名称"选项的文本框中输入"圆",在"类型"选项的下拉列表中选择"图形"选项,单击"确定"按钮,创建一个新的图形元件"圆"。图形元件的名称出现在舞台的左上方,舞台切换到了图形元件"圆"的窗口,窗口中间出现十字,代表图形元件的中心定位点,用矩形工具在窗口十字处制作一个圆,如图 4.132 所示,在"库"面板中显示出"圆"图形元件。

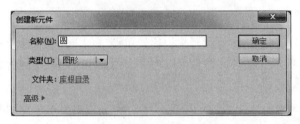

图 4.131 "创建新元件"对话框

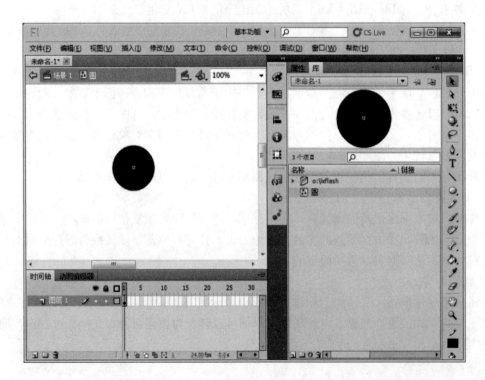

图 4.132　制作一个圆图形元件

② 矢量对象转换。

如果在舞台上已经创建好矢量图形并且以后还要再次应用，可将其转换为图形元件。方法是选中矢量图形，然后执行"修改"→"转换为元件"命令，弹出"转换为元件"对话框，在"名称"选项的文本框中输入元件名，在"类型"选项的下拉列表中选择"图形"选项，单击"确定"按钮，转换完成，此时在"库"面板中显示出转换的图形元件。

(3)制作按钮元件

执行"插入"→"新建元件"命令，弹出"创建新元件"对话框，在"名称"选项的文本框中输入按钮元件名，在"类型"选项的下拉列表中选择"按钮"选项，单击"确定"按钮，此时，按钮元件的名称出现在舞台的左上方，舞台切换到了按钮元件的窗口，窗口中间出现十字，代表按钮元件的中心定位点。在"时间轴"窗口中显示出 4 个状态帧："弹起""指针""按下""点击"。在"库"面板中显示出按钮元件。

利用绘图工具绘制按钮的 4 个帧，图形如图 4.133 所示。最后单击图层左上角的"场景"按钮，返回场景，按钮制作完毕。

弹起　　　　　　　指针　　　　　　　按下　　　　　　　点击

图 4.133　按钮元件的 4 个帧图形

(4)制作影片剪辑

执行"插入"→"新建元件"命令，弹出"创建新元件"对话框，在"名称"选项的文本框中输入"变形动画"，在"类型"选项的下拉列表中选择"影片剪辑"选项，单击"确定"按钮，此时，影片剪辑元件的名称出现在舞台的左上方，舞台切换到了影片剪辑元件"变形动画"的窗口，窗口中间出现十字，代表影片剪辑元件的中心定位点。

利用绘图工具绘制影片剪辑，最后单击图层左上角的"场景"按钮，返回场景，影片剪辑制作完毕。

5. 简单的 Flash 动画制作

(1)新建一个文档

在"开始界面"中，选择"新建"列表中的 ActionScript 3.0 命令项，Flash CS5 自动建立一个默认名称为"未命名-1"的.fla 空文档。

(2)设置舞台属性

在 Flash CS5 工作界面中单击右边的"属性"选项卡，查看并可重新设置该文档的舞台属性。默认情况下，前舞台大小设置为 550×400 像素，如图 4.134 所示，单击编辑可重新设置；舞台背景色板设置为白色，单击色板可更改舞台背景颜色。

提示：Flash 影片中舞台的背景色可使用"修改"→"文档"命令设置，也可以选择舞台，然后在"属性"面板中修改"舞台颜色"字段。发布影片时，Flash Professional 会将 HTML 页的背景色设置为与舞台背景色相同的颜色。

新文档只有一个图层，名字为图层 1，可以通过双击图层名，重新键入一个新图层名称。

(3)绘制一个圆圈

创建文档后，就可以在其中制作动画。

从"工具箱"面板中选择"椭圆"工具，在属性中单击笔触颜色(描边色板)，并从"拾色器"中选择"无颜色"选项，再在属性中"填充颜色"中选择一种填充颜色(如红色)。

当"椭圆"工具仍处于选中状态时，按住 Shift 键在舞台上拖动以绘制出一个圆圈，如图 4.135 所示。

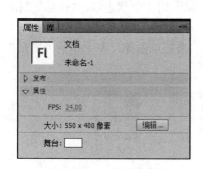

图 4.134　舞台属性面板

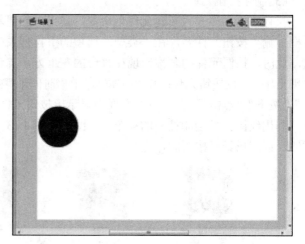

图 4.135　舞台上绘制出的圆圈

注： 按住 Shift 键时"椭圆"工具只能绘制出圆圈。

提示：如果绘制圆圈时只看到轮廓而看不到填充色，请首先在属性检查器的"椭圆"工具属性中检查描边和填充选项是否已正确设置。如果属性正确，请检查以确保时间轴的层区域中未选中"显示轮廓"选项。请注意时间轴层名称右侧的眼球图标、锁图标和轮廓图标三个图标，确保轮廓图标为实色填充而不仅仅是轮廓。

(4)创建元件

将绘制的圆转换为元件，使其转变为可重用资源。

用"选择"工具选择舞台上画出的圆圈，然后执行"修改"→"转换为元件"(或按 F8)命令，出现"转换为元件"对话框，如图 4.136 所示(也可以将选中的图形拖到"库"面板中，将它转换为元件)。

图 4.136　"转换为元件"对话框

在"转换为元件"对话框中为新建元件起一个名称(如"圆")，"类型"中选择"影片剪辑"，单击"确定"按钮，系统创建一个影片剪辑元件。此时"库"面板中将显示新元件的定义，舞台上的圆成为元件的实例。

(5)添加动画

将圆圈拖到舞台区域的左侧(图 4.137)。右击舞台上的圆圈实例，从菜单中选择"创建补间动画"选项，时间轴将自动延伸到第 24 帧并且红色标记(当前帧指示符或播放头)位于第 24 帧，如图 4.137 所示。这表明时间轴可供编辑 1 秒，即帧频率为 24fps。

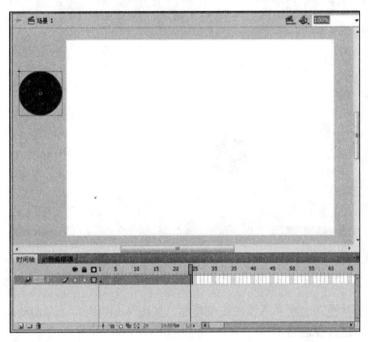

图 4.137　圆圈移到舞台区域左侧

将圆圈拖到舞台区域右侧。此步骤创建了补间动画。动画参考线表明第 1 帧与第 24 帧之间的动画路径，如图 4.138 所示。

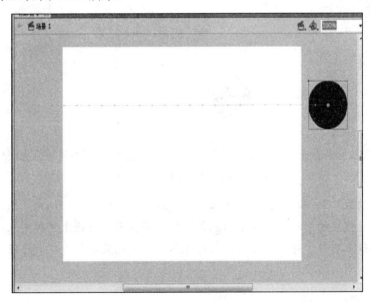

图 4.138　一个 24 帧动画路径及第 24 帧处的圆圈

在时间轴的第 1 帧和第 24 帧之间来回拖动红色的播放头可预览动画。

将播放头拖到第 10 帧，然后将圆圈移到屏幕上的另一个位置，在动画中间添加方向变化，如图 4.139 所示。

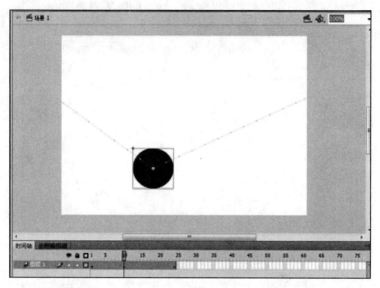

图 4.139　补间动画显示第 10 帧方向更改

用"选择"工具拖动动画参考线使线条弯曲，如图 4.140 所示。弯曲动画路径将使动画沿着一条曲线而不是直线运动。

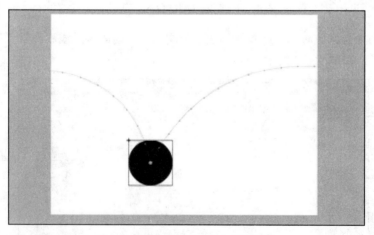

图 4.140　动画参考线更改后的曲线

注：使用"选取"和"部分选取"工具可改变运动路径的形状。使用"选取"工具，可通过拖动方式改变线段的形状。补间中的属性关键帧将显示为路径上的控制点。使用部分选取工具可公开路径上对应于每个位置属性关键帧的控制点和贝塞尔手柄。可使用这些手柄改变属性关键帧点周围的路径的形状。

(6)测试影片

经过上面的制作，一个简单的动画已经建好，但在发布之前应测试影片。方法是：在菜单栏中执行"控制"→"测试影片"命令即可。

(7)保存文档

执行菜单栏的"文件"→"保存"命令即可。Flash CS5 将以.fla 格式保存新建的文档。

(8)发布

完成.fla 建立后即可发布它，以便通过浏览器查看它。发布文件时，Flash Professional 会将它压缩为.swf 文件格式，这是放入网页中的格式。"发布"命令可以自动生成一个包含正确标签的 HTML 文件。

方法如下。

① 执行菜单栏的"文件"→"发布设置"命令。在"发布设置"对话框中，选择"格式"选项卡并确认只选中了 Flash 和 HTML 选项。然后再选择 HTML 选项卡并确认"模板"项中是"仅 Flash"。该模板会创建一个简单的 HTML 文件，它在浏览器窗口中显示时只包含 SWF 文件。最后单击"确定"按钮。

② 执行"文件"→"发布"命令。发布的文件保存在保存.fla 文档的文件夹中，可以在此文件夹中找到与.fla 文档同名的.swf 和.html 两个文件，打开.html 文件就可在浏览器窗口中看到所做的 Flash 动画。

4.4.2　动画制作

Flash 动画按照制作时采用的技术的不同，可以分为 5 种类型，即逐帧动画、运动补间动画、形状补间动画、轨迹动画和蒙版动画。

1. 创建逐帧动画

(1)逐帧动画

逐帧动画就是对每一帧的内容逐个编辑，然后按一定的时间顺序进行播放而形成的动画，它是最基本的动画形式。逐帧动画适合于每一帧中的图像都在更改，而并非仅仅简单地在舞台中移动的动画，因此，逐帧动画文件容量比补间动画要大根多。

创建逐帧动画的几种方法如下。

① 用导入的静态建立逐帧动画。用 JPG、PNG 等格式的静态图片连续导入 Flash 中，就会建立一段逐帧动画。

② 绘制矢量逐帧动画。用鼠标或压感笔在场景中一帧帧地画出帧内容。

③ 文字逐帧动画。用文字作为帧中的元件，实现文字跳跃、旋转等特效。

④ 导入序列图像。可以导入 GIF 序列图像、SWF 动画文件或者利用第 3 方软件(如 Swish、Swift 3D 等)产生的动画序列。

(2)走路的动画制作

这是一个利用导入连续图片而创建的逐帧动画，具体步骤如下。

① 创建一个新 Flash 文档，执行"文件"→"新建"命令，设置舞台大小为 550×230 像素，背景色为白色。

② 创建背景图层。选择第一帧，执行"文件"→"导入到舞台"命令，将本实例中的名为"草原.jpg"的图片导入到场景中。在第 8 帧按 F5 键，加过渡帧使帧内容延续，如图 4.141

所示。

③ 导入走路的图片。新建一个"走路"图层，选择第 1 帧，执行"文件"→"导入到舞台"命令，将走路的系列图片导入。导入完成后，就可以在库面板中看到导入的位图图像，如图 4.142 所示。

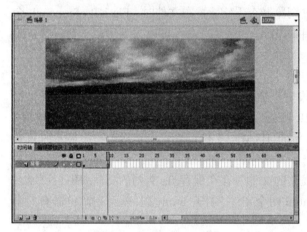

图 4.141　建立的背景图层　　　　　　　　图 4.142　导入库中的位图

由于导入到库中的同时，也把所有图像都放到了第 1 帧，所以，需要将舞台中第 1 帧下的所有图像删除。

④ 在时间轴上分别选择"走路"图层的第 1～第 9 帧，并从库中将相应的走路图拖放到舞台中。注意，因为第 1 帧是关键帧，可直接放入，而后面的帧都需要先插入空白关键帧后才能把图拖放到工作区中。

此时，时间帧区出现连续的关键帧，从左向右拉动播放头，就会看到一个人在向前走路，如图 4.143 所示，但是，动画序列位置尚未处于需要的地方，必须移动它们。

可以一帧帧调整位置，完成一幅图片后记下其坐标值，再把其他图片设置成相同坐标值，也可以用"多帧编辑"功能快速移动。

多帧编辑方法：先把"背景"图层加锁，然后单击时间轴面板下方的"绘图纸显示多帧"按钮，再单击"修改绘图纸标记"按钮，在弹出的菜单中选择"所有绘图纸"选项，如图 4.144 所示。

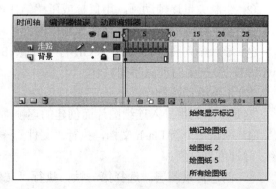

图 4.143　向前走路的人　　　　　　　　　图 4.144　洋葱皮工具

用鼠标调整各帧图像的位置，使位于各帧的图像位置合适即可，如图 4.145 所示。

图 4.145　调整各帧后的走路人

⑤ 测试影片。

执行"控制"→"测试影片"命令，就能看到动画的效果。执行"文件"→"保存"命令将动画保存以备后用。

2. 创建补间动画

补间是通过为一个帧中的对象属性指定一个值并为另一个帧中的该相同属性指定另一个值创建的动画。

在创建补间动画时，可以在不同关键帧的位置设置对象的属性，如位置、大小、颜色、角度、Alpha 透明度等。编辑补间动画后，Flash 将会自动计算这两个关键帧之间属性的变化值，并改变对象的外观效果，使其形成连续运动或变形的动画效果。例如，可以在时间轴第 1 帧的舞台左侧放置一个影片剪辑，然后将该影片剪辑移到第 20 帧的舞台右侧。在创建补间时，Flash 将计算指定的右侧和左侧这两个位置之间的舞台上影片剪辑的所有位置。最后会得到影片剪辑从第 1 帧到第 20 帧，从舞台左侧移到右侧的动画。在中间的每个帧中，Flash 将影片剪辑在舞台上移动二十分之一的距离。

Flash CS5 支持两种不同类型的补间以创建动画：一种是传统补间，其创建方法与原来相比没有改变；另一种是补间动画，其功能强大且创建简单，可以对补间的动画进行最大限度的控制。另外，补间动画根据动画变化方式的不同又分为"运动补间动画"和"形状补间动画"两类，运动补间动画是对象可以在运动中改变大小和旋转，但不能变形，而形状补间动画可以在运动中变形(如圆形变成方形)。

制作补间动画的对象类型包括影片剪辑元件、图形元件、按钮元件以及文本字段。下面，以小鸟飞为例来说明运动补间动画制作。

(1)传统补间动画制作

① 创建一个新 Flash 文档，执行"文件"→"新建"命令，设置舞台大小为 550×230 像素，背景色为白色。

② 将当前图层重命名为背景图层，选择第一帧，执行"文件"→"导入到舞台"命令，将一个风景图片导入到场景中。在第 60 帧按 F5，加过渡帧使帧内容延续。

③ 新建一个图层，并重命名为小鸟，选择第一帧，执行"文件"→"导入到舞台"命令，导入一个小鸟飞的图片。用鼠标将舞台上导入的小鸟移动到右侧，并用"任意变形"工具调整到合适的大小，如图 4.146 所示。

④ 创建传统补间动画。右击小鸟图层的第60帧，在弹出的快捷菜单中选择"插入关键帧"命令，然后用"选择"工具将小鸟调整到左上方的位置，并用"任意变形"工具把小鸟调小一些，如图4.147所示。右击"小鸟"图层第1帧到第60帧中间的任意帧，在弹出的快捷菜单中执行"创建传统补间"命令，结果如图4.148所示，播放即可看到小鸟飞的动画。

图4.146　第1帧的小鸟

图4.147　第60帧的小鸟

图4.148　小鸟飞的传统补间动画

(2)补间动画制作

Flash CS5中提供了更加灵活的方式创建补间动画。

① 创建一个新Flash文档，执行"文件"→"新建"命令，设置舞台大小为550×230像素，背景色为白色。

② 将当前图层重命名为背景图层，选择第一帧，执行"文件"→"导入到舞台"命令，将一个风景图片导入到场景中。在第60帧按F5，加过渡帧使帧内容延续。

③ 新建一个图层，并重命名为小鸟，选择第一帧，执行"文件"→"导入到舞台"命令，导入一个小鸟飞的图片。用鼠标将舞台上导入的小鸟移动到右侧，并用"任意变形"工具调整到合适的大小。

④ 右击第1帧，在弹出的快捷菜单中执行"创建补间动画"命令，之后拖动"播放头"

到第 60 帧，然后单击时间轴上的"动画编辑器"标签（或执行菜单栏中的"窗口"→"动画编辑器"命令），打开"动画编辑器"面板，如图 4.149 所示。

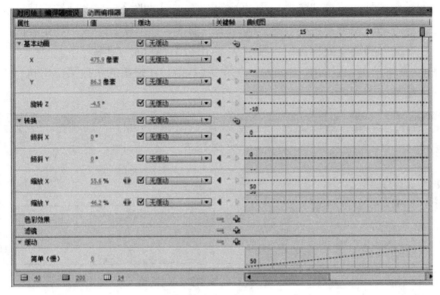

图 4.149 动画编辑器

"动画编辑器"面板由三组时间轴构成，分别是"基本动画""转动""缓动"，其中"基本动画"组的时间轴可以分别设置元件在 X、Y 和 Z 轴方向的移动情况；"转换"组的时间轴可以设置元件在 X 和 Y 轴方向的倾斜、旋转以及元件色彩和滤镜等特殊效果；"缓动"组的时间轴可以设置上面两组时间轴在移动过程中位置属性变化的方式，如"简单""弹簧""正弦波"等。

通过"动画编辑器"面板，可以查看所有补间属性及其属性关键帧。它还提供了向补间添加精度和详细信息的工具。动画编辑器显示当前选定的补间的属性。在时间轴中创建补间后，动画编辑器允许以多种不同的方式来控制补间。

使用动画编辑器可以进行以下操作。

a．设置各属性关键帧的值。

b．添加或删除各个属性的属性关键帧。

c．将属性关键帧移动到补间内的其他帧。

d．将属性曲线从一个属性复制并粘贴到另一个属性。

e．翻转各属性的关键帧。

f．重置各属性或属性类别。

g．使用贝塞尔控件对大多数单个属性的补间曲线的形状进行微调（X、Y 和 Z 属性没有贝塞尔控件）。

h．添加或删除滤镜或色彩效果并调整其设置。

i．向各个属性和属性类别添加不同的预设缓动。

j．创建自定义缓动曲线。

k．将自定义缓动添加到各个补间属性和属性组中。

1. 对 X、Y 和 Z 属性的各个属性关键帧启用浮动。通过浮动，可以将属性关键帧移动到不同的帧或在各个帧之间移动以创建流畅的动画。

选择时间轴中的补间范围或者舞台上的补间对象或运动路径后，动画编辑器即会显示该补间的属性曲线。动画编辑器将在网格上显示属性曲线，该网格表示发生选定补间的时间轴的各个帧。在时间轴和动画编辑器中，播放头将始终出现在同一帧编号中。

⑤ 选中"基本动画"组的 X 时间轴，在 60 帧右击，在弹出的快捷菜单中执行"插入关键帧"命令，结果如图 4.150 所示。

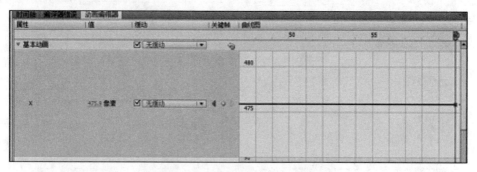

图 4.150　在 X 时间轴中插入关键帧

在关键帧的黑色方块上按下鼠标左键，将方块向下拖动到 100 像素左右的位置，在舞台上会显示出小鸟移动的轨迹，如图 4.151 所示。

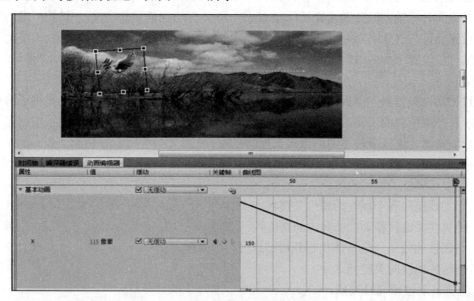

图 4.151　移动关键点位置

采用同样的方法，选中 Y 时间轴，在关键帧的黑色方块上按下鼠标左键，将方块向下拖动到 55 像素左右的位置，在舞台上会显示出小鸟向上移动的情况。

⑥ 单击"时间轴"标签，用"任意变形"工具将 60 帧的小鸟调小，如图 4.152 所示。这样就完成了小鸟飞的补间动画。

⑦ 执行菜单栏的"控制"→"测试影片"命令测试动画，就能看到小鸟飞的动画。

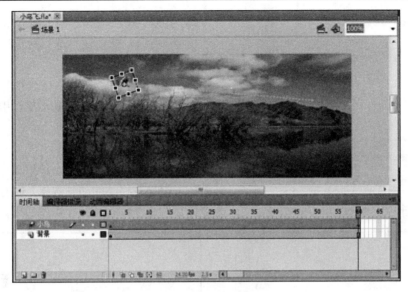

图 4.152　小鸟飞行补间动画

3. 创建引导层动画

为了在绘画时帮助对象对齐，可以创建引导层，然后将其他层上的对象与引导层上的对象对齐。引导层中的内容不会出现在发布的 SWF 动画中，可以将任何层用作引导层，它是用层名称左侧的辅助线图标表示的。还可以创建运动引导层，用来控制运动补间动画中对象的移动情况。这样不仅可以制作沿直线移动的动画，也能制作出沿曲线移动的动画。

下面，以制作沿引导线运动的小球为例来说明引导层动画的制作。

（1）制作一个小球移动的动画

① 用工具面板上的椭圆工具按住 Shift 键绘制一个小圆，选择一个径向渐变的填充颜色填充小圆球。

② 在时间轴面板上选择第一帧，右击，在弹出菜单中选择"创建传统补间"选项。

③ 在时间轴第 60 帧（多少帧自己定，帧数越多，动画速度越慢，越少，则越快）右击，在弹出菜单中选择"插入关键帧"选项。

④ 将第 60 帧的小球向右拖动到新的位置，结果如图 4.153 所示。

（2）制作引导线

① 在时间轴面板上选择小球直线运动所在图层，然后新建一个图层（时间轴面板上有个新建图层的按钮），使其在小球运动图层的

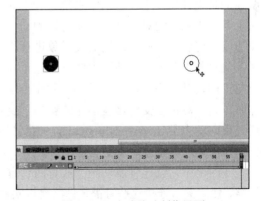

图 4.153　小球移动制作界面

上一图层，在该图层上用铅笔等画线工具绘制一条曲线如图 4.154 所示。

② 在时间轴面板上选择曲线所在图层，点击，在弹出菜单中选择"引导层"选项，使曲线变成引导线。

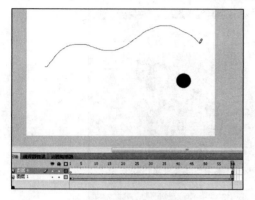

图 4.154　制作的引导线

(3)引导小球

① 用鼠标左键按住小球直线运动所在图层稍向上拖动，使其被引导。

② 选择第一帧，拖动小球到引导线的第一个端点，选择最后一帧，拖动小球到引导线的第二个端点，如图 4.155 所示。

(4)测试影片

执行"控制"→"测试影片"命令，就能看到小球沿引导线移动的动画效果。执行"文件"→"保存"命令将动画保存以备后用。

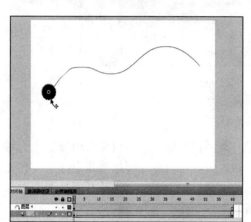

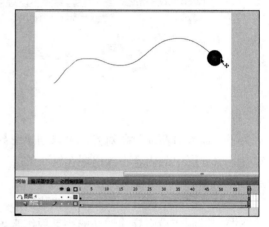

图 4.155　引导小球

4. 创建骨骼动画

在动画设计软件中，运动学系统分为正向运动学和反向运动学这两种。正向运动学指的是对于有层级关系的对象来说，父对象的动作将影响到子对象，而子对象的动作将不会对父对象造成任何影响。例如，当对父对象进行移动时，子对象也会同时随着移动。而子对象移动时，父对象不会产生移动。由此可见，正向运动中的动作是向下传递的。

与正向运动学不同，反向运动学动作传递是双向的，当父对象进行位移、旋转或缩放等动作时，其子对象会受到这些动作的影响，反之，子对象的动作也将影响到父对象。反向运动通过反向动力学(Inverse Kinematics, IK)骨骼实现运动，也称反向运动骨骼。使用 IK 骨骼制作的反向运动学动画，就是骨骼动画。

在 Flash 中，创建骨骼动画一般有两种方式，一种方式是为实例添加与其他实例相连接的骨骼，使用关节连接这些骨骼，骨骼允许实例链一起运动；另一种方式是在形状对象(即各种矢量图形对象)的内部添加骨骼，通过骨骼来移动形状的各个部分以实现动画效果，这样操作的优势在于无须绘制运动中该形状的不同状态，也无须使用补间形状来创建动画。

骨骼动画的制作过程如下。

(1)定义骨骼

　　Flash CS5 提供了一个"骨骼"工具，使用该工具可以向影片剪辑元件实例、图形元件实例或按钮元件实例添加 IK 骨骼。在工具箱中选择"骨骼"工具命令项 ，单击一个对象，然后拖动到另一个对象，释放后就可以创建两个对象间的连接。此时，两个元件实例间将显示出创建的骨骼，如图 4.156 所示。在创建骨骼时，第一个骨骼是父级骨骼，骨骼的头部为圆形端点，有一个圆圈围绕着头部。骨骼的尾部为尖形，有一个实心点。

图 4.156　骨骼形状

　　(2) 创建骨骼动画

　　在为对象添加了骨骼后，即可以创建骨骼动画了。在制作骨骼动画时，可以在开始关键帧中制作对象的初始姿势，在后面的关键帧中制作对象不同的姿态，Flash 会根据反向运动学的原理计算出连接点间的位置和角度，创建从初始姿态到下一个姿态转变的动画效果。

　　在完成对象的初始姿势的制作后，在"时间轴"面板中右击动画需要延伸到的帧，执行关联菜单中的"插入姿势"命令。在该帧中选择骨骼，调整骨骼的位置或旋转角度。此时 Flash 将在该帧创建关键帧，按 Enter 键测试动画即可看到创建的骨骼动画效果。

　　(3) 设置骨骼动画属性

　　① 设置缓动。在创建骨骼动画后，在属性面板中设置缓动。Flash 为骨骼动画提供了几种标准的缓动，可以对骨骼的运动进行加速或减速，从而使对象的移动获得重力效果。

　　② 约束连接点的旋转和平移。在 Flash 中，可以通过设置对骨骼的旋转和平移进行约束。约束骨骼的旋转和平移，可以控制骨骼运动的自由度，创建更为逼真和真实的运动效果。

　　③ 设置连接点速度。连接点速度决定了连接点的粘贴性和刚性，当连接点速度较低时，该连接点将反应缓慢，当连接点速度较高时，该连接点将具有更快的反应。在选取骨骼后，在"属性"面板的"位置"栏的"速度"文本框中输入数值，可以改变连接点的速度。

　　④ 设置弹簧属性。弹簧属性是 Flash CS5 新增的一个骨骼动画属性。在舞台上选择骨骼后，在"属性"面板中展开"弹簧"设置栏。该栏中有两个设置项。其中，"强度"用于设置弹簧的强度，输入值越大，弹簧效果越明显。"阻尼"用于设置弹簧效果的衰减速率，输入值越大，动画中弹簧属性减小得越快，动画结束得就越快。其值设置为 0 时，弹簧属性在姿态图层中的所有帧中都将保持最大强度。

　　下面，以老人出行动画为例来说明骨骼动画的制作。

　　(1) 分割图形

　　①创建一个新 Flash 文档，执行"文件"→"新建"命令，设置舞台大小为 550×400 像素，背景色为白色。然后导入如图 4.157 所示的图片。

　　② 将老人的各肢体转换为影片剪辑(因为皮影戏的角色只做平面运动)，然后将角色的关节简化为 10 段 6 个连接点，如图 4.158 所示。

图 4.157　老人出行皮影图

图 4.158　连接点

③ 按连接点切割人物的各部分，然后每个部分转换为影片剪辑，如图 4.159 所示。

图 4.159　切割图片

④ 将各部分的影片剪辑放置好，然后选中所有元件，再将其转换为影片剪辑(名称为"老人")，如图 4.160 所示。

图 4.160　元件放置图

(2) 制作老人行走动画

① 选择"工具箱"中的"骨骼"工具 ，然后在左手上创建骨骼，如图 4.161 所示。

注：使用"骨骼"工具连接两个轴点时，要注意关节的活动部分，可以配合"选择"工具和 Ctrl 键来进行调整。

② 采用相同的方法创建出头部、身体、左手、右手、左脚与右脚的骨骼。

③ 人物的行走动画使用 35 帧完成，因此在各图层的第 35 帧插入帧。

④ 调整第 10 帧、18 帧和第 27 帧上的动作，使角色在原地行走，然后创建出"担子"在行走时起伏运动的传统补间动画，如图 4.162 所示。

⑤ 返回到主场景，然后创建出"老人"影片剪辑的补间动画，使其向前移动一段距离，如图 4.163 所示。

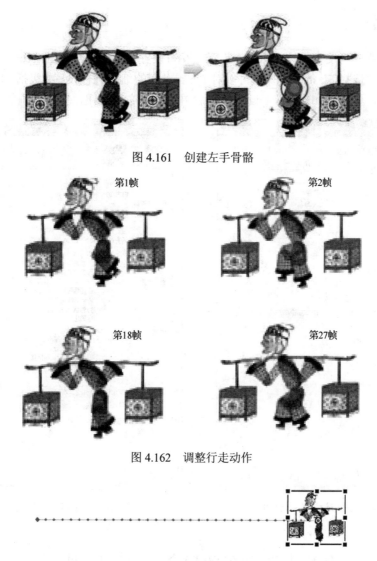

图 4.161 创建左手骨骼

第1帧

第2帧

第18帧

第27帧

图 4.162 调整行走动作

图 4.163 创建补间动画

(3) 测试影片

执行"控制"→"测试影片"命令, 就能看到动画的效果。然后保存动画。

4.4.3 Flash 影片保存与发布

完成 Flash 文档后, 就可以对它进行发布, 以便能够在浏览器中查看它。

1. 发布的文件格式

发布 Fla 文件时, Flash 提供多种形式发布动画, 其中比较重要的格式是 SWF 格式。SWF 是 Flash 的专用格式, 是一种支持矢量和点阵图形的动画文件格式, 广泛应用于网页设计、动画制作等领域, SWF 文件通常也称为 Flash 文件。其优点是体积小、颜色丰富、支持与用户交互, 可用 Adobe Flash Player 打开, 但浏览器必须安装 Adobe Flash Player 插件。

2. 影片的发布

执行"文件"→"发布设置"命令，打开"发布设置"对话框，如图 4.164 所示。在"发布设置"对话框中选择 Flash 选项卡，可以对 Flash 发布的细节进行设置，包括"图像和声音""SWF 设置"等，如图 4.165 所示。设置完毕后单击"发布"按钮，完成动画的发布。

图 4.164　"发布设置"对话框

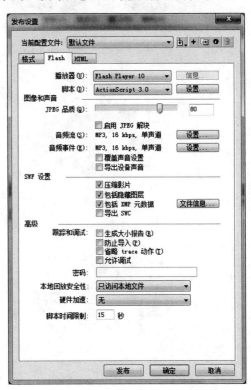

图 4.165　SWF 格式设置项

4.5　Dreamweaver CS5 网页的设计

Dreamweaver CS5 是一款超强的集网页制作和网站管理为一体的网页编辑器，利用它可以容易地制作出跨越平台限制的动感十足的网页。

4.5.1　站点的创建与管理

1. 创建站点

在开始制作网页之前，应该考虑创建一个本地站点。这样可以更好地利用站点对文件进行管理。同时也可以减少路径出错、链接出错等错误出现。例如，在插入图片的时候可以考虑将图片都存放在所定义站点的文件夹内，则代码会自动写入相对地址，即可保证网站发布时候的完整性。若不事先定义站点，则代码会写成本地地址而指向本地计算机，发布的时候图片就会失效。

　　在 Dreamweaver CS5 中创建站点很简单,下面是利用 Dreamweaver CS5 创建本地站点的具体操作步骤。

　　① 启动 Dreamweaver CS5 程序,在菜单栏中执行"站点"→"管理站点"命令,如图 4.166 所示。

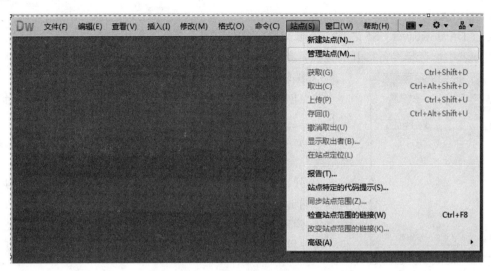

图 4.166　管理站点命令

　　② 弹出"管理站点"对话框,在该对话框中单击"新建"按钮,弹出"站点设置对象"对话框,选择"站点"选项卡,在"站点名称"文本框中输入准备使用的站点名称;单击"本地站点文件夹"右侧的"浏览文件夹"按钮,选择准备使用的站点文件夹,单击"保存"按钮,如图 4.167 所示。

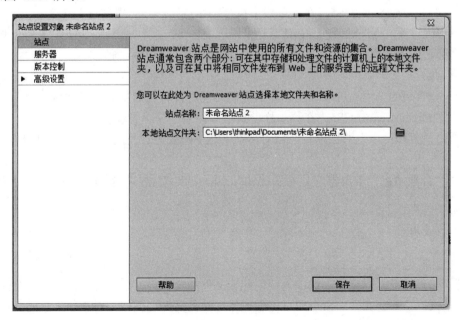

图 4.167　站点设置

2. 站点的管理

Dreamweaver CS5 不但具有强大的网页编辑功能,还具有管理站点的功能,如打开站点、编辑站点、删除站点和复制站点。

(1)打开站点

运行 Dreamweaver CS5 之后,单击文档窗口右边的"文件"面板中左边的下拉按钮,在弹出的列表中,选择准备打开的站点,单击即可打开相应的站点,如图 4.168 所示。

图 4.168　文件面板

(2)编辑站点

站点创建之后,可以根据需要对站点进行编辑。具体步骤如下。

① 启动 Dreamweaver CS5,在菜单栏中执行"站点"→"管理站点"命令。

② 弹出"管理站点"对话框,在该对话框中选中站点后,单击"编辑"按钮。

③ 弹出"站点设置对象"对话框,选择"高级设置"选项卡,其中包括编辑站点的相关信息,从中可以进行相应的编辑操作。

④ 单击"保存"按钮,返回"管理站点"对话框。单击"完成"按钮,即可完成站点的编辑。

(3)删除站点

在站点建立之后,如果发现有多余的站点,也可以将其从站点列表中删除,以方便以后对站点的操作。具体步骤如下。

① 启动 Dreamweaver CS5,在菜单栏中执行"站点"→"管理站点"命令。

② 弹出"管理站点"对话框,在该对话框中选中想要删除的站点后,单击"删除"按钮。

③ 在弹出的对话框中,单击"是"按钮,即可将选中的站点删除。

(4)复制站点

对于一些有用的站点,可以通过站点的复制功能进行相应的复制,具体步骤如下。

① 启动 Dreamweaver CS5,在菜单栏中执行"站点"→"管理站点"命令。

② 弹出"管理站点"对话框,在该对话框中选中想要进行复制的站点后,单击"复制"按钮。

③ 在"管理站点"列表框中显示新建的站点。单击"完成"按钮,即可完成对该站点的复制。

3. 本地资源

(1)创建新文件

打开"管理站点"对话框,选中需要创建新文件的文件夹,在文件夹上右击,在弹出的快捷菜单中执行"新建文件"命令即可。创建新文件夹的方法类似。对于新创建的文件,其名称是处于可编辑状态的,此时可进行文件的命名。

此外,当启动 Dreamweaver CS5 的时候,默认会显示欢迎界面,可以在欢迎界面的"新建”选项组中单击 HTML，创建一个空白的 HTML 页面。

(2) 文件移动、复制和删除

与大多数的文件管理器一样，可以利用剪切、粘贴和复制操作来完成文件或文件夹的移动和复制。从文件列表中选择要复制或移动的文件或文件夹，右击该文件，在快捷菜单中执行“编辑”命令下的“剪切”或者“复制”命令。然后执行“编辑”→“粘贴”命令，文件或文件夹就被移动或复制到相应的文件夹中。

4.5.2　文字和图像编辑

通过 4.5.1 节的内容完成创建站点与相应的文件和文件夹操作之后，便可以开始页面的制作了。本节主要介绍如何通过文字、图片、多媒体的插入来制作图文混排页面。

1. 文字编辑

插入文本的常见方法有三种：直接输入文本、从其他文档中复制文本、导入整篇文本。

① 直接输入文本。将鼠标的光标移动到文档的编辑区域内需要插入文本的位置，选择相应的输入法即进行文字的输入，如图 4.169 所示。

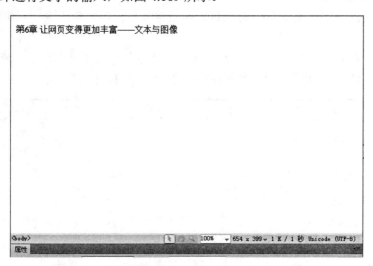

图 4.169　直接输入文本

② 从其他文档中复制文本。从其他文本编辑器中(如 Word、文本文档、记事本等)复制需要的文本，然后将光标移动到 Dreamweaver CS5 的文档编辑区，右击，在弹出的快捷菜单中执行“粘贴”命令即可。

③ 导入整篇文本。执行 Dreamweaver CS5 菜单栏中的“文件”→“导入”命令，选择要导入的文档类型，再选择要导入的文档即可。

2. 其他操作

除了插入文本操作之外，还有插入日期、插入水平线、插入特殊符号等丰富的功能，并且可以根据需要对文本的相关属性进行设置，如字体格式、段落格式、标题格式等。文本属性设置得好，可以使页面显得丰富而有趣。

3. 插入图像

在 Dreamweaver CS5 中，将图像插入文档时，将在 HTML 源文档中自动生成图像文件。如果要正常显示，则所要插入的图像必须保存在当前站点中。如果图像不在当前站点中，则将会提醒是否将图像复制到站点，用户只需要单击"是"按钮即可。

(1)插入图像

在网页中适当地插入图像不仅可以达到美化网页的作用，还有利于烘托网页主题、彰显网站主题。在网站制作过程中，首先要做的工作是按照网站制作效果图将编辑器中制作完成的图像插入相应的布局表格中，遵循的基本原则是从上往下、从左往右插入图像。

插入图像的方法一般有两种：一是执行菜单栏中的"插入"→"图像"命令；二是选择"插入"面板中的"图像"→"图像"选项。

通过这两种方法均可以打开图像源文件。在"查找范围"下拉列表框中选择图像所在的位置，然后选择相应的图像。在"图像浏览"区域中可以查看所选图像的效果、图像格式以及文件大小等信息，以防插入错误的图像。单击"确定"按钮，即可以实现图像的插入。

(2)插入交互式图像

交互式图像通俗来讲就是，当鼠标经过一幅图像时，它会变成另外一幅图像。具体步骤如下。

① 执行菜单栏中的"插入"→"图像对象"→"鼠标经过图像"命令，或者在"插入"面板中选择"常用"→"图像：鼠标经过图像"选项，如图 4.170 所示。

图 4.170 "插入鼠标经过图像"对话框

② 设置相应的参数，单击"确定"按钮，即可完成操作。此处需要注意的是，鼠标经过图像的两个图像的大小应该相等，否则第二个图像的大小自动与第一个图像的大小匹配；鼠标经过的图像效果只有在浏览器中才会显示，在编辑状态下无法查看。

(3)设置图像属性

为了使图像更加整洁美观，在网页中插入的图像可以根据需要对其各种相关属性参数进行设置。因此需要调用图像的属性面板，方法为：在文档的合适位置插入一幅图片，然后选中该图片，则出现图像属性面板。对图像属性的设置便可以通过修改面板中相应的参数实现，如图 4.171 所示。

图 4.171　图像属性面板

4.5.3　超链接的创建与管理

对于一个完整的网站来讲，各个页面之间应该有一定的从属或链接关系，这就需要在页面之间建立超级链接。超级链接是网站最为重要的部分之一。单击网页中的超级链接，即可跳转至相应的位置，因此可以非常方便地从一个位置到达另一个位置。一个完整的网站往往包含了比较多的链接。

　1.　创建超链接

创建超链接的方法很简单，其中包括：使用"属性"面板创建链接、使用指向文件图标创建链接和使用菜单创建链接。

① 使用"属性"面板创建链接。

② 使用"属性检查器文件夹"图标和"链接"文本框可创建从图像、对象或文本到其他文档或文件的链接。首先，选择准备创建链接的对象，然后在菜单栏中执行"窗口"→"属性"命令。在"属性"面板"链接"后面的文本框中输入准备链接的路径，即可完成使用"属性"面板创建链接的操作，如图 4.172 所示。

图 4.172　使用"属性"面板创建链接

③ 使用指向文件图标创建链接。首先，选择准备创建链接的对象，在菜单栏中执行"窗口"→"属性"命令，在"属性"面板中单击"指向文件"按钮，单击并拖动到站点窗口的目标文件上，释放鼠标左键即可完成创建链接的操作，如图 4.173 所示。

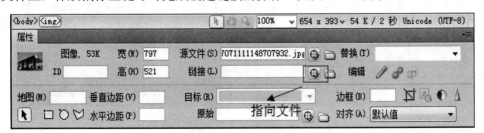

图 4.173　使用指向文件图标创建链接

④ 使用菜单创建链接。首先，准备创建链接的文本，执行"插入"→"超级链接"命令，弹出"超级链接"对话框。在"链接"文本框中输入链接的目标，或者单击"链接"文本框，选择相应的链接目标。单击"确定"按钮，即可完成使用菜单创建链接的操作，如图 4.174 和图 4.175 所示。

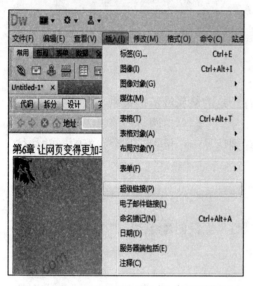 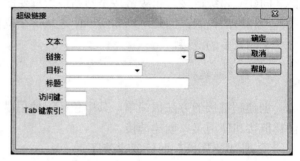

图 4.174　通过"插入"选择"超级链接"　　　　　图 4.175　　"超级链接"文本框选项

2. 创建文本超级链接

平常在浏览网页上的新闻时,经常要单击网页上的链接,然后打开新的网页查看消息内容,查看时单击的通常是新闻的标题。类似这样的超级链接通常被认为是文本链接，创建文本链接的具体方法如下。

① 在菜单栏中执行"文件"→"打开"命令，打开素材文件。

② 展开"属性"面板，单击"链接"文本框右侧的"浏览文件"按钮，弹出"选择文件"对话框，选择准备插入的文件，单击"确定"按钮。

③ 保存文档。按 F12 建，即可在浏览器中预览到网页的效果。

3. 图像的超链接设置

创建图像超级链接的方法和创建文本超级链接的方法基本一致。首先，要选择准备插入的图像，然后在"属性"面板中，单击"链接"文本框右侧的"浏览文件"按钮，弹出"选择文本"对话框。选择准备插入的图像，单击"确定"按钮，保存文档，如图 4.176 所示。

图 4.176　"创建图像超级链接"属性面板

4.5.4　创建表格与管理

表格是网页设计制作中不可缺少的重要元素，它可以间接明了且比较高效快捷地将数据、文本、图片、表单等元素有序地显示在页面上，从而设计出版式漂亮的页面。

1．表格的插入

表格是网页设计时不可缺少的元素，下面介绍插入表格的方法。

在菜单栏中执行"插入"→"表格"命令，弹出"表格"对话框。在该对话框中，可以设置表格的行数、列数、表格宽度、单元格间距、单元格边距和边框粗细等选项。

表格创建完成后，可以向其中添加内容。在表格中添加的内容可以是文本、图像或数据。

2．表格的选择

在网页中，可以对表格进行编辑与调整，从而美化表格，具体方法如下。

(1)选择表格及单元格

单击表格上的任意一个边线框，可以选择整个表格；或者将光标置于表格内的任意位置，在菜单栏中执行"修改"→"表格"→"选择表格"命令，将鼠标指针移动到表格的上边框或者是下边框，当鼠标指针变成网格形状时，单击即可选中全部表格，将鼠标指针移动到表格上右击，在弹出的菜单中执行"表格"→"选择表格"命令，即可选择全部表格。

(2)选择单元格

在 Dreamweaver CS5 中，可以选择一个或几个单元格。选择单个单元格的方法是：将鼠标指针移动到表格区域，按住 Ctrl 键，当指针变成小方框形状时单击，即可选中所需单元格。如果是选择不连续的单元格：将鼠标指针移动到表格区域，按住 Ctrl 键，当鼠标指针变成小方框形状时单击，即可选择多个不连续的单元格。如果是选择连续单元格：将光标定位于单元格内，按住 Shift 键，单击并拖动鼠标指针，即可选择连续的单元格。

3．设置表格及单元格属性

对于插入的表格，可以进行一定的设置，通过设置表格和单元格属性能够满足网页设置的需要。

(1)设置表格属性

设置表格属性可以使用网页文档的"属性"面板，在文档中插入表格之后选中当前表格，在"属性"面板中可以对表格进行相关设置，如图 4.177 所示。

图 4.177　表格属性面板

（2）设置单元格属性

单元格是表格容纳数据内容的地方，单个数据的输入和修改都是在单元格中进行的，它是组成表格的最小单位，因此，对单元格的操作是使用表格的一个重要部分。除了对单元格进行拆分合并等最基本的操作外，在 Dreamweaver CS5 中，不但可以设置行或列的属性，还可以设置单元格的属性，如图 4.178 所示。

图 4.178　单元格属性

4. 用表格布局网页

很多网页设计者喜欢使用表格设计网页的布局。通过表格可以精确地定位网页元素，准确地表达创作意图。下面以制作"我的书屋"为例，详细介绍使用表格设计网页的过程。

① 在本地站点窗口中，新建网页文件 bookroom.html。

② 双击打开该文件，将页面标题设置为"使用表格设计网页"。

③ 按下 Ctrl+S 快捷键保存网页。

④ 插入表格。执行"插入"→"表格"命令打开"表格"对话框，设置"行数"为 5，"列数"为 2，"表格宽度"为 800 像素，"边框粗细"为 0 像素，单元格边距与单元格间距均为 0，单击"确定"按钮，在页面中插入一个 5 行 2 列的表格。

⑤ 选中第 1 行的两个单元格，并将其合并为一个单元格；选中第 2 行的两个单元格，也将其合并为一个单元格。

⑥ 选中表格的第 1 行，执行"插入记录"→"图像"菜单命令，将已经准备好的图像插入到第 1 行中。

⑦ 插入嵌套表格。在表格的第 2 行插入一个 1 行 8 列的表格，宽度设置为 800 像素，边框粗细、单元格边距及单元格间距均为 0，单击"确定"按钮。

⑧ 制作导航菜单。在插入的嵌套表格中输入文本，并在其"属性"面板中设置为"居中对齐"。

⑨ 调整第一列的列宽，然后用同样的方法在表格第 3 行的第 1 列插入一个 5 行 1 列的表格，宽度设置为 100%，边框粗细、单元格边距及单元格间距均为 0。

⑩ 在嵌套的表格中输入栏目内容，并在其"属性"面板中设置为"居中对齐"。

⑪ 选中输入的文本，在其"属性"面板中设置"字体"为幼圆，"大小"为 18。

⑫ 为嵌套的表格设置背景颜色。选中页面顶端嵌套的表格，在单元格"属性"面板中设置"背景颜色"为#FFFF99；选中页面左侧嵌套的表格，在单元格"属性"面板中设置"背景颜色"为#88DDF1。

⑬ 选中"计算机类图书"文本所在的单元格，设置其"背景颜色"为#CC99FF，并将文本设置为粗体，用作栏目头，效果如图 4.179 所示。

⑭ 保存页面文件，按下 F12 键预览网页效果。

图 4.179　为嵌套的表格设置背景颜色

4.5.5　表单编辑

一个完整的表单包含两个部分，一是在网页中进行描述的表单对象；二是应用程序，它可以是服务器端的，也可以是客户端的，用于对客户信息进行分析处理。浏览器处理表单的过程一般是：用户在表单中输入数据，提交表单，浏览器根据表单体中的设置处理用户输入的数据。若表单指定通过服务器端的脚本程序进行处理，则该程序处理完毕后将结果反馈给浏览器；若表单指定通过客户端的脚本程序处理，则处理完毕后也会将结果反馈给用户。

如果要在页面中插入表单，可以使用插入面板的"表单"分类加入表单体和表单元素。单击插入面板的"表单"分类中的"表单"按钮，表单框将出现在编辑窗口中，选择插入的表单后，属性面板中会显示表单属性。

1. 创建表单

表单的工作主要是完成了这样一个过程：浏览者在表单中填写好信息，然后提交信息，服务器中专门的程序对数据进行处理以后，返回相对应的处理结果。在进入表单学习之前先要了解什么是表单对象？什么是表单域？在 Dreamweaver CS5 中，表单输入类型称为表单对象。相对应地，表单输入的区域称为表单域。表单工作的流程如下。

首先，访问者在访问有表单的页面时，填写必要的信息，然后单击"提交"按钮。

其次，该信息通过 Internet 传送到服务器上。

再次，服务器上专门的程序对这些数据进行处理，如果有错误会返回错误信息，并需要纠正错误。

最后，当核实数据完整无误后，服务器将返回一个输入完成信息。

(1)创建文本域

文本域用来输入文本。由于用户使用文本域输入信息比较麻烦，因此，在表单中应尽量少使用文本域。文本域的创建方法有以下两种。

① 将光标定位在需要使用文本域的位置，然后在"插入"面板中单击"文本字段"，如图 4.180 所示，弹出如图 4.181 所示的"输入标签辅助功能属性"对话框。

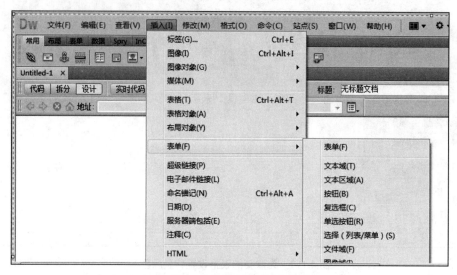

图 4.180　创建文本域

图 4.181　"输入标签辅助功能属性"对话框

② 将光标定位在需要使用表单对象的位置，然后执行菜单栏中的"插入"→"表单"→"文本域"命令。

(2) 创建文件域

文件域可以让访问者选择文件，它由一个文本框和一个"浏览"按钮组成。用户既可以在文本框中输入文件的路径和文件名，也可以单击"浏览"按钮从磁盘上查找和选择所需要的文件。创建文件域的方法有以下两种。

① 执行菜单栏中的"插入"→"表单"→"文件域"命令。

② 单击"插入"面板中的文件域按钮。

(3) 创建隐藏域

隐藏域可以将不希望访问者看到的信息隐藏。隐藏域不被浏览器所显示，具有名称和值，当提交表单的时候，隐藏域会将设置时定义的名称和值发送到服务器上。它的主要作用是实现服务器和浏览器之间的信息交换。创建隐藏域的常见方法有以下两种。

① 单击"插入"面板中的"隐藏域"按钮。

② 执行菜单栏中的"插入"→"表单"→"隐藏域"命令。

(4) 创建复选框

复选框可以使浏览者在所提供的项目中选择一个或者多个目标，是复选框在网页中的典型应用。创建复选框的方法有以下两种。

① 单击"插入"面板中的"复选框"按钮，可以在光标所在处添加复选框对象。

② 执行菜单栏中的"插入"→"表单"→"复选框"命令。

此外创建表单对象还包括创建单选按钮、创建列表和菜单、创建表单按钮等内容。

2. 创建表单对象

前面介绍了几种主要的表单对象的创建方法，接下来讲述各种表单对象的属性设置。

(1) 文本域属性设置

文本域可以接受任何类型的文本，如字母、数字和汉字等文本。它包括单行、多行和密码这三种显示方式，还可以将密码以圆点或星号等形式来显示，相关属性设置如图 4.182 所示。

图 4.182　文本域属性设置

(2) 隐藏域属性设置

要设置隐藏域在属性面板中的属性，应该先选中表单中的一个隐藏表单域。如果无法查看，执行菜单栏中的"编辑"→"首选参数"命令，在弹出的对话框中选择"不可见元素"选项，并勾选"表单隐藏域"复选框。

4.5.6　AP Div

Div 元素体现了网页技术的一种延伸，是一种新的发展方向。有了 Div 元素，可以在网页中实现如下拉菜单、图片、文本等各种效果。此外，使用 Div 元素和 CSS 样式表也可以实现页面的排版布局。

AP Div 是指存放用 Div 标记描述的 HTML 内容的容器，用来控制浏览器窗口中元素的位置、层次。AP Div 最主要的特性就是它是浮动在网页内容之上的，也就是说，可以在网页上任意改变其位置，实现对 AP Div 的准确定位。把页面元素放在 AP Div 中，可以控制 AP Div 堆叠次序、显示或隐藏等性质。将 AP Div 元素和时间轴相结合，可以在网页中轻松创建动画效果。

由于 AP Div 中可以放置包含文本、图像或多媒体对象等其他内容，很多网页设计者都会使用 AP Div 定位一些特殊的网页内容。页面中所有的 AP Div 都会显示在"AP 元素"面板中。执行"窗口"→"AP元素"命令，可以打开"AP元素"面板，如图4.183所示。

在"AP元素"面板中可以实现以下功能。

① 可以对 AP Div 进行重命名。

② 可以修改 AP Div 的 Z 轴顺序。

③ 可以禁止 AP Div 重叠。

④ 可以显示或隐藏 AP Div。

⑤ 可以选定 AP Div，如果按住 Shift 键不放，依次单击可选中多个 AP Div。

⑥ 按住 Ctrl 键不放，将某一个 AP Div 拖动到另一个 AP Div 上，将形成嵌套的 AP Div。

1. AP Div 的建立

创建 AP Div 元素有以下几种方法。

方法一：插入 AP Div 元素。将光标置于文档窗口中要插入 AP Div 的位置，执行"插入"→"布局对象"→"AP Div"命令，在插入点的位置插入一个 AP Div 元素。

方法二：绘制 AP Div 元素。在"插入"面板中选择"布局"标签，单击后，在文档窗口要插入 AP Div 的位置按下鼠标左键拖曳出一个 AP Div 元素。

方法三：直接拖曳"绘制 AP Div"按钮到文档窗口中插入 AP Div 元素。在"插入"面板的"布局"标签中，按下"绘制 AP Div"按钮不放，将其拖曳到文档窗口即可创建一个 AP Div 元素。

在默认情况下，每当用户创建一个新的 AP Div 时，都会使用 Div 标志它，并将标记显示到网页左上角的位置。创建的 AP Div 元素如图4.184所示。

图 4.183　"AP元素"面板

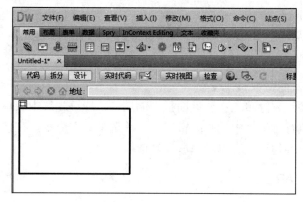

图 4.184　创建的 AP Div 元素

若要在网页左上角显示出 AP Div 标记，首先执行"查看"→"可视化助理"→"不可见元素"命令，使"不可见元素"命令呈被选择状态，然后再执行"编辑"→"首选参数"命令，弹出"首选参数"对话框，选择"分类"选项框中的"不可见元素"选项，选择右侧的"AP元素的锚点"复选框，如图4.185所示，单击"确定"按钮完成设置。

2. 设置 AP Div 元素的属性

要正确地运用 AP Div 元素来设计网页，必须了解 AP Div 元素的属性和设置方法。设置 AP Div 元素的属性之前，必须选中 AP Div 元素。选中 AP Div 元素的方法一般有以下几种。

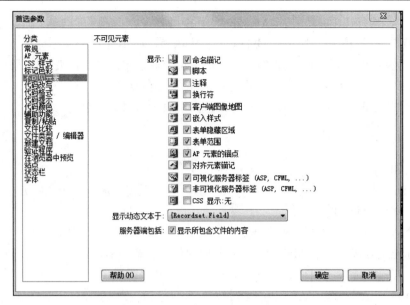

图 4.185　"首选参数"对话框

　　方法一：在文档窗口中，单击要选择的 AP Div 元素左上角的 AP Div 元素标记。

　　方法二：在 AP Div 元素的任意位置单击，激活 AP Div 元素，再单击 AP Div 左上角的矩形框标记。

　　方法三：单击 AP Div 元素的边框。在 AP Div 元素未被选中或激活的情况下，按住 Shift 键的同时再单击 AP Div 元素中的任意位置。

　　在"AP Div 元素"面板中，直接单击 AP Div 元素的名称。选中 AP Div 元素后，其对应的"属性"面板如图 4.186 所示。

图 4.186　AP Div 的属性面板

　　AP Div"属性"面板中各项含义如下。

　　① CSS-P 元素：为选中的 AP Div 元素设置名称。名称由数字或字母组成，不能用特殊字符。每个 AP Div 元素的名称是唯一的。

　　② 左、上：分别设置 AP Div 元素左边界和上边界相对于页面左边界和上边界的距离，默认单位为像素(px)。也可以指定为 pc(pica)、pt(点)、in(英寸)、mm(毫米)、厘米(cm)或%(百分比)。

　　③ 宽、高：分别设置 AP Div 元素的高度和宽度，单位设置同"左""上"属性。

　　④ Z 轴：设置 AP Div 元素的堆叠次序，该值越大，则表示其在越前端显示。

　　⑤ 可见性：设置 AP Div 元素的显示状态。"可见性"右侧下拉列表框包括四个可选项："default(缺省)"，选中该项，则不明确指定其可见性属性，在大多数浏览器中，该 AP Div 会继承其父级 AP Div 的可见性。"inherit(继承)"，选择该项，则继承其父级 AP Div 的可见性。

"visible(可见)"，选择该项，则显示 AP Div 及其中内容，而不管其父级 AP Div 是否可见。
"hidden(隐藏)"，选择该项，则隐藏 AP Div 及其中内容，而不管其父级 AP Div 是否可见。

⑥ 背景图像：设置 AP Div 元素的背景图像。可以通过单击"文件夹"按钮选择本地文件，也可以在文本框中直接输入背景图像文件的路径确定其位置。

⑦ 背景颜色：设置 AP Div 的背景颜色，值为空表示背景为透明。

3. AP Div 元素的基本操作

(1) 调整 AP Div 的大小

调整 AP Div 时，既可以单独调整一个 AP Div，也可以同时调整多个 AP Div。

① 调整一个 AP Div 的大小。

选中一个 AP Div 后，执行下列操作之一，可调整一个 AP Div 的大小。

应用鼠标拖曳方式：选中 AP Div，拖动四周的任何调整手柄。

应用键盘方式：选中 AP Div，按住 Ctrl+方向键，每次调整一个像素大小。

应用网络靠齐方式：选中 AP Div，同时按住 Ctrl+Shift+方向键，可按网格靠齐增量来调整大小。

应用修改属性值方式：在"属性"面板中，修改"宽"和"高"选项值来调整 AP Div 的大小。

② 同时调整多个 AP Div 的大小。

在"文档"窗口中按住 Shift 键，依次选中两个或多个 AP Div，执行以下操作之一，可同时调整多个 AP Div 的大小。

应用菜单命令：执行"修改"→"排列顺序"→"设成宽度(或高度)相同"命令。

应用快捷键：按下组合键 Ctrl+Shift+7 或者 Ctrl+Shift+ 9，则以当前 AP Div 为标准同时调整多个层的宽度或高度。

(2) 更改 AP Div 的堆叠顺序

对网页进行排版时，常需要控制叠放在一起的不同网页元素的显示顺序，以实现特殊的效果。使用 AP 元素"属性"面板或 AP 面板可以改变 AP 元素的堆叠顺序。AP 元素的显示顺序与 Z 轴值的顺序一致。Z 值越大，AP 元素的位置越靠上。在"AP 元素"控制面板中按照堆叠顺序排列 AP 元素的名称，如图 4.187 所示。

① 使用 AP 面板改变层的堆叠顺序。

打开 AP 面板，在 AP 面板中选中指定的 AP 元素名，将其拖动到所需的堆叠顺序处，然后释放鼠标。或者在 Z 列中单击需要修改的 AP 元素编号，如果要上移则输入一个比当前值更大的数值，如果要下移则输入一个比当前值更小的数值。

② 使用 AP 元素"属性"面板改变层的堆叠顺序。

在"AP 元素"面板或文档窗口中选择一个 AP 元素，在其"属性"面板的"Z 轴"文本框中输入一个更高或更低的编号，使当前 AP 元素沿着堆叠顺序向上或向下移动。

4. AP Div 的重叠与嵌套

所谓嵌套 AP Div，是指在一个 AP Div 元素中创建子 AP Div 元素。使用嵌套 AP Div 的好处是能确保子 AP Div 永远定位于父级 AP Div 上方。嵌套通常用于将 AP 元素组织在一起。

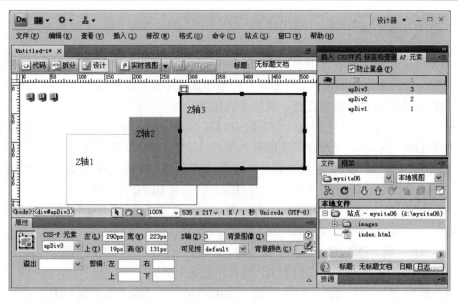

图 4.187 AP 元素的显示顺序与 Z 轴值的顺序一致

(1)创建嵌套 AP 元素

使用下列方法之一，创建嵌套 AP 元素。

① 应用菜单命令：将插入点放在现有 AP 元素中，执行"插入"→"布局对象"→AP Div 命令。

② 应用按钮拖曳：拖曳"插入"面板"布局"选项卡中的"绘制 AP Div"按钮，然后将其放在现有 AP 元素中。

③ 应用按钮绘制：执行"编辑"→"首选参数"命令，启用"首选参数"对话框，在"分类"选项列表中选择"AP 元素"选项，在右侧选择"在 AP Div 中创建以后嵌套"复选框，单击"确定"按钮。单击"插入"面板"布局"标签中的"绘制 AP Div"按钮，在现有 AP 元素中，按住 Ctrl 键的同时拖曳鼠标绘制一个嵌套 AP 元素。创建的嵌套 AP 元素如图 4.188 所示。

(2)将现有 AP 元素嵌套在另一个 AP 元素中

使用"AP 元素"控制面板，将现有 AP 元素嵌套在另一个 AP 元素中的具体操作步骤如下。

① 执行"窗口"→"AP 元素"命令，启用"AP 元素"控制面板。

② 在"AP 元素"控制面板中选择一个 AP 元素，然后按住 Ctrl 键的同时拖曳鼠标，将其移动到"AP 元素"控制面板的目标 AP 元素上，当目标 AP 元素的名称突出显示时，释放鼠标左健，即可完成操作。本例将 apDiv1 拖曳到目标 apDiv2 中，效果如图 4.189 所示。

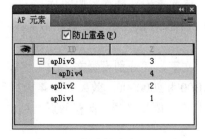

图 4.188 创建的嵌套 AP 元素

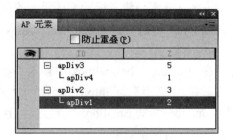

图 4.189 将 apDiv1 嵌套在 apDiv2 中

5．用 AP Div 布局网页

本节将以一个实例为例讲解如何用 AP Div 布局页面。首先在文档中创建四个 AP Div 元素，为其中的一个元素添加图像，为其他三个元素添加文字。通过对两个嵌套的 AP Div 元素属性进行设置，实现文字的阴影特效。具体步骤如下。

① 在 Dreamweaver CS4 中新建一个空白 HTML 文档，并将其以 6-1.html 为文件名保存。

创建 AP Div 元素。在"布局"选项卡下单击"绘制 AP Div"按钮，在文档中绘制一个 AP Div，选中绘制的 AP Div，在其"属性"面板将其命名为 image,设置其"左""上""宽""高"各为 50px、10px、800px、600px，"背景颜色"为#CCFFCC。

② 插入新的 AP Div 元素，并将其命名为 bottom。设置其"上""宽""高"各为 610px、800px、50px，"背景颜色"为#FF9966。

③ 对齐 AP 元素。选中插入的两个 AP 元素，执行"修改"→"排列顺序"命令，在其子菜单中选择"左对齐"选项，将两个 AP 元素左边缘对齐。

④ 创建嵌套 AP 元素。打开"AP 元素"面板，在"防止重叠"复选框未被选中的状态下，选中 image 元素，确保光标处于激活状态，执行"插入"→"布局对象"→AP Div 命令，在 image 元素左上角插入一个嵌套 AP Div，并将其命名为 smallbox，其"宽""高"分别设置为 200px 和 60px。

用同样的方法，在 image 元素中创建嵌套的 AP Div 元素 bgsmallbox，设置和 smallbox 元素相同的"宽""高"属性，并将其调整到合适位置。在"AP 属性"面板中，将 smallbox 元素和 bgsmallbox 的 Z 轴属性分别设置为 3 和 2。此时"AP 元素"面板如图 4.190 所示。

按住 Shift 键，同时选中被嵌套的两个元素，执行"修改"→"排列顺序"→"右对齐"命令，将这两个 AP Div 元素按照后选择的元素进行右对齐。设置后的 4 个 AP Div 元素布局如图 4.191 所示。

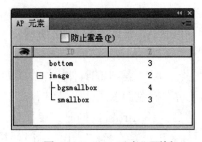

图 4.190　"AP 元素"面板

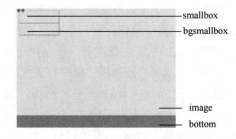

图 4.191　四个 AP Div 元素的布局

激活 image 元素，将光标置于该元素的左上角，在该元素内部插入一幅图片。

激活 bottom 元素，在 bottom 元素中输入文本，并设置文字的"字体"属性为宋体，"大小"为 18px。

依次在 smallbox、bgsmallbox 中输入"我爱我家"文字，并分别设置文字的"字体"属性为华文新魏，"大小"为 36px，"颜色"分别为#FFBB00 和#000000。效果如图 4.192 所示。

调整 smallbox 和 bgsmallbox 元素到适当位置，使其产生阴影效果。保存网页文档，按下 F12 键打开浏览器预览效果。

图 4.192　　在 AP Div 元素中添加文字和图片

6. AP Div 标签及其使用

AP Div 元素是用来为 HTML 文档内大块(block-level)的内容提供结构和背景的元素。AP Div 的起始标签和结束标签之间的所有内容都是用来构成这个块的，其中所包含元素的特性由 AP Div 标签的属性来控制，或者通过使用 CSS 样式表来控制。

AP Div 标签的基本格式为：<div property:value property:value…>content</div>。其中，property 是 AP Div 标签的属性，value 是该属性的值。AP Div 标签的属性及含义如表 4.5 所示。

表 4.5　AP Div 标签属性及其含义

属　　性	含　　义
Position	Relative：该 AP 元素相对于其他 AP 元素位置
	Absolute：该 AP 元素相对于其所在的窗口位置
Left	设置 AP 元素与窗口左边距
Top	设置 AP 元素与窗口上边距
Width	设置 AP 元素的宽度
Height	设置 AP 元素的高度
Clip	Auto：设置 AP 元素内方块位置为默认属性
	Inherit：设置 AP 元素内方块位置为继承父级 AP 元素属性
Visible	Visible：设置 AP 元素为可见
	Hidden：设置 AP 元素为不可见
	Inherit：设置 AP 元素为继承父级 AP 元素可见性
Margin	设置 AP 元素的页边距属性
Padding	设置 AP 元素的填充距离属性

对 AP Div 标签属性有所了解之后，接下来讲述如何使用 Div 标签。

（1）CSS 与 Div 标签

Div 标签简单来说就是一个区块容器标签，即<div>与</div>之间相当于一个容器，可以容纳段落、标题、表格、图片等各种 HTML 元素。因此，可以把<div>与</div>中的内容视为一个独立的对象，用于 CSS 的控制。

使用 CSS 可以控制 Web 页面中块级别元素的格式和定位。例如，<h1>标签、<p>标签、<span>标签、<ul>标签、<li>标签和<div>标签都在网页上生成块级元素。CSS 布局最常用的块级元素是 Div 标签，<div>标签早在 HTML 3.0 中就已经出现，但那时并不常用，直到 CSS 的出现，才逐渐发挥出它的优势。CSS 对块级元素执行以下操作：为它们设置边距和边框、将它们放置在 Web 页面的特定位置、向它们添加背景颜色、在它们周围设置浮动文本等。

图 4.193　"插入 Div 标签"对话框

（2）插入 Div 标签

在网页中插入 Div 标签，最常用的方法是单击"插入"面板"常用"标签中的按钮，弹出"插入 Div 标签"对话框，如图 4.193 所示。"插入 Div 标签"对话框各选项含义如下。

插入：用于选择 Div 标签的插入位置。其中，"在插入点"选项是指在当前鼠标所在位置插入 Div 标签，此选项仅在没有选中任何内容时可用；"在开始标签之后"选项是指在一对标签的开始标签之后，此标签所引用的内容之前插入 Div 标签，新创建的 Div 标签嵌套在此标签中；"在标签之后"选项是指在一对标签的结束标签之后插入 Div 标签，新创建的 Div 标签与前面的标签是并列关系。该对话框会列出当前文档中所有已创建的 Div 标签供用户确定新创 Div 标签的插入位置。

ID：为新插入的 Div 标签创建唯一的 ID 号。

类：为新插入的 Div 标签附加已有的类样式。

插入 Div 的具体步骤如下。

① 新建一个空白网页文档，选用"拆分"视图方式，以便查看操作对应的代码变化。

② 单击"插入"面板"常用"标签中的"插入 Div 标签"按钮，弹出"插入 Div 标签"对话框，在"插入"下拉列表中选择"在插入点"，在 ID 输入框中输入 Div1。

③ 单击"新建 CSS 规则"按钮，弹出"新建 CSS 规则"对话框，选择器类型自动设为 ID，选择器名称自动设为#Div1，选择规则定义为"（仅限该文档）"。

④ 单击"确定"按钮，打开"#Div1 的 CSS 规则定义"对话框，此时暂不设置 CSS 规则，连续单击"确定"按钮完成 Div1 的创建。

⑤ 用同样的方法创建 Div1-1 和 Div1-2。不同的是，创建 Div1-1 时，在"插入 Div 标签"对话框中，在"插入"下拉列表中选择"在开始标签之后"，在其后面的下拉列表框中选择 Div1，在 ID 输入框中输入 Div1-1，单击"确定"按钮。

创建 Div1-2 时，在"插入 Div 标签"对话框中，在"插入"列表中选择"在标签之后"，并选中后面下拉列表框中的 Div1-1，在 ID 输入框中输入 Div1-2。为了显示清晰，此处删掉了 Div1 的占位符文本。代码和显示效果如图 4.194 所示。

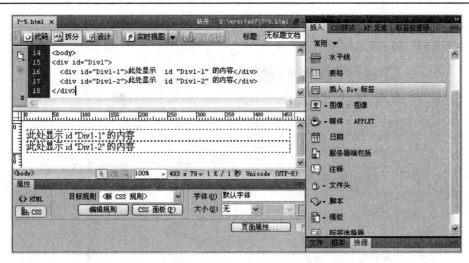

图 4.194　Div 代码和显示效果

(3) 设置 Div 属性

Div 属性的定义需要在"CSS 规则"对话框中进行。下面介绍几种与布局相关的属性。

首先，设置 Div 的浮动属性。

Float 属性在 CSS 页面布局中非常重要，Float 可设置为 left、right 和默认值 none。当设置了元素向左或向右浮动时，元素会向其父元素的左侧或右侧靠紧。对上面创建的 3 个 Div 进行设置，具体操作如下。

① 打开"CSS 样式"面板，单击"全部"标签，找到选择器#Div1，双击#Div1，弹出"#Div1 的 CSS 规则定义"对话框，选择"方框"分类，设置 Width（宽）为 300px，Height（高）为 240px，Float（浮动）暂时使用默认值（none），如图 4.195 所示。单击"确定"按钮完成设置。

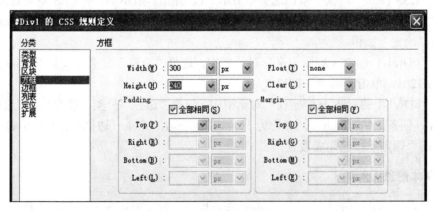

图 4.195　"#Div1 的 CSS 规则定义"对话框

② 选中 Div1-1 标签，右击，在打开的快捷菜单中执行"CSS 样式"→"新建"命令，打开"新建 CSS 规则"对话框，从中进行设置，设置情况如图 4.196 所示。

③ 单击"确定"按钮，选择器#Div1-1 出现在"CSS 样式"面板中。

④ 用同样的方法为 Div1-2 标签创建选择器#Div1-2。

⑤ 在"CSS 样式"面板中，找到选择器#Div1-1 并双击，弹出"#Div1-1 的 CSS 规则定

义"对话框，选择"方框"分类，并设置 Width 为 100px、Height 为 100px、Float 使用默认值，单击"确定"按钮完成设置。

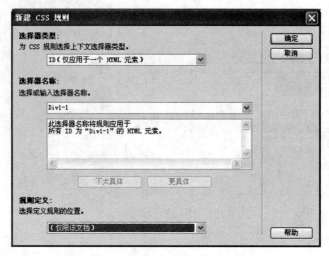

图 4.196　"新建 CSS 规则"对话框

⑥ 用同样的方法，对 Div1-2 进行设置：Width 为 100px、Height 为 100px、Float 使用默认值，单击"确定"按钮完成设置。

⑦ 分别修改 Div1-1 和 Div1-2 的 Float 值为 left。

⑧ 修改 Div1-2 的 Float 值为 right。

然后，设置 Div 的边界、填充和边框。

具体操作如下。

① 在"CSS 样式"面板中双击选择器#Div1-1，弹出"#Div1-1 的 CSS 规则定义"对话框，选择"方框"分类，设置 Margin 的 Top 为 50px，Left 为 50px，Rihgt 和 Bottom 分别为 auto，单击"确定"按钮。

② 在"#Div1-1 的 CSS 规则定义"对话框中，选择"方框"分类，设置 Padding 四周的填充值均为 12px，单击"确定"按钮。

③ 在"#Div1-1 的 CSS 规则定义"对话框中，选择"边框"分类，设置 Style(边框类型)均为 dashed，四条边的 Width(边宽)均为 10px， 四条边的 Color(边框颜色)均为#OFF。

④ 单击"确定"按钮完成设置。

4.5.7　多媒体信息插入

在网页的开发和设计过程中，在不影响网页传输速度和网页所要传递的信息的情况下，向网页中插入多媒体元素(如 Flash 动画、视频、音频等)，不但可以丰富网页的内容，还可以使得网页更加生动。

1. 插入音频文件

向网页中插入音频文件的方法主要有两种：一种是将音频文件链接到网页；另一种是将音频文件嵌入到网页。

(1)将音频文件链接到网页

将音频文件链接到网页中是向网页中添加声音的一个非常好的办法。因为网页的访问者可以自己选择是否收听音乐，而且这个音频文件是通过超链接进行链接的，所以在访问网页时不会影响网页的传输速度。链接音频文件的具体步骤如下。

① 打开网页，在网页中选取需要链接音频文件的文本或者图像。

② 在属性面板中的"链接"文本框中输入音频文件的路径和名称，或者通过单击"链接"文本框后面的文件夹按钮打开"选择文件"对话框，从对话框中选择需要插入的音频文件，再单击"确定"按钮即可。

(2)将音频文件嵌入到网页

嵌入音频文件是指网页开发和设计人员直接将音频文件嵌入到网页之中，在网页中插入一个音频播放器，网页浏览者可以通过这个播放器控制音频文件的播放与停止。在网页中嵌入一个音频文件的具体步骤如下。

① 打开网页，将光标定位到网页中嵌入音频文件的位置。

② 执行菜单"插入"→"媒体"→"插件"命令，在打开的"选择文件"对话框中选择需要插入的音频文件，或者从"插入"面板的"常用"子面板中选择"插件"，然后在打开的"选择文件"对话框中选择需要嵌入的音频文件，接着单击"确定"按钮嵌入音频文件。

③ 选中嵌入的音频插件后，会出现一个属性面板，在其中可以进行设置。

2. 插入 Flash 动画

网页中经常使用的 Flash 文件包括：Flash 按钮、Flash 影片和 Flash 文本。Dreamweaver CS5只提供了一个 Flash 命令来进行插入操作，已经没有了 Flash 按钮、Flash 文本的选项。Flash影片在网页中的应用非常广泛，向网页中添加一个 Flash 影片的具体步骤如下。

① 启动 Dreamweaver CS5，将光标定位到页面中需要插入 SWF 影片的位置，然后执行菜单栏中的"插入"→"多媒体"→SWF 命令即可；也可以执行菜单栏中的"窗口"→"插入"命令，在打开的"插入"面板中选择"常用"子面板，然后选择"媒体"即可。

② 执行 SWF 命令后，打开"选择 SWF"对话框。

③ 选择需要插入的 SWF 影片，单击"确定"按钮，这样 SWF 影片就被插入到网页之中了。在设计视图中，插入的 SWF 文件的呈现方式是一个占位符。在页面的底部也会打开属性面板，对 Flash 影片进行一系列的设置。

3. 插入视频

ShockWave 可以用来播放和收放视频文件，而且效果很好。通常用 Adobe ShockWave Player 播放这种视频文件，如在网页上看到的互动游戏、电影短片等。ShockWave 最初的定位是各种在线电影和动画，但事实上它更多地用于游戏开发领域。它可以应用在需要使用大量图像资源的在线应用环境中，也可以应用于设计物理的模拟、图表和计算等领域。

在网页中插入 ShockWave 的具体步骤如下。

① 启动 Dreamweaver CS5，打开要插入 ShockWave 的网页，然后将光标定位到网页中需要插入 ShockWave 的位置。

② 执行菜单"插入"→"媒体"→ShockWave 命令，打开"选择文本"对话框。

③ 在"选择文件"对话框中找到需要插入的文件,单击"确定"按钮,打开"对象标签辅助功能属性"对话框,如果需要,设置相关属性便可。

4.5.8 框架的应用

框架是框架集的组成元素,它可以简单地理解为对浏览器窗口进行划分后的子窗口,每一个子窗口是一个框架,可以在框架中插入图片、输入文本或者在框架中打开一个独立的网页文档内容。如果在各个框架中分别打开一个已经做好的网页文档,那么这个页面就是由几个网页组合而成的框架网页。框架常用于导航。

图 4.197 显示出框架与框架集之间的关系。

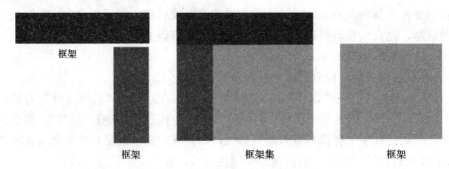

图 4.197　框架与框架集之间的关系

图 4.197 中的框架集包含了 3 个框架。实际上,该页面包含的是 4 个独立的 HTML 页面:一个框架集文件和 3 个框架内容文件。

当一个页面被划分成几个框架时,系统会自动建立一个框架集文档,用来保存网页中所有框架的数量、大小、位置及每个框架内显示的网页名等信息。当用户打开框架集文档时,计算机就会根据其中的框架数量、大小、位置等信息将浏览器窗口划分成几个子窗口,每个窗口显示一个独立的网页文档内容。

框架结构常用在具有多个分类导航或多项复杂功能的 Web 页面上,如 BBS 论坛页面及网站中的邮箱的操作页面等。创建基于框架的网页一般包括以下步骤。

① 在网页中创建框架集和框架。

② 保存框架集文件与框架文件。每个框架与框架集都是独立的网页,应单独保存。

③ 设置框架和框架集的属性,包括命名框架与框架集、设置是否显示框架等。

④ 确认链接的目标框架设置,使所有链接内容显示在正确的区域内。

1. 创建和保存框架

(1)创建框架和框架集

在创建框架和框架集前,执行"查看"→"可视化助理"→"框架边框"命令,使框架边框在"文档"窗口的"设计"视图中可见。在 Dreamweaver 中有两种创建框架的方式:一种是自己设计;另一种是从 Dreamweaver 提供的框架类型中选取。

具体方法:确定插入框架的位置,执行下列操作之一插入框架。

方法一:在"插入"面板的"布局"标签中打开"框架"下拉列表,从中选择一种框架。

方法二：选择"插入"→HTML→"框架"选项，在"框架"的下级菜单中，单击选择一种框架。

方法三：也可以在新建网页文件时创建框架。具体方法：执行"文件"→"新建"命令，弹出"新建文档"对话框，在最左侧选择"示例中的页"选项，在"示例文件夹"列表中选择"框架页"选项，在右边的"示例页"列表框中选择"上方固定，下方固定"选项。

方法四：单击"创建"按钮，弹出"框架标签辅助功能属性"对话框，在此可为每一个框架指定一个标题，单击"确定"按钮即可创建一个框架集。执行"窗口"→"框架"菜单命令，打开"框架"面板，显示出创建的框架集。

(2) 保存框架和框架集

保存框架结构的网页，需要将整个框架集与它的各个框架文件一起保存。具体方法：执行"文件"→"保存全部"命令，整个框架边框会出现一个阴影框，并弹出"另存为"对话框。Dreamweaver 将依次提示需要保存的内容，首先保存的是框架集文件，一般以 index.html 作为框架集文件名，然后是其他框架文件。

2. 编辑框架

(1) 选择框架或框架集

框架和框架集都是单个 HTML 文档，选择框架或框架集的具体方法：执行"窗口"→"框"命令，或者按 Shift+F2 组合键，打开"框架"面板，每个框架用默认的框架名来识别。单击需要选择的框架，即可将框架选中，此时，在"设计"视图中，选中的框架边框会出现点线轮廓，如图 4.198 所示。在"框架"面板中单击环绕框架的边框，或者在"文档"窗口中，单击框架的外边框，均可选中框架集。

(2) 拆分框架

插入框架之后，可利用拆分框架的方法调整框架的结构。具体方法如下。

选中框架后，按住 Alt 键拖动框架边框，可将框架纵向或横向划分。在需要拆分的框架内单击，选择"修改"→"框架集"菜单项，在如图 4.199 所示的级联式菜单中选择需要的一项，完成框架的拆分。

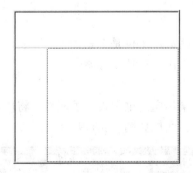

编辑无框架内容 (E)
拆分左框架 (L)
拆分右框架 (R)
拆分上框架 (U)
拆分下框架 (D)

图 4.198　选中的框架边框出现点线轮廓　　　　　　图 4.199　框架集级联菜单

(3) 删除框架

如果想删除不需要的框架，可将鼠标指针放在要删除框架的边框上，当鼠标指针变为双向箭头时，按下鼠标左键并拖曳边框到编辑窗口之外即可删除框架。

(4)修改框架的大小

在框架"属性"面板中可以修改框架的大小。具体方法：选中框架，在其对应的"属性"面板中，通过设置"边界宽度"或"边界高度"的值来改变框架的大小。

3. 设置框架和框架集属性

框架与框架集均有对应的"属性"面板。框架属性包括框架的名称、框架源文件、框架的空白边框、滚动特性、重设大小特性以及边框特性等。框架集属性主要包括框架间边框的颜色、宽度和框架大小等。

(1)设置框架属性

在"框架"面板中选中框架，其对应的"属性"面板如图4.200所示。

图 4.200　框架"属性"面板

框架"属性"面板各项含义如下。

框架名称：可在文本框中为选中的框架输入一个名称，该名称用于超链接和脚本的调用中。框架名一般是一个单词。

源文件：指定该框架所在的源文件。如果该框架已经保存，则显示已有的文件名与路径。如果该框架未保存，可输入一个文件名或单击文件夹图标选取一个源文件。

边框：设置框架是否显示边框。"是"指显示边框；"否"指不显示边框；"默认"由浏览器决定是否显示框架的边框。

滚动：设置是否显示滚动条。该列表中有4个选项，分别为"是""否""自动"和"默认"。绝大部分浏览器的默认值是"自动"，即在需要时自动添加滚动条。

不能调整大小：选中该选项将禁止调整当前框架的大小。

边框颜色：用于设置框架集所有边框的颜色。

边界宽度：设置当前框架的内容与框架左右边界的距离，单位是像素。

边界高度：设置当前框架的内容与框架上下边界的距离，单位是像素。

(2)设置框架集属性

使用框架集属性可以设置所有边框的共同属性。如果指定的框架设置了属性，将覆盖框架集所对应的属性设置。选中框架集，其对应的"属性"面板如图4.201所示。

图 4.201　框架集"属性"面板

框架集"属性"面板各项含义如下。

边框：设置框架集中所有框架边框是否显示。"是"指显示边框；"否"指不显示边框；"默认"由浏览器决定是否显示边框。

边框颜色：用于设置框架集中的边框颜色。

值：指定所选择的行或列的大小。

单位：设置"值"域中数值所使用的单位。

行列选定范围：深色是框架被选中的部分，浅色是框架未被选中的部分。单击可选中行或列。

4．利用框架制作网页

具体操作步骤如下。

① 创建框架集及框架文件。启动 Dreamweaver，在新建的站点 mysite05 中创建一个 anli1 文件夹，用于存放创建的框架文件和框架集文件。在 anli1 中新建一个 images 子文件夹，用于存放网页图片素材。

② 用前面介绍的方法创建一个"上方固定，左侧嵌套"的框架集，如图 4.202 所示。分别将创建的框架集和 3 个框架进行保存，保存后的框架集文件如图 4.203 所示。

图 4.202　创建的框架集　　　　　　　　图 4.203　站点中的框架集文件

③ 设置框架和框架集属性。创建框架后，Dreamweaver 自动为每个框架起一个名字。在本例中，系统自动为 3 个框架命名为 mainFrame、topFrame、leftFrame。topFrame 框架往往作为网页的标题栏，为了保证标题栏的浏览效果，其大小应是固定的，并且应闭滚动条显示，因些，在框架"属性"面板中，选中"不能调整大小"复选框，并设置"滚动"选项为"否"。框架 mainFrame 和框架 leftFrame 应该设置"滚动"选项为"自动"。

④ 选中框架集，在框架集"属性"面板中设置"边框"为"否"，设置"边框宽度"为 0，即在浏览器中不显示所有框架的边框。

⑤ 拆分框架。选中 mainFrame 框架，单击"插入"面板"布局"标签中的"框架"下拉列表按钮，在弹出的列表中选择"底部框架"选项，将 mainFrame 框架拆分成上下两个框架，如图 4.204 所示。

⑥ 改变框架的大小。在"设计"视图中，将鼠标指针放在底部框架的上边框上，当鼠标指针呈双向箭头时，拖曳鼠标改变框架的大小，如图 4.205 所示。

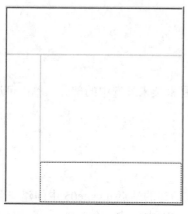

图 4.204　拆分后的框架

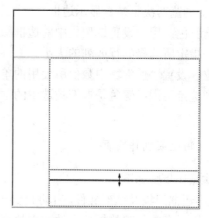

图 4.205　改变框架的大小

⑦ 编辑标题栏框架的内容。在标题栏框架中单击设置插入点，插入一幅 Logo 图片，并适当调整框架的大小，使 Logo 图片完全显示。

⑧ 拆分 leftFrame 框架。根据步骤⑤，将 leftFrame 框架拆分成上下两个框架，如图 4.206 所示。

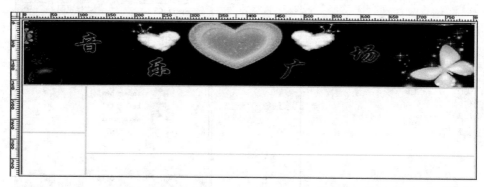

图 4.206　拆分框架效果

⑨ 将光标置于左侧的框架中，执行"修改"→"页面属性"命令，弹出"页面属性"对话框，设置"左边距""右边距""上边距""下边距"的值为 0px，单击"确定"按钮。

⑩ 在框架中插入表格。在左侧的框架中插入一个 5 行 1 列的表格，在"属性"面板中设置表格的"边框"为 0。分别在表格的各个单元格中输入文本。选中输入的文本，在其"属性"面板中设置文本的大小、字体、颜色和对齐方式等属性，并设置表格的填充色，效果如图 4.207 所示。

⑪ 选中左下角的框架，执行"修改"→"页面属性"命令打开"页面属性"对话框，在分类"列表中选择"外观"选项，分别在"左边框""右边框""上边框""下边框"选项的文本框中输入 0，其他选项为默认值。然后，插入一幅已经准备好的图片。

⑫ 制作链接的网页。制作一个音乐网页，用于链接到主框架(mainFrame 框架)中。制作的网页效果如图 4.208 所示。

图 4.207 插入的表格

图 4.208 数码相机网页

⑬ 在"框架"面板中选择 mainFrame 框架，并在"页面属性"对话框的"外观"选项中，分别设置"左边框""右边框""上边框""下边框"的值为 0。

⑭ 在框架"属性"面板中，单击"源文件"右侧的"浏览文件"按钮，弹出"选择 HTML 文件"对话框，在弹出的对话框中选择做好的音乐网页，单击"确定"按钮将音乐网页链接到 mainFrame 框架中，效果如图 4.209 所示。

图 4.209 在主框架加入源文件

⑮ 链接框架。选中图 4.207 左侧导航栏中的"流行音乐"文本，在"属性"面板中，单击"链接"列表框右侧的"浏览文件"按钮，选择要链接的网页文件，例如，本例要链接的音乐网页文件。在"目标"列表中选择 mainFrame，用于设定链接网页文件打开的位置，如图 4.210 所示。

图 4.210　设置链接的网页文件

"属性"面板的"目标"列表中各项含义如下。

_blank：表示在新的浏览器窗口中打开链接网页。

_parent：表示在父级框架窗口中或包含该链接的框架窗口中打开链接网页。

_self：为默认选项，表示在当前框架中打开链接，同时替换该框架中的内容。

_top：表示在整个浏览器窗口中打开链接的文档，同时替换所有框架。一般使用多级框架时才选用此选项。

其中的各框架名称选项，用于指定打开链接网页的具体的框架窗口，一般在包含框架的网页中才会出现此选项。

⑯ 用同样的方法，分别为导航栏中的其他文本建立链接。需要注意的是，建立链接前应该制作好要链接的网页文件，"目标"均设定为 mainFrame 框架。

⑰ 将光标置于 bottomFrame 框架中，输入网页相关版权信息。

⑱ 到此为止，网页制作完成。保存文档，按下 F12 键预览网页效果，如图 4.211 所示。

图 4.211　网页预览效果

4.5.9　CSS 样式表

1. CSS 概念

层叠样式表(Cascading Style Sheet, CSS)是 W3C 定义和维护的标准,是一种为结构化文档添加样式的计算机语言。1998 年 5 月 12 日,W3C 组织推出了 CSS2，使得这项技术在全世界范围内得到了更广泛的支持与关注，成为了 W3C 的新标准。

样式表可以使网页制作者的工作更加轻松和灵活,现在越来越多的网站采用了 CSS 技术。CSS 是一组格式设置规则，用于控制 Web 页面的外观。通过使用 CSS 样式设置页面的格式，可将页面的内容与表现形式分离。页面内容存放在 HTML 文档中，而用于定义表现形式的 CSS 规则则存放在另一个文件中或 HTML 文档的某一部分，通常为文件头部分。将内容与表现形式分离，不仅可使维护站点的外观更加容易，而且还可以使 HTML 文档代码更加简练，缩短浏览器的加载时间。

Dreamweaver 是最早支持 CSS 开发网页的软件之一。通过直观的操作界面，设计人员可以定义各种各样的 CSS 规则，这些规则可以影响到网页的任何元素。

浏览器在显示 CSS 样式时，遵循以下几个原则。

① 当来自不同样式中的文本属性应用到同一段文本产生冲突时，浏览器将按照与文本关系的远近来决定到底显示哪一项属性。

② 当两个不同样式应用在同一段文本时，浏览器将显示这段文本所具有的所有属性，除非定义的两个样式之间有实现上的冲突。例如，一个样式定义这段文本时为黄色，另一个样式定义这段文本时为绿色。

此外，CSS 样式具有比 HTML 样式更好的优先级。也就是说，如果 HTML 样式与 CSS 样式存在冲突，浏览器将按照 CSS 样式中定义的文本属性进行显示。

2. 创建 CSS 样式

在 Dreamweaver CS5 中，创建 CSS 样式的方法如下。

执行菜单栏中的"格式"→"CSS 样式"→"新建"命令。

在"CSS 样式"面板中，单击"新建 CSS 规则"按钮。

执行以上两种方法都可以打开"新建 CSS 规则"对话框，可以进一步设置 CSS 类型、名称以及保存位置，如图 4.212 所示。

在"新建 CSS 规则"对话框中，首先要在"选择器类型"下拉列表框中确定所创建的 CSS 样式类型，所选择的类型不同，其对话框所展示的内容和参数也不同。

"选择器类型"下拉列表框中各选项含义如下。

类(可应用于任何 HTML 元素):相当于自定义 CSS 样式,可以应用于页面中的任何对象。

标签(重新定义 HTML 元素)：对 HTML 标签样式重新定义，凡是网页中出现这个标签的地方，都会自动使用所定义的样式。选择该选项后，在"选择器名称"下拉列表框中，可以选择相应的 HTML 标签。

复合内容(基于选择的内容)：可以用于设置链接样式。

ID(仅应用于一个 HTML 元素)：将设置的 CSS 样式规则应用于一个 HTML 元素中。

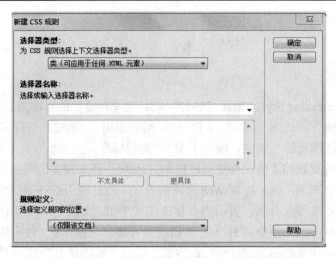

图 4.212　在"CSS 样式"面板中创建 CSS 规则

在确定了创建的 CSS 样式类型之后，需要选择 CSS 样式的保存位置，在"新建 CSS 规则"对话框的"规则定义"下拉列表框中共有两种选择：一是"(仅限该文档)"，即保存为内部样式只能为当前使用的网页；二是"(新建样式表文件)"，即保存为外部样式表文件，可将 CSS 样式保存为独立的文件，其扩展名为".CSS"。

单击"确定"按钮后，打开"将样式表文件另存为"对话框，可选择 CSS 样式文件的存放位置和文件名，保存后可以设置 CSS 样式的相关属性。

3. 编辑 CSS 样式

定义好 CSS 样式之后，接下来介绍如何编辑好的 CSS，对页面元素起作用。套用样式表的方法主要有以下几种，下面分别介绍。在"属性"面板中应用特定的样式。打开属性面板，"样式"下拉列表框中列出了已经定义的 CSS 样式。

(1)利用"标签选择器"选择样式

首先需要在"标签选择器"上选择一个标签，选中<div.post>标签，然后在该标签上右击，在弹出的快捷菜单中执行"设置类"→post 命令，则可以把已经定义的 post 样式类快速地指定给<div.post>标签。

(2)使用快捷菜单

可以使用快捷菜单直接给对象指定一个样式。右击对象，在弹出的快捷菜单中指定样式类。编辑 CSS 样式有以下两种情况。

① 新建一种样式，然后根据需要编辑样式表属性。

② 对已经存在的样式进行编辑。当编辑一个已经存在于文件中的文本样式时，会立即将该文本重新格式化。

4.6　网站的测试与发布

网站是用来传递信息的，是要大家浏览的。通过前面的网页设计学习，大家已经能做出许多非常好的网站，本节介绍如何把网站发布在因特网上，以及如何维护建立的网站。

4.6.1　网站的测试

在一个软件项目开发中，系统测试是保证整体项目质量的重要一环。基于 Web 的系统测试与传统的软件测试不同，它不但需要检查和验证是否按照设计的要求运行，而且还要测试系统在不同用户的浏览器端的显示是否合适。重要的是，还要从最终用户的角度进行安全性和可用性测试。本节就网站的测试技术进行简要的介绍。

1.　网站的测试流程

一个网站建成后，需要通过下面三步测试。

(1) 制作者测试

在建好网站后，首先制作者本人进行测试，包括美工测试页面、程序员测试功能。

页面测试主要包括首页、二级页面、三级页面的页面在各种常用分辨率下有无错位，图片上有没有错别字，各连接是否是死连接，各栏目图片与内容是否对应等。功能测试主要包括功能达到客户要求，数据库连接正确，各个动态生成连接正确，传递参数格式、内容正确，试填测试内容没有报错，页面显示正确等。

(2) 全面测试

根据交工标准和客户要求，由专人进行全面测试。也包括页面和程序两方面，而且要结合起来测试，保证填充足够的内容后不会导致页面变形。另外要检查是否有错别字，文字内容是否有常识错误。

(3) 发布测试

网站发布到主服务器之后的测试，主要是防止环境不同而导致的错误。

2.　网站的测试项目

网站的测试项目分为以下几个方面。

(1) 功能测试

功能测试是指对页面中的各功能进行验证。根据功能测试用例，逐项测试，检查网站是否达到用户要求的功能。对于网站的测试而言，每一个独立的功能模块需要进行单独的测试，主要依据为"需求规格说明书"及"详细设计说明书"，对于应用程序模块，需要设计者提供基本路径测试法的测试用例。一般功能测试主要进行连接测试、表单测试、Cookies 测试、设计语言测试、数据库测试等。

(2) 性能测试

性能测试的目的是找出系统性能瓶颈并纠正需要纠正的问题。网站的性能测试对于网站的运行而言异常重要，主要从连接速度测试、负荷(load)测试和压力(stress)测试三个方面进行。其中，连接速度测试指的是打开网页的响应速度测试；负荷测试指的是进行一些边界数据的测试；压力测试是测试系统的限制和故障恢复能力，也就是测试 Web 应用系统会不会崩溃，在什么情况下会崩溃。一般性能测试主要进行连接速度测试、负载测试、压力测试。

(3) 安全性测试

进一步完善网站的安全性能，确保用户信息、录入数据、传输数据和服务器运行中的相关数据的安全。Web应用系统的安全性测试区域主要有目录设置、登录、Session、日志文件、加密、安全漏洞。

(4)用户界面测试

现在用户都有使用浏览器浏览网页的经历，用户虽然不是专业人员，但是对界面效果的印象是很重要的。所以验证网页是否易于浏览就非常重要了。

方法上可以根据设计文档，来确定整体风格和页面风格(可以请专业美工人员)，最后形成统一风格的页面/框架。

(5)兼容性测试

需要验证应用程序可以在用户使用的机器上运行。如果用户是全球范围的，需要测试各种操作系统、浏览器、视频设置和 Modem 速度。最后，还要尝试各种设置的组合。一般包括平台测试、浏览器测试、视频测试、打印机测试。

(6)接口测试

在很多情况下，Web网站不是孤立的，可能会与外部服务器通信，请求数据、验证数据或提交订单。一般包括服务器接口、外部接口、错误处理。

(7)可用性/易用性测试

使用科学的测试方法框架，对用户使用的网站导航及在网站上完成若干任务等方面进行测试，测试者观察其行为并做记录，进行分析得出结论。网站可用性测试整个过程就是用户使用网站最初以及最真实的体验，通过可用性测试，可以了解到各个代表性的目标用户对网站界面、功能、流程的认可程度，获知改良的可能性方案，特别在交互流程中能得出一些很不错的用户行为规律。一般包括导航测试、图形测试、内容测试、整体界面测试。

3. 网站的测试方法

(1)白盒测试

白盒测试(white box testing)也称结构测试或逻辑驱动测试，它按照程序内部的结构测试程序，通过测试来检测产品内部动作是否按照设计规格说明书的规定正常进行，检验程序中的每条通路是否都能按预定要求正确工作。这一方法是把测试对象看作一个打开的盒子，测试人员依据程序内部逻辑结构相关信息，设计或选择测试用例，对程序所有逻辑路径进行测试，通过在不同点检查程序的状态，确定实际的状态是否与预期的状态一致。

白盒测试方法有代码检查法、静态结构分析法、静态质量度量法、逻辑覆盖法、基本路径测试法、域测试、符号测试、路径覆盖、程序变异。

(2)黑盒测试

黑盒测试(black box testing)也称功能测试或数据驱动测试，它是在已知产品所应具有的功能后，通过测试来检测每个功能是否都能正常使用，在测试时，把程序看作一个不能打开的黑盒子，在完全不考虑程序内部结构和内部特性的情况下，测试者在程序接口进行测试，它只检查程序功能是否按照需求规格说明书的规定正常使用，程序是否能适当地接收输入数据而产生正确的输出信息，并且保持外部信息(如数据库或文件)的完整性。

4.6.2　网站信息发布

网站建设完毕后，需要将其信息发布到连接在因特网的Web服务器上，这样才能够被浏览者访问。网站上传流程如图 4.213 所示。

在网页文件编写、调试通过后就可以将其上传到网站空间。一般上传文件分为 Web 上传和 FTP 上传两种方法。Web 上传需要登录到网站的空间管理页面按要求进行上传，缺点是不能一次传送多个文件及较大的文件，而 FTP 上传则可以传送。

图 4.213　网站上传流程

1．Web 上传方式

Web 上传就是指通过单击网页中的"浏览""选定""上传"（或"确定""提交"）等按钮来上传文件的方式，即通过网页的功能上传文件。

现在有很多 Web 程序都有上传功能，实现上传功能的组件或框架也很多，如基于 Java 的 CommonsFileUpload，还有 Struts1.x 和 Struts2 中带的上传文件功能，在 ASP.NET 中也有相应的上传文件的控件。

2．FTP 上传方式

FTP 是 TCP/IP 网络上两台计算机传送文件的协议。FTP 客户机可以给服务器发出命令来下载文件、上传文件、创建或改变服务器上的目录。利用 FTP 工具软件，可以很方便地把网站发布到自己的服务器上。

FTP 的主要作用就是让用户连接一个远程服务器（这些服务器上运行着 FTP 服务器程序），查看远程服务器有哪些文件，并把文件从远程服务器复制到本地计算机，或把本地计算机的文件发送到远程服务器中，这个过程就是 FTP 的服务器上传与下载过程。

下面以 FlashFXP 4.3.0 为例，讲述通过 FTP 工具上传网站文件到空间中的方法。假定已经在 http://www.3v.cm 上申请了免费空间。

具体的操作步骤如下。

① 双击桌面上的 FlashFXP 图标，打开 FlashFXP 的主窗口，如图 4.214 所示。

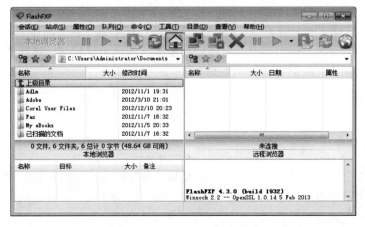

图 4.214　FlashFXP 启动界面

② 执行"会话"→"快速连接"命令，打开
"快速连接"对话框，在其中输入免费空间服务器
地址、用户名和密码等，其他项默认为空，结果
如图 4.215 所示。

③ 单击"连接"按钮，连接指定的远程 FTP
服务器。

④ 连接成功之后，打开用户申请的网站空
间，主窗口左侧即为本地文件目录。在其中选择
要上传的文件并右击，在弹出的快捷菜单中执行
"传送"命令，可将要上传的文件传输到网站空间
中，如图 4.216 所示。

图 4.215　"快速连接"对话框

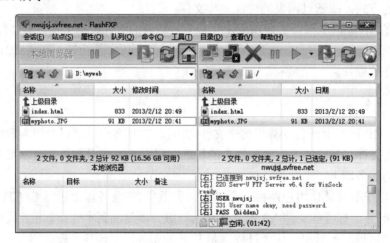

图 4.216　传送文件

⑤ 断开 FTP 连接，在浏览器中输入网址：http://nwujsj.svfree.net，即可浏览内容。

4.7　网站设计与建设应用实例

Dreamweaver CS5+Fireworks CS5+Flash CS5 的应用使网页设计与制作更为方便和简洁。
本节将通过一个"计算机基础教学网"网站的简单实现来展示使用这三款软件配合设计网站
的整个过程。网站制作完成后首页如图 4.217 所示。

4.7.1　分析与设计

1. 网站的需求分析

计算机基础教学网主要是为"大学计算机基础"教学所服务，所以它的设计制作依据主
要是学校的计算机基础教学需求。通过多次反复走访一线的"大学计算机基础"授课教师和
正在修该课以及修完该课程的学生，经过细致地分析、归纳、总结得出：网站至少应该设计
实现六大块内容。

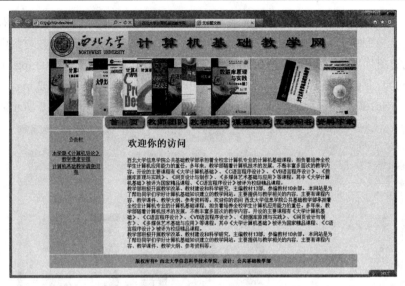

图 4.217　网站首页效果图

(1) 首页信息

对基础教学部的历史现状从科研教学等各个角度进行整体性的简要介绍。通过公告栏公布一些教学动态、通知等内容。

(2) 教师团队

对基础教学部各位教师的教学科研工作以及特长和职责进行详细的介绍，以方便学生遇到问题时可以找到合适的老师解决。

(3) 教材建设

对所开课程使用的教材特点进行详尽的介绍，以方便学生阅读使用教材。对基础部的教材建设进度进行阶段性的展示等，达到对所出版教材的推广作用。

(4) 课程体系

对所设置课程的宗旨、目的、意义等进行详细的介绍，以消除学生修该门课程时的疑惑。详细介绍课程的设置、构成内容等，方便教学的组织进行。

(5) 互动问答

建立起教师与学生之间的包括学习、生活等各方面的一个全面的交流平台。

(6) 资料下载

主要提供与课程相关的各种软件、文档、视频等下载服务。

2. 规划站点结构

根据需求分析所得到的内容，将该网站设计成一个树形的网页链接结构，首页通过六个链接分别链接到六个模块，每个模块再分别按所需进行进一步的链接。所有页面统一采用横向，上中下划分为三部分的结构，其中上下的高度固定，中间作为主窗口显示相应的不同内容。

3. 收集资料

根据需求分析结果，通过各个渠道搜集六个模块的相关内容，包括文字、图片、视频等并保存到一个指定的文件夹下备用。根据设计效果图，准备西北大学的校徽图片存到计算机的"我的图片"文件夹下，文件名为 xbdx.png，准备基础部教师所编写的教材封面图片存到计算机的"我的图片"文件夹下，文件名分别为 jc1001.jpg、jc1002.jpg、jc1003.jpg、jc1004.jpg、jc1005.jpg、jc2001.jpg、jc2002.jpg、jc2003.jpg、jc2004.jpg、jc3001.jpg、jc3002.jpg、jc4001.jpg、syjc1001.jpg、syjc1002.jpg。此时，计算机的"我的图片"文件夹如图 4.218 所示。

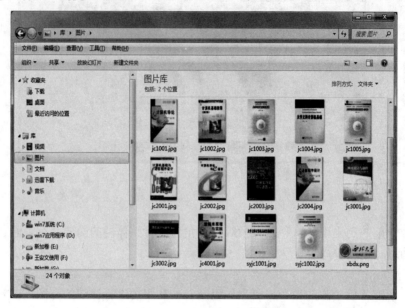

图 4.218　　"我的图片"文件夹

4.7.2　站点制作

1. 新建站点

具体步骤如下。

① 通过开始菜单或桌面快捷方式启动 Dreamweaver CS5，执行菜单栏菜单"站点"→"站点管理"命令，在弹出的"站点设置对象"对话框中单击"站点"选项卡，在站点名称中输入"计算机基础网站"，通过右边的文件夹选择按钮为"本地站点文件夹"选定路径"G:\jsjjch"，如果文件夹不存在可新建。

② 执行"高级设置"选项卡→"本地信息"命令，通过右边的文件夹选择按钮为"默认图像文件夹"选定路径"G:\jsjjch\images"，如果文件夹不存在可新建。最后单击"保存"按钮。计算机基础网站就建好了，如图 4.219 所示。

③ 向网站中添加网页。

执行菜单栏菜单"文件"→"新建"命令。在弹出的"新建文档"对话框中单击"空白页"选项卡，在页

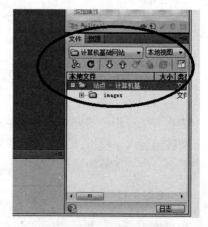

图 4.219　文件夹示意图

面类型中选 HTML，最后单击"创建"按钮。然后，执行"文件"→"保存"命令。在弹出的"另存为"对话框中，"保存在"选择前面所建站点"计算机基础网站"使用的"本地站点文件夹"路径"G:\jsjjch"，在文件名中输入 index.html，最后单击"保存"按钮。

添加 index.html 网页后如图 4.220 所示。现在就可以开始向页面中添加内容了。

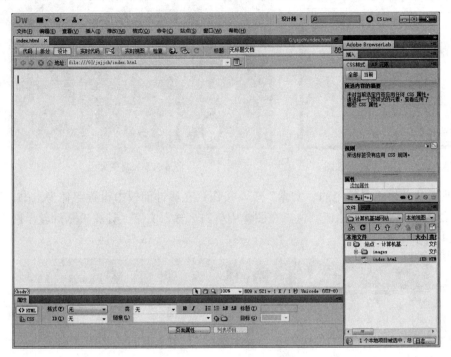

图 4.220　操作界面示意图

对于图片、视频等素材，则需要使用相关的制作工具进行编辑。

2．制作网页图像

（1）制作页首图片

通过开始菜单或桌面快捷方式启动 Fireworks CS5。

① 执行"文件"→"新建"命令，在弹出的"新建文档"对话框中，"宽度"设为 1024 像素，"高度"设为 87 像素，画布颜色选"自定义"，值为#CCCCFF，其他值默认，最后单击"确定"按钮，如图 4.221 所示。

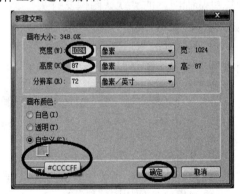

图 4.221　新建文档示意图

② 执行"文件"→"导入"命令，在弹出的"导入"对话框中，"查找范围"选"我的图片"，主窗口中选定 xbdx.png，其他值默认，最后单击"打开"按钮。

③ 在弹出的"导入页面"对话框中直接单击"导入"按钮，如图 4.222 所示。沿画布左上角向右下拖动鼠标，使图片高度与画布高度一致，如图 4.223 所示。

图 4.222　导入页面示意图　　　　　　　图 4.223　调整大小

④ 然后，单击工具箱中的"文本"工具按钮，在属性面板中设置字体为隶书，颜色为 #002C8A，大小为 54，其他值默认。在图像中单击，输入文字"计算机基础教学网"，结果 如图 4.224 所示。

图 4.224　文字输入示意图

使用工具栏的"选择"工具选定该文本对象，然后执行属性面板中"滤镜"→"阴影和 光晕"→"投影"命令。

⑤ 执行菜单栏"文件"→"导出"命令，在弹出的"导出"对话框中，"保存在"后选 计算机基础网站的"默认图像文件夹"路径"G:\jsjjch\images"，"文件名"中输入 bt.gif，其 他值默认，最后单击"保存"按钮。

⑥ 用同样的方法制作一个版权图片，"宽度"设为 1024 像素，"高度"设为 43 像素， 画布颜色选"自定义"，值为#CCCCFF，导出存为 bq.gif。结果如图 4.225 所示。

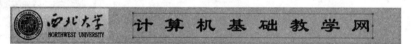

图 4.225　版权申明图片

⑦ 用同样的方法制作一个占位图片，"宽度"设为 183 像素，"高度"设为 43 像素，画 布颜色选"自定义"，值为#CCCCFF，导出存为 k.gif。结果如图 4.226 所示。

(2)制作导航按钮

① 启动 Fireworks CS5，执行菜单栏"文件"→"新建"命令，在弹出的"新建文档"对 话框中"宽度"设为 660 像素，"高度"设为 440 像素，其他值默认，最后单击"确定"按钮。

② 单击工具箱中的"矩形"工具按钮→单击"圆角矩形"，在画布中绘制一个圆角矩形， 然后选中，在属性面板中设置宽 130，高 35，填充色为#3366FF，填充类别为渐变中的椭圆 形，边缘为消除锯齿，纹理为草，滤镜中选阴影和光晕里的投影，其他值默认。矩形效果如 图 4.227 所示。

图 4.226　占位图片

图 4.227　矩形效果

③ 单击工具箱中的"文本"工具按钮，在属性面板中设置字体为隶书，颜色为#FF6600，大小为 32，其他值默认。在图像中单击，输入文字"首页"，效果如图 4.228 所示。

④ 执行菜单栏"修改"→"画布"→"符合画布"命令，使画布大小变得正合适，效果如图 4.229 所示。

图 4.228　添加文字

图 4.229　调整大小

⑤ 执行菜单栏"文件"→"导出"命令，在弹出的"导出"对话框中"保存在"后选计算机基础网站的"默认图像文件夹"路径"G:\jsjjch\images"，"文件名"中输入 shy1.gif，其他值默认，最后单击"保存"按钮。

⑥ 执行菜单栏"文件"→"保存"命令，弹出"另存为"对话框，在"保存在"后选计算机基础网站的"默认图像文件夹"路径"G:\jsjjch\images"，"文件名"中输入 b1.png，其他值默认，最后单击"保存"按钮。

⑦ 执行菜单栏"文件"→"另存为"命令，弹出"另存为"对话框，在"保存在"后选计算机基础网站的"默认图像文件夹"路径"G:\jsjjch\images"，"文件名"中输入 b2.png，其他值默认，最后单击"保存"按钮。

⑧ 打开文件 b1.png，将文本修改为"教师团队"并导出存为 jshtd1.gif；再分别改为"课程体系""教材建设""互动问答""资料下载"，并分别导出存为 kchtx1.gif、jcjsh1.gif、hdwd1.gif、zlxz1.gif。

⑨ 打开文件 b2.png，将文本修改为"教师团队"并导出存为 jshtd2.gif；再分别改为"课程体系""教材建设""互动问答""资料下载"，并分别导出存为 kchtx2.gif、jcjsh2.gif、hdwd2.gif、zlxz2.gif。

3. 制作广告栏动画

① 通过开始菜单或桌面快捷方式启动 Flash CS5，执行菜单栏"文件"→"新建"命令，在弹出的"新建文档"对话框中使用值默认，单击"确定"按钮。

② 单击"属性"面板中的"编辑"按钮，如图 4.230 所示。

③ 在弹出的"文档设置"对话框中，"宽度"设为 1024 像素，

图 4.230　属性设置示意

"高度"设为 185 像素，背景颜色值设为#CCCCFF，其他使用默认值，单击"确定"按钮。

④执行菜单栏"文件"→"导入"→"导入到库"命令,在弹出的"导入到库"对话框中左侧树形目录中选择教材封面图存放的位置,在右侧主窗口中选定要用的所有图像文件,最后单击"打开"按钮,如图4.231所示。

单击右侧"库"面板,然后单击"时间轴中图层1的第一帧",拖动库中的jc1001.jpg到舞台中,如图4.232所示。

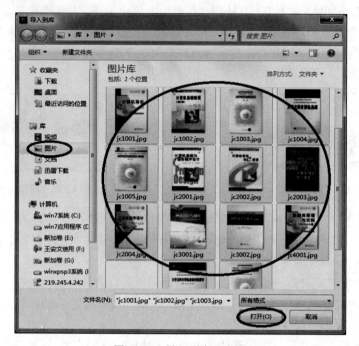

图4.231　导入到库示意图

图4.232　操作示意图(一)

⑤单击右侧"属性"面板,然后修改X值为262,Y值为0,宽为131,高为185。

⑥执行菜单栏"修改"→"转换为元件"命令,在弹出的"转换为元件"对话框中都使用默认值,最后单击"确定"按钮。

⑦单击"时间轴中图层1的第一帧"菜单栏"插入"→"补间动画"命令,如图4.233所示。

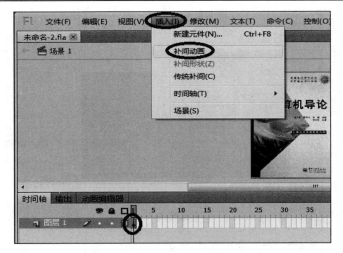

图 4.233　菜单操作示意图(一)

右击"时间轴中图层 1 的第 25 帧",在弹出的快捷菜单中"插入关键帧"中选择"位置",将右侧属性面板中"旋转"改为 1 次,"方向"改为逆时针,如图 4.234 所示。

图 4.234　属性设置示意图

单击选中"时间轴中图层 1 的第 25 帧",单击舞台中的"元件 1",在右侧属性面板中修改 X 的值为 0。

执行菜单栏"控制"→"播放"命令可以看到图片在舞台中逆时针滚动一周到达最左边的效果。

⑧ 单击"新建图层"按钮,新建图层 2,单击右侧"库"面板,然后拖动库中 jc1002.jpg 到舞台中,单击右侧"属性"面板,然后修改 X 值为 311,Y 值为 0,宽为 131,高为 185,效果如图 4.235 所示。

右击"时间轴中图层 2 的第 26 帧",在弹出的快捷菜单中选择"插入关键帧",如图 4.236 所示。

执行菜单栏"修改"→"转换为元件"命令,在弹出的"转换为元件"对话框中都使用默认值,最后单击"确定"按钮。

单击"时间轴中图层 2 的第 26 帧",执行菜单栏"插入"→"补间动画"命令,如图 4.237 所示。

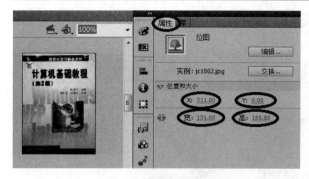
图 4.235　属性设置示意图

图 4.236　快捷菜单操作示意图

右击"时间轴中图层 2 的第 50 帧",在弹出的快捷菜单"插入关键帧"中选择"位置",如图 4.238 所示。

图 4.237　菜单操作示意图(二)

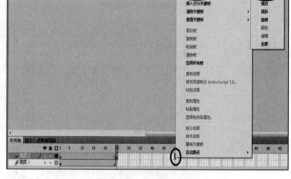
图 4.238　快捷菜单操作示意图

将右侧属性面板中"旋转"改为 1 次,"方向"改为逆时针,如图 4.239 所示。

图 4.239　属性设置示意图

单击选中"时间轴中图层 2 的第 50 帧",单击选中舞台中的"元件 2",在右侧属性面板中修改 X 的值为 49,效果如图 4.240 所示。

图 4.240 属性设置示意图

执行菜单栏"控制"→"播放"命令,可以看到两幅图片依次在舞台中逆时针滚动一周到达左边的效果。

⑨继续重复操作新建图层到本位置之前的步骤,分别将库中图片 jc1003.jpg、jc1004.jpg、jc1005.jpg、jc2001.jpg、jc2002.jpg、jc2003.jpg、jc2004.jpg、jc3001.jpg、jc3002.jpg、jc4001.jpg、syjc1001.jpg、syjc1002.jpg 拖入舞台并制作成动画。不同的是后一幅图的 X 值是相邻前一幅对应 X 值加 49,后一幅图的帧数是相邻前一幅对应帧数加 25。制作完成后时间轴面板如图 4.241 所示。

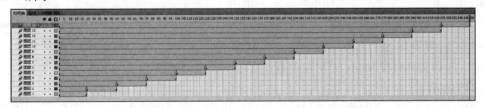

图 4.241 时间轴操作示意图

右击"时间轴中图层 13 的第 350 帧",选择弹出的快捷菜单中的"插入帧"选项,如图 4.242 所示。

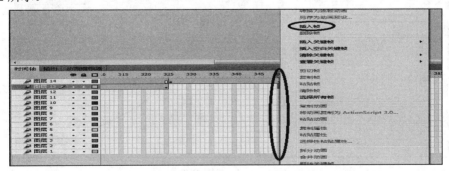

图 4.242 快捷菜单操作示意图

重复操作别向图层 12、11、10、9、8、7、6、5、4、3、2、1 的第 350 帧插入帧。完成后时间轴面板如图 4.243 所示。

可以通过执行菜单栏"控制"→"测试影片"→"测试"命令来观看影片效果。

菜单栏"文件"→"导出"→"导出影片"命令导出影片。在弹出的"导出影片"对话框中"保存在"后选计算机基础网站的"默认图像文件夹"路径 G:\jsjjch\images,"文件名"中输入 ggl.swf,其他值默认,最后单击"保存"按钮。

⑩ 执行菜单栏"文件"→"保存"命令。在弹出的对话框中选默认值将 Flash 文件保存,关闭 Flash CS5。

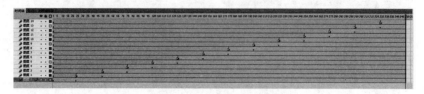

图 4.243　时间轴结果图

4. 制作网页

① 启动 Dreamweaver CS5,双击右侧"文件面板"中的 index.html 打开文件,如图 4.244 所示。

执行菜单栏"插入"→"表格"命令,在弹出的"表格"对话框中设"行数"为 5,"列"为 1,表格宽度为 1024 像素,边框粗细为 0,单元格边距为 0,单元格间距为 2,其他使用默认值,单击"确定"按钮,修改属性面板中的"对齐方式"为"居中对齐",展开右侧"文件"面板中的 images 目录,然后拖动文件夹中 bt.gif 到表格中第一行内,如图 4.245 所示。

图 4.244　文件夹列表图

在弹出的"图像标签辅助功能属性"对话框中设"替换文本"为"标题",其他使用默认值,单击"确定"按钮。

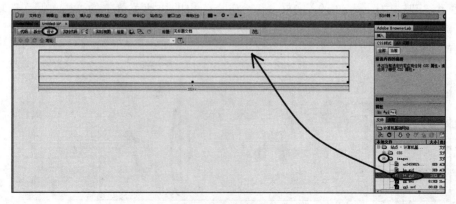

图 4.245　操作示意图

② 光标停到表格第二行单元格内，执行菜单栏"插入"→　"媒体"→SWF命令，在弹出的"选择 SWF"对话框中"查找范围"选计算机基础网站的"默认图像文件夹"路径 G:\jsjjch\images，单击主窗口中的 ggl.swf 文件，单击"确定"按钮，如图 4.246 所示。

在弹出的"图像标签辅助功能属性"对话框中设"替换文本"为"广告动画"，其他使用默认值，单击"确定"按钮。

③ 光标停到表格第三行单元格内，执行菜单栏"插入"→"表格"命令，在弹出的"表格"对话框中设"行数"为 1，"列"为 7，表格宽度为 1024 像素，边框粗细为 0，单元格边距为 0，单元格间距为 0，其他使用默认值，单击"确定"按钮，展开右侧"文件"面板中的 images 目录，然后拖动文件夹中

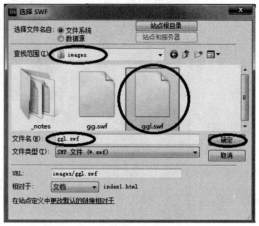

图 4.246　文件选择示意图

k.gif 到新建表格中第一个单元格内，在弹出的"图像标签辅助功能属性"对话框中直接单击"确定"按钮。

光标停到表格第二个单元格内，执行菜单栏"插入"→"图像对象"→"鼠标经过图像"命令，如图 4.247 所示。

图 4.247　菜单操作示意图

在弹出的"插入鼠标经过图像"对话框中通过"浏览按钮"为"原始图像"选计算机基础网站的"默认图像文件夹"路径"G:\jsjjch\images"下的 shy1.gif 文件，通过"浏览按钮"为"鼠标经过图像"选计算机基础网站的"默认图像文件夹"路径 G:\jsjjch\images 下的 shy2.gif 文件，通过"浏览按钮"为"按下时，前往的 URL"选计算机基础网站的"默认图像文件夹"路径 G:\jsjjch 下的 index.html 文件，单击"确定"按钮，如图 4.248 所示。

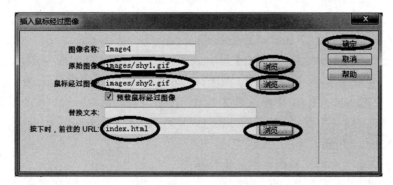

图 4.248　插入鼠标经过图像操作示意图

按 F12 键预览如图 4.249 所示。

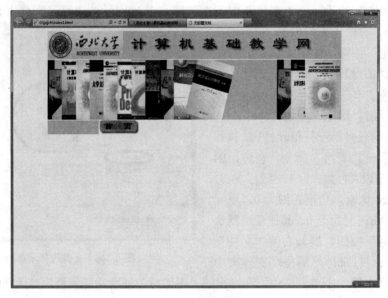

图 4.249　预览结果

④ 光标停到表格第三个单元格内，重复前面三步，在弹出的"插入鼠标经过图像"对话框中通过"浏览按钮"为"原始图像"选计算机基础网站的"默认图像文件夹"路径 G:\jsjjch\images 下的 jshtd1.gif 文件，通过"浏览按钮"为"鼠标经过图像"选计算机基础网站的"默认图像文件夹"路径 G:\jsjjch\images 下的 jshtd2.gif 文件，为"按下时，前往的 URL"直接输入 jshtd.html，单击"确定"按钮。

光标停到表格第四个单元格内，继续重复前面三步，在弹出的"插入鼠标经过图像"对话框中通过"浏览按钮"为"原始图像"选计算机基础网站的"默认图像文件夹"路径 G:\jsjjch\images 下的"jcjsh 1.gif"文件，通过"浏览按钮"为"鼠标经过图像"选计算机基础网站的"默认图像文件夹"路径 G:\jsjjch\images 下的 jcjsh2.gif 文件，为"按下时，前往的 URL"直接输入 jcjsh.html，单击"确定"按钮。

光标停到表格第五个单元格内，继续重复前面三步，在弹出的"插入鼠标经过图像"对话框中通过"浏览按钮"为"原始图像"选计算机基础网站的"默认图像文件夹"路径 G:\jsjjch\images 下的 kchtx 1.gif 文件，通过"浏览按钮"为"鼠标经过图像"选计算机基础网站的"默认图像文件夹"路径 G:\jsjjch\images 下的 kchtx2.gif 文件，为"按下时，前往的 URL"直接输入 kchtx.html，单击"确定"按钮。

光标停到表格第六个单元格内，继续重复前面三步，在弹出的"插入鼠标经过图像"对话框中通过"浏览按钮"为"原始图像"选计算机基础网站的"默认图像文件夹"路径 G:\jsjjch\images 下的 hdwd 1.gif 文件，通过"浏览按钮"为"鼠标经过图像"选计算机基础网站的"默认图像文件夹"路径 G:\jsjjch\images 下的 hdwd2.gif 文件，为"按下时，前往的 URL"直接输入 hdwd.html，单击"确定"按钮。

光标停到表格第七个单元格内，继续重复前面三步，在弹出的"插入鼠标经过图像"对话框中通过"浏览按钮"为"原始图像"选计算机基础网站的"默认图像文件夹"路径

G:\jsjjch\images 下的 zlxz 1.gif 文件，通过"浏览按钮"为"鼠标经过图像"选计算机基础网站的"默认图像文件夹"路径 G:\jsjjch\images 下的 zlxz2.gif 文件，为"按下时，前往的 URL"直接输入 zlxz.html，单击"确定"按钮。

按 F12 预览如图 4.250 所示。

图 4.250　结果示意图(一)

⑤ 光标停到表格第四行单元格内，执行菜单栏"插入"→"表格"命令，在弹出的"表格"对话框中设"行数"为 1，"列"为 2，表格宽度为 1024 像素，边框粗细为 0，单元格边距为 0，其他使用默认值，单击"确定"按钮，单击选定左侧单元格，修改下方属性面板中的"宽"为 179，"背景颜色"为#CCCCFF，插入一个 5 行 1 列的表格，输入公告栏内容，并制作针对公告内容的超链接。按 F12 预览，如图 4.251 所示。

图 4.251　结果示意图(二)

单击选定右侧单元格，输入所收集的关于计算机基础部分的介绍内容，并排版。按 F12 预览，如图 4.252 所示。

展开右侧"文件"面板中的 images 目录，然后拖动文件夹中 bq.gif 到表格最后一行内，如图 4.253 所示。

在弹出的"图像标签辅助功能属性"对话框中设"替换文本"为"版权"，其他使用默认值，单击"确定"按钮。网站的首页就制作好了。

⑥ 执行菜单栏"文件"→"另存为模板"命令，在弹出的"另存模板"对话框中"另存为"后输入 index，单击"保存"按钮。

⑦ 单击选定第四行中左单元格内的表格，如图 4.254 所示，执行菜单栏"插入"→"模板对象"→"可编辑区域"命令，在弹出的"新建可编辑区域"对话框中修改名称，这里使用默认名称，单击"确定"按钮。

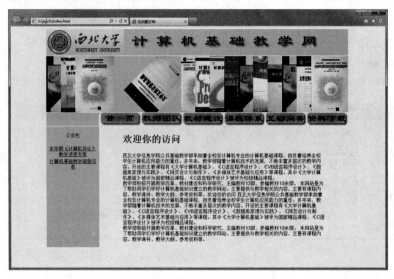

图 4.252　结果示意图(三)

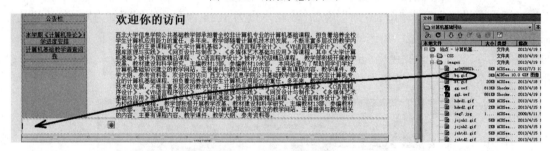

图 4.253　操作示意图(二)

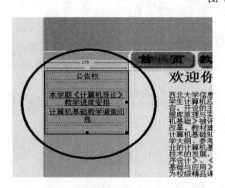

图 4.254　操作结果示意图

选定第四行中右单元格,重复上两步操作建立可编辑区域。结果如图 4.255 所示。

⑧ 执行菜单栏"文件"→"新建"命令,在弹出的"新建文档"对话框中单击"模板中的页"选项卡,在"站点"中选"计算机基础网站",在"站点'计算机基础网站'的站点"中选 index,最后单击"创建"按钮,如图 4.256 所示。

将 Editregion3 和 Editregion4 中的内容对应修改为教师团队对应的内容,然后执行菜单栏"文件"→"保存"命令,在弹出的"另存为"对话框中"保存在"选择前面所建站点"计算机基础网站"使用的"本地站点文件夹"路径"G:\jsjjch",在文件名中输入 jshtd.html,最后单击"保存"按钮。

按 F12 预览,如图 4.257 所示。

⑨ 重复前面五步,分别根据对应内容新建"教材建设"对应文件 jcjsh.html、"课程体系"对应文件 kchtx.html、"互动问答"对应文件 hdwd.html、"资料下载"对应文件 zlxz.html。按 F12 预览,即可单击链接各个网页了。

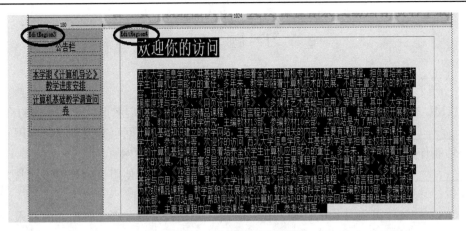

图 4.255 结果示意图(四)

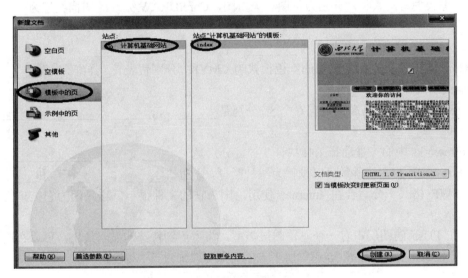

图 4.256 新建文档示意图

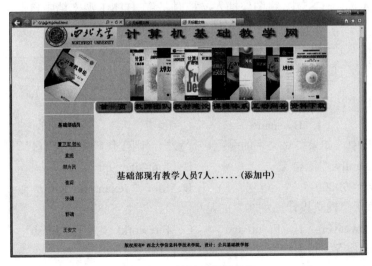

图 4.257 结果示意图(五)

习　题　4

一、填空题

1. HTML 不是程序设计语言，它只是_____，它可以规定网页中信息陈列的格式。

2. _____是一套针对专业网页设计师特别发展的视觉化网页开发工具，利用它可以轻而易举地制作出跨越平台限制和跨越浏览器限制的充满动感的网页。

3. _____是真正独立于显示设备的图形图像处理软件，使用该软件可以非常方便地绘制、编辑、修复图像以及创建图像的特效。

4. _____处于开发过程的初期，在该阶段，开发人员要准确理解用户的要求，将用户非形式的需求陈述转化为完整的需求定义。

5. 图像类型有两大类，分别为位图和矢量图，CorelDRAW 处理的图像类型为_____图像。

6. CorelDRAW 文件的扩展名为_____，模板的扩展名为_____。

7. CorelDRAW 处理图像采用的颜色模式为 CMYK，分别代表青、洋红、黄和_____，RGB 分别代表红、绿和_____。

8. Fireworks 中的工具面板共有 6 个区，分别是_____、_____、_____、_____、_____和_____。

9. Fireworks 中的矢量选择工具共有 3 种，分别是_____、_____和_____。

10. Fireworks 的文档背景可以设置为三种类型，分别是_____、_____和_____。

11. SWF 格式十分适合在 Internet 使用，因为它的文件很小。这是因为它大量使用了_____。

12. 在 Flash 的图层中有一个遮罩图层类型，为了得到特殊的显示效果，可以在遮罩层上创建一个任意形状的"视窗"，遮罩层下方的对象可以通过该"视窗"_____，而"视窗"之外的对象将_____。

13. 在 Dreamweaver CS5 中，将图像插入文档时，将在 HTML 源文档中自动生成_____。

14. CSS 是一组格式设置规则，用于控制 Web 页面的_____。

15. 网页中经常使用的 Flash 文件包括：Flash 按钮、Flash 影片和_____。

二、选择题

1. 在 HTML 中，单元格的标记是(　　)。
   A.<td>　　　　　　　B.<span>　　　　　　C.<tr>　　　　　　D.<body>

2. 在 HTML 中，如果要对文字的颜色进行修饰，则在代码段中会有代码(　　)。
   A. font-family: "宋体　　　　　　　　B. font-size: 9pt
   C. color: #990000　　　　　　　　　　D. href="../example1/2.html"

3. 以下不属于"网页设计三剑客"的是(　　)。
   A. Dreamweaver　　B. FrontPage　　C. Fireworks　　D. Flash

4. Photoshop 保存文件系统默认的格式是(　　)格式。
   A. JPG　　　　　　B. BMP　　　　　　C. PSD　　　　　　D. GIF

5. CorelDRAW 是否有还原命令（　　）。

  A．有　　　　　　　　　　　　　　B．没有

6. 在 CorelDRAW 中做"转换为位图"会造成（　　）。

  A．分辨率损失　　　　　　　　　　B．图像大小损失

  C．色彩损失　　　　　　　　　　　D．什么都不损失

7. Fireworks 的文字特性有（　　）。

  A．应用到路径对象上的操作都可以应用到文字对象

  B．文字对象转化为路径并保留原来的可编辑性

  C．Fireworks 可以编辑 GIF 格式的文件

  D．以上都对

8. Fireworks 的效果中，哪一个特效没有设置项？（　　）。

  A．曲线　　　　　　B．阴影　　　　　　C．内部倒角　　　D．自动色阶

9. 下面哪种工具可以制作 GIF 动画（　　）。

  A．CorelDRAW　　B．Photoshop　　C．Gif Animator　D．Cool Edit

10. 以下（　　）不是 Flash 所支持的图像或声音格式。

  A．JPG　　　　　　B．MP3　　　　　　C．PSD　　　　　D．GIF

11. 关于脚本，下面哪种说法不正确（　　）

  A．通过脚本可以控制动画的播放流程

  B．Flash 的脚本功能强大

  C．使用脚本必须要进行专门的编程学习

  D．按钮往往需要结合脚本来使用

三、简答题

1. 说明 HTML 文档的基本构成。

2. 常见的 HTML 标记有哪些？

3. 在 Photoshop 中，通道可以分为 3 种，简述这 3 种通道的作用。

4. 在 CorelDRAW 中用贝塞尔曲线工具绘制曲线时，应注意什么问题？

5. Fireworks 的工作界面由哪些部分组成？

6. 相对于传统的 GIF 动画格式，Flash 动画有什么优势？

7. Flash 中的时间轴主要由哪些部分组成，它们各自的作用是什么？

四、操作题

1. 使用 Photoshop，按下面的操作步骤制作一个如图 4.258 所示的火焰效果。

① 启动 Photoshop，设置背景色为黑色。新建宽为 500 像素，高为 500 像素，分辨率为 72 像素/英寸，模式为 RGB，背景为背景色的图像。然后将前景色设为黑色、背景色设为白色。执行菜单栏的"滤镜"→"渲染"→"镜头光晕"命令，在"镜头光晕"对话框中设置"亮度"为 100%。选择"镜头类型"为 50～300 毫米变焦，并将光晕移至图像中心，之后单击"确定"按钮。

② 执行"图像"→"调整"→"色彩平衡"命令，在"色彩平衡"对话框中，调整"青

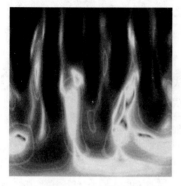

图 4.258　火焰效果

色"为-100，"蓝色"为 100，之后单击"确定"按钮。然后执行"图像"→"调整"→"曲线"命令，在"曲线"对话框中调整亮度曲线的弧度，使其光晕的晕色加强加厚，之后单击"确定"按钮。

③ 执行"滤镜"→"扭曲"→"波浪"命令，在其对话框中将"生成器数"设置为 6，"波长"最小值和最大值分别为 60、100，"波幅"最小值、最大值分别为 1、58，设置水平、垂直都为 100%，并选择"正弦"选项，在右下角选择"重复边缘像素"，之后单击"确定"按钮。

④ 在图层调板中，把背景层复制 1 个图层(背景副本)。执行"图像"→"调整"→"反相"命令。然后：执行"滤镜"→"扭曲"→"波浪"命令，和第⑤步设置一样，之后单击"确定"按钮。然后在图层调板中，把背景副本图层的混合模式更改为"差值"，如图 4.259 所示。

执行"图像"→"调整"→"色彩平衡"命令，在"色彩平衡"对话框中，调整"青色"为-100，之后单击"确定"按钮。

⑤ 在图层调板中，执行"创建新的填充或调整图层 ⬛"命令，选择"渐变映射"，单击渐变色框弹出"渐变编辑器"对话框，单击渐变色最左边的色标按钮，如图 4.260 所示，在弹出的"拾色器"对话框设置蓝色，R 值为 0、G 值为 96、B 值为 226，之后单击"确定"按钮。在图层调板中"合并可见图层"。

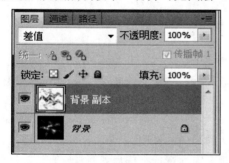

图 4.259　图层调板

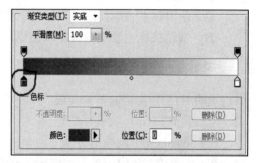

图 4.260　"渐变编辑器"对话框

然后：执行"图像"→"调整"→"反相"命令，接着执行"图像"→"调整"→"曲线"命令，在"曲线"对话框中调节曲线以调整曲线明度，之后单击"确定"按钮。然后执行"滤镜"→"扭曲"→"极左标"命令，在"极坐标"对话框中选择"极坐标到平面坐标"选项。然后执行"图层"→"新建"→"背景图层"命令。

执行"编辑"→"变换"→"旋转 180"命令，使图像倒转。

执行"滤镜"→"扭曲"→"波浪"命令，在其对话框中将"生成器数"设置为 5，"波长"最小值和最大值分别为 60、100，"波幅"最小值、最大值分别为 1、5，设置水平、垂直都为 100%，并选择"正弦"选项，在右下角选择"重复边缘像素"，如图 4.261 所示，之后单击"确定"按钮。

⑥ 在"通道"面板中选择蓝色通道，接着执行"图像"→"调整"→"曲线"命令，在"曲线"对话框中调节曲线以调整曲线亮度。再在"通道"面板中选择 RGB 通道，然后

按着 Ctrl 键单击蓝色通道，这时蓝色通道会形成选区。执行"图像"→"调整"→"曲线"
命令，在"曲线"对话框中调节曲线以调整曲线亮度。

⑦ 在"通道"面板中按着 Ctrl 键单击红色通道，这时红色通道会形成选区，在"通道"
调板中，按 Ctrl+Alt 键单击蓝色通道，这时蓝色通道的图形就会形成选区并在原选区中减去，
执行"图像"→"调整"→"曲线"命令，在"曲线"对话框中调节曲线以调低亮度。

⑧ 执行"图像"→"调整"→"色相"→"饱和度"命令，在该对话框中设置"饱和
度"为 100，使火焰的颜色富有变化。然后再执行"图像"→"调整"→"色彩平衡"命令，
在"色彩平衡"对话框中，调整"青色"为 50，"黄色"为–50。

⑨ 选择"图像"→"调整"→"色相"→"饱和度"命令，在该对话框中设置"饱和
度"为 100，加强火焰的颜色纯度，最终效果如图 4.258 所示。

2. 使用 CorelDRAW，制作五角星，效果如图 4.262 所示。

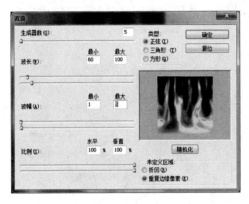

图 4.261　波浪设置对话框

图 4.262　五角星

使用工具：矩形工具、填充工具、轮廓工具、选择工具、星形工具。制作思路：实验先
制作一个蓝色的背景，再绘制出一个光背景及五角星，最后对三个图形进行整合，制作步骤
如图 4.263 所示。

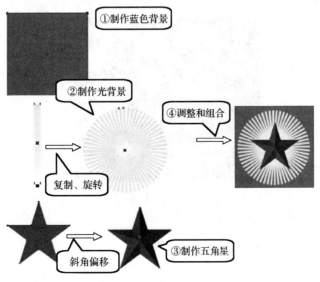

图 4.263　五角星制作步骤

3．使用 Firworks，制作水滴效果。

① 打开花朵图片，如图 4.264 所示，新建图层，并锁定花朵所在图层，在新图层上选中"椭圆工具"绘制一个椭圆，设置椭圆的填充颜色为"无"，设置线条颜色为"浅灰色(#CCCCCC)"。

② 使用"部分选择工具"，调整椭圆的形状，使其成为一个水滴的形状，将图形的颜色填充为由"白(#FFFFFF)到浅灰(#CCCCCC)"的渐变填充，方向"由下到上"。

③ 给水滴增加内侧阴影效果，克隆水滴，并去掉克隆水滴的阴影效果，如图 4.265 所示。

④ 绘制一个椭圆，摆放在合适的位置。

⑤ 选择克隆的水滴和该椭圆，进行打孔操作，然后组合路径，得到高光部分图形，将高光图形填充为"白色"，边框颜色设置为"无"，在图层面板中降低其透明度为"80%"。

⑥ 使用变形工具将高光图形缩放为 80%，调整水滴图层的透明度为"50%"。

⑦ 复制出多个水滴副本，放置于花朵的适合位置，并用变形工具对水滴进行适当变形。水滴效果制作完毕，效果如图 4.266 所示。

图 4.264　原始图片图　　　　　　　　图 4.265　椭圆与水滴打孔以制作高光部分

4．制作一个风筝在天空飞翔的 Flash 动画，并使用提供的音乐作为背景音乐。

5．使用 Dreamweaver CS5+Fireworks CS5+Flash CS5 设计制作一个个人网站。

图 4.266　花瓣上的露珠

第 5 章 因特网信息检索

网络技术的迅猛发展带来信息量的与日俱增。一方面是人类信息资源前所未有的丰富；另一方面，海量信息也使获取有效信息成为难点。通过搜索引擎进行因特网信息检索已成为获取信息的有效手段之一，搜索引擎以关键词、词组或自然语言构成检索表达式，从各种网络资源中检索所需要的信息，并将检索结果提供给用户。

5.1 搜索引擎

5.1.1 搜索引擎概述

1. 搜索引擎的概念

搜索引擎是指根据一定的策略、运用特定的计算机程序搜集互联网上的信息，在对信息进行组织和处理后，为用户提供检索服务的系统。从使用者的角度看，搜索引擎提供一个包含搜索框的页面，在搜索框中输入词语，通过浏览器提交给搜索引擎后，搜索引擎就会返回和用户输入的内容相关的信息列表。

互联网发展早期，以雅虎为代表的网站分类目录查询非常流行。网站分类目录由人工整理维护，精选互联网上的优秀网站，并简要描述，分类放置到不同目录下。用户查询时，通过逐层点击来查找自己想找的网站。也有人把这种基于目录的检索服务网站称为搜索引擎，但从严格意义上讲，它并不是真正的搜索引擎。

2. 搜索引擎的组成

搜索引擎一般由搜索器、索引器、检索器和用户接口四个部分组成，如图 5.1 所示。

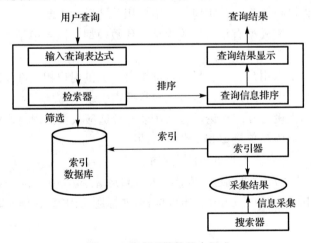

图 5.1 搜索引擎的基本组成

(1)搜索器

搜索器的功能是在互联网中漫游，发现和搜集信息。它常常是一个计算机程序，日夜不停地运行。它要尽可能多、尽可能快地搜集各种类型的新信息，同时因为互联网上的信息更新很快，所以还要定期更新已经搜集过的旧信息，以避免死连接和无效连接。

目前有两种常见的搜集信息策略。

① 从一个起始 URL 集合开始，顺着这些 URL 中的超链(Hyperlink)，以宽度优先、深度优先或启发式方式循环地在互联网中发现信息。这些起始 URL 可以是任意的 URL，但常常是一些非常流行、包含很多链接的站点(如 Yahoo！)。

② 将 Web 空间按照域名、IP 地址或国家域名划分，每个搜索器负责一个子空间的穷尽搜索。搜索器搜集的信息类型多种多样，包括 HTML、XML、Newsgroup 文章、FTP 文件、字处理文档、多媒体信息。

(2)索引器

索引器的功能是理解搜索器所搜索的信息，从中抽取出索引项，用于表示文档以及生成文档库的索引表。索引项有客观索引项和内容索引项两种：客观索引项与文档的语意内容无关，如作者名、URL、更新时间、编码、长度、链接流行度(link popularity)等；内容索引项用来反映文档内容，如关键词及其权重、短语、单字等。内容索引项可以分为单索引项和多索引项(或称短语索引项)两种。单索引项对于英文来讲是英语单词，比较容易提取，因为单词之间有天然的分隔符(空格)；对于中文等连续书写的语言，必须进行词语的切分。

在搜索引擎中，一般要给单索引项赋予一个权值，以表示该索引项对文档的区分度，同时用来计算查询结果的相关度。使用的方法一般有统计法、信息论法和概率法。短语索引项的提取方法有统计法、概率法和语言学法。

索引表一般使用某种形式的倒排表(inversion list)，即由索引项查找相应的文档。索引表也可能要记录索引项在文档中出现的位置，以便检索器计算索引项之间的相邻或接近关系(proximity)。

(3)检索器

检索器的功能是根据用户的查询在索引库中快速检出文档，进行文档与查询的相关度评价，对将要输出的结果进行排序，并实现某种用户相关性反馈机制。

检索器常用的信息检索模型有集合理论模型、代数模型、概率模型和混合模型四种。

(4)用户接口

用户接口的作用是输入用户查询、显示查询结果、提供用户相关性反馈机制。主要的目的是方便用户使用搜索引擎，高效率、多方式地从搜索引擎中得到有效、及时的信息。用户接口的设计和实现使用人机交互的理论及方法，以充分适应人类的思维习惯。

用户输入接口可以分为简单接口和复杂接口两种。

① 简单接口只提供用户输入查询串的文本框。

② 复杂接口可以让用户对查询进行限制，如逻辑运算(与、或、非；　、-)、相近关系(相邻、NEAR)、域名范围(如.edu、.com)、出现位置(如标题、内容)、信息时间、长度等。

5.1.2　常见搜索引擎简介

全世界有很多个称为"搜索引擎"的网站。实际上，这些网站中真正适合海外推广的搜索引擎不过十多个。其中最著名的是 Google、雅虎、AllTheWeb、AltaVista 和 Inktomi 等。其他网站的搜索结果都来自于这些搜索引擎，或者它们之间的搜索结果交叉使用。

1. 通用搜索引擎

（1）Google

Google 富于创新的搜索技术使其从当今的第一代搜索引擎中脱颖而出。Google 并非只使用关键词或代理搜索技术，它将自身建立在高级的网页级别技术基础之上。网页级别利用巨大的网络链接结构对网页进行组织整理，可对网页的重要性进行客观的分析。用于计算网页级别的公式包含 5 亿个变量和 20 多亿个项。

Google 提供了便捷的网上信息查询方法。通过对几十亿个网页进行整理，可为世界各地的用户提供适需的搜索结果，而且搜索时间通常不到半秒。现在，Google 每天需要提供 1.5 亿次查询服务。Google 复杂的自动搜索方法避免了人为感情因素，与其他搜索引擎不同，Google 的结构设计即确保了公正，任何人都无法用钱换取较高的排名。

（2）雅虎

雅虎是全球第一门户搜索网站，业务遍及 24 个国家和地区，为全球超过 5 亿的独立用户提供多元化的网络服务。2005 年 8 月，中国雅虎由阿里巴巴集团全资收购，中国雅虎（www.yahoo.com.cn）将全球领先的互联网技术与中国本地运营相结合。雅虎搜索逐步确立了社区化搜索（social search）的策略，将积极发挥全球庞大的注册用户群来积累大批高质量内容和元数据（meta data），从而改善用户的搜索体验。在这种策略下，雅虎不断推出新的社区化搜索服务，例如：知识堂、收藏等，并收购了著名的照片共享网站 Flickr 和社会书签网站 Del.icio.us，进行产品上的优势互补。雅虎搜索引擎的工作过程如图 5.2 所示。

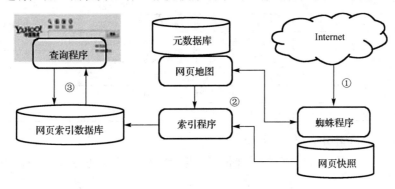

图 5.2　雅虎搜索引擎的工作过程

首先，搜索引擎会建立一个网页地图记录互联网的链接结构，再使用网页抓取的蜘蛛程序根据网页地图来抓取质量好的网页，存储到网页快照数据库中。接下来，索引程序会将快照数据库中的网页编号存储到网页索引数据库中，在这个过程中会利用相关技术去掉作弊网页。

当用户输入一个查询词搜索时，查询程序会使用这个查询词到索引数据库中比较，并经过相关性计算后，按照相关的程度对网页进行排序，相关性越高的排得越靠前。相关性的计算是各种因素的综合结果，例如，网站标题或网页内容对查询词的匹配、网页被链接的次数等。

(3) InfoSpace

InfoSpace 是著名的元搜索引擎。元搜索引擎在接受用户查询请求时，同时在其他多个引擎上进行搜索，并将结果返回给用户。

(4) AltaVista

AltaVista 是全世界最古老的搜索引擎之一，也是功能最完善、搜索精度较高的全文搜索引擎之一。并且经过升级，其搜索精度已达业界领先水平。该搜索引擎已于 2003 年被雅虎收购。

(5) HotBot

HotBot 是比较活跃的搜索引擎，数据更新速度比其他引擎都快。网页库容量为 1.1 亿，以独特的搜索界面著称。该引擎已被 Lycos 收购，成为 Terra Lycos Network 的一部分。

(6) AllTheWeb

AllTheWeb 是目前成长最快的搜索引擎，支持 225 种文件格式搜索，其数据库已存有 49 种语言的 21 亿个 Web 文件，而且以其更新速度快、搜索精度高而受到广泛关注，被认为是 Google 强有力的竞争对手。

2. 专业领域搜索引擎

(1) 金融领域的搜索引擎

金融领域的搜索引擎提供的检索服务，主要是通过公司名称或股票代码，查找公司的股价、财务数据及其相关 Web 站点等。金融领域的常见搜索引擎如表 5.1 所示。

表 5.1　金融领域的常见搜索引擎

网　址	功　能
http://www.dailystocks.com	网上第一个也是最大的股票检索站点
http://www.fmlx.com	有关公司、股市信息及其分析和研究的站点链接总汇
http://www.inomics.com	专门为经济学家而设计的检索服务，其特性在于可定制搜索
http://www.justquotes.com	除了股票查询之外，还提供投资常见问题解答等
http://www.moneyweb.com.au	有关商业、金融及货币的 Web 站点指南
http://www.tradingday.com	股票查询，还提供投资分析和技术分析等

(2) 法律领域的搜索引擎

法律领域的搜索引擎主要是查找法律信息，以及与法律相关的站点。法律领域的常见搜索引擎如表 5.2 所示。

表 5.2　法律领域的常见搜索引擎

网　址	功　能
http://www.findlaw.com	有关法律 Web 站点的指南
htpp://www.law.com	提供大量与法律相关网站的链接
http://lawcrawler.findlaw.com	由 AltaVista 支持的搜索引擎，提供涉及法律问题的站点信息

(3) 新闻组搜索引擎

新闻组搜索引擎主要是利用新闻组名称，查找特定主题的信息。常见的新闻组搜索引擎如表 5.3 所示。

表 5.3 新闻组搜索引擎

网 址	功 能
Deja.com	前身为 Deja News，1999 年 5 月经历了较大变化，并增加了新的特性，但新闻组检索依然是其核心
http://www.forumone.com	可检索超过 28 万个基于 Web 的新闻讨论组
http://www.remarq.com	在此的确可检索 Usenet 新闻组，虽然 RemarQ 称之为"communities（社区）"

(4) 医学领域的搜索引擎

医学领域的搜索引擎主要是涉及疾病和医疗问题的信息检索。常见的医学领域的搜索引擎如表 5.4 所示。

表 5.4 医学领域的搜索引擎

网 址	功 能
http://www.biocrawler.com	生物学信息的指南和搜索引擎
http://infoprn.com	医学 Web 站点的指南
http://www.hon.ch/MedHunt	MedHunt 同时采用人工和网络"蜘蛛"建立其医学信息的索引，可通过地区限制检索，还提供法语检索的界面
http://www.nwsearch.com	从一组选定的医学网站中建立索引，检索结果较为准确

(5) 自然科学领域的搜索引擎

自然科学领域的搜索引擎主要提供自然科学各领域的信息检索。常见的自然科学领域的搜索引擎如表 5.5 所示。

表 5.5 自然科学领域的搜索引擎

网 址	功 能
http://www.biocrawler.com	生物学信息的指南和搜索引擎
http://www.biolinks.com	专门为科学家服务的搜索引擎，提供各种学术期刊、组织及公司链接，既有自动创建的索引，也有人工分类的目录
http://www.chemie.de	化学信息的指南和搜索引擎
http://www.cora.justresearch.com	可检索来自世界各大学和实验室的计算机科学论文，论文采用 PostScript 格式

(6) 与计算机相关的搜索引擎

与计算机相关的搜索引擎提供有关计算机和计算的信息检索。常见的与计算机相关的搜索引擎如表 5.6 所示。

表 5.6 计算机领域的搜索引擎

网 址	功 能
http://www.bitpipe.com	检索 IT 分析家和厂商白皮书的摘要，涉及计算和 IT 的主题
http://www.cora.justresearch.com	检索来自世界各大学和实验室的计算机科学论文，论文采用 PostScript 格式
http://www.filez.com	FTP 站点的文件搜索
http://secureroot.m4d.com	有关计算机安全、黑客及 Internet 地下组织的搜索引擎
http://www.softcrawler.com	可检索软件、共享软件和免费软件
http://www.sourcebank.com	编程资源的指南，涉及有关 Java、C、C++的研究论文和联机杂志论文
http://www.techpointer.com	有关计算及其技术的站点指南

5.2　Google 信息检索

作为目前世界上最大的搜索引擎，Google 支持多达 132 种语言，包括简体中文和繁体中文，Google 搜索引擎启动后的界面如图 5.3 所示(http://www.google.com)。

图 5.3　Google 搜索引擎启动界面

5.2.1　基本搜索

布尔查询是一种最为常见的查询方式。就是一种利用如"AND""OR""NOT"等布尔操作符表达的查询。例如，假设一个用户准备查询关于"载人技术"的相关网页信息，他就可以直接在搜索引擎中输入查询关键词"载人技术"，结果如图 5.4 所示。

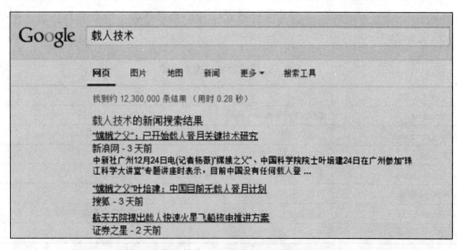

图 5.4　关键词"载人技术"的查询结果页面(截取于 2014-1-1)

此时 Google 搜索引擎展示的结果非常多，高达约 1200 万篇命中网页。造成这种现象的主要原因在于用户没有准确地表达自己的需求，在多数情况下，如果用户能够更加准确地表达出自己的查询需求，通常搜索引擎都可以展示出合理的搜索结果。

1. 与、或、非

(1) 与

Google 无须用明文的"+"来表示逻辑"与"操作，只要空格就可以了。

例如，搜索所有包含关键词"图像处理"和"小波分析"的中文网页。

搜索"图像处理　小波分析"，结果如图 5.5 所示。

图 5.5　关键词"图像处理　小波分析"的查询结果页面（截取于 2014-1-1）

注意：搜索语法外面的引号仅起引用作用，不能写入搜索栏内。

这里有几点需要说明。

① 为了清楚地表明用户的查询需求，采用多个查询关键词十分必要，但是选择关键词需要技巧和经验，有时可能需要多次尝试才能找到最为合适的关键词。

② 在大多数搜索引擎中，AND 通过空格来表示，所以应通过空格来分隔不同的关键词。

③ 由于搜索引擎经常更新网页的索引信息，而且不同的搜索引擎都会采用不同的相关度排序算法，所以实际的查询结果可能会因时因地而变化，这种现象很正常。

④ AND 查询是一种缩小查询范围的查询方法，该方法可以提高查准率，当然，在减少返回结果的同时，一般也会不可避免地丢失一些其实有价值的结果，因此会减少查全率。

(2) 或

如果我们查找有关图像处理的中文网页，会发现介绍英文图像处理的网页内容没有包含在内，事实上，可能这些网页更多、更重要。如何既能找到中文"图像处理"介绍网页，也能找到英文图像处理的介绍网页，OR 查询就是一种解决方法。可以输入"图像处理　OR image processing"，结果如图 5.6 所示。

值得注意的是，不同的搜索引擎可能会有一些差别和注意事项，如 Google 就要求 OR 大写，并且前后空格分隔，还可以"|"来代替 OR。

这里有几点需要说明。

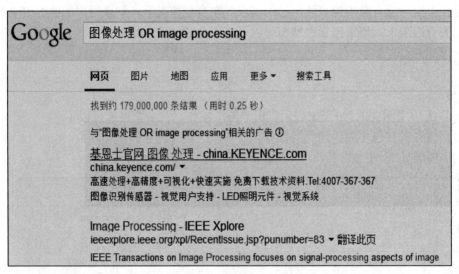

图 5.6　关键词"图像处理 OR image processing"的查询结果页面(截取于 2014-1-1)

① OR 增加了无关网页被命中的概率,特别是在选择的关键词不甚合理时尤为如此。和"与"查询相比,使用 OR 可以增加查全率但会降低查准率。

② 增加关键词需要用户了解相关背景知识,对于较为专业的知识而言,只有熟悉该领域知识的用户才能更容易找到更多的相关查询词。

(3) 非

Google 用减号"-"表示逻辑"非"操作。

例如,搜索所有包含"秦岭"而不含"金丝猴"的中文网页。

搜索:"秦岭-金丝猴"。

注意:这里的"-"号是英文字符。此外,操作符与作用的关键字之间,不能有空格。例如,"秦岭-金丝猴",搜索引擎将视为逻辑"与"操作,中间的"-"被忽略。

2. 截词搜索

在绝大多数情况下,使用模糊查询的主要目的在于有意识地获取更为灵活的返回结果,此时用户需要非常了解要查询的内容。

例如,我们想查询西北地区的各所大学,显然有很多,但是一般而言,西北地区的大学名称都会以"西北"开头而以"大学"结尾,如"西北大学"和"西北工业大学"等。为此,可以使用截词查询,此时的查询关键词为"西北*大学",如图 5.7 所示。

3. 词组搜索

Google 的关键字可以是词组(中间没有空格),也可以是句子(中间有空格)。但是,用句子做关键字,必须加英文引号。

例如,搜索包含"中国传统文化的传承"字串的页面。

搜索:""中国传统文化的传承"",结果如图 5.8 所示。

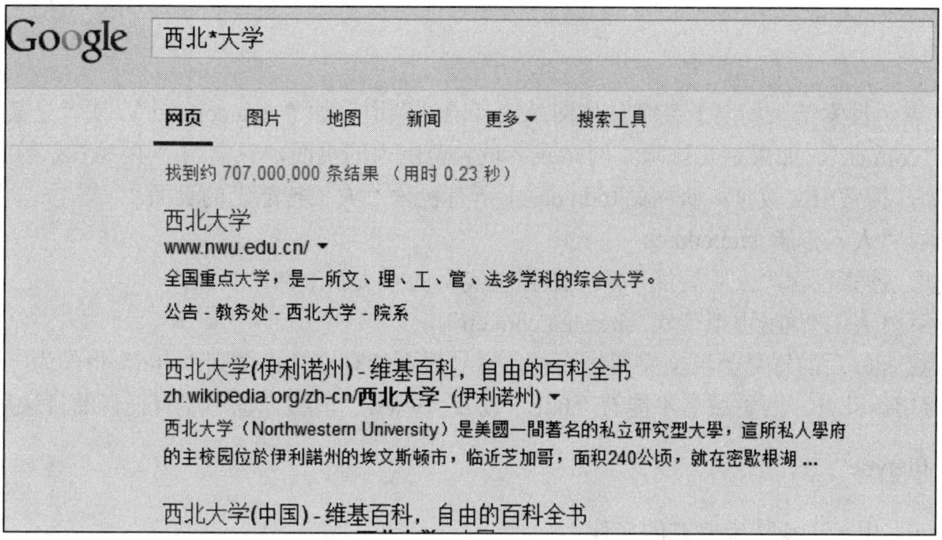

图 5.7　关键词"西北*大学"的查询结果页面(截取于 2014-1-1)

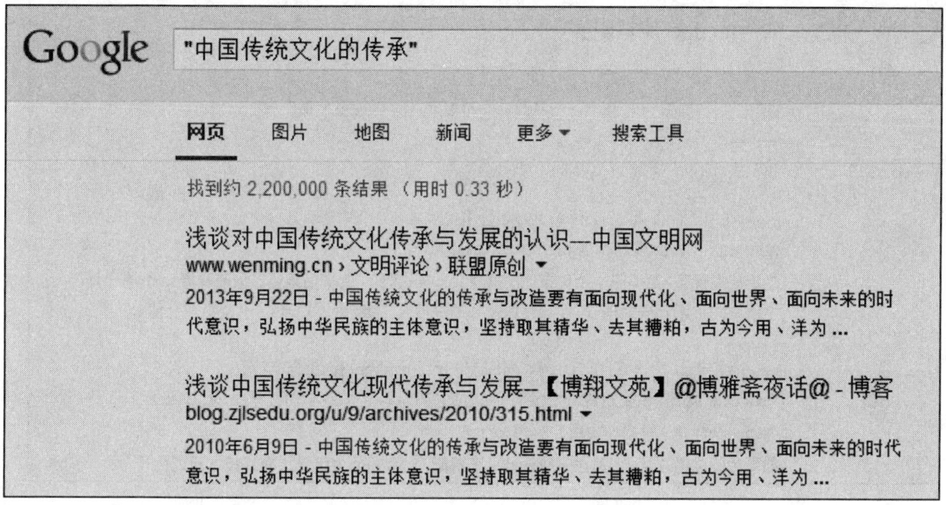

图 5.8　词组"中国传统文化的传承"的查询结果页面(截取于 2014-1-1)

有时也把词组查询称为"句子查询",这更能体现这个含义。当然,任何方法都有两面性,虽然词组查询可以非常准确地找到所需的内容,但是也可能会一无所获,毕竟不是所有的书籍论文都有网络电子版本,更何况使用该方法还需知道一些必要的书籍内容原文,这也是该方法的局限性。

5.2.2　字段搜索

字段搜索是 Google 所提供的特殊的语法结构,能够帮助用户缩小检索范围,更有效地找到所需要的内容。在一般情况下,Google 将整个网页进行收录和索引,通过专门的语法结构,可以让用户搜索网页的某些特定部分或者特定信息。

1. site

site 表示搜索结果局限于某个具体网站或者网站频道，如"sina.com.cn"，或者是某个域名，如"com.cn"。如果是要排除某网站或者域名范围内的页面，只需用"-网站(域名)"。

例如，搜索中文教育科研网站(edu.cn)上所有包含"人工智能"的页面。

搜索："人工智能 site:edu.cn"。

例如，搜索包含"人工智能"和"虚拟现实"的中文新浪网站页面。

搜索："人工智能 虚拟现实 site:sina.com.cn"。

注意：site 后的冒号为英文字符，而且，冒号后不能有空格，否则"site:"将作为一个搜索的关键字。此外，网站域名不能有"http"以及"www"前缀，也不能有任何的目录后缀。

2. filetype

filetype 用于查找特定格式的文件。

例如，查找有关虚拟现实的 Word 文件，结果如图 5.9 所示。

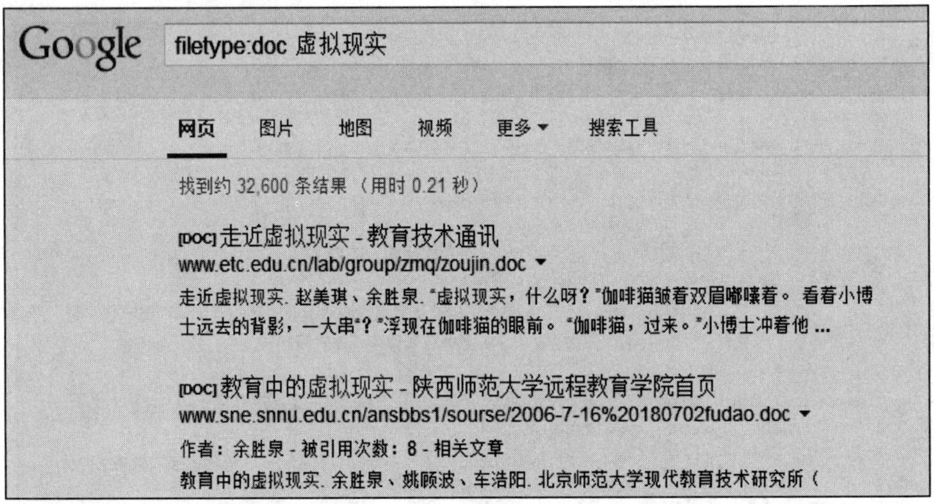

图 5.9　有关虚拟现实的 Word 文件的查询结果页面(截取于 2014-1-1)

不过，要想正确使用 filetype 查询功能，必须要了解搜索引擎所支持的常见文件格式及其扩展名，如表 5.7 所示。

表 5.7　常见文件格式及扩展名

文件类型	文件扩展名	文件类型	文件扩展名
Office Word	doc	Office Excel	xls
Office PowerPoint	ppt	Adobe Acrobat	pdf
Flash	swf		

需要说明的是，Adobe 公司推出的 PDF 格式是一种 Internet 电子出版文件的标准格式，不像 Word 等文件，该种文件可以内嵌字体和图片，所以可以保证在任何能够打开的机器上都呈现出相同的外观，而且由于是电子化出版标准，所以该类型的文件通常质量较高，更为

重要的是它们的数量也很多。所以，要想获取高质量的网络文件，通过限定文件格式为 PDF
是一种较为有效和常见的方法。

3. link

Web 网页通过超链接互相连接在一起，超链接不仅方便用户在不同的网页间跳转浏览，
而且对于网页来说，也是测度网页质量的一个间接方法。例如，一个著名的高质量网页通常
会被更多的网页所链接，此时我们通常说，该网页具有较高的链入数，反之可以认为，如果
一个网页被其他网页链接得越多，则该网页更为重要。字段 link 就可以查询指定网页的所有
链入网页，主要作用就是评价网页和网站的质量与知名度。

link 语法返回所有链接到某个 URL 地址的网页。

例如，搜索所有含指向华军软件园“www.newhua.com”链接的网页。

搜索：“link:www.newhua.com”。

注意：“link”不能与其他语法相混合操作，“link:”后面即使有空格，也将被 Google
忽略。

由于搜索引擎所遍历获取的网页并不全面，同时也由于网页分析算法的局限性，可能最
终获取的链入网页数量很少，这只是一种估算。不过，利用不同查询词语获取的链入网页数
量进行相对比较，可以在很大程度上区分出网页质量和知名度的高低。

4．inurl

inurl 语法返回的网页链接中包含第一个关键字，后面的关键字则出现在链接中或者网页
文档中。有很多网站把某一类具有相同属性的资源名称显示在目录名称或者网页名称中，例
如，“MP3”等，于是，就可以用 Inurl 语法找到这些相关资源链接，然后，用第二个关键词
确定是否有某项具体资料。Inurl 语法和基本搜索语法的最大区别在于，前者通常能提供非常
精确的专题资料。

例如，查找 MIDI 曲“滚滚红尘”。

搜索：“inurl:midi 滚滚红尘”。

例如，查找微软网站上关于 windows7 的安全课题资料。

搜索：“inurl:security windows7　site:microsoft.com”。

注意：“inurl:”后面不能有空格。

5. allinurl

allinurl 语法返回的网页的链接中包含所有查询关键字。这个查询的对象只集中于网页的
链接字符串。

例如，查找可能具有 PHF 安全漏洞的公司网站。通常这些网站的 CGI-BIN 目录中含有
PHF 脚本程序(这个脚本是不安全的)，表现在链接中就是“域名/cgi-bin/phf”。

搜索：“allinurl:"cgi-bin" phf +com”。

6. allintitle 和 intitle

allintitle 和 intitle 的用法类似于上面的 allinurl 和 inurl，只是后者对 URL 进行查询，而前

者对网页的标题栏进行查询。网页标题，就是 HTML 标记语言 title 中之间的部分。网页设计的一个原则就是要把主页的关键内容用简洁的语言表示在网页标题中。因此，只查询标题栏，通常也可以找到高相关率的专题页面。

例如，查找秦岭照片。

搜索："intitle:秦岭　照片"。

7. related、cache 和 info

(1) related

related 用来搜索结构内容方面相似的网页。

例如，搜索所有与中文新浪网主页相似的页面。

搜索："related:www.sina.com.cn/index.shtml"。

(2) cache

cache 用来搜索 Google 服务器上某页面的缓存，这个功能与"网页快照"相同，通常用于查找某些已经被删除的死链接网页。

(3) info

info 用来显示与某链接相关的一系列搜索，提供 cache、link、related 和完全包含该链接的网页的功能。

例如，查找和新浪首页相关的一些资讯。

搜索："info:www.sina.com.cn"。

8. 经济领域特殊搜索

对于经济类信息而言，搜索引擎往往还专门提供一些特殊的字段查询功能。例如，商品价格通常是查询商品时的重要字段之一，因此 Google 允许用户根据商品的价格区间来查询商品。例如，查询售价在 100 美元到 200 美元之间的诺基亚手机，查询词为"nokia $200..300"，在结果页面中很容易看到我们所需的几款产品，如图 5.10 所示。

图 5.10　按商品价格区间查询结果页面(截取于 2014-1-1)

例如，"Canon megapixel 3..8"表示搜索佳能 300 万像素到 800 万像素的设备。

5.2.3　高级搜索与学术搜索

1. 高级搜索

Google 高级搜索界面如图 5.11 所示。

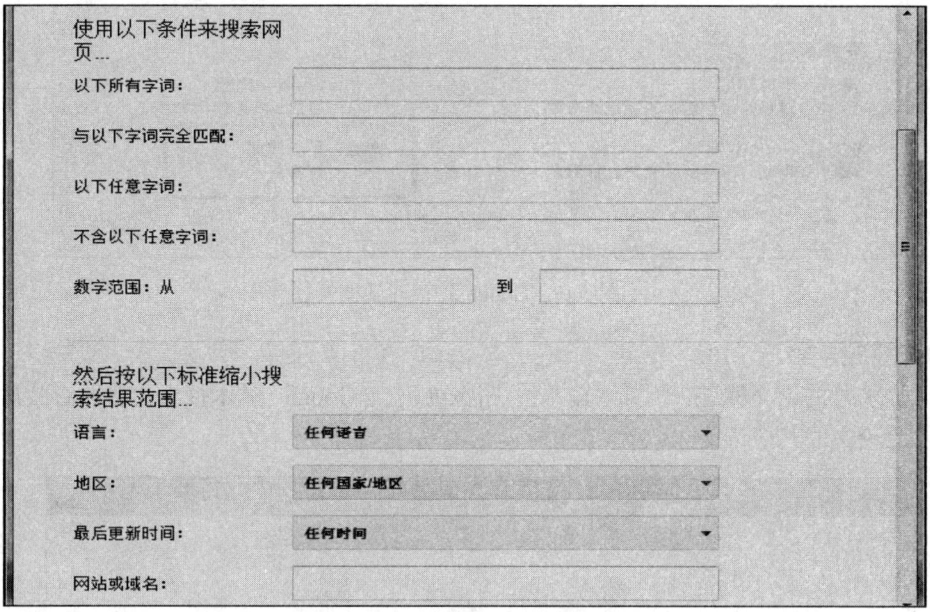

图 5.11　Google 高级检索界面

利用 Google 的"高级搜索"，可以实现以下功能。

① 将搜索范围限制在某个特定的领域。

② 网站中排除某个定网站的网页。

③ 将搜索限制于某种指定的语言。

④ 查找链接到某个指定网页的所有网页。

⑤ 查找与指定网页相关的网页等。

2. 学术搜索

Google 学术搜索提供可广泛搜索学术文献的简便方法。可以从一个位置搜索众多学科和资料来源：来自学术著作出版商、专业性社团、预印本、各大学及其他学术组织的经同行评论的文章、论文、图书、摘要和文章。

在 Google 启动主界面中，单击"更多"按钮，弹出"产品对话框"，如图 5.12 所示，选择"学术搜索"，系统启动学术搜索，如图 5.13 所示。

（1）搜索特定作者

输入加引号的作者姓名。例如，输入："李政道"，则可查到李政道发表的所有文章。

如要增加结果的数量，请不要使用完整的名字，使用首字母即可。

图 5.12　Google 产品对话框

（2）按标题搜索

输入加引号的论文标题。例如，输入："图像处理"。Google 学术搜索会自动查找此论文以及提及此论文的其他论文。

图 5.13　Google 学术搜索界面

5.3　百度信息检索

百度是全球最大的中文搜索引擎。创立之初，百度就将自己的目标定位于打造中国人自己的中文搜索引擎。百度除网页搜索外，还提供 MP3、文档、地图、传情、影视等多样化的搜索服务，率先创造了以贴吧、知道、百科、空间为代表的搜索社区。

5.3.1　基本检索

百度启动界面如图 5.14 所示。

图 5.14　百度搜索引擎界面

1.　逻辑"与"操作

无须用明文的"+"来表示逻辑"与"操作，只用空格就可以了。

例如，以"西北大学 图书馆"为关键字就可以查出同时包含"西北大学"和"图书馆"两个关键字的全部文档。

注意：这里检索语法外面的引号仅起引用作用，不能写入检索栏内。

2.　逻辑"或"操作

使用"A|B"来搜索"或者包含词语 A，或者包含词语 B"的网页。

例如，要查询"图片"或"写真"相关资料，无须分两次查询，只要输入 "图片|写真"搜索即可。百度会搜索跟"|"前后任何字词相关的资料，并把最相关的网页排在前列。

3.　逻辑"非"操作

用英文字符"-"表示逻辑"非"操作。

例如，"西北大学-图书馆"（正确），"西北大学-图书馆"（错误）。

注意：前一个关键词和减号之间必须有空格，否则减号会被当成连字符处理，而失去减号语法功能。

4.　精确匹配：双引号和书名号

例如，搜索秦岭的山水，如果不加双引号，搜索结果效果不是很好，但加上双引号后，"秦岭的山水"，获得的结果就全是符合要求的了。

加上书名号后，《大秦帝国》检索结果就都是关于电影方面的了。

5.3.2 特殊检索

1. site：检索指定网站的文件

site 对检索的网站进行限制，它表示检索结果局限于某个具体网站或某个域名，从而大大缩小检索范围，提高检索效率。

例：查找英国高校图书馆网页信息(限定国家)。

检索表达式：university.library site:uk。

例：查找中国教育网有关信息(限定领域)。

检索表达式：图书馆 site:edu.cn。

2. filetype：检索指定类型的文件

filetype 检索主要用于查询某一类文件(往往带有同一扩展名)。

可检索的文件类型包括：Adobe Portable Document Format(PDF)、Adobe PostScript(PS)、Microsoft Excel(XLS)、 Microsoft PowerPoint(PPT)、 Microsoft Word(DOC)、 Rich Text Format(RTF)等 12 种文件类型。其中最重要的文档检索是 PDF 检索。

例：查找关于生物的生殖发育方面的教学课件。

检索表达式：生物 生殖 发育 filetype:ppt。

例：查找关于遗传算法应用的 PDF 格式论文。

检索表达式：遗传算法 filetype:pdf。

例：查找 DOC 格式查新报告样本。

检索表达式：查新报告 filetype:doc。

3. inurl：检索的关键字包含在 URL 链接中

inurl：语法返回的网页链接中包含第一个关键字，后面的关键字则出现在链接中或网页文档中。有很多网站把某一类具有相同属性的资源名称显示在目录名称或网页名称中，如"mp3""photo"等。于是，就可以用 inurl：语法找到这些相关资源链接，然后，用第二个关键词确定是否有某项具体资料。

例：检索表达式"inurl:mp3 降央卓玛"。

4. intitle：检索的关键词包含在网页的标题之中

intitle 的标准搜索语法是"关键字 intitle:关键字"。

其实 intitle 后面跟的词也算是关键字之一，不过一般我们可以将多个关键字中最重要的词放在这里，如果想找圆明园的历史，那么由于"圆明园"这个字非常关键，所以选择"圆明园历史"为关键字，不如选"历史 intitle:圆明园"效果好。

5.4　因特网文件下载

5.4.1　利用 IE 浏览器下载

　　IE 浏览器本身具有文件下载功能，只需要在下载文件的超链接处右击，选择"目标另存为"选项即可下载文件。

　　打开"百度"搜索引擎，在百度搜索栏中输入"计算机文化基础"并回车，这时百度会搜索到许多网页文件，其中有一些为标记为 PPT、DOC 或 PDF 的文件可以单独下载，如图 5.15 所示。

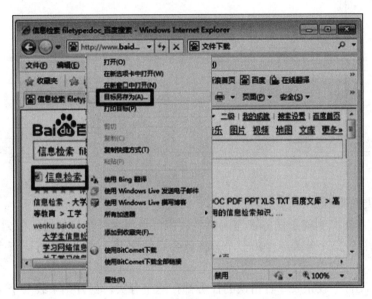

图 5.15　通过 IE 下载文件

　　选择所需内容，在超链接处右击，选择"目标另存为"选项，然后选择文件保存的目录，输入文件名，单击"保存"按钮即可下载文件。

5.4.2　利用迅雷下载文件

1. 迅雷简介

　　迅雷使用的多资源超线程技术基于网格原理，能够将网络上存在的服务器和计算机资源进行有效的整合，构成独特的迅雷网络，通过迅雷网络各种数据文件能够以最快的速度进行传递。多资源超线程技术还具有互联网下载负载均衡功能，在不降低用户体验的前提下，迅雷网络可以对服务器资源进行均衡，有效降低了服务器负载。

　　不足之处在于比较占内存，迅雷配置中的"磁盘缓存"设置得越大（自然也就更好地保护了磁盘），占的内存就会越大。另外广告太多，迅雷 7 之后的版本更加严重，广告一度让一些用户停止了对迅雷 7 的使用，倒回来用较稳定的迅雷 5 版本。

2. 界面介绍

迅雷5启动界面如图5.16所示。

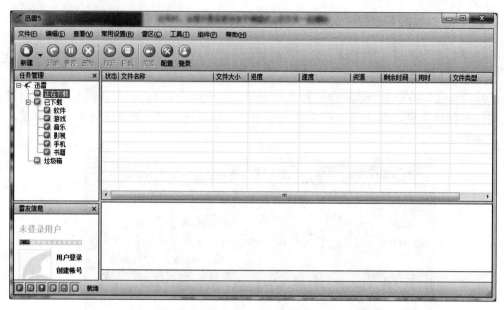

图5.16　迅雷5启动界面

(1)任务分类说明

在迅雷的主界面左侧就是任务管理窗口,该窗口中包含一个目录树,分为"正在下载""已下载""垃圾箱"三个分类。单击一个分类就会看到这个分类里的任务,每个分类的作用如下。

正在下载:没有下载完成或者错误的任务都在这个分类,当开始下载一个文件的时候就需要单击"正在下载"察看该文件的下载状态。

已下载:下载完成后任务会自动移动到"已下载"分类,如果发现下载完成后文件不见了,单击"已下载"分类就看到了。

垃圾箱:防止用户误删。

(2)更改默认文件的存放目录

迅雷安装完成后,会自动在 C 盘建立一个"C:\download"的文件夹,如果用户希望把文件的存放目录改成"D:\下载软件",那么就需要右击任务分类中的"已下载",选择"属性",系统弹出"任务类别属性"对话框,单击"浏览"按钮,更改目录为"D:\下载",如图5.17所示。然后单击"确定"按钮。

(3)子分类的作用

在"已下载"分类中迅雷自动创建了"软件"

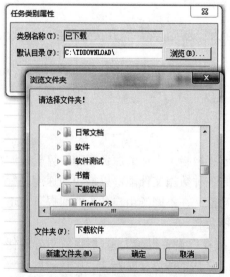

图5.17　更改目标文件夹

"游戏""驱动程序""MP3""电影"五个子分类。每个分类对应不同的目录，不同的文件放在不同的目录。对分类可进行如下操作。

① 配置分类。

迅雷可以在下载完成后自动把不同类别的文件保存在指定的目录，例如，保存音乐文件的目录是"D:音乐"，现在想下载一首叫"西海情歌"的 MP3，先右击迅雷"已下载"分类中的 MP3 分类，选择"属性"，更改目录为"D:音乐"，然后单击"配置"按钮。

在"默认配置"中的分类中选择 MP3，会看到对应的目录已经变成了"D:音乐"，这时右击"西海情歌"的下载地址，选择"使用迅雷下载"，在新建任务面板中把文件类别选择为MP3，单击"确定"按钮就好了。

下载完成后，文件会保存在"D:音乐"，而下载任务则在 MP3 分类中，以后下载音乐文件时，只要在新建任务的时候指定文件分类为 MP3，那么这些文件都会保存到"D:音乐"目录下。

② 新建分类。

想下载一些学习资料，放在"D:学习资料"目录下，但是迅雷中默认的五个分类中没有这个分类，这时可以通过新建一个分类来解决问题，右击"已下载"分类，选择"新建类别"，然后指定类别名称为"学习资料"，目录为"D:学习资料"后，单击"确定"按钮。这时可以看到"学习资料"这个分类了，以后要下载学习资料，在新建任务时选择"学习资料"分类就可以了。

③ 删除分类。

如果不想使用迅雷默认建立某些分类，可以删除。例如，删除"软件"分类，右击"软件"分类，选择"删除"选项，迅雷会提示是否真的删除该分类，单击"确定"按钮就可以了。

④ 任务的拖曳。

把一个已经完成的任务从"已下载"分类拖曳(鼠标左键按住一个任务不放并拖动该任务)到"正在下载"分类和"重新下载"分类，迅雷会提示是否重新下载该文件。

如何把"垃圾箱"中的一个任务拖曳到"正在下载"分类，如果该任务已经下载了一部分，那么会继续下载，如果是已经完成的任务，则会重新下载。

在"已下载"分类中，可以把任务拖动到子分类，例如，设定了 MP3 分类对应的目录是"D:音乐"，现在下载了歌曲"西海情歌.mp3"，在新建任务时没有指定分类，现在该任务在"已下载"分类，文件在"C:download"，把这个歌曲拖曳到 MP3 分类，则迅雷会提示是否移动已经下载的文件，如果选择是，则"西海情歌.mp3"这个文件就会移动到"D:音乐"。

下载的时候不指定分类，使用默认的"已下载"，下载完成后用拖曳的方式把任务分类，同时文件也会移动到每个分类指定的目录。

(4)代理服务器

执行"工具"→"设置代理"→"添加"命令，系统弹出"代理添加/编辑"对话框，如图 5.18 所示。

在"代理名称"栏输入一个有意义的名字，便于以后切换代理服务器。

在"服务器"栏输入代理服务器的 IP 地址。

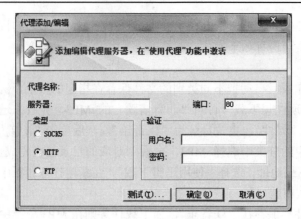

图 5.18　设置代理服务器对话框

在"端口"栏输入对应的端口号。

"类型"一般情况下选择 HTTP。

有一点需要注意，如果使用的代理服务器需要进行用户验证，就必须在"验证"栏输入合法的用户名和密码，否则无法使用。

教育网连接其他的网络的速度一般较慢，寻找到一个好的代理可以大大提高下载速度和浏览速度，并可以解决教育网浏览国外网站这一问题。

例如，使用的是 HTTP 代理，则需要先在"代理服务器类型的配置"中选择 HTTP，这时会看到需要填写的内容，填写完"服务器"和"端口"后单击"测试"按钮，提示成功，然后在下面的区域，把"HTTP 连接"和"FTP 连接"都选择为"使用 HTTP 代理"就可以了。

3. 迅雷基本下载技巧

(1)让迅雷悬浮窗格给我们更多帮助

默认情况下，迅雷并没有出现类似于迅雷的悬浮窗格，给人们下载带来了不便。只要单击迅雷主窗口中的"查看"菜单，选中"悬浮窗"项，即可出现相应的图标。在浏览器中看到喜欢的内容，直接将其拖放到此图标上，即可弹出下载窗口。

(2)不让迅雷伤硬盘

现在下载速度很快，因此如果缓存设置得较小，极有可能会对硬盘频繁进行写操作，时间长了，会对硬盘不利。事实上，只要执行"常用设置"→"配置硬盘保护"→"自定义"命令，然后在打开的窗口中设置相应的缓存值，如果网速较快，设置得大些。反之，则设置得小些。建议值为 2048kb。

(3)批量下载任务

有时在网上会发现很多有规律的下载地址，如遇到成批的 MP3、图片、动画等，例如，某个有很多集的动画片，如果按照常规的方法，需要一集一集地添加下载地址，非常麻烦，其实这时可以利用迅雷的批量下载功能，只添加一次下载任务，就能让迅雷批量将它们下载回来。

假设要下载文件的路径为 http://**.com/001.html 到 http://**.com/100.html 中的 100 张图

片，首先执行"文件"→"新建批量任务"命令，然后在弹出的对话框中的地址栏中填入：http://**.html，选择从 1 到 100，通配符的长度为 3。

注意：

① *在文件名中出现代表任意字符的意思。例如，a.*就代表了文件基本名是 a，扩展名是任意的所有文件。因为*可以代替任意字符，所以我们称之为通配符。

② 所下载的文件都是 zip 文件(.zip)，而前面的文件名为英文，但不相同，那么可以写为*.zip，并且选择"从…到…"，根据实际情况改写要填入的字母。

4．下载方法

普通文件的下载有以下两种方法。

(1)右键快捷菜单法

把鼠标移动到下载链接上，右击，从弹出的快捷菜单中，执行"使用迅雷下载"命令，如图 5.19 所示，适用于单个链接或者该页面内全部链接下载。

(2)拖放下载法

选取要下载的链接所在的区域，然后拖放到迅雷的悬浮窗口中。

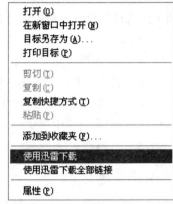

图 5.19　优化界面

习　题　5

一、填空题

1．_____是指根据一定的策略、运用特定的计算机程序搜集互联网上的信息，在对信息进行组织和处理后，为用户提供检索服务的系统。

2．搜索引擎一般由搜索器、索引器、_____和用户接口四个部分组成。

3．_____从互联网提取各个网站的信息(以网页文字为主)，建立起数据库，并能检索与用户查询条件相匹配的记录，按一定的排列顺序返回结果。

4．_____接受用户查询请求后，同时在多个搜索引擎上搜索，并将结果返回给用户。

5．_____表示搜索结果局限于某个具体网站或者网站频道。

二、选择题

1．用户在 Internet 上最常用的一类信息查询工具称为(　　)。

    A．离线浏览器　　　　　　B．搜索引擎　　　　C．ISP　　　　　　　　D．网络加速器

2．要想熟练地在因特网上查找资料，应该学会使用(　　)。

    A．FTP 服务　　　　　　　B．搜索引擎　　　　C．网页制作　　　　　D．电子邮件

3．属于搜索引擎网址的有(　　)。

    A．http://www.jsjyt.edu.cn　　　　　　　　　　B．http://www.cctv.com

    C．:http://www.csdn.net　　　　　　　　　　　 D．http://www.google.com

4．一个同学要搜索歌曲"Yesterday Once More"，他访问 Google 搜索引擎，搜索范围更为有效的关键词是（　　）。

    A．"Yesterday"　　　　　　　　　　B．"Once"

    C．Yesterday Once More　　　　　　　D．"More"

5．下列各软件中不属于搜索类软件的有（　　）。

    A．北大天网　　　　B．Yahoo　　　　C．Sina　　　　D．Windows

6．某同学在 www.google.com 的搜索栏输入"北京奥运会"，然后单击"搜索"按钮，请问他的这种信息资源检索属于（　　）。

    A．全文搜索　　　　B．分类搜索　　　　C．专业垂直搜索　D．目录检索

7．全文搜索引擎显示的搜索结果是（　　）。

    A．被查找的在互联网各网站上的具体内容　B．搜索引擎索引数据库中的数据

    C．本机资源管理器中的信息　　　　　　　D．我们所要查找的全部内容

8．下列搜索引擎中属于目录搜索引擎的是（　　）。

    A．天网搜索　　　　B．搜狐　　　　C．Google　　　　D．百度搜索

三、简答题

1．什么是搜索引擎，常见的搜索引擎有哪些？

2．简述 Google 的基本功能和搜索特点。

3．简述百度的基本功能和搜索特点。

四、操作题

1．请收集关于本学科专业的核心期刊 3 份以上，并给出相应的链接，并分析期刊主要领域。

2．自己拟定一个与本专业相关的检索课题，检索 3 种类型的文献资源，要求说明检索课题名称，检索词，检索过程，检索结果及数量。各筛选出一篇最相关的文献，说明其详细信息。

3．利用搜索引擎搜索包含关键字"计算机软件测试方法"的网页，并设定搜索的网页中要包含"测试前的准备工作"的完整关键词。

4．利用搜索引擎查找与你所学专业相关的专业性网络检索工具或网站（五个以上），写出检索过程。

5．利用搜索引擎检索有关"物联网"的 DOC、PDF、PPT 格式的文件，写出检索式。

6．对互联网上本学科的门户网站进行搜集，列出你认为最有价值的两个门户网站的网址，并说明选择它的理由。

7．请搜索"中外商标大全"网站并用该网站检索绍兴咸亨的商标图案和寓意。

8．如果节日期间欲自助旅游，请参考互联网上搜索出的资料设计你的旅程（包括交通工具的选择、旅行线路的设计、酒店的选择预订等）。

第6章　常见中文数据库的使用

中文数据库具有内容存储量大、检索途径多、查找速度快的优点。从中文数据库中获取学术信息，可保证较高的查全率和查准率，节省时间和精力，从而为科学研究提供有效支持。

6.1　常见中文数据库

6.1.1　三大中文数据库

1. 中国知网

http://www.cnki.net

目前中国知网(CNKI)已建成了中国期刊全文数据库、优秀博硕士学位论文数据库、中国重要报纸全文数据库、重要会议论文全文数据库、科学文献计量评价数据库系列。收录了1994年至今的6600种核心期刊与专业特色期刊的全文,积累全文文献618万篇。

2. 中文科技期刊数据库/维普数据库

http://www.cqvip.com

中文科技期刊数据库/维普数据库由科技部西南信息中心直属的重庆维普资讯公司开发,收录1989年以来8000余种中文期刊的830余万篇文献,并以每年150万篇的速度递增。维普数据库按照《中国图书馆图书分类法》进行分类,所有文献被分为7个专辑:自然科学、工程技术、农业科学、医药卫生、经济管理、教育科学和图书情报, 7大专辑又进一步细分为27个专题。

从收录情况来看,维普收录最久。

3. 万方数据知识服务平台

http://www.wanfangdata.com.cn

万方数据集纳了涉及各个学科的期刊、学位、会议、外文期刊、外文会议等类型的学术论文,法律法规,科技成果,专利、标准和地方志。期刊论文:全文资源。收录自1998年以来国内出版的各类期刊6千余种,其中核心期刊2500余种,论文总数量达1千余万篇,每年约增加200万篇,每周两次更新。

从收录情况来看,万方收录时间最短,但现刊收录最好。

6.1.2　其他中文数据库

1.　中国科学引文数据库

http://sdb.csdl.ac.cn/index.jsp

中国科学引文数据库(Chinese Science Citation Database，CSCD)创建于 1989 年，收录了国内数学、物理、化学、天文学、地学、生物学、家林科学、医药卫生、工程技术、环境科学和管理科学等领域的中英文科技核心期刊及优秀期刊，其中核心库来源期刊为 650 种。

2.　复印报刊资料全文数据库

http://ipub.exuezhe.com/index.html

复印报刊资料全文数据库是由中国人民大学书报资料中心选编 3000 余种公开发行的优秀中文报刊制作而成的数据库。内容涵盖了教育、文史、经济、政治四大领域。

这个数据库最大的好处是：第一，它是精选的，不会像在知网那样，要费力在一堆水文中找干货；第二，它的文献下载格式中有 Word 版。

3.　读秀学术搜索

http://www.duxiu.com

读秀学术搜索是由海量中文图书资源组成的庞大知识库系统，拥有 270 万种书目信息、200 万种图书原文、6 亿页中文资料为基础。

读秀最吸引人的在于它的电子书全文检索。它还可以一次提供一本电子书中的 50 页内容。你的请求发出后，它会在 5 分钟内把相关内容的链接发到你的预留邮箱。不过尽量别用 QQ 邮箱，蠢萌的它经常会把读秀的来信视作垃圾邮件。

4.　超星数字图书馆

http://book.chaoxing.com

超星数字图书馆成立于 1993 年，目前拥有数字图书 200 多万册，按照"中图法"分为文学、历史、法律、军事、经济、科学、医药、工程、建筑、交通、计算机、环保等 22 个学科门类，是国内资源最丰富的数字图书馆。和读秀相比，它可以下载整本电子书资源。但麻烦的是，你必须安装它的阅读器，翻页体验也比较差。

5.　国家哲学社会科学学术期刊数据库

http://www.nssd.org

它是社科类比较齐全的期刊库，并且是免费的。用户注册一个账号即可。它支持全文下载，优点是很流畅，缺点是资源和知网相比还是少一些。

6.2 《中文科技期刊数据库》的使用

6.2.1 《中文科技期刊数据库》简介

1. 基本介绍

《中文科技期刊数据库》由国家科委西南信息中心重庆维普资讯公司出版，是目前国内最大的综合性科技类文献数据库。广泛应用于高等院校图书馆、公共图书馆、信息研究机构、信息咨询中心、科研院所、公司企业、医疗机构、中小学图书馆等多个领域。

《中文科技期刊数据库》收录了中国境内历年出版的中文期刊 12000 余种，全文 3000 余万篇，引文 4000 余万条，分三个版本(全文版、文摘版、引文版)和 8 个专辑(社会科学、自然科学、工程技术、农业科学、医药卫生、经济管理、教育科学、图书情报)定期出版发行。《中文科技期刊数据库》已经成为文献保障系统的重要组成部分，是科技工作者进行科技查新和科技查证的必备数据库。

《中文科技期刊数据库》源于重庆维普资讯有限公司 1989 年创建的《中文科技期刊篇名数据库》，其全文和题录文摘版一一对应。全文版的推出受到国内广泛赞誉，同时成为国内各省市高校文献保障系统的重要组成部分。

系统内核采用国内最先进的全文检索技术，配备了功能强大的全文浏览器，内嵌北京汉王 OCR 识别技术，能直接把图像文件转换成文本格式进行编辑。期刊全文采用扫描方式加工，保持了全文原貌。采用专有压缩技术，每页文献容量仅为 25K 左右，800 万篇文献容量不超过 800G，避免了图像文件容量大、不能编辑的缺点。

2. 基本特点

(1)产品独特功能介绍

《中文科技期刊数据库》采用国内一流检索内核"尚唯全文检索系统"实现数据库的检索管理，是国内首家采用 OpenURL(Open Uniform Resource Locators)技术规范的大型数据库产品。OpenURL 协议是一种上下文相关的开放链接框架，它实现同时对不同的异构数据库或信息资源进行数据关联，方便地为用户单位提供资源的二次开发利用，例如，与图书馆 OPAC 系统的数据关联。

(2)同义词检索

以《汉语主题词表》为基础，参考各个学科的主题词表，通过多年的标引实践，编制了规范的关键词用代词表(同义词库)，实现高质量的同义词检索，提高查全率。

(3)独有的复合检索表达方式

例如，要检索作者"张三"关于医学方面的文献。只需利用"a=张三 *k=医学"这样一个简单的检索式即可实现。这种通过简单的等式来限定逻辑表达式中每个检索词的检索入口，实现字段之间组配检索，是领先于国内数据库产品的。

(4)检索字段

可实现对题名、关键词、题名或关键词、文摘、刊名、作者、第一作者、参考文献、分类号、机构和任意字段等 11 个字段进行检索，并可实现各个字段之间的组配检索。提供细致到作者简介、基金赞助等 20 余个题录文摘的输出内容。

(5) 五大文献检索方式

快速检索、传统检索、高级检索、分类检索、期刊导航。

(6) 特色的参考文献检索入口

可实现与引文数据库的无缝链接操作，在全文库中实现对参考文献的检索。可通过检索参考文献获得源文献，并可查看相应的被引情况、耦合文献等。提供查看参考文献的参考文献，越查越老，以及查看引用文献的引用文献，越查越新的文献关联漫游使用，提高用户获取知识的效率，并提供有共同引用的耦合文献功能，方便用户对知识求根溯源。

(7) 丰富的检索功能

可实现二次检索、逻辑组配检索、中英文混合检索、繁简体混合检索、精确检索、模糊检索，可限制检索年限、期刊范围等。

(8) 检索结果页面直接支持全记录显示

查看信息更方便，并支持字段之间的链接。下载全文只需单击全文下载图标即可，快捷方便。

6.2.2　基本功能

1. 期刊文献检索

提供检索查新及全文保障功能，并进行检索流程梳理和功能优化，新增文献传递、检索历史、参考文献、基金资助、期刊被知名国内外数据库收录的最新情况查询、查询主题学科选择、在线阅读、全文快照、相似文献展示等功能。

期刊文献检索模块提供的检索方式有基本检索、传统检索、高级检索、期刊导航、检索历史。

2. 文献引证追踪

文献引证追踪是维普期刊资源整合服务系统的重要组成部分，是目前国内规模最大的文摘和引文索引型数据库。该产品采用科学计量学中的引文分析方法，对文献之间的引证关系进行深度数据挖掘，除提供基本的引文检索功能外，还提供基于作者、机构、期刊的引用统计分析功能，可广泛用于课题调研、科技查新、项目评估、成果申报、人才选拔、科研管理、期刊投稿等用途。

3. 科学指标分析

该功能模块是运用科学计量学有关方法，以维普中文科技期刊数据库的千万篇文献为计算基础，提供三次文献情报加工的知识服务。通过引文数据分析揭示国内近 200 个细分学科的科学发展趋势、衡量国内科学研究绩效，有助于显著提高用户的学习研究效率。

4. 搜索引擎服务

搜索引擎服务为机构用户基于谷歌和百度搜索引擎，面向读者提供服务的有效拓展支持工具，既是灵活的资源使用模式，也是图书馆服务的有力交互推广渠道。通过开通该服务，可以使图书馆服务推广到读者环境中，让图书馆服务无处不在。

6.2.3　基础检索

访问地址 1：http://lib.cqvip.com。

访问地址 2：http://www.cqvip.com。

进入《中文科技期刊数据库》，界面如图 6.1 所示。

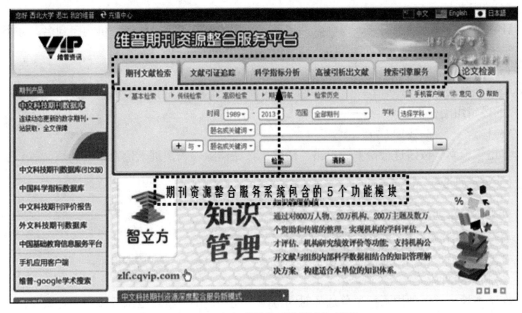

图 6.1　《中文科技期刊数据库》界面

1.　检索界面

基础检索是期刊文献检索功能模块默认的检索方式，检索方便快捷。初级检索界面如图 6.2 所示。

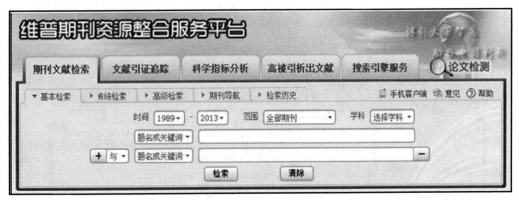

图 6.2　初级检索界面

各选项含义如下。

(1)时间范围限定

使用下拉菜单选择时间范围。

(2)期刊范围限定

可选全部期刊、核心期刊、EI 来源期刊、CA 来源期刊、CSCD 来源期刊、CSSCI 来源期刊。

(3)学科范围限定

包括管理学、经济学、图书情报学等 45 个学科，勾选复选框可进行多个学科的限定。

(4)选择检索入口

任意字段、题名或关键词、题名、关键词、文摘、作者、第一作者、机构、刊名、分类号、参考文献、作者简介、基金资助、栏目信息 14 个检索入口。

(5)逻辑组配

检索框默认为两行，单"+""−"可增加或减少检索框，进行任意检索入口"与""或""非"的逻辑组配检索。

(6)检索

单击"检索"按钮进行检索或单击"清除"按钮清除输入，进入检索结果页。

2. 检索过程

基本检索步骤如下。

(1)登录期刊资源整合服务系统

登录系统后，默认功能模块为期刊文献检索，默认检索方式为基本检索。

(2)检索条件限定

在基本检索首页使用下拉菜单选择时间范围、期刊范围、学科范围等检索限定条件。

(3)选择检索入口，输入检索词

选择检索入口，输入题名、关键词、作者、刊名等检索内容条件。

(4)进行检索

单击"检索"按钮进入检索结果页，查看检索结果题录列表，反复修正检索策略得到最终检索结果。

3. 检索结果处理

输入检索条件如图 6.3 所示。

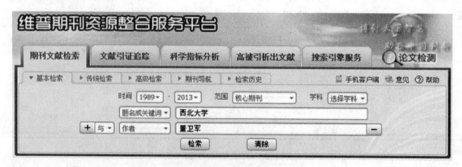

图 6.3　输入检索条件

检索结果如图 6.4 所示。

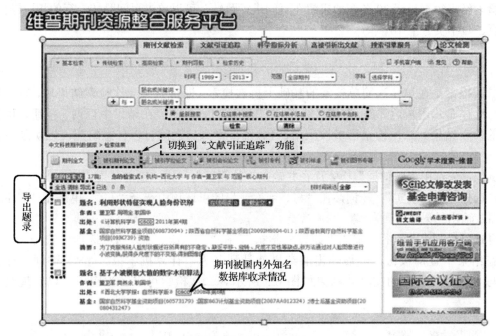

图 6.4　初级检索结果

在检索结果页面可以进行如下操作。

(1) 显示信息

可以显示检索式，检索结果记录数，检索结果的题名、作者、出处、基金、摘要，其中出处字段增加期刊被国内外知名数据库收录最新情况的提示标识，与基金字段一起判断文献的重要性。

(2) 按时间筛选

限定筛选一个月内、三个月内、半年内、一年内、当年内发表的文献。

(3) 导出题录

选中检索结果题录列表前的复选框，单击"导出"按钮，可以将选中的文献题录以文本、参考文献、XML、NoteExpress、Refworks、EndNote 的格式导出。

(4) 查看细览

单击文献题名进入文献细览页，查看该文献的详细信息和知识节点链接。

(5) 获取全文

单击"下载全文""文献传递""在线阅读"按钮将感兴趣的文献下载保存到本地磁盘或在线进行全文阅读，其中新增原文传递的全文服务支持，对不能直接下载全文的数据，通过委托第三方社会公益服务机构提供快捷的原文传递服务。

(6) 继续检索

可进行重新检索，也可在第一次的检索结果基础上进行二次检索(包括在结果中检索、在结果中添加、在结果中去除三种方式)，实现按需缩小或扩大检索范围，精练检索结果。

(7)页间跳转

检索结果每页显示 20 条，如果想在页间进行跳转，可以单击页间跳转一行的相应链接，如首页、数字页、下 10 页等。

4. 二次检索

二次检索是在第一次简单检索的基础上再次检索。即得到第一次检索结果后，输入检索词，选择布尔逻辑运算符(逻辑"或""与""非')，单击"在结果中查询"按钮，可得相应的检索结果。二次检索可多次应用，14 个检索入口之间可以任意组配，以实现复杂检索。

例如，先选用"关键词"检索途径并输入"计算机"一词，输出结果。

再选择"虚拟现实"一词，在"与、或、非"的可选项中选择"与"，单击在结果中查询按钮，输出结果。

再选择"刊名"途径，输入"计算机学报"，在"与、或、非"的可选项中选择"与"，单击在结果中查询按钮，然后输出的结果就是刊名为"计算机学报"，含关键词"计算机"与"虚拟现实"的文献。结果如图 6.5 所示。二次检索可以多次应用，以实现复杂检索。

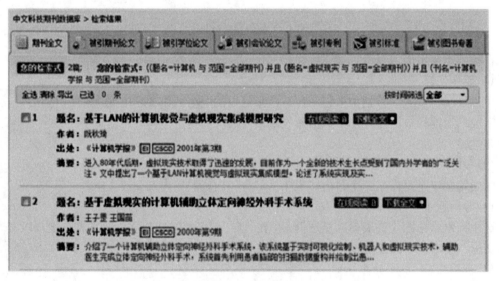

图 6.5　二次检索结果

5. 浏览文献

单击需要查看的文章，进入文献浏览页面，如图 6.6 所示。

在文献浏览页面可以进行信息显示、路径导航、获取全文、节点链接、整合服务等操作。

6.2.4　高级检索

高级检索提供向导式检索和直接输入检索式检索两种方式。运用逻辑组配关系，查找同时满足几个检索条件的文章。

1.　向导式检索

向导式检索为读者提供分栏式检索词输入方法。除了可选择逻辑运算、检索项、匹配度，还可以进行相应字段扩展信息的限定，最大限度地提高了"检准率"。向导检索界面如图 6.7所示。

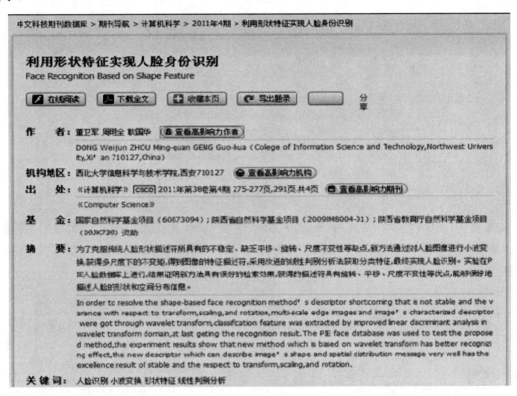

图 6.6　文献浏览页面

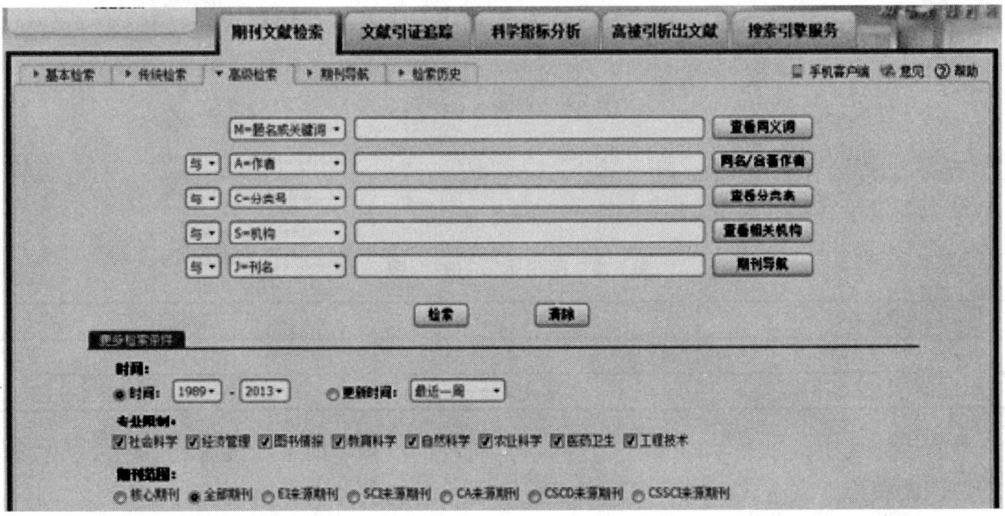

图 6.7　向导检索界面

(1)检索执行的优先顺序

向导式检索的检索操作严格按照由上到下的顺序进行，用户在检索时可根据检索需求进行检索字段的选择。

图 6.8 中显示的检索条件得到的检索结果为：((U=大学生*U=信息素养)+ U=大学生)*U=检索能力，而不是(U=大学生*U=信息素养)+(U=大学生*U=检索能力)。

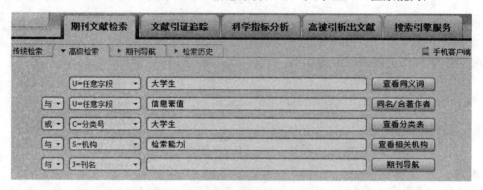

图 6.8　检索条件一

如果要实现(U=大学生*U=信息素养)+(U=大学生*U=检索能力)的检索，则检索条件如图 6.9 所示。图中输入的检索条件用检索式表达为：U=(大学生*信息素养)+U=(大学生*检索能力)。

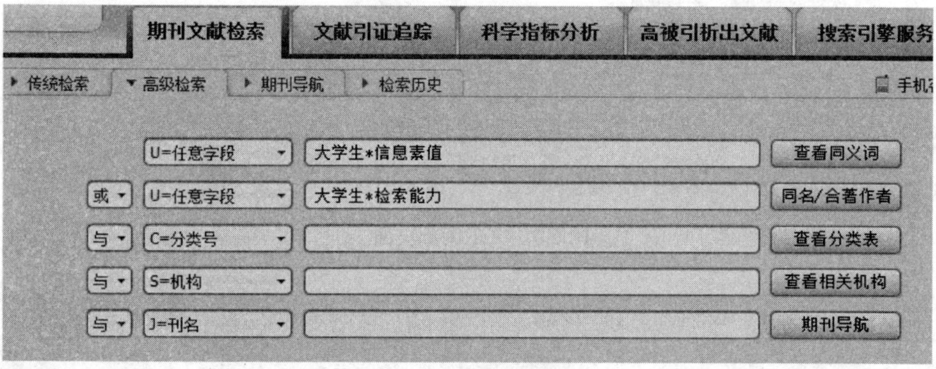

图 6.9　检索条件二

(2)逻辑运算符

常见的逻辑运算符如表 6.1 所示。

表 6.1　逻辑运算符对照表

逻辑运算符	逻辑运算符	逻辑运算符
*	+	−
并且、与、and	或者、or	不包含、非、not

在检索表达式中，以上运算符不能作为检索词进行检索，如果检索需求中包含以上逻辑运算符，请调整检索表达式，用多字段或多检索词的限制条件来替换逻辑运算符号。例如，如果要检索 C++，可组织检索式(M=程序设计*K=面向对象)*K=C 来得到相关结果。

(3) 检索字段的代码

常见的检索字段代码如表 6.2 所示。

表 6.2　检索字段代码对照表

代　码	字　段	代　码	字　段
U	任意字段	S	机构
M	题名或关键词	J	刊名
K	关键词	F	第一作者
A	作者	T	题名
C	分类号	R	文摘

(4) 更多检索条件

使用更多检索条件，以进一步减小搜索范围，获得更符合需求的检索结果。如图 6.10 所示，读者可以根据需要，以时间、专业限制、期刊范围进一步限制范围。

图 6.10　设置更多检索条件

读者在选定限制分类，并输入关键词检索后，页面自动跳转到搜索结果页，后面的检索操作与简单搜索页相同，可以点击查看。

2. 直接输入检索式检索

直接输入检索式检索界面如图 6.11 所示。

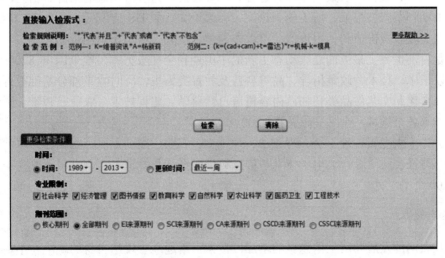

图 6.11　输入检索式界面

用户可在检索框中直接输入逻辑运算符、字段标识等，使用更多检索条件并对相关检索条件进行限制后单击"检索"按钮即可。

检索式输入有错时检索后会返回"查询表达式语法错误"的提示，看见此提示后请使用浏览器的"后退"按钮返回检索界面重新输入正确的检索表达式。

例1：K=维普资讯*A=董卫军

此检索式表示查找文献：关键词中含有"维普资讯"并且作者为董卫军的文献。

例2：　(K=(CAD+CAM)+T=雷达)*R=机械-K=模具

此检索式表示查找文献：文摘含有机械，并且关键词含有 CAD 或 CAM，或者题名含有"雷达"，但关键词不包含"模具"的文献。

此检索式也可以写为：

$$((K=(CAD+CAM)*R=机械)+(T=雷达*R=机械))-K=模具$$

或者

$$(K=(CAD+CAM)*R=机械)+(T=雷达*R=机械)-K=模具$$

6.3　中文知网数据库的使用

6.3.1　中文知网数据库简介

1. 基本介绍

CNKI 即中国知识基础设施(China National Knowledge Infrastructure)。CNKI 工程是以实现全社会知识资源传播共享与增值利用为目标的信息化建设项目，由清华大学、清华同方发起，始建于 1999 年 6 月。

CNKI 是全球信息量最大、最具价值的中文网站。据统计，CNKI 网站的内容数量大于目前全世界所有中文网页内容的数量总和，可谓世界第一中文网。CNKI 的信息内容是经过深度加工、编辑、整合，以数据库形式进行有序管理的，内容有明确的来源、出处，内容可信可靠，如期刊杂志、报纸、博士硕士论文、会议论文、图书、专利等。因此，CNKI 的内容有极高的文献收藏价值和使用价值，可以作为学术研究、科学决策的依据。

该库是目前世界上最大的连续动态更新的中国期刊全文数据库，收录国内 8200 多种重要期刊，以学术、技术、政策指导、高等科普及教育类为主，同时收录部分基础教育、大众科普、大众文化和文艺作品类刊物，内容覆盖自然科学、工程技术、农业、哲学、医学、人文社会科学等各个领域，全文文献总量 2200 多万篇。

产品分为十大专辑：理工 A、理工 B、理工 C、农业、医药卫生、文史哲、政治军事与法律、教育与社会科学综合、电子技术与信息科学、经济与管理。十个专辑下分为 168 个专题和近 3600 个子栏目。

2. 基本特点

随着互联网的发展和网上信息量的增加，搜索引擎逐渐表现出自身的缺陷和不足：一是搜索引擎对内容收录无法提出明确标准，信息质量良莠不齐，垃圾内容越来越多；二是搜索引擎主要是通过关键词匹配的简单方式查找网页，但是用户通常很难用几个孤立的关键词表达清楚自己的查询需求，而排序算法又主要基于网页的链接分析，难以满足用户对内容准确检索的需求；三是用户更希望直接得到答案，而这只有深入理解文献内容后，才能实现。

针对用户的这些需求和搜索引擎的不足，CNKI 推出了知识搜索平台。

(1)文献搜索

基于对文献内容的详细标引，CNKI 文献搜索提供了对标题、作者、关键词、摘要、全文等数据项的搜索功能。文献搜索还提供了多种智能排序算法。相关性排序考虑了文献引用关系、全文内容、文献来源等多种因素，使排序结果更合理。被引频次排序是根据文献的被引频次进行排序。期望被引排序通过分析文献过去被引用的情况，预测未来可能受到关注的程度。作者指数排序则是根据作者发文数量、文献被引用、发文影响因子等评价作者的学术影响力，并据此对文献进行排序。

CNKI 文献搜索提供的知识聚类功能是一般搜索引擎没有的。基于快速聚类算法，对返回结果的知识点进行聚类，并将主要知识点显示给用户，帮助用户改善搜索表达式，扩展搜索意图。

(2)学术定义

概念的定义是描述知识的一种基本单元，称为定义型知识元。CNKI 学术定义搜索提供对学术定义的快速查询。CNKI 定义型知识元库收录了从文献中自动抽取的学术定义 120 多万条。

由于这些定义来源于学术期刊等文献，是不同学者对该概念的认识和论述，因此具有更广泛的参考价值。通过阅读不同角度的解释，就可以全面了解其含义和发展状况，特别是对那些还没有形成明确定义或存在争议的学术概念。从任意定义出发，就可以深入地学习相关的知识，这些是工具书无法做到的。

(3)数值知识元

量化知识是极其重要的知识，如人均 GDP、失业率等，也是基本的知识单元，称为数值型知识元。CNKI 数值知识元搜索提供对这类数值的搜索。

CNKI 数值型知识元库包含 5000 多万条知识元，对应于具有明确含义、至少含有一个以上数值的句子。它们有两个来源，一是 CNKI 数据库中的文献；二是国家统计局、商务部等发布数值内容的权威网站。数值搜索结果通常包含用户直接想要的答案，许多数值还能以图表方式显示，以帮助用户全面了解问题。

(4)新概念

学术研究的灵魂在于创新。创新成果通常以提出新的定理、概念、方法等形式发表出来。CNKI 新概念搜索提供对学术新概念的浏览和查询。对学术新概念的抽取采用了多种知识挖掘方法，并由各学科领域的专家进行人工审核。

新概念搜索可以按年份浏览或搜索某一领域中的新概念，以帮助用户及时了解学科的发展状况，促进学者发表有创新性的研究成果。

(5)翻译助手

CNKI 翻译助手能实现对中英文词、短语、句子的辅助互译。CNKI 中英文对齐语料库包含 100 多万中英文对齐词汇(大部分是学术词汇)和 1000 多万对中英文句子对。它们是从CNKI 数据库中，中英文对齐标题、关键词、摘要等数据项中采用多级对齐技术自动抽取的。

与一般电子词典相比，翻译助手具有以下优势：一是通过将句子拆分为词，能够对短语或句子进行辅助翻译；二是除了词汇翻译外，还提供了大量例句，并按句子结构相似性进行排序；三是能够翻译术语的英文缩略语。

6.3.2　初级检索

为了方便不同网络条件的用户使用中国期刊网，该系统在"中国公众数据数字网"（即邮电网）(China Net)和"中国教育和科研计算机网"(CERNET)上分别挂有网站，网址如下。

访问地址 1：http://www.cnki.net。

访问地址 2：http://www.chmajournal.net.cn/index.htm。

CNKI 主界面如图 6.12 所示。

图 6.12　CNKI 主界面

中国期刊全文数据库提供初级检索和高级检索两种方式。初级检索比较直观，检索面宽，只在某一字段内进行检索。而高级检索适合多条件检索，检索面窄，可在多个字段中同时进行检索。

1. 选择字段

数据库共有 13 个检索字段可供选择，字段分别是篇名、关键词、作者、机构、引文、中文摘要、基金、全文、中文刊名、年、期、ISSN 和主题词。

2. 输入检索词

在检索框中输入需查找的检索对象。每个检索入口均支持布尔逻辑检索。在检索式中，可以使用的逻辑符号有："*"或"AND"（与）、"＋"或"OR"（或）、"－"（非）。需要注意的是，逻辑非不能用"NOT"。

图 6.13 展示了检索字段为"篇名"，检索词为"文物保护"的初级检索结果。

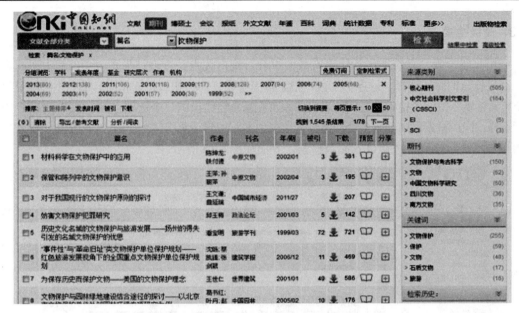

图 6.13 以文物保护为篇名的检索结果

3. 选择时间

可以选择在一段时间内进行检索，系统默认从 1994 年至本年度。

4. 选择排序方式

此为数据检索结果显示顺序的排列。主题排序一般有三种方式：发表时间、被引次数和下载次数。

5. 查看论文基本信息

单击文献题目，可在文献题目列表的下方显示文摘，如图 6.14 所示。同时系统提供 CAJ 格式和 PDF 格式的论文下载，如需下载，单击对应按钮便可。

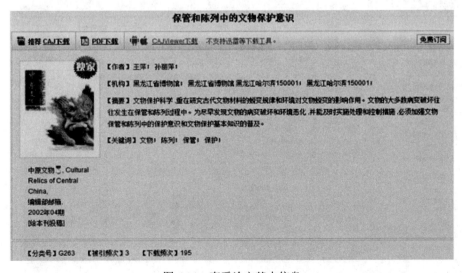

图 6.14 查看论文基本信息

6.3.3　高级检索

利用高级检索，系统能进行快速有效的组合查询，优点是查询结果冗余少，命中率高。

高级检索的时间选择、排序、字段、检索范围等设置均与初级检索相同。唯一不同的是有多个检索词输入框。各检索框之间的逻辑关系可在系统已给出的三个选项 AND、OR、NOT 中进行选择，同一检索框中如有多个检索词，可使用布尔逻辑运算符"*""+""−"加以组配。

单击"高级检索"按钮进入高级检索，界面如图 6.15 所示。

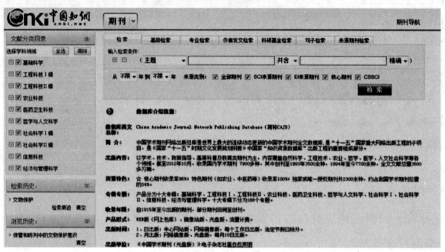

图 6.15　高级检索界面

例如，查找有关 2006～2008 年有关使用小波分析及时进行图像检索的文章。

设置检索条件：篇名为"图像检索"且关键词为"小波分析"。

设置时间：2004-1-1 至 2009-12-31。

检索结果如图 6.16 所示。

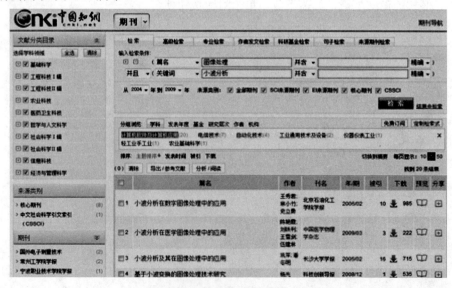

图 6.16　高级检索结果

6.4　万方数据资源系统的使用

6.4.1　万方数据库简介

万方数据库是由万方数据公司开发的，涵盖期刊、会议纪要、论文、学术成果、学术会议论文的大型网络数据库，也是和中国知网齐名的中国专业的学术数据库。其包含的主要数据库如下。

1. 中国科学技术成果数据库

中国科学技术成果数据库(CSTAD)是科学技术部指定的新技术、新成果查新数据库。数据来源于历年各省、市、部委鉴定后上报国家科委的科技成果及星火科技成果。涉及领域包括化工、生物、医药、机构、电子、农林、能源、轻纺、建筑、交通、矿冶等。并每年增加2～3万条最新成果。

2. 中国科技文献数据库

中国科技文献数据库(CSTDB)是在原国家科委信息司的主持和资助下，由万方数据公司联合四十多个科技信息机构共同开发的一个大型文献类数据库。该数据库是我国科技信息界权威机构联合行动的结晶，文献量共计 500 余万篇。

3. 中国科技论文统计与引文分析数据库

中国科技论文统计与引文分析数据库(CSTPC)是中国科技信息研究所在历年开展科技论文统计分析工作的基础上，由中国科技信息研究所开发的一个具有特殊功能的数据库。其数据来源于国内权威机构认定的 1400 多种核心期刊，以及国家科技部年度发布的科技论文与引文的统计结果。现收录论文 160 多万条，引文 300 多万条。

4. 中国学术会议论文全文数据库

中国学术会议论文全文数据库覆盖自然科学、工程技术、农林、医学等领域，每年涉及800 余个重要的学术会议，每年增补论文 3 万篇，新版总量达到 80 多万篇。该库是国内收集学科最全、数量最多的会议论文数据库，属国家重点数据库。目前已陆续增加可以直接阅读自 97 年以来的会议全文数据 50 多万篇。

5. 中国学位论文全文数据库

中国学位论文全文数据库收集了从 1982 年以来我国自然科学领域的博士后、博士及高校硕士研究生论文近 100 万篇。1995 年由万方数据公司制成全文数据库，该库每年增补 10 万篇。

6. 企业、公司及产品数据库

企业、公司及产品数据库(CECDB)是我国最早、最具权威的企业综合信息库，主要数据项有：企业名、负责人、地址、电话、传真、性质、进出口权、注册资金、职工人数、营业额、利润、创汇额、企业概况、主要产品及其产量、价格、规格型号等 40 余项信息。收录中文 20 多万家企业，英文 12 万。

7. 法律法规全文数据库

法律法规全文数据库包括自 1949 年以来全国人大及其常委会颁布的法律、条例及其他法律性文件；国务院制定的各项行政法规，各地地方性法规和地方政府规章；最高人民法院和最高人民检察院颁布的案例及相关机构依据判案实例作出的案例分析，司法解释，各种法律文书，各级人民法院的裁判文书；国务院各机构，中央及其机构制定的各项规章、制度等；工商行政管理局和有关单位提供的示范合同式样和非官方合同范本；以及外国与其他地区所发布的法律全文内容，国际条约与国际惯例等全文内容。

8. 中国国家标准全文数据库

中国国家标准全文数据库收录了国内外的大量标准，包括中国国家发布的全部标准、某些行业的行业标准以及电气和电子工程师技术标准；收录了国际标准数据库，美、英、德等的国家标准，以及国际电工标准；还收录了某些国家的行业标准，如美国保险商实验所数据库、美国专业协会标准数据库、美国材料实验协会数据库、日本工业标准数据库等。

9. 中国国家专利数据库

中国国家专利数据库收录从 1985 年至今受理的全部发明专利、实用新型专利、外观设计专利数据信息，包含专利公开(公告)日、公开(公告)号、主分类号、分类号、申请(专利)号、申请日、优先权等数据项。

10. 外文文献数据库

外文文献数据库(ENPS)中的记录分为两大类：外文期刊论文、外文会议论文。外文期刊论文主要收录了 1995 年以来世界各国出版的 12634 种重要学术期刊，部分文献有少量回溯。学科范围涉及工程技术和自然科学各专业领域，并兼顾社会科学和人文科学。每年增加论文约百万余篇。外文会议论文主要收录了 1985 年以来世界各主要学协会、出版机构出版的学术会议论文，部分文献有少量回溯。学科范围涉及工程技术和自然科学各专业领域。每年增加论文约 20 余万篇。

6.4.2　初级检索

访问地址 1：http://g.Wanfangdata.com.cn。
访问地址 2：http://www.chinainfo.gov.cn。
万方数据库启动界面如图 6.17 所示。
初级检索的功能是在指定的范围内，按单一的检索表达式检索，这一功能不能实现多表达式的逻辑组配检索。可实现此功能的位置有两处：第一，各级页面的检索区；第二，资源检索中心。

图 6.17　万方数据库启动界面

例如，数据来源选择"期刊"，检索条件输入"生物技术"，单击"检索"按钮，结果如图 6.18 所示。

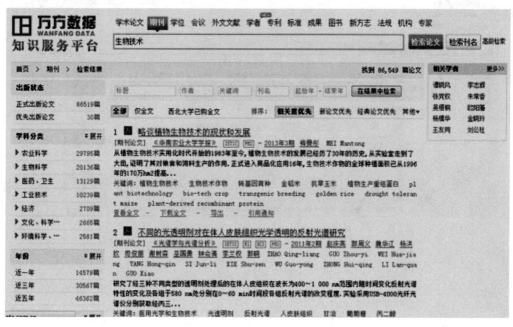

图 6.18　万方数据库初级检索结果

6.4.3　高级检索

单击"高级检索"标签，进入高级检索界面，如图 6.19 所示。

① 在左边选择"文献类型"中选择类型。

② 在"检索条件"中输入条件，最后在时间框内输入时间范围。

③ 单击"检索"按钮。

例如，搜索 2010～2013 年间申请的使用小波分析技术进行人脸识别的专利。

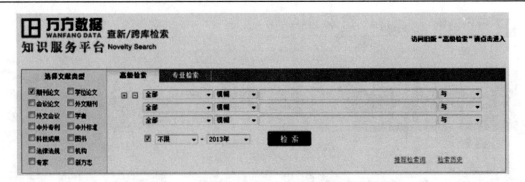

图 6.19　万方数据库高级检索界面

在"文献类型"中选择"中外专利",在"检索条件"中输入"人脸识别""小波分析"时间范围为 2010～2013 年,检索结果如图 6.20 所示。

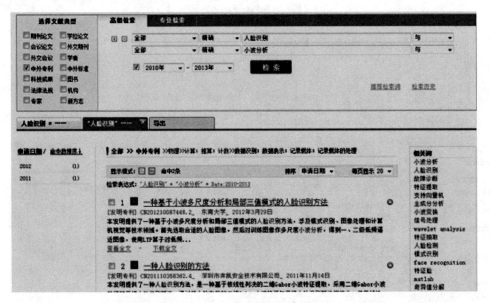

图 6.20　万方数据库高级检索结果

习　题　6

一、填空题

1. _____是重庆维普资讯有限公司的数据库产品。其全文数据库按照《中国图书馆分类法》进行分类,所有文献被分为 8 个专辑。

2. _____是以实现全社会知识资源传播共享与增值利用为目标的信息化建设项目,始建于 1999 年 6 月,由清华大学、清华同方发起。

3. _____是由南京大学中国社会科学研究评价中心开发研制的引文数据库,用来检索中文人文社会科学领域的论文收录和被引用情况,是我国人文社会科学主要文献信息查询的重要工具。

4. _____是在第一次简单检索的基础上再次检索。

二、选择题

1. 中国期刊网是（　　）数据库。

　　A．书目数据库　　B．全文数据库　　C．指南数据库　　D．文摘数据库

2.《中国学术期刊全文数据库》给出的检索结果为（　　）。

　　A．仅题录　　　　B．仅文摘　　　　C．仅全文　　　　D．题录、文摘和全文三种

3. 以作者本人取得的成果为依据而创作的论文、报告等，并经公开发表或出版的各种文献，称为（　　）。

　　A．零次文献　　　B．一次文献　　　C．二次文献　　　D．三次文献

4. 下列哪个数据库是以人文和社科资料为主的（　　）。

　　A．万方数据库　　　　　　　　　B．维普期刊数据库

　　C．人大复印资料　　　　　　　　D．CNKI 数据库

5. 不同的全文数据库提供不同格式的全文，以下（　　）文件格式不是全文数据库所提供的文件格式。

　　A．CAJ　　　　　B．DOC　　　　　C．HTML　　　　　D．PDF

6. 下列（　　）具有同义词检索、同名作者检索等检索功能。

　　A．中国期刊网　　　　　　　　　B．万方数据资源系统

　　C．　中文科技期刊数据库　　　　　D．SpringLink

7. 在万方数据资源系统专业检索中，检索有关"信息系统"方面的论文，下列检索式正确的是（　　）。

　　A．信息系统/KW　　　　　　　　B．TI：信息系统

　　C．信息系统/（600）　　　　　　　D．TI=信息系统

8. 国内最大的科技数据库是（　　）库。

　　A．超星　　　　　B．万方　　　　　C．书生　　　　　D．同方

9. 中国期刊全文数据库没有提供的检索途径是（　　）。

　　A．学科、专业　　　　　　　　　B．分类号、叙词

　　C．刊名、篇名　　　　　　　　　D．作者、单位

10. 中国期刊全文数据库可提供自（　　）年至今的中文期刊全文。

　　A．1984　　　　　B．1989　　　　　C．1994　　　　　D．1995

11. 攻读硕士研究生常用的数据库是（　　）。

　　A．期刊论文数据库　　　　　　　B．专利数据库

　　C．标准数据库　　　　　　　　　D．数字图书馆

12.《中国学术期刊数据库》和《中文科技期刊数据库》均可使用哪种浏览器（　　）。

　　A．Adobe Reader　　　　　　　　B．Apabi 阅读器

　　C．维普阅读器　　　　　　　　　D．中国期刊网阅读器

13. 按照文献内容的新旧程度排序的结果是（　　）。

　　A．会议论文，科技期刊，科技报告，科技图书

　　B．科技图书，科技期刊，科技报告，会议论文

C. 科技报告，会议论文，科技图书，科技期刊

D. 会议论文，科技报告，科技期刊，科技图书

14. 下列哪种检索方式，中文学术期刊网不支持(　　)。

    A. 分类检索　　　　B. 字段检索　　　　C. 二次文献　　　　D. 位置检索

15. 提供检索式/命令行检索的好处在于(　　)。

    A. 容易记忆，容易编写

    B. 文本形式，容易理解

    C. 可以保存成功的检索，以便再次检索

    D. 以上都不对

16. 在维普数据库中，检索期刊名称为"中文信息处理"的文献时，检索式为(　　)。

    A. A=中文信息处理　　　　　　　　B. J=中文信息处理

    C. K=中文信息处理　　　　　　　　D. T=中文信息处理

17. 中国期刊网的专用全文格式阅读器是(　　)。

    A. Apabi Reader　　　　　　　　　　B. CAJViewer

    C. Adobe Reader　　　　　　　　　　D. SSReader

18. 可阅读 CEB、PDF、HTML、TXT 和 OEB 多种数字化书籍的浏览器是(　　)。

    A. Apabi Reader　　B. CAJViewer　　C. Adobe Reader　　D. SSReader

19. 维普期刊数据库可用(　　)浏览器。

    A. Apabi Reader　　B. CAJViewer　　C. Adobe Reader　　D. SSReader

三、简答题

1. 万方数据库和《中国科技期刊数据库》分别是什么类型的数据库？

2. 结合你的检索实践，为什么有时候检索结果为零，如何解决？

3. 运算符"*"和"+"的基本含义和作用是什么？

4. 编写检索式需要注意哪些事项？列举 4 点。

四、操作题

1. 在中文数据库中检索相关论文。

① 3D 打印技术的相关论文。

② 锂电池在汽车行业中的应用。

③ 数字化地形测量技术的研究。

④ 银行业的知识产权保护研究。

⑤ 我国网络安全现状及应对策略。

要求：

① 分析课题，提取检索概念，用关键词表达，并考虑关键词的不同表达形式。

② 利用关键词和逻辑运算符构造检索式。

③ 限定检索字段，确定实际的检索策略。

④ 进行检索，记录检索结果数量。

⑤ 记录文摘信息(篇)。

⑥ 导出所选文献的引文格式。

⑦ 熟悉维普数据库的查看同义词、查看同名著者等特色功能。

⑧ 熟悉万方和知网的结果聚类功能。

2．利用《中国学术期刊网络出版总库》"期刊导航"中的"核心期刊导航"，查找本专业学科的核心期刊。并回答以下问题。

① 该类期刊的种数是多少？

② 请举一种期刊，说明该刊的综合影响因子数是多少？

3．利用《中国学术期刊网络出版总库》检索主题为"美国金融危机"，且题名包含"次贷危机"的文章检索结果。

① 检索结果是多少篇？

② 以题录的形式列出其中 2013 年度的文章结果。

4．在万方数据库期刊全文库中利用高级检索模块下的"经典检索"，检索有关"高校大学计算机教学改革"方面的文章，请指出检索结果是多少篇，并列出最新 1 篇文章的题录信息(包含标题、作者、期刊名称、年卷期)。

第7章 三大检索工具的使用

科学引文索引(SCI)、科技会议录索引(CPCI-S)、工程索引(EI)是世界著名的三大科技文献检索系统,是国际公认的进行科学统计与科学评价的主要检索工具。SCI 是自然科学领域基础理论学科方面的重要的期刊文摘索引数据库;CPCI-S 由美国科学情报研究所编制,主要收录国际上著名的科技会议文献;EI 主要收录工程技术领域的论文。从索引的编排方式来看,SCI 属于关系索引,同时兼具形式索引和内容索引的特征,CPCI-S 与 EI 具有形式索引和内容索引的特征。从索引的对象来看,SCI 揭示的是期刊中的论文,CPCI-S 揭示的是会议录中的论文,EI 则兼而有之。三大科技文献检索系统中,以 SCI 最为重要,根据 SCI 收录及被引证情况,可以从一个侧面反映学术水平的发展情况。特别是每年一次的 SCI 论文排名成了判断一个学校科研水平的重要标准。熟练地使用三大科技文献检索系统可以快速地掌握最新的研究状态。

7.1 Web of Science

7.1.1 Web of Science 简介

1. SCI

SCI 是自然科学领域基础理论学科方面的重要的期刊文摘索引数据库。SCI 主要运用科学的引文数据分析和同行评估相结合方法,综合评估期刊的学术价值,已逐渐成为国际公认的反映基础学科研究水准的代表性工具。世界上大部分国家和地区的学术界将其收录的科技论文数量的多少,看作一个国家的基础科学研究水平及其科技实力指标之一。

在 SCI 中有几个基本概念。

(1) 引文(Citation)和来源文献(Source Item)

一篇文章的参考文献称为引文,该篇文章称为来源文献。刊载来源文献的期刊或专著丛书等称为来源出版物(Source Publications)。

(2) 引文索引

引文索引是反映文献之间引用和被引用关系及规律的一种新型的索引工具。以作者姓名(被引作者或引文作者)为检索起点,查找该作者历年发表的论文曾被哪些人(施引作者或引用作者)、哪些文章(来源文献)引用过,并查出这些来源文献的题录和施引作者所在的单位引文索引。

2. SCI 的整体结构

SCI 每年出六期,每期有 A、B、C、D、E、F 六册。SCI 的引文索引由著者引文索引、团体著者引文索引、匿名引文索引、专利引文索引四部分组成。

(1) 著者引文索引(Citation Index：Authors)

著者引文索引按引文著者姓名字顺编排，可查到某著者的文献被人引用的情况。通过引文索引的用途可查到某位著者的文章被何人引用，有几篇文章被多少人多少次引用，可统计出每篇文章被引用的频率，用来评价科研人员的学术水平和某篇文章的质量。通过论文之间的引证关系，可以了解同行的研究动态和进展。通过引文索引还可进行循环检索，即把所查到的引用著者当作被引用著者，这样就能查到更多更新的相关文献。

(2) 团体著者引文索引(Citation Index：Corporate Author Index)

团体著者引文索引是 1996 年第 2 期起增设的，以当期收录的被引文献的第一团体机构名称为检索标目，提供从已知机构名入手，检索该机构曾于何时何处发表文章被引用的情况。

(3) 匿名引文索引(Citation Index：Anonymous)

有些无著者姓名的文献，如编辑部文章、按语、校正、通信、会议文献等，也可作为引文被人引用，这些被引文献集中编成匿名引文索引。它按引文出版物名称的字顺排列，同名出版物按出版年、卷先后顺序排列。

(4) 专利引文索引(Patent Citation Index)

如果引文是专利文献，则编入专利著者引文索引。该索引按专利号数字大小排列，用于查找引用某项专利的文献，了解该专利有什么新的应用和改进。同时，可了解某项专利被引用的次数，从而评价专利的价值。

3. SCI 的主要版本

SCI 主要发行三个版本：书本式、光盘版及 Internet Web 版(Web of Science 即是 SCI 的 Web 版)。

Web of Science 不仅是 SCI 的 Web 版，与 SCI 的光盘版相比，Web of Science 的信息资料更加详实，其中的 Science Citation Index Expand 收录全球 5600 多种权威性科学与技术期刊，比 SCI 光盘增加 2100 种。Web of Science 更新更加及时，数据库每周更新，确保及时反映研究动态。目前 Thomson Scientific 已自动开通 116 种免费期刊的全文链接。

4. Web of Science 的组成

Web of Science 由三个独立的数据库构成，既可以分库检索，也可以多库联检。需要跨库检索时，选择 CrossSearch，就可以在同一平台同时检索五个数据库。

(1) 科学引文索引(Science Citation Index Expanded，SCIE)

每周更新，收录 5600 多种权威性科学与技术期刊，回溯至 1973 年。

(2) 社会科学引文索引(Social Science Citation Index，SSCI)

每周更新，收录 1700 种社会科学期刊，回溯至 1973 年。

(3) 艺术与人文科学引文索引(Arts & Humanities Citation Index，A&HCI)

每周更新，收录全球 1140 种艺术与人文科学期刊，回溯至 1975 年。

7.1.2　Web of Science 的使用

访问 www.isiknowledge.com，进入 ISI Web of Knowledge 平台，选择 Web of Science 数据库进入主页。

1. 检索方式

Web of Science 主要提供普通检索、引文检索、结构检索和高级检索四种检索方式。

(1) 普通检索(General Search)

普通检索是通过主题(Topic)、著者(Author)、来源期刊名(Publication Name)、著者单位(Address)进行检索,如图 7.1 所示。系统默认多个检索途径之间为逻辑"与"关系。

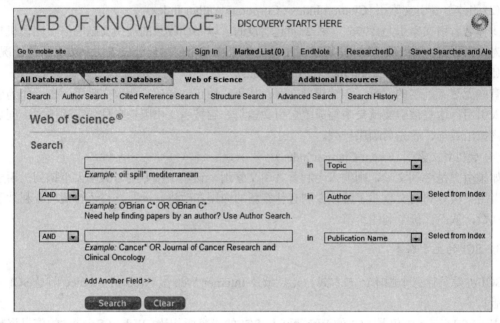

图 7.1　Web of Science 检索主界面

① 主题检索(Topic)。

在文献篇名(Title)、文摘(Abstract)及关键词(Keywords)字段通过主题检索文献,可用逻辑运算符(AND、OR、NOT、SAME 或 SENT)连接单词或短语,也可用截词符进行截词检索。

② 著者检索(Author)。

按著者或团体著者以及论文中提及的人物检索文献。

其中,通过论文著者及引文著者进行人物检索时,允许使用截词符,可输入人物的姓的全称、空格及人物名字的首字母,也可只输入姓,在"姓"后加截词符。

利用主题人物查找时,可输入人物姓氏的全称及(或)名字的全称,并允许使用逻辑运算符。

③ 来源出版物(Title)。

用期刊的全称检索,或用期刊刊名的起始部分加上通配符"*"检索。Source List 列出了 Web of Science 收录的全部期刊,可以通过它粘贴复制准确的期刊名称。

④ 地址检索(Address)。

按著者所在机构或地理位置检索,包括大学学院、机构、公司、国家、城市等的名称和邮政编码等。地址检索中可使用逻辑运算符(AND、OR、NOT、SAME 或 SENT)。

当通过著者机构进行地址检索时,可以输入机构名称中的单词或短语(经常采用缩写形式)。通过机构名称检索时，可输入公司或大学的名字。检索某一地点的机构时，可用 SAME 连接机构及地点。

检索某一机构中的某个系或部门时，可用 SAME 连接机构、系或部门名称。

用检索窗口下方的下拉菜单限定原文的语种和文献类型，按下 Ctrl 或 Shift 键单击可选择多个选项。

(2)引文检索(Cited Reference Search)

引文检索是 ISI Web of Science 所特有的检索途径，目的是解决传统主题检索方式固有的缺陷(主题词选取不易，主题字段标引不易/滞后/理解不同，少数的主题词无法反映全文的内容)。引文检索将一篇文献(论文、会议录文献、著作、专利、技术报告等)作为检索对象，直接检索引用该文献的文献，不受时间、主题词、学科、文献类型的限制，特别适用于检索一篇文献或一个课题的发展，并了解和掌握研究思路，如图 7.2 所示。

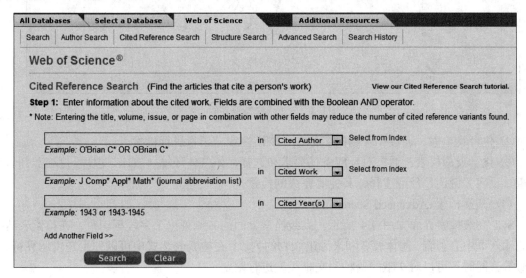

图 7.2　引文检索主界面

检索主题主要包括以下内容。

① 被引著者(Cited Author)。一般应以被引文献的第一著者进行检索，但如果被引文献被 Web of Science 收录，则可以用被引文献的所有著者检索。

② 被引著作(Cited Work)。检索词为刊登被引文献的出版物名称，如期刊名称缩写形式、书名或专利号。单击 list，查看并复制粘贴准确的刊名缩写形式。

③ 被引文献发表年代(Cited Year)。检索词为四位数字的年号。

说明：Cited Author、Cited Work、Cited Year 三个检索字段可以单独使用，也可同时使用，系统默认多个检索途径之间为逻辑"与"的关系。当需要 AND、OR、NOT、SAME 或 SENT 作为检索词，而不是作为运算符时，可以用引号("")将这些词括起来。

(3)结构检索(Structure Search)

SCI 结构检索界面如图 7.3 所示，用于对化学反应和化合物进行检索。

① 结构图或反应式检索。绘制和显示反应式或结构式都需要下载并安装插件 Chemistry Plugin。之后单击 Draw Query，自动弹出画图或画反应式的界面，根据可选择的工具画好具

体结构和反应式，再单击绿箭头，自动将结构和反应式添加到检索框中，并且要选择检索方式(包含或精确检索)。

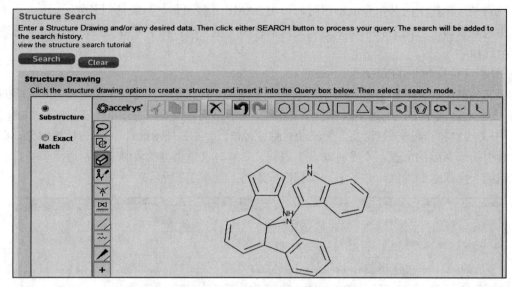

图 7.3　SCI 结构检索界面

② 化合物检索。通过化合物的名称、生物活性或分子量进行检索。

③ 化学反应检索。通过对反应条件要求和选择，如气体环境、气压、温度、反应时间、产量、反应关键词、反应注释、其他等完成的检索。

(4) 高级检索(Advanced Search)

SCI 高级检索界面如图 7.4 所示。高级检索界面的右侧列出了字段标识符，在检索表达式的输入框中有著者、团体著者和来源出版物的列表，在检索表达式中可以使用逻辑运算符、括号等。同时还可以对文献的语种和文献类型进行限定。

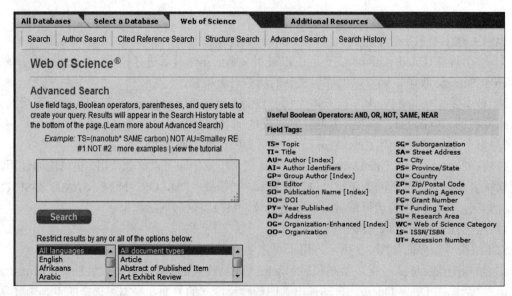

图 7.4　SCI 高级检索界面

同时在该检索界面的主页下面有检索历史，可以对检索历史进行逻辑运算。

检索系统对高级检索中检索表达式的书写有一定的要求，所以一般能熟练运用逻辑运算符和字段标识符的读者使用该检索方法比较合适。

2. 检索规则

(1) 逻辑运算符和截词符

① 逻辑运算符。Web of Science 的逻辑运算符包括 AND、OR、NOT、SAME，其中 SAME 这个运算符的功能比 AND 更强，用 SAME 运算符连接的检索词的位置更近，一般应出现在记录的同一个字段中。

② 截词符。Web of Science 的截词符包括后截断 "*" 和中间截断 "？"，如在输入人物姓名时可使用后截断，如 HOFFMAN E*；在输入关键词时可使用中间截断，如 DERMATOS?S。

(2) 索引词表

Web of Science 对一些需要规范输入的字段提供索引词表，如 Source 字段中的期刊名称或其他来源等，有全称以及缩写等不同形式，为了帮助用户提高查全率和查准率，系统提供了相应的 Full Source Title List 索引词表，单击即可按字顺查看全部索引词条。其他的索引词表还有：author index、group author index、abbreviations help、cited author index、cited work index 等。

3. 检索结果的输出

Web of Science 的检索结果输出主要有显示、标记、打印、下载和 E-mail 等。

(1) 显示

图 7.5 是以 Topic 检索主题中的 Title 为检索字段，以 Image Processing 检索词的检索结果。

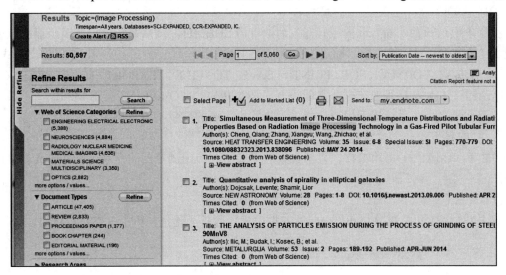

图 7.5　普通检索结果

检索后命中的结果在屏幕上以简洁格式显示。每条记录的内容包括：前 3 位著者，文献篇名及来源期刊名称、卷期、页码等信息。屏幕右侧显示命中结果的排序方式、检索结果的标记、检索分析等内容。屏幕最下方显示检索结果命中的记录数。

单击简洁格式中的文献篇名可以浏览该篇文献在 ISI 数据库中的全记录。如图 7.6 所示，在全记录屏幕上，可单击 Cited Reference、Times Cited 及 Related Reference 查看引文文献、被引用次数及文献以及相关文献。

在引文检索结果的显示中，检索后命中的结果在 Cited Reference Search Results－Summary 界面以简洁格式显示。浏览命中记录的方法与前面普通检索的方式基本相同。

(2)标记、打印、下载和 E-mail

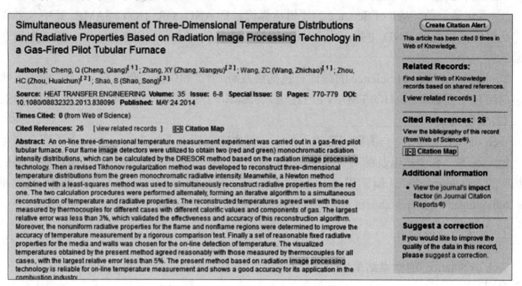

图 7.6　全记录屏幕结果

①标记文献。

在每条记录开始处的方框内做好标记后，单击 SUBMIT。最后系统提示有多少篇文献被标记，直接单击数目，就会显示标记的文献，同时还在上方列出输出选项表，包括输出格式，以 及 输 出 方 式 FORMAT FOR PRINT、SAVE TO FILE、EXPORT TO REFERENCE SOFTWARE、E-MAIL 等的选择。常用的方式是 FORMAT FOR PRINT 或 E-MAIL。

标记文献之后，系统提示用户选择进一步输出需要的文献字段及排序方式。

② 打印和下载。

单击 FORMAT FOR PRINT，显示文献的下载格式。用浏览器的命令可以打印或者保存文献。

③ E-mail 文献。

单击 E-MAIL，在 E-Mail the records to:框中输入收件人地址，单击 SEND E-MAIL 发送。

4. 检索策略的保存和调用

单击 View your search history，可以浏览检索前或检索后的检索历史，还可以保存新的检索策略，或打开曾存储的检索历史。检索策略存储在用户本地的硬盘或者软盘上，用户可以指定文件目录。

单击 OPEN SAVED HISTORY，选定目录和文件后调入，就可调用先前存储的检索策略。

7.1.3　Web of Science 应用举例

1. 从检索结果中快速找到某学科的相关文献

人们可能经常遇到检索结果太多但又不是需要的资料的情况，而利用 Web of Science 提供的强大的精确检索功能(Refine)，可以快速地从检索结果中锁定所关心的学科领域的文献。

例如，要了解虚拟现实(virtual reality)在计算机科学(Computer Science)领域的研究现状。

① 访问 Web of Science 数据库，检索课题，过程如图 7.7 所示。

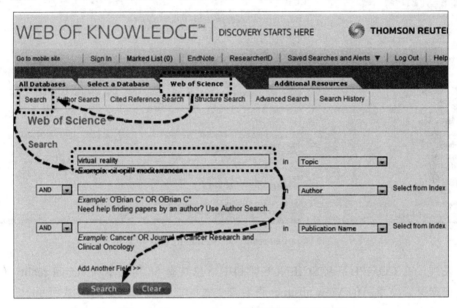

图 7.7　以 virtual reality 为关键词的检索界面

检索结果如图 7.8 所示，可以看到总共检索到和 virtual reality 相关的论文 3033 篇。

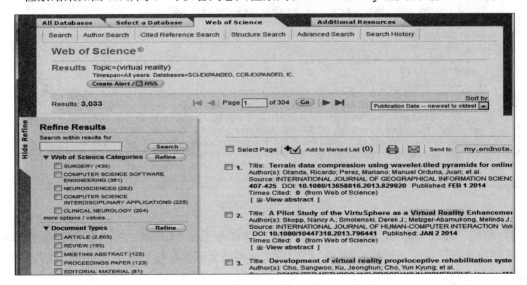

图 7.8　以 virtual reality 为关键词的检索结果

②　选择研究领域，缩小查找范围，精确查找结果。在检索结果界面上，通过左侧的 Refine Results 功能可以快速地了解该课题的学科、文献类型、作者、机构、国家等，甚至通过 Subject Areas 选项锁定某一学科的相关文献。

选择学科为 COMPUTER SCIENCE，单击 Refine 按钮，结果如图 7.9 所示。

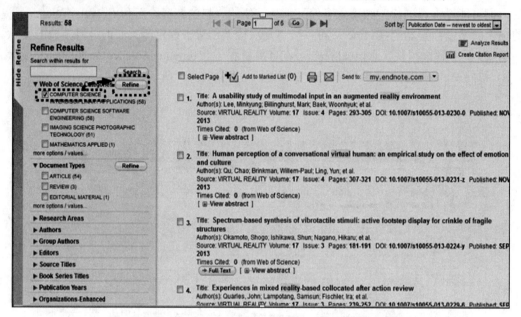

图 7.9　关键词 virtual reality 的 Refine Results 检索结果

可以发现，在 COMPUTER SCIENCE 学科中，总共有 58 篇文章和 virtual reality 有关。可以通过单击某篇文章下的 View abstract 查看该文章的摘要信息，如图 7.10 所示。

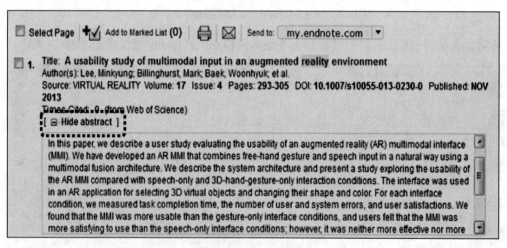

图 7.10　查看文章摘要

③　结论。通过 Web of Science 提供的强大的 Refine Results 功能，可以在 Subject Areas 选项下进行选择，从众多的检索结果中锁定关注学科的文献。在检索时更加精准，提高科研效率。

2. 查找某个研究中的高影响力论文

当我们查询文献时，往往会面临海量的检索结果。在这些检索结果中，有哪些文章是高影响力的文献？有哪些文献是研究中的经典论文？有哪些研究论文经常被同行写作时引用？这些问题其实不难，通过统计每篇文章在 Web of Science 范围内的被引用次数，可以直观地看到一篇论文的被引用情况。而通过对 Time Cited 进行排序，可以简便快速地从检索结果中锁定高影响力的论文。

例如，了解 virtual reality 领域高影响力论文。

(1) 访问 Web of Science 数据库，检索课题

(2) 排序检索结果

在检索结果界面上，右上侧是排序选项 Sort by，可以按照时间、被引次数、作者、期刊等对检索结果进行排序，默认的排序选项是时间排序。如果想找到高影响力的文章，可以选择被引次数排序 Time Cited-highest to lowest。结果如图 7.11 所示。

Page 1 of 304 Go
Sort by: Times Cited -- highest to lowest
Analyze Results
Create Citation Report
Select Page
Add to Marked List (0)
Send to: my.endnote.com
1. Title: Stroke Care 2 Stroke rehabilitation
Author(s): Langhorne, Peter; Bernhardt, Julie; Kwakkel, Gert
Source: LANCET Volume: 377 Issue: 9778 Pages: 1693-1702 Published: MAY 14 2011
Times Cited: 100 (from Web of Science)
[View abstract]
2. Title: Evidence for grid cells in a human memory network
Author(s): Doeller, Christian F.; Barry, Caswell; Burgess, Neil
Source: NATURE Volume: 463 Issue: 7281 Pages: 657-U87 DOI: 10.1038/nature08704 Published: FEB 4 2010
Times Cited: 85 (from Web of Science)
Full Text [View abstract]

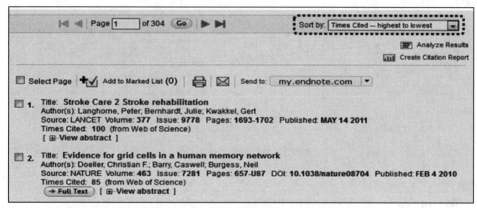

图 7.11　按引用次数排序排列查询结果

(3) 查看文章信息

单击文章标题，可以查看文章的相关信息，如图 7.12 所示。

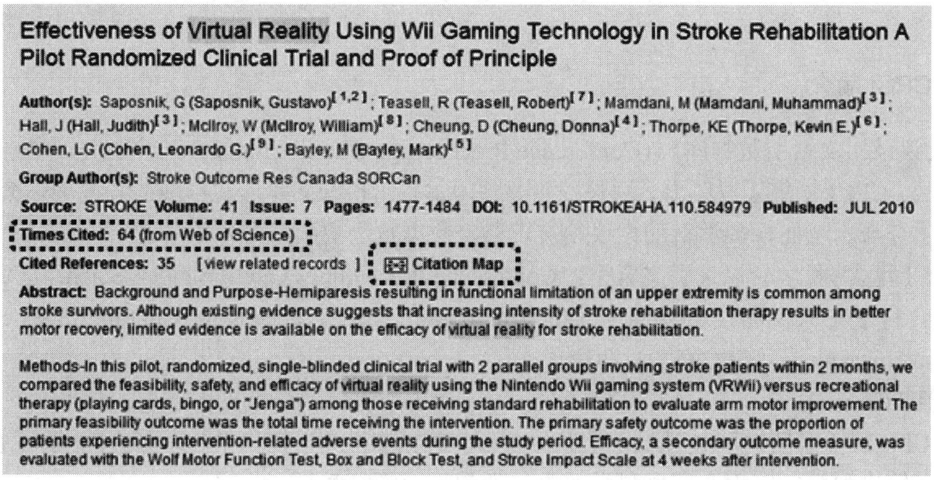

Effectiveness of Virtual Reality Using Wii Gaming Technology in Stroke Rehabilitation A Pilot Randomized Clinical Trial and Proof of Principle
Author(s): Saposnik, G (Saposnik, Gustavo)[1,2]; Teasell, R (Teasell, Robert)[7]; Mamdani, M (Mamdani, Muhammad)[3]; Hall, J (Hall, Judith)[3]; McIlroy, W (McIlroy, William)[8]; Cheung, D (Cheung, Donna)[4]; Thorpe, KE (Thorpe, Kevin E.)[6]; Cohen, LG (Cohen, Leonardo G.)[9]; Bayley, M (Bayley, Mark)[5]
Group Author(s): Stroke Outcome Res Canada SORCan
Source: STROKE Volume: 41 Issue: 7 Pages: 1477-1484 DOI: 10.1161/STROKEAHA.110.584979 Published: JUL 2010
Times Cited: 64 (from Web of Science)
Cited References: 35 [view related records] Citation Map
Abstract: Background and Purpose-Hemiparesis resulting in functional limitation of an upper extremity is common among stroke survivors. Although existing evidence suggests that increasing intensity of stroke rehabilitation therapy results in better motor recovery, limited evidence is available on the efficacy of virtual reality for stroke rehabilitation.
Methods-In this pilot, randomized, single-blinded clinical trial with 2 parallel groups involving stroke patients within 2 months, we compared the feasibility, safety, and efficacy of virtual reality using the Nintendo Wii gaming system (VRWii) versus recreational therapy (playing cards, bingo, or "Jenga") among those receiving standard rehabilitation to evaluate arm motor improvement. The primary feasibility outcome was the total time receiving the intervention. The primary safety outcome was the proportion of patients experiencing intervention-related adverse events during the study period. Efficacy, a secondary outcome measure, was evaluated with the Wolf Motor Function Test, Box and Block Test, and Stroke Impact Scale at 4 weeks after intervention.

图 7.12　查看文章信息

从一篇高质量的文献出发可以发现研究的发展道路。

① 通过 Cited References 可以越查越旧。

② 通过 Times Cited 可以越查越新。

③ 通过 Related Records 可以越查越深。

三者之间的关系如图 7.13 所示。

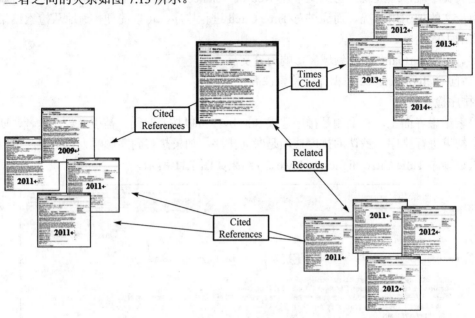

图 7.13　引用的相互关系

（4）结论

通过 Web of Science 提供的 Sort by 和 Time Cited 功能，可以从众多的检索结果中锁定高影响力的文章。

7.2　CPCI 的使用

7.2.1　CPCI 简介

《会议录引文索引数据库》（Conference Proceedings Citation Index,CPCI）由美国汤森路透公司出版。CPCI 汇集了以图书、科技报告、预印本、期刊论文等形式出版的各种国际会议文献，提供综合、全面、多学科的会议论文资料，数据每周更新，每年添加 38 万多条记录。

CPCI 包含《科学会议录引文索引》（Conference Proceedings Citation Index-Science，CPCI-S）和《社会科学与人文科学会议录引文索引》（Conference Proceedings Citation Index-Social Sciences&Humanities，CPCI-SSH）两个子库。

（1）CPCI-S

CPCI-S 涵盖了所有科技领域的会议录文献，包括农业、生物化学、生物学、生物工艺学、化学、计算机科学、工程、环境科学、内科学和物理学等学科。

CPCI-S 的前身是《科学技术会议录索引》(Index to Scientific&Technical Proceedings, ISTP), 由美国汤森路透公司出版, 始创于 1978 年, 先后发行印刷版、光盘版和网络版。

(2) CPCI-SSH

CPCI-SSH 涵盖了社会科学、艺术及人文科学的所有领域的会议录文献, 包括艺术、经济学、历史、文学、管理学、哲学、心理学、公共卫生学和社会学等学科。

CPCI-SSH 的前身是《社会科学与人文科学会议录索引》(Index to Social Sciences&Humanities Proceedings, ISSHP), ISSHP 先后发行光盘版和网络版。

ISTP 和 ISSHP 合称 ISI Proceedings, 属于 WOSP(Web of Science Proceedings) 数据库。2008 年, ISI Proceedings 在扩充了会议论文的引文文献后, 升级为 CPCI。

CPCI 是查询世界学术会议文献的最重要的检索工具之一, 它所收录的国际会议水平高、数量多, 收录的信息量大, 且速度快, 检索途径多, 因此在同类的检索工具中影响最大, 使用者最多, 权威性最高, 成为检索正式出版的会议文献的主要工具。CPCI 升级后, 不但可以检索会议论文的信息, 还可以检索会议文献引用或被引的情况, CPCI-S、CPCI-SSH 和 SCI、SSCI、A&HCI 一样, 成为 Web of Science 平台上重要的引文索引数据库。

7.2.2　一般检索与快速检索

系统提供一般检索和高级检索两种检索方式。

1. 一般检索

一般检索界面如图 7.14 所示。

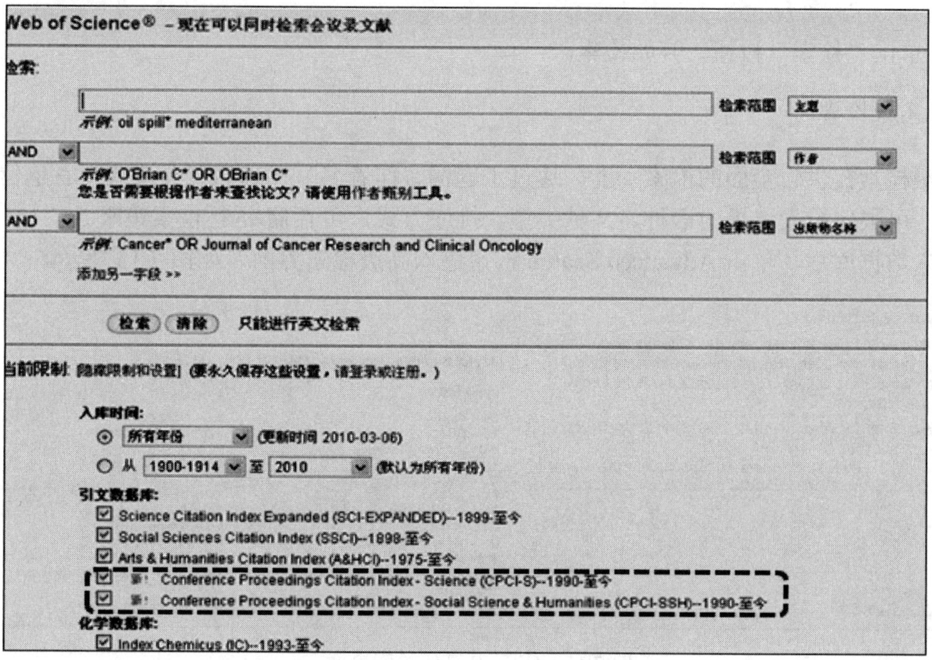

图 7.14　CPCI-S 一般检索界面

一般检索有多个检索词输入框, 并可在对应输入框的右侧打开字段下拉菜单选择检索字段，检索字段主要包括主题、标题、作者、团体作者、编者、出版物名称、出版年、地址、会议、语种等。

一般检索时，首先选择数据库范围，然后选择需要查找的信息类型：主题(Topic)、人物(Person)，地点(Place)，分别进入各自的检索界面。

(1) 主题检索(Topic Search)

在篇名、文摘及关键词字段通过主题检索文献。

步骤如下。

① 输入描述文献主题的检索词，用逻辑运算符(AND、OR、NOT)连接。

② 选择结果排序方式：相关度(Relevance)或年代倒序(Reverse chronological order)。

③ 单击"检索"按钮，开始检索。

(2) 人物检索(Person Search)

对特定人物进行检索。

步骤如下。

① 输入要检索的人名，标准写法为姓氏全拼+名的缩写，如检索张小东就输入 zhang xd。

② 选择是检索该人物撰写的文献还是有关该人物的文献记录。

③ 单击"检索"按钮，开始检索。

(3) 地址检索(Place Search)

从著者所在机构或地理位置角度进行检索。

步骤如下。

① 直接输入著者所在机构(如大学或公司名称中的关键词)或地理位置(如国别或邮编)。

② 单击"检索"按钮，开始检索。

2. 高级检索

高级检索提供较全面的检索功能。通过主题词、作者名、期刊名、会议或作者单位等途径检索，可限定检索结果的语种、文献类型、排序方式，可存储/运行检索策略。

进入数据库后，单击 Advanced Search 按钮进入高级检索界面，如图 7.15 所示。

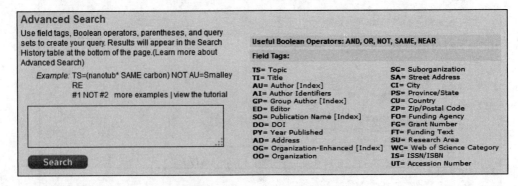

图 7.15　CPCI-S 高级检索界面

高级检索基本步骤如下。

（1）选择数据库

科学技术会议录索引（Science & Technology-Proceedings）或社会科学及人文科学会议录索引（Social Sciences & Humanities-Proceedings），默认为两库都选。

（2）选择年代范围

可以选择某年或最近几周上载的数据，默认为 All years（98-至今）。

（3）输入检索词

单击 Search 按钮进入检索词输入界面后，根据需要在以下五个字段中输入检索词，检索词间可用逻辑运算符（AND、OR、NOT、SAME）连接以下检索字段。

① Topic：主题词，在文献篇名、文摘及关键词字段检索，也可选择只在文献篇名（Title）中检索。

② Author：作者姓名，标准写法为姓氏全拼+名的缩写。

例如，检索张小东就输入 zhang xd。

③ Source Title：来源出版物全名。

④ Conference：会议信息，如会议名称、地点、日期、主办者。

例如，AMA and CHICAGO and 1994。

⑤ Address：作者单位或地址。

例如，输入 IBM SAME NY 检索作者地址为 IBM's New York facilities 的会议文献。

检索时几点说明如下。

① 截词符为*，例如，输入 automat*可以检索到 automation、automatic 等词。

② 作者单位名称常常用缩写，例如，Univ Sci & Technol Beijing，如果不能确定缩写名称，可以用 univ* and Beijing and tech*等来检索。

③ 逻辑运算符 SAME 表示检索词出现在一句话中。

④ 高级检索方式还在输入框下方提供三组限定选项（用 Ctrl-Click 可以进行多项选择）。

a．文献语种选项，默认为所有语种 All Languages。

b．文献类型选项，默认为所有文献类型 All document types。

c．命中结果排序选项，可根据收录日期、相关性、第一作者姓名字顺、来源出版物名称字顺、会议名称字顺排序。默认为 Latest Date，即根据文献的收录日期排序。

（4）开始检索输入检索词后，单击 Search 按钮检索，单击 Clear 按钮清除输入框中所有内容。

7.2.3　检索结果的处理

1．简要格式的显示与标记

检索后命中记录以简要格式显示，包括题目、作者、会议信息、来源出版物信息。此时可以在记录左侧的小方块中划勾，然后单击 Submit 按钮来做标记，或者通过 Mark All 按钮给所有命中结果做标记。

2．全记录格式的显示与标记

在简要格式下单击文献题目的链接即可看到全记录，包括文摘、作者单位、会议主办者等信息。此时单击屏幕上方的 Mark 按钮可对该记录做标记。单击 Sumary 按钮回到简要格式显示。部分文献的全记录显示中有 GO TO WEB OF SCIENCE 按钮，表示该会议文献由于同时刊登在期刊上而被 SCI 收录，单击该按钮可以直接联到 Web of Science 数据库界面，从而可获得其被引情况。

3. 下载

将需要的记录做标记后，屏幕上方就会有 Marked List 按钮，单击后显示所有标记记录的简要列表，在屏幕下方选择输出字段和排序方式后，再选择 FORMAT FOR PRINT 进行显示，然后利用浏览器的存盘和打印功能下载。也可以选择 EMAIL 方式，将检索结果发至电子邮箱。

7.3 EI 的使用

EI 主要收录工程技术领域的论文(主要为科技期刊和会议录论文)，数据覆盖了核技术、生物工程、交通运输、化学和工艺工程、照明和光学技术、农业工程和食品技术、计算机和数据处理、应用物理、电子和通信、控制工程、土木工程、机械工程、材料工程、石油、宇航、汽车工程等学科领域。

新的简化检索界面分为两块检索：基本检索模板和高级检索模板，单击界面上的提示条即可在两块检索模板之间进行切换。

7.3.1 EI 简介

1. EI Village 及其特点

(1) EI Village

工程信息村(EI Village)是美国工程信息公司为了满足人们对日益增长的信息查找要求而把工程数据库、商业数据库以及 1500 多个 Web 站点和其他许多与工程有关的信息结合起来而形成的信息集成系统。EI Village 由国际工程中心；旅游服务；商业和经济区；大会堂；工业市场；科研开发区；图书馆；国际大厦；新闻与气象局；人才和教育中心；万象数据库 11 个区域组成。所集成的信息资源包括著名的《工程索引》(Ei Compendex Web)和类似的其他 40 个数据库，还包括专利和标准以及分布于世界各地的 1500 多个网络信息站，并提供了多种期刊与会议论文的全文数据等。

(2) EI Village 的特点

① 界面友好，操作方便。

EI Village 的 11 个栏目按类目分，还在各个栏目下设立了多个专题，查找方便。例如，在"图书馆"大类中就设置了 Ei Compendex Web 数据库服务、书库、电子期刊阅览室、期刊等许多小类目，每个小类目下又设置了许多专题。例如，在书库类目中提供了与各种图书馆的连接，其中有一般图书馆、工程图书馆、虚拟图书馆等，还介绍了各类图书及其订购的途径和方法，在期刊类目中介绍和推荐了许多期刊，在电子期刊阅览室类目中提供了各种电子期刊的介绍等，这些都方便了读者使用。

② 检索点多。

EI 的网络版除了有关键词、著者等检索点外，还有 EI 主题词、著者单位、文献类型等多种检索点。

③ 说明详细。

EI Village 对给出的每个 Web 站点或研究机构都有较详细的说明，并且还提供了多个著名的搜索引擎供读者使用，如 Infosek、ahoo、AltaVista 等。

2. Ei Compendex Web 及其特点

Ei Compendex Web 是由《工程索引》和《Ei PageOne》合并的 Internet 版本，该数据库每年新增 500000 条工程类文献，数据来自 5100 种工程类期刊、会议论文和技术报告，其中 2600 种有文摘。20 世纪 90 年代以后，数据库又新增了 2500 种文献来源。化工和工艺的期刊文献约占 15%，计算机和数据处理占 12%，应用物理占 11%，电子和通信占 12%，另外还有土木工程(占 6%)和机械工程(占 6%)等。大约 22%的数据是有主题词和摘要的会议论文，90% 的文献是英文文献。

7.3.2 EI 快速检索

快速检索界面如图 7.16 所示，基本检索的步骤如下。

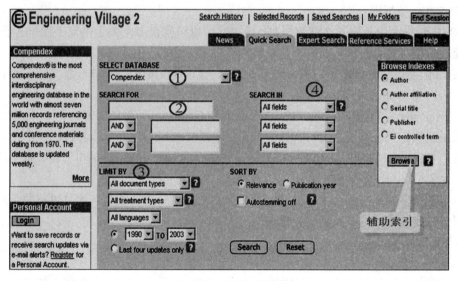

图 7.16 快速检索界面

(1)选择数据库

用下拉菜单 SELECT DATABASE 选择要检索的数据库。在下拉菜单中可使用的数据库为用户所在单位所购买或被批准可以访问的数据库，如图 7.17 所示。

常见的可选数据库主要包括以下几种。

① Compendex 数据库。

Compendex 数据库由 Elsevier Engineering Information，Inc 编制。Compendex 数据库是目前全球最全面的工程检索二次文献数据库，包含选自 5000 多种工程类期刊、会议论文集和技术报告的超过 7000000 篇论文的参考文献和摘要。Compendex 数据库每周更新数据，以确保用户可以跟踪其所在领域的最新进展。

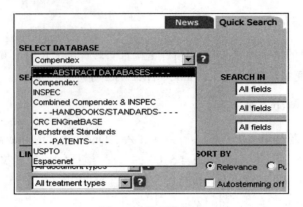

图 7.17　选择数据库

　　数据库涵盖工程和应用科学领域的各学科，涉及核技术、生物工程、交通运输、化学和工艺工程、照明和光学技术、农业工程和食品技术、计算机和数据处理、应用物理、电子和通信、控制工程、土木工程、机械工程、材料工程、石油、宇航、汽车工程以及这些领域的子学科与其他主要的工程领域。

　　② INSPEC 数据库。

　　INSPEC 数据库为一流的文献数据库，通过它可以访问世界上关于电气工程、电子工程、物理、控制工程、信息技术、通信、计算机和计算等方面的科技文献。

　　此数据库包含出自 3500 种科技期刊和 1500 种会议论文集的 7000000 条文献记录。数据库每年大约增加 330000 条新记录。

　　③ Compendex 和 INSPEC 联合检索(Combined Compendex & INSPEC)。

　　如果用户所在单位购买了 INSPEC 数据库，选择 Combined Compendex & INSPEC，可以联合检索 Compendex 数据库和 INSPEC 数据库中所有的科学、应用科学和工程技术学科的相关题目。此数据库每年增加科学和工程技术领域大约 580000 条记录。

　　联合检索功能使用户可在大约 1400 万个文献中检索所需的题目，而且可从两个数据库中的任何一个删除重复的文献。

　　④ CRC ENGnetBASE。

　　ENGnetBASE 数据库由 CRC 出版社编制。如果用户所在的机构购买了 ENGnetBASE 数据库，则用户就可以访问由 CRC 出版的世界一流的工程手册。ENGnetBASE 数据库包含可网上检索到的超过 145 部此类手册，而且一旦有新书出版或更新，将会更多。如果需要ENGnetBASE 手册的目录，可访问网站：http://www.engnetbase.com。

　　如果要查找 Compendex、INSPEC、USPTO、Esp@cenet 或 Scirus 数据库中检索到的专业词汇的进一步解释，只需把要查找的词语输入 ENGnetBASE 检索栏中，问题就会被送到CRC 出版社的 ENGnetBASE 站点，检索结果将以所查找的词语在某部手册某章中出现的次数送回用户，然后用户就可以在相应的手册(PDF 格式)中浏览所检索题目的详细资料。

　　⑤ Techstreet 标准(Techstreet Standards)。

Techstreet 数据库由 Techstreet，Inc.编制。Techstreet 是世界上最大的工业标准集之一，收集了世界上 350 个主要的标准制定机构所制定的工业标准及规范。

Techstreet 向技术专家提供关键信息资源和信息管理工具。在这个站点可以找到和购买超过500000 条技术信息。关于 Techstreet 更详细的信息，可访问其网站：http://www.techstreet.com。

⑥ USPTO 专利(USPTO Patents)。

选择 USPTO Patents 可以访问美国专利和商标局(The United States Patent and Trademark Office, USPTO)的全文专利数据库。在此可以查找到 1790 年以来的专利全文，此数据库的内容也是每周更新一次。

要查找用户在 Compendex、INSPEC、Esp@cenet 或 Scirus 数据库中检索到的有关流程、工艺和产品的专利，只需把所要查询的关键词输入 Engineering Village 2 中 USPTO 检索栏中，此关键词就被送到 USPTO 的站点，用户就可以浏览与所检索主题相匹配的专利的详细背景信息。

⑦ Esp@cenet。

Esp@cenet 数据库由欧洲专利局(EPO)编制。通过 Esp@cenet 可以查找在欧洲各国家专利局及欧洲专利局、世界知识产权组织(WIPO)和日本所登记的专利，关于此数据库的更详细信息可以访问其网站：http://ep.espacenet.com。

⑧ Scirus。

Scirus 是迄今为止在因特网上最全面的科技专用搜索引擎。采用最新的搜索引擎技术，由此科研人员、学生甚至任何人可以准确地查找科技信息、确定大学网址、简单快速地查找所需的文献或报告。

为了给 Engineering Village 2 的用户补充并提供更多的内容及相关的信息，利用 Scirus 可以从因特网上所有科学的及与科学有关的站点上检索，包括接入受控站点。Scirus 覆盖超过1.05 亿个科技相关的网页，包括 9000 万个网页，以及 1700 万个来自其他信息源的记录，这些信息源包括：Science Direct、IDEAL、MEDLINE on BioMedNet、Beilstein on ChemWeb、US Patent Office、E-Print ArXiv、Chemistry Preprint Server、Mathematics Preprint Server、CogPrints 和 NASA 等。

(2)在检索输入框输入检索关键字

系统提供了两个检索输入框，它们之间的逻辑关系可通过下拉菜单来限制。检索单元可以是单词或词组，但系统将词组视为用位置算术符 NEAR 连接的检索词(NEAR 运算符的含义：在检索记录中其连接的检索词之间的距离不超过 100 个单词，词序不限)。

(3)设置限定条件

通过高级下拉菜单 Year 和 document Type 可以对文献的出版年代及文献类型进行限制。如果只想检索 Ei Compendex 的数据(即不需要 Ei PageOne 的记录)，可在 document Type 栏中选择 Abstract only。

(4)选择检索字段

检索字段如图 7.18 所示。

常见检索字段含义如下。

① All fields。指 EI 数据库全部著录项目，该字段为系统默认字段。

② Subject/Title/Abstract。检索将在文摘、标题、标题译文、主题　图 7.18　常见检索字段

词表、标引词、关键词等字段进行。检索词可为词、词组或短语。

③ Author。作者指论文作者，输入时姓在前名在后。作者名后可以使用截词符，如 Smith,A*表示系统将就 Smith,a、Smith,A.A.、Smith,A.B、Smith,Aarom、Smith,AaronC 等作者进行检索。用作者字段检索时可参考索引表。

④ Author affiliation。EI 数据库中，20 世纪 70 年代以前机构名称用全称表示，80 年代使用缩写加全称，90 年代用缩写。

⑤ Publisher。可以直接浏览出版者索引。

⑥ Serial title。包括期刊、专著、会议录、会议文集的名称。

⑦ Title。文章的标题，检索时可以输入词、词组或短语，如 radio frequency。如果标题是其他语种，则译成英文。

⑧ Ei controlled term。受控词来自 EI 叙词表，它从专业的角度将同一概念的主题进行归类，因此使用受控词检索比较准确。

说明：

① 使用所有字段(All fields)、题目(Title Words)、文摘(Abstracts)和出版商(Publisher)字段检索时，不能使用 AND、OR 和 NOT 连接检索词。AND、OR 和 NOT 将自动去掉。检索时系统默认词根运算(如输入检索词 manager, 将会检索到含有 management 或 managerial 的文献)。

② 对于 Ei 主题词(Ei Subject Term)、作者(Authors)、第一作者单位(Author affiliations)和刊名(Serial tiltle)四个字段，系统提供了相应的索引词典，供检索使用。在词典中可以选择多个检索词，系统将提词间的关系默认为逻辑"或"，可根据实际需要换为逻辑"与"或"非"。

例如，现在想了解一下十年前有关 carbon nanotubes 的研究状态，检索设置如图 7.19 所示。检索结果如图 7.20 所示。图 7.21 展示了文摘显示结果。

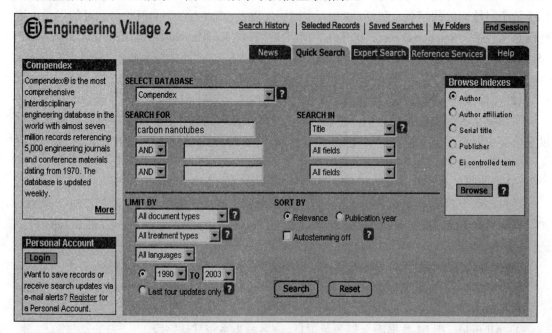

图 7.19　检索设置

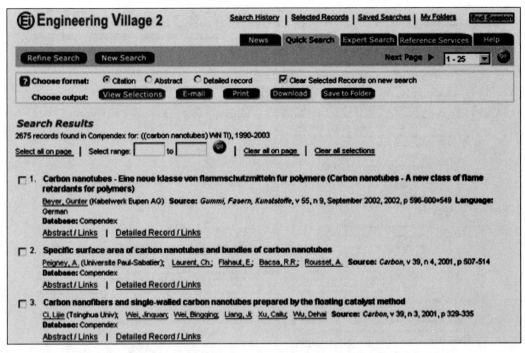

图 7.20　检索结果

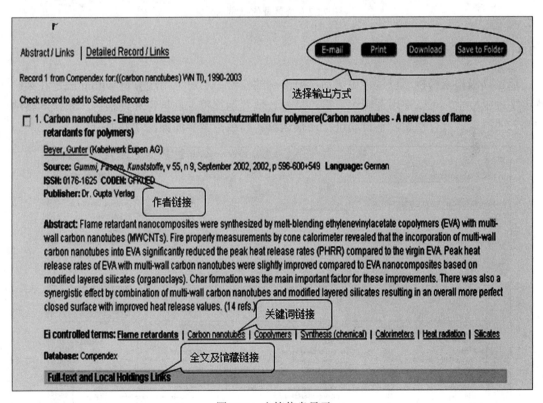

图 7.21　文摘信息显示

图 7.22 显示全著录信息。

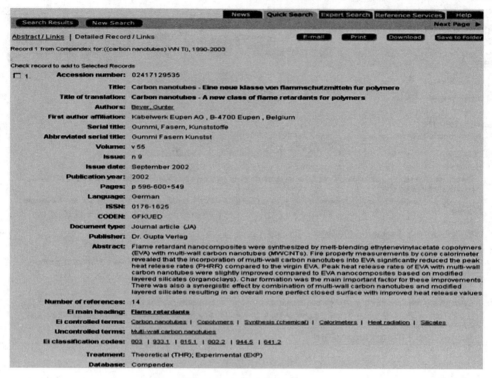

图 7.22　全著录信息显示

7.3.3　EI 高级检索

　　通过高级检索模板可以进行更灵活、更准确的检索。用户可用运算符 within 限定在某一特定字段中检索，可以使用逻辑运算符、括号、位置运算符、截词符和词根符。系统严格地按输入的检索式进行检索，不自动进行词根运算。高级检索界面如图 7.23 所示。

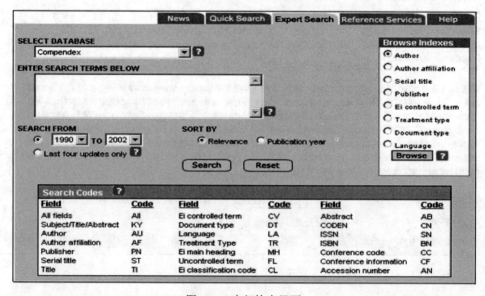

图 7.23　高级检索界面

在使用高级检索时，有几点需要注意。

① 简单检索中的规则适用于高级检索。

② 使用高级检索时，应在检索词后加入字段说明，否则系统默认在全字段检索。高级检索输入格式为：

```
"linear induction motors"  wn  KY
"Bers,D*"  wn  AU
{X-ray spectrometry} wn ST
```

③ 检索式中，可以同时完成各种限定，如：

```
diodes  wn  TI  and  ca  wn  DT
"international space station"  and  French  wn  LA
Apr 13 1992  wn  CF
```

④ 高级检索中系统不自动进行词干检索。若进行词干检索，需在检索词前加上 "$" 符号。例如，$management 可检到 managed、manager、managers、managing、management 等词。

⑤ 同一个检索式在高级模板下和基本模板下得到的检索结果有可能不同，因为在基本模板下，系统默认词根运算。

⑥ 表 7.1 是各可检索字段的简写及检索实例

表 7.1　检索字段的简写及检索实例

可检索字段	字段简写	检索实例
All Fields	默认值	(Lossless compression) AND (image within TI)
Ei Subject Terms	CV	(Lossless compression) AND ((pattern recognition) within CV)
Title Words	TI	(Electric power) AND ((distribution cost*) within TI)
Authors	AU	Relevance AND (Aalbersberg within AU)
Author Affiliations	AF	(Intel within AF) OR Pentium
Serial Titles	ST	(Polymer* within ST) AND (Guadagno within AU)
Abstracts	AB	((solar cycle) within AB) OR ((diurnal variation) within AB)
Publishers	PN	(IEEE within PN) AND ((image processing) within TI)

注：在用 within 算符检索时，项目选择下拉菜单应设在默认值 All Fields 上。

⑦ 表 7.2 是括号和截词符用法及检索实例。

表 7.2　括号和截词符用法及检索实例

运算符	检索实例	解释
括号	Relevance AND ((Aalbersberg within AU) OR (Cool within AU))	用括号对检索词进行逻辑分组，然后用逻辑运算符进行连接。本检索式得到的结果将是 Aalbersberg 或 Cool 写的包含词 Relevance 的文献
截词符	Optic*	检索的结果包括 optic 以及后面加任意多个字母的词，如 optic,optics,optical 等
词根算符	$manager	检索出与该词根具有同样语义的词，如 $manage 将检出 managers、managerial 和 management 等词

⑧ 表 7.3 是位置运算符用法及检索实例。

在高级检索模板下，系统不能使用 wn 和 adj 位置运算符，只能使用 NEAR 位置运算符。

表 7.3　位置运算符用法及检索实例

运算符	检 索 实 例	解 释
NEAR	Bridge NEAR Piling*	所检出的文献要同时含有这两个词，这两个词要彼此接近，前后顺序不限，如按相关度排序，两个词越接近，文献就越排在前面

⑨ 其他。

a. 检索结果排列顺序。

可选择按相关度和出版日期排序，默认状态为按相关度排序。

按相关度排序：检索出匹配的文献后，文献按检索词之间的接近程度和检索词出现的频率排序。

按 EI 出版时间排序：检索出匹配的文献后，文献按 EI 出版(收录)时间排序，最新的文献排在最前。

注：无论按什么方式排序，命中的文献都一样，只不过是排列顺序不同。

b. 检索限定。

可以用检索模板中的下拉菜单 Year 和 Document Type 对文献的出版年及文献类型进行限制，默认状态为检索所有年份和所有类型的文献。

例如，年代限定在 2011～2014 年：单击 2011；按住 Shift 键，单击 2014。

例如，年代限定在 2009，2012，2014 年：单击 2009；按住 Ctrl 键，单击 2012；按住 Ctrl 键，单击 2014。

例如，年代限定在 2011～2012，2014 年：单击 2011；按住 Shift 键，单击 2012；按住 Ctrl 键，单击 2014。

用户如果只想检索 Compendex 数据库的数据，可在 Document Type 栏中选择 Abstract only。

例如，通过高级检索来检索 Electromagnetic wave absorption 十年前的研究状况。

检索设置如图 7.24 所示。

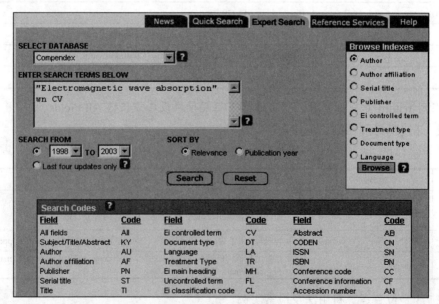

图 7.24　高级检索设置

检索结果如图 7.25 所示。

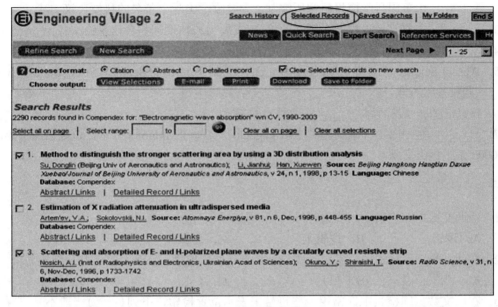

图 7.25　高级检索结果

1. 显示检索结果

命中记录以题录的形式显示。当计算机显示检索结果以后，用户可有以下选择。

① 单击某一条文献下的 Abstract 项，显示此条的文摘。

② 单击界面上方的 Display format 下拉菜单，选择 Citation、Abstract 或 Ei Tagged 格式，使所有检出的文献按选择的格式显示。在右上角的 Record range 下拉菜单中选择范围。

③ 检索时最多允许显示命中的 400 条文献，这 400 条文献被分为 20 组，每组一次可显示 10 条文献。单击 NEXT 或 BACK 按钮，可显示一组的前 10 条或后 10 条。

2. 保存检索结果

① 通过 E-mail。选中要发出的信息(要选中的信息置于高亮状态)，执行 Edit→Copy 命令，再打开 E-mail 系统，把光标放在正文栏中，执行 Edit→Paste 命令，然后发出。

(2)打印。在浏览器中单击工具栏中的 Print 图标。

(3)通过字处理软件。先把选中的信息置于高亮状态，执行 Edit→Copy 命令，然后再打开字处理软件，选好光标的位置，执行 Edit→Paste 命令。

(4)另外，还可以执行浏览器上的 File→Save As 命令，将文件存为以 txt 为扩展名的文本文件。然后用字处理软件打开它。

习　题　7

一、填空题

1. _____是自然科学领域基础理论学科方面的重要的期刊文摘索引数据库，是国内外学术界制定学科发展规划和进行学术排名的重要依据。

2. _____由美国科学情报研究所编制,主要收录国际上著名的科技会议文献。

3. _____主要收录工程技术领域的论文(主要为科技期刊和会议录论文)。

4. SCI主要发行三个版本:书本式、光盘版及_____。

5. Web of Science主要提供General Search、Cited Reference Search、Structure Search和_____四种检索方式。

6. ISTP提供一般检索和_____两种检索方式。

7. _____是由《工程索引》和《Ei PageOne》合并的Internet版本,该数据库每年新增500000条工程类文献。

二、选择题

1. 在西文数据库检索中,检索符号"*"号表示(　　)。
   A. 逻辑与　　　　　B. 逻辑乘　　　　　C. 逻辑和　　　　　D. 截词符

2. 在西文数据库检索中,常用一些符号来表示位置检索,下列(　　)是位置检索符。
   A. (*)　　　　　　B. (+)　　　　　　C. (−)　　　　　　D. (W)

3. 在西文数据库检索中,常用一些符号来表示位置检索,下列(　　)一般不是位置检索符。
   A. (W)　　　　　　B. (N)　　　　　　C. (nN)　　　　　D. (*)

4. 外文数据库中经常使用字段代码进行检索,TI、SO、AU分别表示(　　)。
   A. 关键词 刊名 作者　　　　　　B. 题名 作者 刊名
   C. 关键词 作者 刊名　　　　　　D. 题名 刊名 作者

5. 外文数据库中经常使用字段代码进行检索,TI、AB、AU分别表示(　　)。
   A. 关键词 刊名 作者　　　　　　B. 题名 作者 刊名
   C. 关键词 作者 刊名　　　　　　D. 题名 摘要 作者

6. 目前,国内公认的三大检索系统是(　　)。
   A. SCI/EI/ISTP　　　　　　　　B. EI/ISTP/SSCI
   C. SCI/SA/ISTP　　　　　　　　D. SSCI/SA/EI

7. ISTP收录了世界上所有自然科学与工程技术领域的重要(　　),其资料来源包括专著、期刊、报告、增刊及预印本。
   A. 专利文献　　　B. 会议论文　　　C. 学位论文　　　D. 标准文献

8. (　　)不直接提供期刊论文的全文。
   A. SpringerLink　　B. EBSCOhost　　C. SCI　　　D. Elsevier Science

9. ISI Web of Knowledge是一个基于Internet所建立的新一代学术信息资源整合体系,利用此平台可以同时跨库检索多个数据库。(　　)不能通过ISI Web of Knowledge平台进行检索?
   A. SCI　　　　　B. SSCI　　　　　C. A&HCI　　　　D. EI

10. EI是一个主要收录工程技术期刊文献和会议文献的大型国际权威检索系统,EI收录的文献只报道价值较大的工程技术论文,凡属纯理论或者(　　)文献则不作报道。
   A. 专利文献　　　B. 会议论文　　　C. 学位论文　　　D. 标准文献

11．EI 是一个收录工程技术期刊文献和(　　　)文献的大型国际权威检索系统，但不收纯理论文献和专利文献。

　　　A．科技报告　　　　B．会议论文　　　　C．学位论文　　　D．标准文献

三、简答题

1．三大检索工具是什么？各有什么特点？

2．简述 SCI 高级检索的基本过程。

3．在 SCI 中，如何快速找到某学科的相关文献。

4．在 SCI 中，如何查找某个研究中的高影响力论文。

四、操作题

1．简要总结本校数字图书馆访问量排名前 6 名的外文数据库的功能及使用方法。

2．EI 数据库的使用。

① 快速检索有关生命起源的文献。

② 通过高级检索检索西北大学有关生命起源研究的文献。

3．SCI 数据库的使用。

① 通过通用检索了解 2013 年诺贝尔物理学奖的研究领域及最新进展和相关资料。

② 通过高级检索了解该领域的发展进程和相关资料。

4．ISTP 数据库的使用。

检索有关粒子旋转的会议文献。

5．SpringerLink 全文电子期刊数据库的使用。

① 了解该数据库的检索方式及其检索流程。

② 自选 1 个检索课题，要求写出：检索课题名称、检索方式、检索表达式、检索结果数、5～10 条检索命中记录的题录信息(题名、作者、文献出处)。

6．BSCO 期刊全文数据库的使用。

(1)查阅资料，了解该数据库的检索方式及其检索流程。

(2)自选 1 个检索课题，要求写出：检索课题名称、检索方式、检索表达式、检索结果数、5～10 条检索命中记录的题录信息(题名、作者、文献出处)。

第 8 章　PDF 文件与 CAJ 文件处理

PDF 文件格式与操作系统平台无关，使它成为在 Internet 上进行电子文档发行和数字化信息传播的理想文档格式。越来越多的电子图书、产品说明、公司文告、网络资料、电子邮件开始使用 PDF 格式文件。CAJ 是中国期刊网提供的一种文件格式，与 PDF 文件格式类似，网络上的许多电子图书文献均使用这种格式存储。正确地理解和使用这两类文件是利用网络文献资源的基本要求。

8.1　PDF 文件处理

PDF 全称 Portable Document Format，译为"便携文档格式"，是一种电子文件格式。这种文件格式与操作系统平台无关，也就是说，PDF 文件不管是在 Windows，UNIX 还是在苹果公司的 Mac OS 操作系统中都是通用的。这一性能使它成为在 Internet 上进行电子文档发行和数字化信息传播的理想文档格式。越来越多的电子图书、产品说明、公司文告、网络资料、电子邮件开始使用 PDF 格式文件。

8.1.1　Adobe Reader 的使用

虽然无法在 Reader 中创建 PDF，但是可以使用 Reader 查看、打印和管理 PDF。在 Reader 中打开 PDF 后，可以使用多种工具快速查找信息。

1. 界面介绍

启动 Adobe Reader 9，界面如图 8.1 所示。

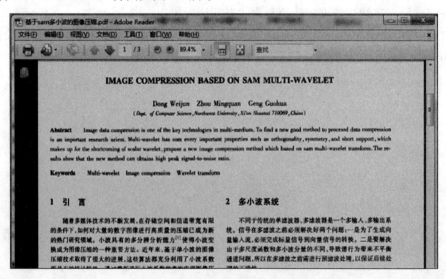

图 8.1　Adobe Reader 9 主界面

默认工具栏如图 8.2 所示。

图 8.2　默认工具栏

文件工具栏命令按钮功能如图 8.3 所示,"页面导览"工具栏命令按钮功能如图 8.4 所示。
在 Reader 工具栏中,使用缩放工具和"放大率"菜单可以放大或缩小页面。

使用"视图"菜单上的选项可以更改页面显示方式。"工具"菜单上有更多选项,可以
更多方式调整页面以获取更好的显示效果。

图 8.3　文件工具栏按钮

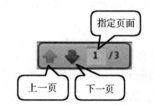

图 8.4　"页面导览"工具栏按钮

2. 基本操作

(1)打开 PDF

执行"文件"→"打开"命令,系统弹出"打开文件"对话框,选择所需打开文件便可。

如果收到口令保护的 PDF,请使用指定的口令打开文档。某些受保护的文档具有禁止打
印、编辑和复制文档中内容的限制。如果文档包含受限功能,则在 Reader 中,与这些功能
相关的工具和菜单项都会变暗,不可选择。

如果打错误消息"一项或多项 Adobe PDF 扩展功能被禁用",则使用以下步骤解决该问
题。

① 打开"控制面板"中的"Internet 选项",然后单击
"高级"标签。

② 选中复选框"启用第三方浏览器扩展"。

③ 单击"确定"按钮,然后重新启动计算机。

(2)文字内容的复制

如果需要把 PDF 文件中的部分内容复制到另外一个编
辑器中,可经如下步骤实现。

① 鼠标指向工作区的任意位置,右击,系统弹出快捷
菜单,如图 8.5 所示,在快捷菜单中选择"选择工具"选项。

② 鼠标状态变为"选择文本状态",拖动鼠标,选择所
需内容,结果如图 8.6 所示。

图 8.5　快捷菜单

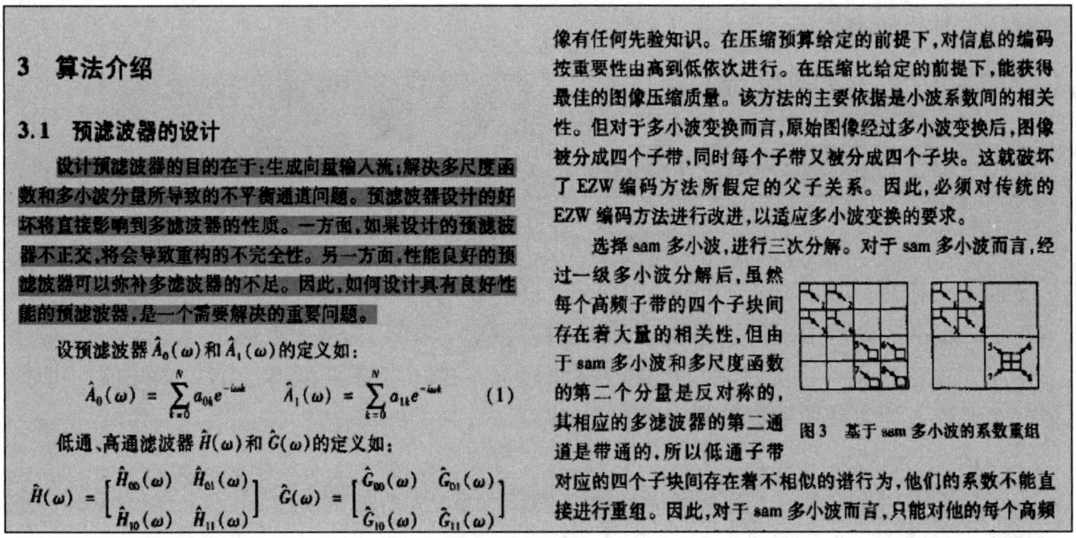

3　算法介绍

3.1　预滤波器的设计

设计预滤波器的目的在于：生成向量输入流；解决多尺度函数和多小波分量所导致的不平衡通道问题。预滤波器设计的好坏将直接影响到多滤波器的性质。一方面，如果设计的预滤波器不正交，将会导致重构的不完全性。另一方面，性能良好的预滤波器可以弥补多滤波器的不足。因此，如何设计具有良好性能的预滤波器，是一个需要解决的重要问题。

设预滤波器 $\hat{A}_0(\omega)$ 和 $\hat{A}_1(\omega)$ 的定义如：

$$\hat{A}_0(\omega) = \sum_{i=0}^{N} a_{0i}e^{-i\omega t} \qquad \hat{A}_1(\omega) = \sum_{i=0}^{N} a_{1i}e^{-i\omega t} \qquad (1)$$

低通、高通滤波器 $\hat{H}(\omega)$ 和 $\hat{G}(\omega)$ 的定义如：

$$\hat{H}(\omega) = \begin{bmatrix} \hat{H}_{00}(\omega) & \hat{H}_{01}(\omega) \\ \hat{H}_{10}(\omega) & \hat{H}_{11}(\omega) \end{bmatrix} \qquad \hat{G}(\omega) = \begin{bmatrix} \hat{G}_{00}(\omega) & \hat{G}_{01}(\omega) \\ \hat{G}_{10}(\omega) & \hat{G}_{11}(\omega) \end{bmatrix}$$

像有任何先验知识。在压缩预算给定的前提下，对信息的编码按重要性由高到低依次进行。在压缩比给定的前提下，能获得最佳的图像压缩质量。该方法的主要依据是小波系数间的相关性。但对于多小波变换而言，原始图像经过多小波变换后，图像被分成四个子带，同时每个子带又被分成四个子块。这就破坏了 EZW 编码方法所假定的父子关系。因此，必须对传统的 EZW 编码方法进行改进，以适应多小波变换的要求。

选择 sam 多小波，进行三次分解。对于 sam 多小波而言，经过一级多小波分解后，虽然每个高频子带的四个子块间存在着大量的相关性，但由于 sam 多小波和多尺度函数的第二个分量是反对称的，其相应的多滤波器的第二通道是带通的，所以低通子带对应的四个子块间存在着不相似的谐行为，他们的系数不能直接进行重组。因此，对于 sam 多小波而言，只能对他的每个高频

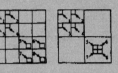

图 3　基于 sam 多小波的系数重组

图 8.6　选择文本

③ 鼠标指向被选内容，右击，在弹出的快捷菜单中选择"复制"选项。

④ 切换到目标编辑器，移动插入点到需要出入内容的位置，右击，在弹出的快捷菜单中选择"粘贴"选项。

（3）从 PDF 复制图片

使用"快照"工具从 PDF 复制图片，步骤如下。

① 选择菜单"工具"→"选择和缩放"→"快照"工具，鼠标状态变为"快照选择状态"。

② 拖动鼠标，围绕要保存的图像拖画一个矩形，然后释放鼠标按钮，如图 8.7 所示。

点[3,4]：① 通过引入多个尺度函数和小波函数，多小波的构造设计更加灵活，从而减少对滤波器性质的限制。② 图像压缩中任何变换的目的在于将大部分系数集中到少数系数中，产生尽可能多的零高频系数，这样在量化中，我们可以给更多的系数分配较少的比特数，从而提高编码增益。实际上，一些多小波变换的能量紧性高于单小波的能量紧性。③ 在计算的复杂度方面，由于多滤波器中系数的对称性和零元素的存在，多小波计算的复杂度会大大降低。同时，长度较短的多滤波器可能获得比较长单滤波器更好的压缩效果。除了这些基本优点之外，多小波还具备对称性，短支撑性，二阶消失矩和正交性。所以多小波在信号处理方面比单小波更有优势[5]。

数据流还原成与之对应的标量数据流，即需要进行后置滤波。一个完整的多小波变换系统如图 1 所示。其中前半部分为预滤波和多小波变换过程，后半部分为逆多小波变换和后置滤波过程，P 为预滤波器，Q 为后置滤波器。

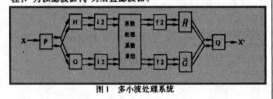

图 1　多小波处理系统

图 8.7　选择图像

③所选内容自动复制到剪贴板上，切换到目标编辑器，移动插入点到需要出入内容的位置，右击，在弹出的快捷菜单中选择"粘贴"选项，将复制的图像粘贴到其他文档中。

3. PDF 文件常见问题及处理办法

（1）没有 Adobe Acrobat，如何创建 PDF 文件

解决方法：安装免费的 doPDF，它会在 Windows 中增加一个虚拟打印机。通过它，以打印方式生成 PDF 文件。

(2) 不想安装任何软件，如何创建 PDF 文件

解决方法：将文档通过浏览器，上传到 Google Docs，然后选择以 PDF 格式 export，非常简单。

(3) 有些 PDF 文件不允许打印或用鼠标选择文字，怎么办

解决方法：安装 PDF Unlocker，这是一个免费的 Windows 平台软件，它可以除去 PDF 文件中常见的限制，但是前提是这个 PDF 文件没有设置密码。

另一个方法是，访问 ensode.net。

(4) 不知道密码，能否打开一个设置了密码的 PDF 文件

解决方法：没有好的办法，只能用暴力破解，通过尝试不同的字符组合，试出密码。这样可能需要很长时间，这取决于 CPU 的速度。推荐 Elcomsoft 软件公司的 Advanced PDF Password Recovery Professional edition。

(5) 如何将中文 PDF 文件翻译成英语

解决方法：将这个文件上传到 Zoho Viewer，然后系统会提供一个直接访问的网址。再将这个网址输入 Google Translate，查看翻译。

如果 PDF 文档中同时包含多种语言，可以将它上传到 SlideShare，它会直接输出文本，然后手工选取相应的段落，到 Google Translate 中进行翻译。

(6) 如何在 PDF 文件中加入注释和笔记

解决方法：安装 PDF-X Viewer，这是一个允许添加注解的 PDF 阅读器。

另一个选择是，PDF Escape 网站也可以在线提供类似的功能。

(7) 没有 Acrobat Reader，能否在线填写 PDF 表格

解决方法：访问 PDF Filler 上"你的表格"，接着就可以开始填写了。

(8) 能否在 PDF 文件中加入水印或者手写的签名

解决方法：首先，将要添加的标志或签名保存成图片，然后在 PDF-X Viewer 中打开这个文件，将图片复制、粘贴就行了。

(9) PDF 如何转化成 Word

解决方法：有一个 PDF to Word 的网站，让这一切变得易如反掌，不需要任何注册，在线上传文档，它会把翻译好的文档，直接发到用户的邮箱，方便快捷，关键是转换后的质量非常高，很多地方可以任意修改。

(10) PDF 能修改么

PDF 文件可以修改，有 3 种解决方法。

① 对文档一些元信息的更改。例如，修改访问权限、修改 Bookmark、添加/删除批注等。

② 基于页面的修改。例如，添加/页面、重新排列页面、合并多个 PDF 文件、为页面添加页眉/页脚等。

③ 对 PDF 文字内容的修改。要想进行修改，使用 Adobe Reader 是不可以的。它只能用来看；而 Acrobat 则可以进行 PDF 文档的修改，包括以上三种的修改。其中第三种只被有限的支持。

(11) 如何修改已有 PDF 上的文字

解决方法如下。

本质上，PDF 并不是用来编辑的，所以如果有原始文件，如 DOC、PSD、AI 等文档，

应该直接修改原始文档,然后重新生成新的 PDF。如果必须直接修改 PDF,可以使用 TouchUp Text 工具来修改 PDF 上面的文字。

这个工具在 Acrobat 的 Tools→Advanced Editing→TouchUp Text 里。选中这个工具后,选中或者单击要编辑的文字,这时,Acrobat 会 load 文档中的字体和系统字体,确定能不能用选中文字的字体进行修改。如果可以,就可以输入字符了。

但是要使用这个工具有几点要求。

① PDF 必须开放了修改的权限。

② 要编辑文字的字体必须要么嵌入在文档,要么本机有同样的字体。并且,如果字体只是嵌入在文档,本机没有,那么如果这个字体不开放使用权限,也无法用这个字体编辑。当然,可以选择其他字体,但是这样文档看起来就不一致(注:PDF 使用的绝大部分字体都是 Adobe 公司向各个字体公司购买的,不开放使用权限)。

③ 编辑仅限于单行编辑。也就是说,在 PDF 中进行文本编辑,不会根据页边距自动换行。必要的情况下,必须自己手动插入换行符。做法是在使用 TouchUp Text 时,右击文档,在菜单中执行 Insert→Line Breaking 命令。如果这样的修改会带来更大的问题,最好还是去找原始文档。

类似地,如果想添加文字,可以选中 TouchUp Text 工具,然后按住 Ctrl 键再单击文档中想插入文字的位置。这时会弹出对话框选择字体和添加方式(横排?纵排?),选好后单击"确定"按钮,就可以输入文字了。

(12)如何在 PDF 上添加页眉/页脚

解决方法:通过 Acrobat 的菜单 Document→Header & Footer→Add 可以添加页眉/页脚,但是支持的格式比较有限。最好还是在 Word 那样的软件中做好页眉/页脚。

(13)如何添加水印

解决方法:通过 Acrobat 的菜单 Document→Watermark→Add 可以添加水印。不过更好的方法是为文档设置权限,并添加数字签名。

(14)如何删除 PDF 上的某个元素

解决方法:有时,可能希望删除 PDF 上的某些元素,如 Logo、水印等,这时可以使用 Acrobat 的 TouchUp Object 工具。使用 TouchUp Object 可以直接用单击的方式选中一个元素,然后按 Delete 键。有时,难以选中某个元素。这时可以使用 Content 视图。此视图可以将文档中所有内容结构的树状结构显示出来。这时就可以直接找到这个元素,然后删除它。

8.1.2　Foxit PDF Editor 的使用

Foxit PDF Editor 只有 2MB 左右,所以软件占用资源极小,并且打开 PDF 文档的速度非常快。在默认的条件下该软件可以自动与 PDF 文档建立关联,用户可以通过双击 PDF 文档图标直接启动软件来打开文档,也可以在软件中通过"打开"功能导入需要阅读的 PDF 文档。

1. Foxit PDF Editor 简介

Foxit PDF Editor 是第一个真正的 PDF 文件编辑软件。具有强大的 PDF 文件编辑功能。Foxit PDF Editor 启动界面如图 8.8 所示。

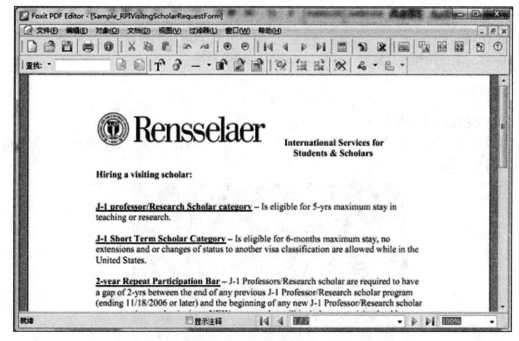

图 8.8　Foxit PDF Editor 启动界面

Foxit PDF Editor 提供以下基本功能。

(1)显示、浏览、保存 PDF 文件

① 打开现有文档或新建全新文档。

② 高质量显示 PDF 页面所有细节。

③ 将修改的 PDF 文档保存到同一文件或另存为新文件。

④ 保留原文件的全部属性。

(2)插入、撤销、修改 PDF 页面

① 在文档中插入新页面或删除旧页面。

② 插入含内嵌字体或非内嵌字体的新文本。

③ 插入线条、填充矩形或无填充矩形或椭圆形。

④ 在含有图像格式的文件中插入图像。

(3)选择、修改、删除页面对象

① 选定单个对象或一组对象。

② 修改文本的字体、颜色、大小和其他文本属性。

③ 修改图形的颜色、宽度、大小和其他图形属性。

④ 修改图像位置、大小和其他图像属性。

⑤ 修改颜色、面积、样式和其他渐变属性。

⑥ 移动、测量或旋转文本、图形、图像或渐变对象。

⑦ 在页面里删除文本、图形、图像或渐变对象。

(4)充分使用完整的编辑功能

① 在修改之后立即查看修改的页面。

② 撤销任何编辑(如插入、删除或修改)。

③ 在同一文档或两个不同文档之间复制、粘贴任何 PDF 页面内容。

④ 将文本或图像信息复制、粘贴到其他 Windows 程序中。

2. 创建文档

创建文档的基本步骤如下。

(1)新建页面属性设置执行"文件"→"新建"命令，系统弹出"新建页面属性"对话框，如图 8.9 所示。

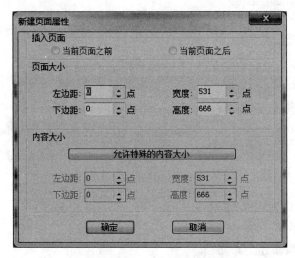

图 8.9 "新建页面属性"对话框

定义页面大小，可以默认，也可以按照 A4 等常见尺寸来定义，单击"确定"按钮。新建文档窗口如图 8.10 所示。

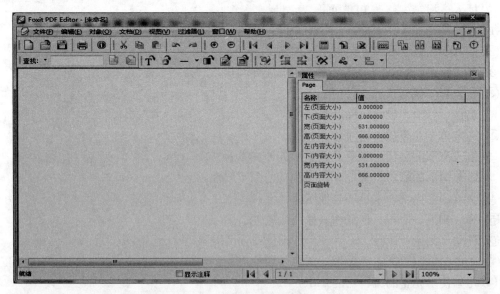

图 8.10 新建文档窗口

（2）添加对象

单击"对象"菜单，如图 8.11 所示。

可以添加文本、添加图像、添加新的图形、添加直线、添加矩形、添加填充的矩形、添加椭圆、添加填充的椭圆。

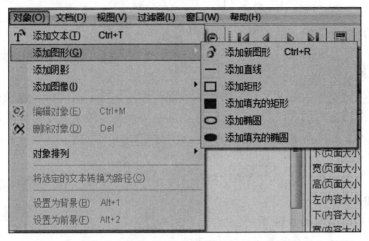

图 8.11　"对象"菜单

① 添加文本对象。

单击"添加文本"，系统弹出"添加新的文本对象"对话框，如图 8.12 所示。在文本框中输入文字，或者通过已有的文字进行粘贴。

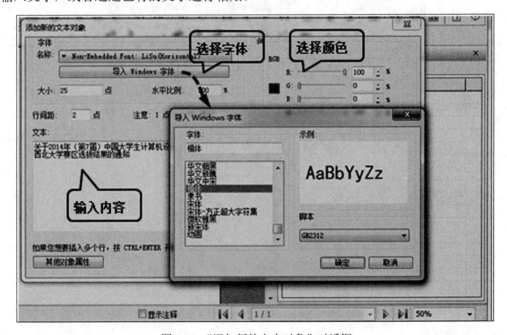

图 8.12　"添加新的文本对象"对话框

效果如图 8.13 所示。

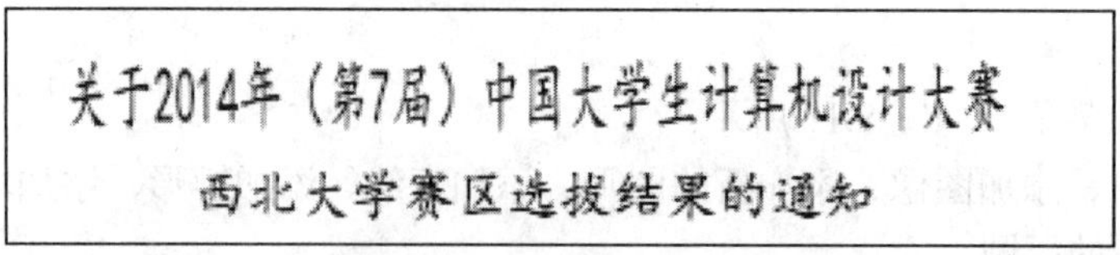

关于2014年（第7届）中国大学生计算机设计大赛
西北大学赛区选拔结果的通知

图 8.13　添加文本效果

　　输入的文字成为一个块，就像 Word 中的"绘图"工具中的"矩形"那样可以到处移动。对于输入的文字，可以单击选中，通过右下角的属性更改区域进行相应更改，如大小、字体、填充颜色、文本模式等。

　　在编辑时，可以将大段的文字分成块粘入或逐一输入，按 Ctrl+Enter 键换行，用拖动轻松地改变位置，图形方面插入时要适当地修改比例，协调整体效果，尽管放心，编排时比例缩小了，但丝毫不影响在用 PDF 阅读器浏览时放大并清晰显示。

　　② 添加图形图像对象。

　　在"添加一个新对象"的下拉菜单中执行"添加图像"命令，选择要插入的图像文件，格式有 BMP、JPG 等。

　　图形图像添加效果如图 8.14 所示。

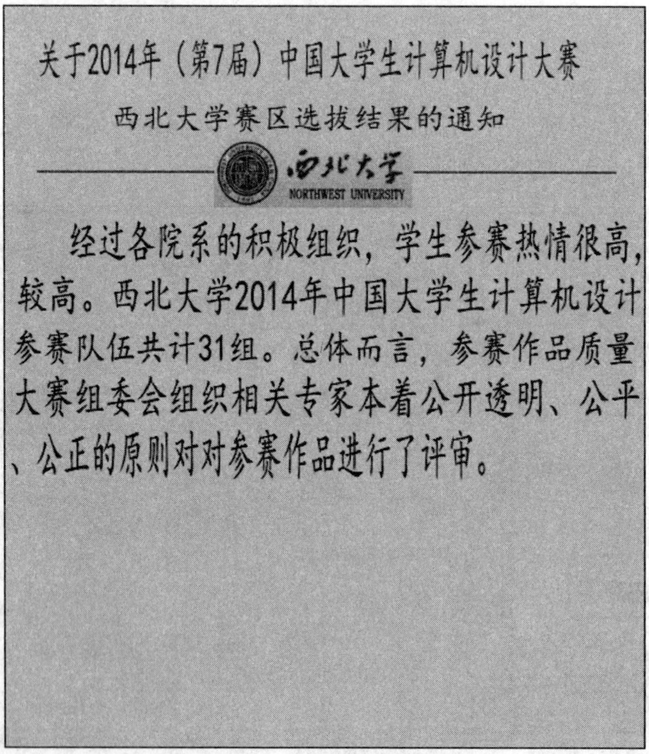

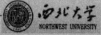

关于2014年（第7届）中国大学生计算机设计大赛
西北大学赛区选拔结果的通知
西北大学
NORTHWEST UNIVERSITY

　　经过各院系的积极组织，学生参赛热情很高，较高。西北大学2014年中国大学生计算机设计参赛队伍共计31组。总体而言，参赛作品质量大赛组委会组织相关专家本着公开透明、公平、公正的原则对对参赛作品进行了评审。

图 8.14　添加图形图像对象

　　③ 文档的保存。

　　执行"文件"→"保存"命令，将文档保存为 PDF 文件后也可用其他的 PDF 阅读器打开阅读。

3. 编辑文档

在 Foxit PDF Editor 中，既能针对文档的原有内容进行修改，也能像新文档一样随意添、删对象。因为这种基于原文档内容重新修改的操作比较简单。

(1) 文字的替换与删除

文字的替换与删除最为简单，先将待处理文档调入至 Foxit 中打开，然后再双击需要调整的文字段落。此时，被调整段落将会以浅蓝色覆盖显示，在这里就能像 Word 一样对选中的文字轻松地进行替换与删除了，如图 8.15 所示。

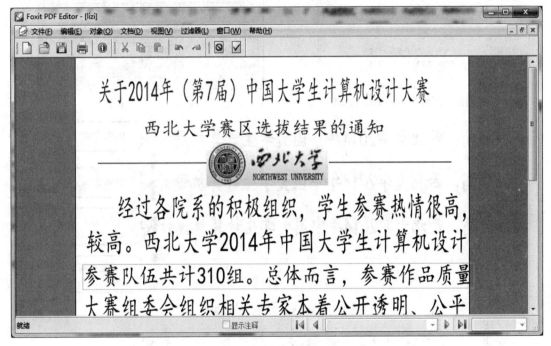

图 8.15　文字编辑

有时，在进行文字的替换与添加时会发现文字变成乱码，这一般都是由于默认字体不支持中文所致。在 Foxit 的主界面中执行"编辑"→"导入 Windows 字体"命令，然后将所需中文字体导入进来，随后再选中要编辑的文字，将右下角的文字属性区切换到对应中文字体标签，再将里面的默认字体修改为刚刚导入的中文字体即可。

(2) 使用"属性"对话框设置文字属性

单击需要更改属性的文字对象，"属性"对话框内容如图 8.16 所示。同过"属性"对话框，可以方便地进行文本对象的修改。

① 修改内容。单击 Text 选项卡，在其值域直接修改文本内容。

② 修改文本模式。系统提供的文本模式主要有 5 种，如图 8.17 所示。

图 8.18 描述了不同文本模式的效果。

③ 旋转。通过设置旋转角度，可以实现对象的旋转。图 8.19 展示了添加矩形图形和文本对象，并对其进行 45° 旋转的效果。

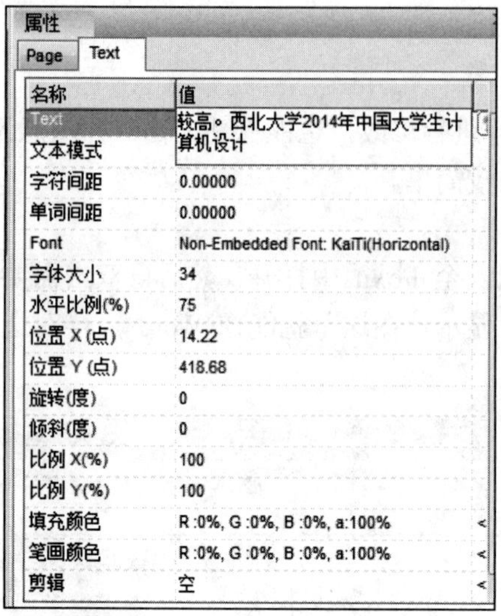

图 8.16　通过"属性"对话框编辑文件

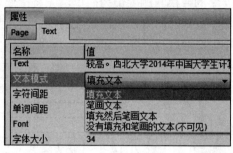

图 8.17　文本模式

图 8.18　不同文本模式的效果

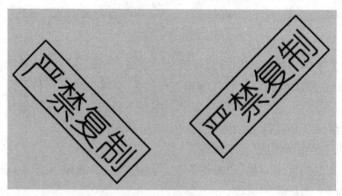

图 8.19　旋转效果

(3) 图文混排

在 Foxit PDF Editor 软件中,用户不仅可以直接修改和插入文本,而且还能插入各种精美图片,对于用户新插入的图片和 PDF 文档中原有的图片,软件均支持对其进行二次编辑。

以新添一个图像对象为例。首先要打开要编辑的 PDF 文档,然后执行"对象"→"添加图像"→"来自文件"命令,系统弹出"打开文件"对话框,选择所需文件即可。

　　系统弹出图像编辑窗口，如图 8.20 所示。可以更改图像，直到满足要求，最后添加效果如图 8.21 所示。

图 8.20　图像编辑　　　　　　　　　　　　　图 8.21　设置效果

　　如果用户需要在 PDF 文档中编辑图像，则可以直接双击图像，软件会自动调用所内置的图像编辑器，这个图像编辑器功能非常强大，用户可以对导入的图像进行魔棒/磁性套索等的特定区域选取、画笔填涂、区域裁剪、颜料喷涂、淡化/加深色彩、斑点修复、图章克隆、图像旋转/翻转和图像的对比度/亮度调整等操作。

　　(4) 去除 PDF 水印

　　通过执行"文件→打开"命令将目标 PDF 文档打开。找到 PDF 文章中的水印位置，双击水印，这样就会选中水印，再右击，选择弹出窗口中的"删除对象"即可将该水印删除。

　　执行一次删除操作后，针对文档中的其他水印将会自动清除干净，适用于批量去除水印。

　　(5) 表格处理

　　在 Foxit PDF Editor 中，表格是通过添加矩形图形对象和直线图形对象来实现的。图 8.22 展示了表格的产生过程。

 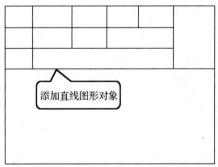

图 8.22　绘制表格过程

表格中的文字是通过添加文字对象来实现的，图 8.23 展示了表格的实际效果。

姓名		性别		国籍		
联系电话		E_MAIL				一寸免冠照片
联系地址						
个人简历						

图 8.23 表格效果

在对象添加过程中，可以通过"复制"→"粘贴"，快速生成格式相同的对象。

(6)快速导出电子书指定页面

这是软件的一项非常实用的功能，对于一本拥有数十甚至数百页的 PDF 电子图书，如果想将其中的某一页或某些页面提取出来单独作为资料进行保存，一般的常规做法可能很难实现，但在这款软件中，其实很容易就能搞定。

用户在软件中打开 PDF 格式的电子图书，执行"文档"→"导出页面"命令，系统弹出"导出页面"对话框，如图 8.24 所示。

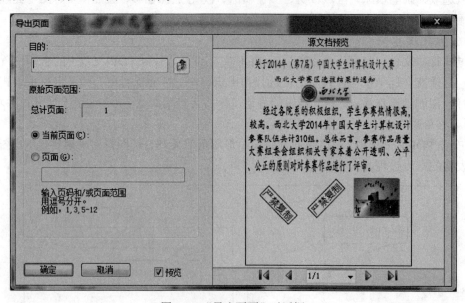

图 8.24 "导出页面"对话框

在打开的"导出页面"对话框中，用户只要指定导出页面保存路径和导出页面的范围，软件即可进行自动导出。在默认的条件下，软件是导出"当前页面"，但这款软件还可以进行批量导出，在该"导出页面"对话框的"原始页面范围"中先选中"页面"，然后指定需要导出的页面页码或页面页码范围即可，如"1,5,6,8,19"页、5-10 页等。

在 Foxit PDF Editor 软件中对 PDF 电子文档进行的所有编辑均支持保存和导出，作为目前最为小巧的一款 PDF 格式文档编辑与阅读替代软件，它更适合普通办公用户提高日常办公效率，同时也非常适合初级用户快速上手和使用。

8.1.3　通过 Word 生成 PDF 文件

通过 Word 生成 PDF 文件是产生 PDF 文件最简单的方法。其基本思路是，首先通过 Word 输入内容并进行版面设计，达到所需效果。然后将其保存为 PDF 文件即可。如果以后需要对该文件进行修改，使用 Foxit PDF Editor 便可。

1. 输入内容并进行版面设计

启动 Word，输入内容，并进行版面设计，直到满足要求。效果如图 8.25 所示。

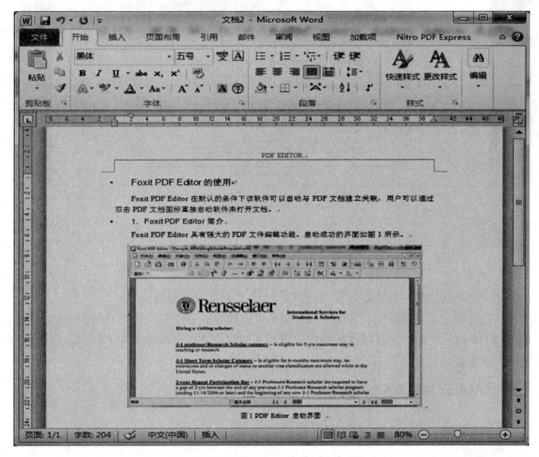

图 8.25　在 Word 中编辑内容

2. 存储文件

① 执行"文件"→"另存为"命令。

②　在打开的"另存为"对话框中，选择"保存类型"为 PDF，然后选择 PDF 文件的保存位置并输入 PDF 文件名称，然后单击"保存"按钮。

③　完成 PDF 文件发布后，如果当前系统安装有 PDF 阅读工具(如 Adobe Reader)，则保存生成的 PDF 文件将被打开。效果如图 8.26 所示。

图 8.26　PDF 文件显示

8.2　CAJ 文件处理

CAJ 是电子刊物的一种格式，可以使用 CAJ 全文浏览器来阅读。

CAJ 全文浏览器是中国期刊网的专用全文格式阅读器，它支持中国期刊网的 CAJ、NH、KDH 和 PDF 格式文件。它可以在线阅读中国期刊网的原文，也可以阅读下载到本地硬盘的中国期刊网全文。

8.2.1　CAJViewer 阅读器基本功能

CAJViewer 阅读器具有以下基本功能。

1.　页面设置

可通过放大、缩小、指定比例、适应窗口宽度、适应窗口高度、设置默认字体、设置背景颜色等功能改变文章原版显示的效果。

2. 浏览页面

可通过首页、末页、上下页、指定页面、鼠标拖动等功能实现页面跳转。

3. 查找文字

对于非扫描文章，提供全文字符串查询功能。

4. 切换显示语言

软件除了提供简体中文，还提供了繁体中文、英文显示方式，方便海外用户使用。

5. 文本摘录

通过鼠标选取、复制、全选等功能可以实现文本及图像摘录，摘录结果可以粘贴到 WPS、Word 等文本编辑器中进行任意编辑，方便读者摘录和保存(适用于非扫描文章)。

6. 图像摘录

通过复制位图等功能可以实现图像摘录，摘录结果可以粘贴到 WPS、Word 等文本编辑器中进行任意编辑，方便读者摘录和保存(适用于非扫描文章)。

7. 打印及保存

可将查询到的文章以 CAJ、KDH、NH、PDF 等文件格式保存，并可将其按照原版显示效果打印。

8.2.2　CAJViewer 的使用

1. CAJViewer 界面介绍

CAJViewer 启动成功之后如图 8.27 所示。常用的工具栏包括：文件工具栏、选择工具栏、导航工具栏、查找工具栏、搜索工具栏、布局工具栏、帮助工具栏和任务工具栏。

2. 打开浏览文档

具体步骤如下。

① 执行"文件"→"打开"命令，打开一个文档，打开的文档必须是以下后缀名的文件类型：CAJ、PDF、KDH、NH、CAA、TEB。

② 打开指定文档。一般情况下，屏幕正中间最大的一块区域代表主页面，显示的是文档中的实际内容。

③ 控制主页面，浏览内容。可以通过鼠标、键盘直接控制主页面，也可以通过菜单"目录窗口"来浏览页面的不同区域，还可以通过菜单项或者单击工具条来改变页面布局或者显示比例。

当屏幕光标是手的形状时，可以随意拖动页面。

若执行"查看"→"全屏"命令，当前主页面将全屏显示。

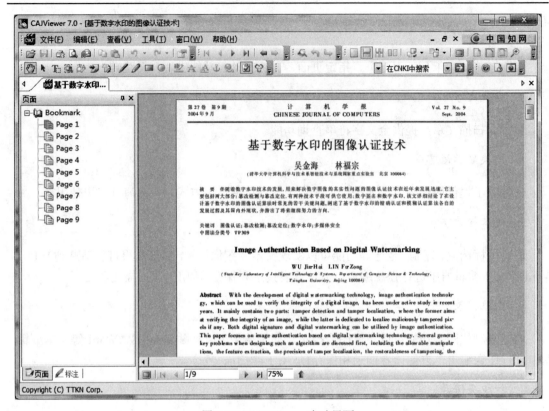

图 8.27　CAJViewer 启动界面

3. 浏览不同的页面

执行"工具"→"手形"命令，或者直接单击工具条上的手状按钮，进入纯粹的浏览模式(浏览模式是打开一个文档时的默认模式，所以刚打开文档时忽略本步骤)，然后可以通过以下方法浏览页面的不同区域。

① 单击主页面，同时按下鼠标左键，确保此时鼠标没有点在注释图表上，然后移动鼠标，整个页面将跟随鼠标的挪动而切换到相应的区域。

② 滚动鼠标轮，主页面将随之上下移动到不同位置。

③ 单击、拖动水平和纵向滚动条都能把主页面移动到不同位置。

④ 按下快捷键 Ctrl＋G，或者执行"查看"→"跳转"→"数字定位"命令，然后输入合适的页码，页面将跳转到指定的页。

⑤ 单击页面窗口上指示的某一页的位置，主页面将自动跳转到指定位置，使单击的位置尽量出现在左上角。

⑥ 单击目录窗口上的某一项，主页面将自动跳转到指定位置。

4. 内容的搜索

具体步骤如下。

(1)"搜索"对话框执行"编辑"→"搜索"命令，系统弹出"搜索"对话框，如图 8.28所示。

(2)选择搜索范围

在编辑窗口里输入将要搜索的文本，选择搜索的范围。

检索范围一般包括以下几种。

① 在当前活动文档中搜索。搜索结果都将在窗口下部的列表框中显示，搜索完成后主页面上将显示搜索到的第一条文本，单击不同的搜索结果，主页面将进入相应的区域。

② 在所有打开的文档中搜索。

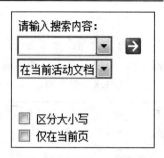

图 8.28 "搜索"对话框

搜索结果都将在窗口下部的列表框中显示，搜索完成后主页面上将显示搜索到的第一条文本，单击不同的搜索结果，主页面将进入相应的区域。

③ 在 PDL 中搜索。如果安装了个人数字图书馆，将打开该软件，并在该软件中搜索，搜索结果在个人数字图书馆中显示。

④ 选择一个目录进行搜索。将搜索所有 CAJViewer 可以打开的文件，搜索结果都将在窗口下部的列表框中显示，搜索完成后主页面上将显示搜索到的第一条文本，单击不同的搜索结果，主页面将进入相应的区域，如果文件没有打开将首先打开文件。

⑤ 在 CNKI 中搜索。将弹出浏览器（一般是 MS Internet Explorer）显示搜索结果。

⑥ 在 Google 中搜索。将弹出浏览器（一般是 MS Internet Explorer）显示搜索结果。

(3)进行搜索

单击"开始搜索"按钮进行搜索。

5. 标注的使用

使用标注可以突出重点。CAJView 提供的标注共有十种，分别是直线、曲线、矩形、椭圆、文本注释、高亮文本、下划线文本、删除线文本、知识元链接和书签。

(1)添加标注

在工具栏选择对应的标注工具，在需要添加标注的位置拖动鼠标便可。图 8.29 展示了椭圆、曲线和直线标注的效果。

基于数字水印的图像认证技术

吴金海　　林福宗

(清华大学计算机科学与技术系智能技术与系统国家重点实验室　北京 100084)

摘　要　伴随着数字水印技术的发展，用来解决数字图像的真实性问题的图像认证技术在近年来发展迅速，它主要包括两大部分：篡改检测与篡改定位，有两种技术手段可供它使用：数字签名和数字水印。该文详细讨论了在设计基于数字水印的图像认证算法时常见的若干关键问题，阐述了基于数字水印的精确认证和模糊认证算法各自的发展过程及其国内外现状，并指出了将来继续努力的方向.

关键词　图像认证；篡改检测；篡改定位；数字水印；多媒体安全
中图法分类号 TP309

Image Authentication Based on Digital Watermarking

图 8.29　添加标注

(2)管理标注

执行"查看"→"标注"命令，即可在当前文档的主页面左边出现标注管理的窗口，在该窗口下，可以显示并管理当前文档上所做的所有标记。

右击需要管理的标注，系统弹出标记管理快捷菜单。快捷菜单中包含 5 个菜单项，如图 8.30 所示。各选项含义如下。

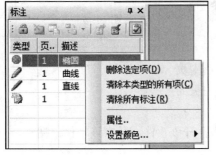

图 8.30　管理标注

删除所选项：将把当前选择的一个标注从文档主界面上删除。

清除本类型的所有项：将弹出小的确认对话框，如果选择"是"，将把文档上本类型的所有标注清除。

清除所有标注：将弹出小的确认对话框，如果选择"是"，将把文档上的所有标注清除。

属性：弹出对话框让用户编辑标注的描述信息。

设置颜色：改变所选中的标注的颜色。

(3)添加注释

执行"工具"→"注释"命令，在需要注释的位置单击，系统弹出注释窗口，如图 8.31所示。

图 8.31　添加注释

输入注释文本，关闭该窗口之后，主页面的相应位置将被画上一个小的注释图标，单击该图标将可以修改注释文本。

习　题　8

一、填空题

1．PDF 全称 Portable Document Format，译为＿＿＿＿＿，是一种电子文件格式，这种文件格式与操作系统平台无关。

2．Foxit PDF Editor 是第一个真正的＿＿＿＿编辑软件，可以选择、插入、图像和图形，插入、导入、导出、删除页面，还可以对版面进行编辑。

3．无法在 Reader 中_____，但是可以使用 Reader 查看、打印和管理 PDF。在 Reader 中打开 PDF 后，可以使用多种工具快速查找信息。

4．在 Foxit PDF Editor 中，用户不仅可以直接修改和插入文本，而且还能插入各种精美图片，对于用户新插入的图片和 PDF 文档中原有的图片，软件均支持对其进行_____。

5．通过_____生成 PDF 文件是产生 PDF 文件最简单的方法。其基本思路是，首先输入内容并进行版面设计，达到所需效果。然后将其保存为 PDF 文件即可。如果以后需要对该文件进行修改，使用 Foxit PDF Editor 便可。

6．_____是电子刊物的一种格式。可以使用 CAJ 全文浏览器来阅读。

7．_____是中国期刊网的专用全文格式阅读器，它支持中国期刊网的 CAJ、NH、KDH 和 PDF 格式文件。

二、操作题

1．下载 Adobe Reader，并且将软件按照默认安装路径进行安装，并完成如下操作。

① 认识 Adobe Reader 的界面布局，了解 Adobe Reader 的主要功能。

② 分别使用菜单命令、页面导览工具栏和键盘快捷方式来快速浏览、翻阅当前文档。

③ 调整文档的视图，包括放大、缩小、旋转页面以及决定是否一次显示几页或连续页面。

④ 选择在 Adobe PDF 文档中的文本、图像复制到剪贴板，然后将复制的项目粘贴到记事本中。

2．使用 Word 创建一份 PDF 格式的电子期刊。

3．使用 PDF Editor 对创建的电子期刊进行处理。

4．使用 CAJViewer 阅读器阅读 CAJ 文件和 PDF 文件，并添加阅读笔记。

第9章 论文的撰写

论文常指用来进行科学研究和描述科研成果的文章，简称为论文。它既是探讨问题进行科学研究的一种手段，又是描述科研成果进行学术交流的一种工具。它包括学年论文、毕业论文、学位论文、科技论文、成果论文等。掌握论文的基本结构和写法是科学研究的基本要求。

9.1 科技论文的常见形式

9.1.1 学术论文、科技报告和专题研究论文

1. 学术论文

中国国标 GB 7713—1987 所指的学术论文是："某一学术课题在实验性、理论性或观测性上具有新的科学研究成果或创新见解和知识的科学记录；或是某种已知原理应用于实际中取得新进展的科学总结"。

学术论文不同于实验报告、阶段报告和工作总结，它是对实验工作素材的整理和提高，要形成论点。实验报告和工作总结多属于如实地汇报实验工作经过，可以没有创新成果和见解，可以模仿和重复前人必要的结果，可以不进行判断和推理，不形成论点。学术论文的内容应提供新的科技信息，有所发现、有所发明、有所创新，而不是重复、模仿、抄袭前人的工作。

2. 科技报告

国际标准 ISO 5966—1982 给出的科技报告的定义是：科技报告是记述科学技术研究进展或结果的文件，或是陈述科学技术问题现状的文件。科技报告按类型可分为报告、札记、论文、备忘录和通报 5 种。从内容可分为可行性报告、开题报告、进展报告、考察报告、实验报告等。

相比于学术论文，科技报告是实验、考察、调查结果的如实记录，侧重于报告科技工作的过程、方法和说明有关情况。不论结果如何，是经验或教训都可以写入报告。而学术论文则要求有见解或理论升华。科技报告作为内部的科研记录，内容具体，一般不公开发表，保密性强于学术论文。

科技实验报告是描述、记录某项科研课题实验过程和结果的一种报告。实验报告有两种：一种是为验证某定理或其结论所进行实验而撰写的实验报告，其实验步骤和方法是事先拟定的，是重复前人的实验；另一种是创新型实验报告，它是研究者自己设计的，从过程到结果都是新的实验，要求有所发现、发明和创造。

与学术论文比较而言，实验报告的侧重点是介绍实验过程中的新发现，不要求在理论上

进行细致的论证。实验报告的主要表达方式是说明，要求说明准确，言之有序。但不是全部科研工作及其实验过程和观察结果都要写出或可以写出学术论文。

3. 专题研究论文

专题研究是指对某专项课题的研究。专题研究论文是对其创造性的科学研究成果所做的理论分析和总结。专题研究论文与科技报告和学术论文有所不同。科技报告侧重过程记录；学术论文主要体现创造性成果和理论性、学术性。可以通俗地说，专题研究论文介于二者之间。

9.1.2　学位论文

国家标准 GB 7713—1987 对学位论文的定义是："学位论文是表明作者从事科学研究取得创造性的结果或有了新的见解，并以此为内容撰写而成、作为提出申请授予相应的学位时评审用的学术论文"。学位论文分为学士学位论文、硕士学位论文和博士学位论文三种。

学位论文不同于一般学术论文。学位论文为说明作者的知识程度和研究能力，一般都较详细地介绍自己论题的研究历史和现状、研究方法及过程等。而一般学术论文则大多开门见山，直切主题，把论题的背景等以注解或参考文献的方式列出。学位论文中一些具体的计算或实验等过程都较详细，而学术论文只需给出计算或实验的主要过程和结果即可。学位论文比较强调文章的系统性，而学术论文是为了公布研究成果，强调文章的学术性和应用价值。

1. 学士学位论文

学士学位论文应能表明作者确已较好地掌握了本门学科的基础理论、专门知识和基本技能，并具有从事科学研究工作或担负专门技术工作的初步能力，应能体现作者具有提出问题、分析问题和解决问题的能力。学士学位论文的篇幅一般为 0.6 万～2 万字。学士学位论文是对选定的论题所涉及的全部资料进行整理、分析、取舍、提高，进而形成自己的论点，做到中心论点明确，论据充实，论证严密。学位论文写作时还可以借鉴前人的研究思路、研究方法，以致重复前人的研究工作，但应具有自己的结论或见解。

学士学位论文一般按学术论文格式写作，选题可从如下方面考虑。

① 选择具有创新意义的研究内容为题(对一些定理、命题给出新的证明、解释，通过实验和调查研究发现一些新的规律和结果)。

② 在前人研究的基础上，从发展、提高的角度选题(对已发表的论文或教科书上的一些结论、结果进行订正、改进、推广、深化和提高等工作)。

③ 采用"移植"方法选题(运用不同学科的理论、研究思想、方法、实验技术解决另一学科的有关问题)。

④ 进行不同学术观点的讨论。

⑤ 用所学知识解决实际问题。

⑥ 对有关学科、领域或研究专题等进行综述、评述。

2. 硕士学位论文

国务院学位委员会明确要求硕士学位论文应在导师指导下，由研究生本人独立完成，论文具有自己的新见解，有一定的工作量。可见硕士学位论文只要求在某方面有改进、革新，即有新见解。硕士学位论文应能表明作者确已在本学科掌握了坚实的基础理论和系统的专门知识，并对所研究课题有新的见解，具有从事科学研究工作或独立担负专门技术工作的能力。硕士学位论文的篇幅一般不受限制。

但下列内容的论文，不能算有新见解，不能作为硕士学位论文。

① 只解决实际问题而没有理论分析。

② 仅用计算机计算，而没有实践证明和没有理论意义。

③ 对于实验工作量比较大，但只探索了实验全过程，做了一个实验总结而未得出肯定的结论。

④ 重复前人的实验或自己设计工作量不大的实验，得出的结论是显而易见的，或者只做过少量几个实验，又没有重复性和再现性，就匆忙提出一些见解和推论。

⑤ 资料综述性文章。

3. 博士学位论文

博士学位论文应能表明作者确已在本门学科掌握了坚实宽广的基础理论和系统深入的专门知识，并具有独立从事科学研究工作的能力，在科学和专门技术上作出了创造性的成果。博士学位论文应具有系统性和创造性。博士学位论文应是一本独立的著作，自成体系。有本课题研究历史与现状、预备知识、实验设计与装备、理论分析与计算、经济效益与实例、遗留问题与前景、参考文献与附录等，形成一个体系。

博士学位论文的创造性从以下几方面来衡量。

① 发现有价值的新现象、新规律，建立新理论。

② 设计实验技术上的新创造、新突破。

③ 提出具有一定科学水平的新工艺、新方法，在生产中获得重大经济效益。

④ 创造性地运用现有知识、理论，解决前人没有解决的工程关键问题。

博士学位论文的结构是书的章节形式，每章节的写作均可按一般学术论文的格式写作。博士学位论文的摘要一般不要超过6000字。美国学者罗伯特认为博士学位论文应将自己的原始资料(不管是否发表)都收编进去，博士学位论文是对多年研究和所著论文的总结与评论。

9.1.3　简报、综述和评论

1. 简报

由于版面字数等的限制，有些专题研究论文常以研究简报(研究快报和研究通讯)的形式发表。研究简报主要展现作者的观点和独到的研究方法。其篇幅以2500~3000字为限，可以写研究简报的情况如下。

① 重要科研项目的阶段总结或小结(有新发现)。

② 某些方面有突破的成果。

③ 重要技术革新成果，包括技术或工艺上取得突破，经济效益好。

2. 综述

综述是以当代某领域科学技术成果为对象，通过对广泛的国内外资料的鉴别、整理、重新汇编组合，并反映自己见解观点的文章。其目的是使读者在短期内了解某问题的历史、现状、存在问题、最新成果以及发展方向等。

3. 评论

评论是在综述的基础上进行分析、推断、评论、预测未来和提出建议的文章。一般来说综述和评论合为一体写作，只"综"不"评"的文章不受欢迎。综述和评论可以节约科技工作者查阅专业文献的时间，了解动态，提供文献线索，从而帮助选择科研方向，寻找科研课题等。

9.1.4 设计计算、理论分析和理论推导

1. 设计计算

设计计算一般指为解决某些工程问题、技术问题和管理问题而进行的计算机程序设计；某些系统、工程方案、机构、产品的计算机辅助设计和优化设计，以及某些过程的计算机模拟；某些产品(包括整机、部件或零件)或物质(材料、原料等)的设计或调制或配制等。这类论文相对要"新"；数学模型的建立和参数的选择要合理；编制的程序能正常运行；计算结果要合理、准确；设计的产品或调、配制的物质要经试验证实或生产、使用考核。

2. 理论分析

这类论文主要是对新的设想、原理、模型、材料、工艺、样品等进行理论分析，对已有的理论分析加以完善、补充或修改。其论证分析要严谨，数学运算要正确，资料数据要可靠，结论要准确并且需要经过实(试)验验证。

3. 理论推导

这类论文主要是对提出的新的假说通过数学推导和逻辑推理，从而得到新的理论，包括定义、定律和法则。其写作要求是：数学推导要科学、准确，逻辑推理要严密，准确使用定义和概念，结论要力求无懈可击。

9.2 科技论文的撰写

科技论文在情报学中又称为原始论文或一次文献，它是科学技术人员或其他研究人员在科学实验(或试验)的基础上，对自然科学、工程技术科学，以及人文艺术研究领域的现象(或问题)进行科学分析、综合研究和阐述，进一步进行一些现象和问题的研究，总结和创新另外一些结果与结论，并按照各个科技期刊的要求进行电子和书面的表达。

按照研究方法不同，科技论文可分为理论型、实验型、描述型三类。理论型论文运用的研究方法是理论证明、理论分析、数学推理，用这些研究方法获得科研成果；实验型论文运

用实验方法，进行实验研究获得科研成果；描述型论文运用描述、比较、说明方法，对新发现的事物或现象进行研究而获得科研成果。

9.2.1　科技论文的特点

作为科技研究成果的科技论文可以在专业刊物上发表，可在学术会议及科技论坛上报告、交流，并力争通过开发使研究成果转化为生产力。科技论文是科技人员交流学术思想和科研成果的工具。科技论文具有以下特点。

(1)学术性

学术性是科技论文的主要特征，它以学术成果为表述对象，以学术见解为论文核心，在科学实验的前提下阐述学术成果和学术见解，揭示事物发展、变化的客观规律，探索科技领域中的客观真理，推动科学技术的发展。学术性是否强是衡量科技论文价值的标准。

(2)创新性

科技论文必须是作者本人研究的，并在科学理论、方法或实践上获得的新的进展或突破，应体现与前人不同的新思维、新方法、新成果，以提高国内外学术同行的引文率。

(3)科学性

论文的内容必须客观、真实，定性和定量准确，不允许丝毫虚假，要经得起他人的重复和实践检验。论文的表达形式也要具有科学性，应清楚明白，语言准确、规范。

9.2.2　科技类论文的基本结构

科技论文一般由标题、作者、摘要、关键词、前言、材料与方法、结果、讨论、结论等部分组成，如图9.1所示。

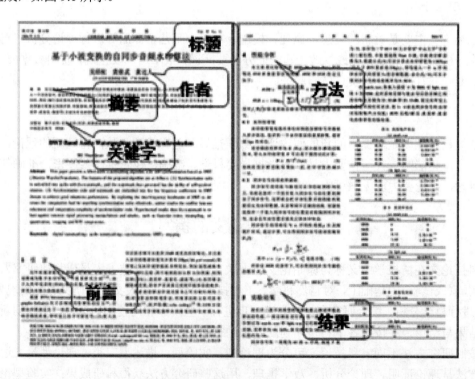

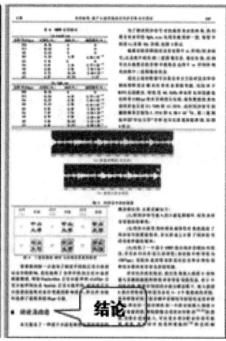

图 9.1　科技论文的基本结构

1. 标题

包括中文标题和英文标题，简明、准确地写出该课题研究的基本内容，如图 9.2 所示。

基于小波变换的自同步音频水印算法

DWT-Based Audio Watermarking with Self-Synchronization

图 9.2　中英文标题

2. 作者和单位

作者姓名、职称(或职务)，如图 9.3 所示。

吴绍权　　黄继武　　黄达人

(中山大学信息科技学院　广州 510275)

WU Shaer Quan　　HUANG Jr Wu　　HUANG Dar Ren

(School of Infervmation Seirice and Technology, Sun YarSm Iinimrrny, Ganrgcham 510275)

图 9.3　中英文作者和单位

3. 摘要和关键词

摘要概括地说明该研究的目的及重要性，并极其扼要地表述是以何种实验材料与方法得出的何种研究结论，突出论文的新见解和研究结果的意义。

关键词是表达文献主题概念的词汇，一般可以提出 3~4 个关键词，关键词可供检索性期刊(或数据库)编入关键词索引，供国内外科技人员查阅。一般包括中英文摘要和关键词，如图 9.4 所示。

摘　要　该文提出了一种基于 DWT 的自同步音频水印算法.该算法具有如下特点:(1) 在隐藏水印信息的同时,嵌入一个同步信号,使水印具有自同步能力;(2) 同步信号与水印隐藏于 DWT 域低频子带,在改善同步信号鲁棒性的同时,利用 DWT 的时频局部特性,有效地提高在变换域内搜索同步信号的效率,较好地解决了同步信号鲁棒性与其搜索计算量之间的矛盾.实验表明,所提出的方法在抵抗各种通用的音频处理和攻击(如高斯噪声、MP3 压缩、重采样、重量化、裁剪等)方面具有良好的性能.

关键词　数字水印;音频水印;同步;离散滤波变换;裁剪

Abstract　This paper presents a blind audio watermarking algorithm with self-synchronization based on DWT (Discrete Wavelet Transform). The features of the proposed algorithm are as follows: (1) Synchronization code is embedded into audio with the watermark, and the watermark thus generated has the ability of self-synchronization. (2) Synchronization code and watermark are embedded into the low frequency coefficients in DWT domain to achieve good robustness performance. By exploiting the time-frequency localization of DWT to decrease the computation load for searching synchronization codes effectively, author resolve the conflict between robustness and computation complexity of synchronization code. Experimental results show the watermark is robust against common signal processing manipulations and attacks, such as Gaussian noise, resampling, requantization, cropping and MP3 compression.

Keywords　digital watermarking; audio watermarking; synchronization; DWT; cropping

图 9.4　中英文摘要和关键字

4. 引言

引言简要表述本研究课题的背景、前人的研究结果和未能解决的问题，以及本研究的主要实验(试验)内容和研究目的。

5. 正文

正文要客观描述和科学分析实验(试验)过程中发生的现象；写明应用的公式、反应方程式；用表格、坐标图或曲线图准确列出实验中得出的数据；表述实验得出的最终结果。

6. 结论

结论是将实验研究中的感性认识提高到理性认识高度。其重点内容是对实验数据和现象进行科学分析，并对数据误差和影响实验结果的因素进行解释，探讨对实验材料及方法的改进。在结论的撰写中，表述要全面、辩证、客观，切忌武断。

7. 参考文献

列出与本研究课题直接有关的前人发表的文献(包括参考前人的成果、方法、材料等)。

参考文献的格式如下：作者、论文标题、期刊名、卷、期、页、年份(图书主编、书名、页、出版社、出版年份)，如图 9.5 所示。

参 考 文 献

1　Arnold M.. Audio watermarking: features, applications and algorithms. In: Proceedings of IEEE International Conference on Multimedia & Expo, New York, USA, 2000, 2: 1013~ 1016

2　Swanson M. D., Bin Zhu, Tewfik A. H.. Current state of the art, challenges and future directions for audio watermarking. In: Proceedings of IEEE International Conference on Multimedia Computing and Systems, Florence, Italy, 1999, 1: 19~ 24

3　Katzenbeisser S., Fabien A., Petitcolas P. eds.. Wu Qir Xin et al. translation. Information Hiding Techniques for Steganography and Digital Watermarking. Beijing: Posts & Telecom Press, 1999(in Chinese) (Katzenbeisser S., Fabien A., Petitcolas P. 编. 吴秋新,钮心忻,杨义先,罗守山,杨晓兵译.信息隐藏技术——隐写术与数字水印.北京: 人民邮电出版社, 2001)

图 9.5　参考文献

9.2.3　科技论文的基本写法

1. 主题的选择

科技论文只能有一个主题,这个主题要具体到问题而不是问题所属的领域,更不是问题所在的学科,换言之,研究的主题切忌过大。因此,其表述要严谨简明,重点突出,专业常识应简写或不写,做到层次分明、数据可靠、文字凝练、说明透彻、推理严谨、立论正确。论文中如出现一个非通用性的新名词、新术语或新概念,需随即解释清楚。

2. 确定论文的标题

科技论文题目应简明扼要地反映论文工作的主要内容,切忌笼统。由于别人要通过论文题目中的关键词来检索论文,所以用语精确是非常重要的。论文题目应该是对研究对象的精确具体的描述,这种描述一般要在一定程度上体现研究结论,因此,论文题目不仅应告诉读者论文研究了什么问题,更要告诉读者这个研究得出的结论。

科技论文标题选择与确定问题,除了遵循前述的方法,其标题应尽量少用副标题。同时,标题不能用艺术加工过的文学语言,更不得用口号式的标题。它最基本的要求是醒目、能鲜明概括出文章的中心论题,以便引起读者关注。科技论文标题还要避免使用符号和特殊术语,应该使用一般常用的通俗化的词语,以使本学科专家或同行一看便知,而且外学科的人员和有一定文化程度的群众也能理解,这才有利于交流与传播。

3. 作者和单位的书名顺序

由于现代科学技术研究工作趋于综合化、社会化,需要较多人员参加研究,署名时可按其贡献大小,排序署名。只参加某部分、某一实验及对研究工作给以支助的人,不再署名,可在致谢中写明。署名时,可用集体名称或用个人名义。个人署名只用真实姓名,切不可使用笔名、别名,并写明工作单位和住址,以便联系。

4. 摘要和关键词

摘要是为了方便读者概略了解论文的内容，以便确定是否阅读全文或其中一部分，同时也是为了方便科技信息人员编文摘和索引检索工具。摘要虽然放在前面，但它是在全文完稿后才撰写的。有时，为了国际学术交流，还要把中文摘要译成英文或其他文种。摘要所撰写内容大体如下。

① 本课题研究范围、目的以及在该学科中所占的位置。
② 研究的主要内容和研究方法。
③ 主要成果及其实用价值。
④ 主要结论。

摘要应该准确而高度地概括论文的主要内容，一般不作评价。文字要求精练、明白，用字严格推敲。摘要中一般不举例证，不讲过程，不作工作对比，不用图、图解、简表、化学结构式等，只用标准科学命名、术语、惯用缩写、符号。其字数一般不超过正文的 5%。近年来，为了便于制作索引和电子计算机检索，要求在摘要之后提出论文的关键词以供检索之用。

5. 引言

引言是一篇科技论文的开场白，它写在正文之前。每篇论文的引言，主要用以说明论文主题、总纲。一篇科技论文的引言，大致包含如下几个部分。

① 问题的提出：讲清所研究的问题"是什么"。
② 选题背景及意义：讲清为什么选择这个题目来研究。
③ 文献综述：对本研究主题范围内的文献进行详尽的综合述评。
④ 研究方法：讲清论文所使用的科学研究方法。
⑤ 论文结构安排：介绍本论文的写作结构安排。

论文引言的作用是开宗明义地提出本文要解决的问题。引言应开门见山、简明扼要。很多论文在引言中简要叙述前人在这方面所做过的工作，这是必要的。特别是那些对前人的方法提出改进的文章更有必要。应该注意的是，对前人工作的概括不要断章取义，如果有意歪曲别人的意思而突出自己方法的优点就更不可取了。在一篇论文中，对前人工作的概括应尽可能放在引言中。

6. 正文的书写

正文是论文的主体，占全篇幅的绝大部分。论文的创造性主要通过这部分表达出来，同时，也反映出论文的学术水平。写好正文要有材料、内容，然后有概念、判断、推理，最终形成观点，也就是说，都应该按照逻辑思维规律来安排组织结构。正文的基本构成如下。

(1)研究目的

研究目的是正文的开篇。该部分要写得简明扼要，重点突出。实验性强的论文，先写为什么要进行这个实验，通过实验要达到的目的是什么。

(2)实验材料和方法

科研课题从开始到成果的全过程，都要运用实验材料、设备以及观察方法。因此，应将选用的材料(包括原料、材料、样品、添加物和试剂等)、设备和实验的方法，加以说明，以便他人据此重复验证。说明时，如果采用通用材料、设备和通用方法，只需简单提及。

方法可行性的验证相对简单一些，实验只要说明所用的方法解决了问题即可。

方法(特别是算法)有效性的验证在很多论文里做得不好。所谓有效性，应该是比别的方法更快或更简单地解决了问题，或是计算复杂性低，或是计算速度更高，或是占用的内存小。要说明有效性，一是要有比较，二是要有相应的数据。

从这个意义上来说，论文中的实验往往是一种为说明问题而专门设计的实验。实验的设计是非常重要的。

(3) 实验过程

实验过程主要说明制订研究方案和选择技术的路线，以及具体操作步骤，主要说明实验条件的变化因素及其考虑的依据。叙述时，不要罗列实验过程，而只叙述主要的、关键的。并说明使用不同于一般实验设备和操作方法，从而使研究成果的规律性更加鲜明。如果引用他人之法，标出参考文献序号即可，不必详述，如有改进，可将改进部分另加说明。

(4) 实验结果与分析

该部分是整篇论文的心脏部分。因此，应该充分表达，并且采用表格、图解、照片等附件。本部分内容中，对实验结果和具体判断分析，要逐项探讨。数据是表现结果的重要方式，其计量单位名称、代号，必须采用统一的国际计量单位制的规定。文中要尽量压缩众所周知的议论，突出本研究的新发现及经过证实的新观点、新见解。要让读者反复研究数据，认真估价判断和推理的正确性。有些实验结果，在某些方面出现异常，无法解释，虽不影响主要论点，但要说明，供其他研究者参考。实验结果与分析一般应包括以下具体内容。

① 主要原理或概念。

② 实验条件。尤其是依靠人力未能控制的缺点，要突出讲明。

③ 研究的结果与他人研究结果的相同或差异要讲明，突出研究中的新发现或新发明。

④ 解释因果关系，论证其必然性或偶然性。

⑤ 提出本研究存在的难解或尚需进一步探索的问题。

有不少论文由于各种原因不能用严格的理论证明方法的正确性和有效性，也暂时做不了实验，于是就用仿真的方法来说明。这时应注意的是，尽管文章中只能给出个别的仿真实例，但进行仿真时应该尽可能对各种可能发生的情况多做一些实例，因为用一、两个实例的仿真结果说明的结论很可能被另一个实例推翻。

7. 结论

结论部分是整个课题研究的总结，是全篇论文的归宿，起着画龙点睛的作用。一般来说，读者选读某篇论文时，先看标题、摘要、前言，再看结论，才能决定阅读与否。因此，结论写作也是很重要的。

撰写结论时，不仅对研究的全过程、实验的结果、数据等进一步认真地加以综合分析，准确反映客观事物的本质及其规律，而且，对论证的材料，选用的实例，语言表达的概括性、科学性和逻辑性等方面，也都要进行总判断、总推理、总评价。同时，撰写时，不是对前面论述结果的简单复述，而要与引言相呼应，与正文其他部分相联系。

总之。结论要有说服力，恰如其分。语言要准确、鲜明，使人看后就能全面了解论文的意义、目的和工作内容。同时，要严格区分自己取得的成果与导师及他人的科研工作成果。

8. 致谢

科学研究通常不是只靠一两个人的力量就能完成的，需要多方面力量支持、协助或指导。特别是大型课题，参与的人数很多。在论文结论之后或结束时，应对整个研究过程中，对曾给予帮助和支持的单位与个人表示谢意。尤其是参加部分研究工作，未有署名的人，要肯定他的贡献，予以致谢。如果提供帮助的人过多，就不必一一提名，除直接参与工作，帮助很大的人员列名致谢，一般人均笼统表示谢意。

9. 参考文献

论文之中凡是引用他人的报告、论文等文献中的观点、数据、材料、成果等，都应按本论文中引用的先后顺序排列，文中标明参考文献的顺序号或引文作者姓名。每篇参考文献按篇名、作者、文献出处排列。列上参考文献的目的，不仅便于读者查阅原始资料，也便于自己进一步研究时参考。

9.2.4　英文摘要的书写

摘要以提供文献内容梗概为目的，有些读者只阅读摘要而不读全文或常根据摘要来判断是否需要阅读全文，因此摘要的清楚表达十分重要。好的英文摘要对于增加论文的被检索和引用机会、吸引读者、扩大影响起着不可忽视的作用。

1. 摘要的类型与基本内容

根据内容的不同，摘要可分为三大类：报道性摘要、指示性摘要和报道-指示性摘要。

(1) 报道性摘要

报道性摘要也称为信息型摘要或资料性摘要。其特点是全面、简要地概括论文的目的、方法、主要数据和结论。通常这种摘要可部分地取代阅读全文。

(2) 指示性摘要

指示性摘要也称为说明性摘要、描述性摘要或论点摘要。一般只用两三句话概括论文的主题，而不涉及论据和结论，多用于综述、会议报告等。此类摘要可用于帮助读者决定是否需要阅读全文。

(3) 报道-指示性摘要

以报道性摘要的形式表述一次文献中信息价值较高的部分，以指示性摘要的形式表述其余部分。

传统的摘要多为一段式，在内容上大致包括引言、材料与方法、结果和讨论等主要方面，即 IMRAD(Introduction、Methods、Results and Discussion)结构的写作模式。

上世纪 80 年代出现了另一种摘要文体，即"结构式摘要"，它是报道性摘要的结构化表达，强调论文摘要应含有较多的信息量。结构式摘要与传统摘要的差别在于，前者便于读者了解论文的内容，行文中用醒目的字体(黑体、全部大写或斜体等)直接标出目的、方法、结果和结论等标题。

2. 摘要的基本结构和内容

摘要本质上是一篇高度浓缩的论文，所以其构成与论文主体的 IMRAD 结构是对应的。

(1) IMRAD 结构摘要的基本内容

IMRAD 结构摘要应包括以下内容梗概。

① 目的：研究工作的前提、目的和任务，所涉及的主题范围。

② 方法：所用的理论、条件、材料、手段、装备、程序等。

③ 结果：观察、实验的结果、数据、性能等。

④ 结果的分析、比较、评价、应用，提出的问题，今后的课题，假设、启发、建议、预测等。

⑤ 其他：不属于研究、研制、调查的主要目的，但具有重要的信息价值。

一般地说，报道性摘要中②、③、④应相对详细，①、⑤相对简略。指示性摘要则相反。结构式摘要与传统一段式摘要的区别在于，其分项具体，可使读者更方便、快速地了解论文的各项内容。统计表明，MEDLINE 检索系统所收录的生物医学期刊目前已有 60%以上采用了结构式摘要。我国有些医学类期刊在 20 世纪 90 年代初开始采用结构式摘要，并对其使用效果和进一步优化进行了较为深入的探讨。

(2) 结构式摘要的基本内容

结构式摘要应包括以下内容梗概。

① 目的：研究的问题、目的或设想等。

② 设计：研究的基本设计，样本的选择、分组、诊断标准和随访情况等。

③ 单位：说明开展研究的单位(是研究机构、大专院校，还是医疗机构)。

④ 对象：研究对象(患者等)的数目、选择过程和条件等。

⑤ 处置：处置方法的基本特征，使用何种方法以及持续的时间等。

⑥ 主要结果测定：主要结果是如何测定、完成的。

⑦ 结果：研究的主要发现(应给出确切的置信度和统计学显著性检验值)。

⑧ 结论：主要结论及其潜在的临床应用。

实际上，8 个层次比较适合于临床医学类原始论文。

(3) 综述类论文摘要基本内容

对于综述类论文，其结构式摘要应包括以下 6 个方面。

① 目的。

② 资料来源。

③ 资料选择。

④ 数据提炼。

⑤ 资料综合。

⑥ 结论。

有些期刊为节省篇幅，在使用时对上述结构式摘要进行了适当简化，如 *New England Journal of Medicine* 采用背景、方法、结果、结论等 4 个方面；*The Lancet* 则采用背景、方法、发现和解释等 4 个方面。

与传统摘要比较，结构式摘要的长处是易于写作(作者可按层次填入内容)和方便阅读

(逻辑自然、内容突出)，表达也更为准确、具体、完整。应该说，无论是传统的一段式摘要，还是结构式摘要，实际上都是按逻辑次序发展而来的，没有脱离 IMRAD 的范畴。

3. 摘要撰写技巧

(1)摘要撰写的一般技巧

为确保摘要的"独立性"或"自明性"，撰写中应遵循以下规则。

① 适当强调创新性和重要性。为确保简洁而充分地表述论文的 IMRD，可适当强调研究中的创新、重要之处(但不要使用评价性语言)，尽量包括论文中的主要论点和重要细节(重要的论证或数据)。

② 使用简短的句子。表达要准确、简洁、清楚，注意表述的逻辑性，尽量使用指示性词语表达论文的不同部分(层次)。例如，使用 We found that…表示结果，使用 We suggest that…表示讨论结果的含义等。

③ 应尽量避免引用文献、图表，用词应为读者所熟悉。若无法回避使用引文，应在引文出现的位置将引文的书目信息标注在方括号内。如确有需要(如避免多次重复较长的术语)使用非同行熟知的缩写，应在缩写符号第一次出现时给出其全称。

④ 为方便检索系统转录，应尽量避免使用化学结构式、数学表达式、角标和希腊文等特殊符号。

(2)摘要写作的时态

摘要所采用的时态应因情况而定，力求表达自然、妥当。写作中可大致遵循以下原则。

① 介绍背景资料。如果句子的内容是不受时间影响的普遍事实，应使用现在式。如果句子的内容是对某种研究趋势的概述，则使用现在完成式。

② 叙述研究目的或主要研究活动。如采用"论文导向"，多使用现在式(如 This paper presents…)。如果采用"研究导向"，则使用过去式(如 This study investigated…)。

③ 概述实验程序、方法和主要结果通常用现在式。

④ 叙述结论或建议。可使用现在式、臆测动词或 may、should、could 等助动词。

(3)摘要写作的人称和语态

有相当数量的作者和审稿人认为科技论文的撰写应使用第三人称、过去时和被动语态。但调查表明，科技论文中被动语态的使用在 1920~1970 年比较流行。但由于主动语态的表达更为准确，且更易阅读，因而目前大多数期刊都提倡使用主动语态。国际知名科技期刊 *Nature*，*Cell* 等尤其如此，其中第一人称和主动语态的使用十分普遍。

可见，为了简洁、清楚地表达研究成果，在论文摘要的撰写中不应刻意回避第一人称和主动语态。

9.3　学士学位论文的撰写

学士学位论文是大学本科毕业生为获得学士学位和毕业资格所需要撰写的学术论文。学士学位论文应反映出作者能够掌握大学阶段所学的专业知识，学会综合运用所学知识进行科学研究的基本方法，对研究课题有一定自己的独立见解。

毕业论文是教学科研过程的一个环节，也是学业成绩考核和评定的一种重要方式。毕业论文的目的在于总结学生在校期间的学习成果，培养学生具有综合地、创造性地运用所学的全部专业知识和技能解决较为复杂问题的能力并使他们受到科学研究的基本训练。

9.3.1　学士学位论文的选题

1. 选题原则

遵循科学、新颖、需要、可行、具体的原则。
① 选择专业范围内的课题。
② 选择有兴趣的课题。
③ 选择大小适中、难易适度的课题。
④ 选择资料、时间有利的课题。

2. 选题技巧

(1)结合本人的学业和研究兴趣选题

对众多老师和学生而言，结合本人的学业和研究兴趣选取论文题目无疑是一种明智之举。因为长期处于学习第一线，对自己学习涉及范围内的问题经常接触、认识深刻、思考较多，其中不乏"文章"可做。

有人认为，从事某一具体课程学习，许多选题已被同行捷足先登，再难以找到合适选题。之所以存在这种困惑，不是选题少了，而是潜意识里有一种畏难情绪。

(2)从实践和社会需要中选题

人类的生产、生活是最基本的实践活动，有着大量的课题，要求老师和学生去研究与探索，揭示它的基本规律，并提出提高生产率、改善生活质量的方法。大量的科研论文都是来自这一领域。

(3)从新理论、新技术、新方法的应用上选题

近年来，信息技术、神经网络、知识管理等一系列新的理论和研究方法进入科学领域，使大量科研新成果相继问世。从新理论、新技术、新方法的应用上选题，文章会有新意。文章的精髓是"新"，新理论、新观点、新观测事实、新技术、新装备等都是写文章的最好素材。选题要紧密联系前沿课题。要做到选题准确，一个重要的途径是紧密联系前沿课题和技术。

(4)从不同学科的结合部位选题

现代各个学科呈现出了互相渗透、交叉和综合的趋势，可从学科的交叉点上找到突破点。如果能从本学科与其他学科之间寻找到"接触点""结合部"，从中选定课题，如果能专注本学科与其他学科的"结合部"并寻根究底，较容易取得突破性成果，也可据此写出学术价值较高的论文。

(5)针对已有的学术观点和科研成果选题

在继承已有学术观点和科研成果的基础上还要敢于突破，依据科技发展变化，不断审视科学定论，或发现偏差进行纠正，或发现缺漏加以弥补，或发现错误予以更正，这都可作为学术论文的选题。

(6)从社会关注的热点选题

热点是指人们在一段时期经常谈论而又迷惑不解的涉及学科领域的新话题。从一定意

上说，热点本身就是一个学术问题。例如，预警系统、基因技术、经济全球化等现象，无一不在影响人类社会、经济和文化。如果能够就此类问题展开研究，一定可以写出具有很高学术价值的科技论文。应对相关(并非全部)热点问题有浓厚的兴趣。否则，其以往所学知识必然日渐老化，获得科技信息的敏感性也会变得迟钝。

(7)用创造性思维来选题

运用创造性思维来选题就是创新性。而创新性课题获得则依赖于选题者的创造性思维能力。这主要助于想象者的潜意识和灵感以及不循常规的思路，从而产生认识上的突发性飞跃，这种飞跃最终导致新观点、新方法、新工艺和新产品的产生。

(8)通过学术交流，发现和选定课题

学术交流往往是针对某些特定课题而展开的最新研究成果的学术对话，通过这样的学术交流，能及时了解信息，掌握动态，预测趋势，从而发现和选定有意义的课题。

(9)查阅文献资料，从中发现和选定课题

文献资料是各学科历史、现状的真实记录和客观反映，经常阅读专业文献，能从中了解本学科进行了哪些研究，取得了哪些成果，达到了什么样的程度，以及哪些问题尚未解决，本学科发展的新动向、新问题是什么等，使选题具有针对性和时代性。

3. 选题思路

选题可遵循以下思路。

① 可选择具有创新意义的研究内容为题(对一些定理、命题给出新的证明、解释；通过实验和调查研究发现一些新的规律和结果。这类选题难度较大)。

② 可在前人研究的基础上，从发展、提高的角度选题(对已发表的论文或教科书上的一些结论、结果进行订正、改进、推广、深化和提高等工作)。

③ 进行不同学术观点的讨论作为论文的选题。

④ 对有关学科、领域或研究专题等进行综述、评述作为论文选题。

对于大多数同学来说，首先可以考虑的是第二点，也就是在前人研究的基础上，从发展、提高的角度选题。这就要求学生要注意教科书上自己感兴趣的内容的表述，同时关注学术期刊网上所发表的相关论文，从而确定自己的选题。其次，可以考虑的选题是第四点，也就是对有关学科、领域或研究专题等进行综述、评述作为论文选题。只要充分占有资料、认真阅读与领会，再经过合理系统的概括和归纳，是能写好一篇合格的学位论文的。再次，可以考虑的是第三点，即进行不同学术观点的讨论作为论文的选题。这其实也可以将学界中对于同一论题的不同观点进行比较和讨论，然后选择一个自己比较赞同的观点作为结论。当然，如果能够对某些学术观点提出自己的不同看法并进行讨论那就更好了，不过，这也是很难的。至于第一点，选择具有创新意义的研究内容为题，对于一般的学生来说，是很难达到的。

9.3.2　学士学位论文的开题

1. 开题报告的概念

开题报告是对论文研究的目的和计划的陈述，它提供充足的证据，说明所要从事的研究具有价值，并且研究计划是可行的。

开题报告需要回答的问题包括：计划研究什么(选题来源)；为什么要进行这一研究(目的与意义)；如何进行这项研究(研究方案)。

2. 开题报告的目的

以充分的证据使人相信选题值得研究。
通过文献回顾和评价展示对选题的了解程度及完成研究工作的可行性。
通过选择适当的研究方法使人相信你已经具备了完成所设定的研究目标的能力和技能。

3. 如何撰写开题报告

① 构思论文题目。通过过去和正在进行的研究、对现实的观察、进行的学术交流、现实的需要、个人的兴趣等各种途径寻找论文研究题目。
② 筛选研究问题。通过考虑下列问题来筛选：研究这一问题有何意义？研究是否能够导出一个具有普遍意义的结论？解决所提出的问题在哪些方面能提高人们对问题的认识水平？拟进行的研究是否对解决这一问题所采用的方法有所贡献？研究的结果是否有直接或者间接的应用价值？进行这一研究是否能引起人们进一步研究的兴趣？
③ 定义研究界限。一是对问题的相关概念进行清楚的定义；二是划定研究的范围，清楚表明哪些方面要研究，哪些方面将不在本文的研究范围之内。
④ 查阅文献。
⑤ 开题报告的内容。论文标题、选题依据与文献回顾、研究内容和实施方案、预期结果及其创新性、主要观点与基本框架、工作计划、参考文献。

9.3.3　学士学位论文的书写

学士学位论文选题范围不宜过宽，一般选择所学专业领域中某重要问题的一个侧面或难点为研究对象，运用所学理论知识，深入细致地剖析，同样的道理，论文选题还应避免过于狭窄和陈腐，要有时代感和创新性，还要把握价值原则和可行性原则。通常在正式撰写学士学位论文之前，先要拟定提纲，安排好全文的整体结构，构建论文的基本框架。

论文的基本格式包括：标题、摘要、关键词、目录、前言、正文、参考文献等 7 方面内容。

1. 标题

标题是文章的眉目。各类文章的标题，样式繁多，但无论是何种形式，总要以全部或不同的侧面体现作者的写作意图、文章的主旨。毕业论文的标题一般分为总标题、副标题、分标题几种。

(1)总标题
总标题是文章总体内容的体现，常见的写法如下。
① 揭示课题的实质。这种形式的标题，高度概括全文内容，往往就是文章的中心论点。它具有高度的明确性，便于读者把握全文内容的核心。此类标题很多，也很普遍。例如，《关于经济体制的模式问题》《经济中心论》《县级行政机构改革之我见》等。
② 提问式。这类标题用设问句的方式，隐去要回答的内容，实际上作者的观点是十分

明确的，只不过语意婉转，需要读者加以思考罢了。这种形式的标题因其观点含蓄，轻易激起读者的重视，如《商品经济等同于资本主义经济吗?》等。

③ 交代内容范围。这种形式的标题，从其本身的角度看，看不出作者所指的观点，只是对文章内容的范围进行限定。拟定这种标题，一方面是文章的主要论点难以用一句简短的话加以归纳；另一方面，交代文章内容的范围，可引起同仁读者的注重，以求引起共鸣。这种形式的标题也较普遍，如《基于小波分析的图像检索技术研究》《战后西方贸易自由化剖析》等。

④ 用判定句式。这种形式的标题给予全文内容的限定，可伸可缩，具有很大的灵活性。文章研究对象是具体的，面较小，但引申的思想又需有很强的概括性，面较宽。这种从小处着眼，大处着手的标题，有利于科学思维和科学研究的拓展，如《从十八大看中国的改革方向》《科技进步与农业经济》等。

标题的样式还有多种，作者可以在实践中大胆创新。

(2)副标题和分标题

为了点明论文的研究对象、研究内容、研究目的，对总标题加以补充、解说，有的论文还可以加副标题。凡是一些商榷性的论文，一般都有一个副标题，如在总标题下方，添上"与××商榷"之类的副标题。

另外，为了强调论文所研究的某个侧重面，也可以加副标题，如《图像处理技术分析——小波变换》等。

设置分标题的主要目的是清楚地显示文章的层次。有的用文字，一般都把本层次的中心内容昭然其上；也有的用数码，仅标明"一、二、三"等的顺序，起承上启下的作用。需要注重的是：无论采用哪种形式，都要紧扣所属层次的内容，以及上文与下文的联系紧密性。

2. 目录

一般来说，篇幅较长的毕业论文，都设有分标题。设置分标题的论文，因其内容的层次较多，整个理论体系较庞大、复杂，故通常设目录。

目录按章、节、条三级标题编写，要求标题层次清晰。目录中的标题要与正文中标题一致。目录中应包括绪论、论文主体、结论、致谢、参考文献、附录等。

(1)设置目录的主要目的

① 使读者能够在阅读该论文之前对全文的内容、结构有一个大致的了解，以便读者决定是读还是不读，是精读还是略读等。

② 为读者选读论文中的某个分论点时提供方便。长篇论文，除中心论点外，还有许多分论点。当读者需要进一步了解某个分论点时，就可以依靠目录而节省时间。

(2)目录的基本要求

目录一般放置在论文正文的前面，因而是论文的导读图。要使目录真正起到导读图的作用，必须注重以下问题。

① 准确。目录必须与全文的纲目相一致。也就是说，本文的标题、分标题与目录存在着一一对应的关系。

② 清楚无误。目录应逐一标注该行目录在正文中的页码，标注页码必须清楚无误。

③ 完整。目录既然是论文的导读图，因而必然要求具有完整性。也就是要求文章的各项内容，都应在目录中反映出来，不得遗漏。

3. 内容提要与关键词

内容提要是全文内容的缩影，一般放置在论文的篇首。

(1)写作内容提要的目的

① 为了使读者在未审阅论文全文时，先对文章的主要内容有个大体上的了解，知道研究所取得的主要成果，研究的主要逻辑顺序。

② 为了使其他读者通过阅读内容提要，就能大略了解作者所研究的问题，假如产生共鸣，则再进一步阅读全文。

因此，内容提要应把论文的主要观点提示出来，便于读者一看就能了解论文内容的要点。论文提要要求写得简明而又全面。

(2)内容提要的常见类型

内容提要可分为报道性提要和指示性提要。

① 报道性提要。报道性提要主要介绍研究的主要方法与成果以及成果分析等，对文章内容的提示较全面。

② 指示性提要。指示性提要只简要地叙述研究的成果(数据、看法、意见、结论等)，对研究手段、方法、过程等均不涉及。毕业论文一般使用指示性提要。

(3)摘要的书写

中文摘要约 200 字左右，外文摘要约 250 个实词左右。英文摘要内容应与中文摘要相同。一般在毕业论文全文完成后再写摘要。在写作中要注意以下几点。

① 用精练、概括的语言表达，每项内容均不宜展开论证。

② 要客观陈述，不宜加主观评价。

③ 成果和结论性意见是摘要的重点内容，在文字上用量较多，以加深读者的印象。

④ 要独立成文，选词用语要避免与全文尤其是前言和结论雷同。

⑤ 既要写得简短扼要，又要行文活泼，在词语润色、表达方法和章法结构上要尽可能写得有文采，以唤起读者对全文阅读的兴趣。

(4)关键词的书写

关键词属于主题词中的一类。主题词除关键词外，还包含单元词、标题词的叙词。

主题词是用来描述文献资料主题和给出检索文献资料的一种新型的情报检索语言词汇，正是它的出现和发展，才使得情报检索计算机化(计算机检索)成为可能。主题词是指以概念的特性关系来区分事物，用自然语言来表达，并且具有组配功能，用以准确显示词与词之间的语义概念关系的动态性的词或词组。

关键词是供检索用的主题词条，应采用能覆盖论文主要内容的通用技术词条。应在摘要下方另起一行注明论文的关键词。关键词一般列 3～5 个，按词条的外延层次从大到小排列。

4. 前言

前言是全篇论文的开场白，它包括以下几部分。

① 选题的缘由。

② 对本课题已有研究情况的评述。

③ 说明所要解决的问题和采用的手段、方法。

④ 概括成果及意义。

作为摘要和前言，虽然所定的内容大体相同，但仍有很大的区别。

区别主要在于：摘要一般要写得高度概括、简略，前言则可以稍微具体些；摘要的某些内容，如结论意见，可以作为笼统的表达，而前言中所有的内容则必须明确表达；摘要不写选题的缘由，前言则明确反映；在文字量上前言一般多于摘要。

5. 正文

一般来说，学术论文主文的内容应包括以下三个方面。

(1)事实根据

事实根据是指通过本人实际考察所得到的语言、文化、文学、教育、社会、思想等事例或现象。提出的事实根据要客观、真实，必要时要注明出处。

(2)前人的相关论述(包括前人的考察方法、考察过程、所得结论等)

理论分析中，应将他人的意见、观点与本人的意见、观点明确区分。无论是直接引用还是间接引用他人的成果，都应该注明出处。

(3)本人的分析、论述和结论等

做到使事实根据、前人的成果和本人的分析论述有机地结合，注意其间的逻辑关系。

6. 结论

结论应是毕业论文的总体结论，换句话说，结论应是整篇论文的结局，是整篇论文的归宿。结论是该论文结论应当体现作者更深层的认识，且是从全篇论文的全部材料出发，经过推理、判断、归纳等逻辑分析过程而得到的新的学术总观念、总见解。结论可采用"结论"等字样，要求精练、准确地阐述自己的创造性工作或新的见解及其意义和作用，还可提出需要进一步讨论的问题和建议。结论应该准确、完整、明确、精练。

(1)结论应包含的内容

该部分内容一般应包括以下几个方面。

① 本文研究结果说明了什么问题。

② 对前人有关的看法进行了哪些修正、补充、发展、证实或否定。

③ 本文研究的不足之处或遗留未予解决的问题，以及对解决这些问题的可能的关键点和方向。

(2)应注意的问题

结论集中反映作者的研究成果，表达作者对所研究课题的见解和主张，是全文的思想精髓，是文章价值的体现。一般写得概括、篇幅较短。撰写时应注意下列事项。

① 结果要简单、明确。在措辞上应严密，容易被人领会。

② 结果应反映个人的研究工作，前人和他人已有过的结论可不提。

③ 要实事求是地介绍自己研究的成果，切忌言过其实，在无充分把握时，应留有余地。因为对科学问题的探索是永无止境的。

7. 致谢

致谢语句可以放在正文后，体现对下列方面的致谢：国家科学基金，资助研究工作的奖学金基金，合同单位，资助和支持的企业、组织或个人；协助完成研究工作和提供便利条件的组织或个人；在研究工作中提出建议和提供帮助的人；给予转载和引用权的资料、图片、文献、研究思想和设想的所有者；其他应感谢的组织和人。学士学位论文中的致谢中主要感谢导师和对论文工作有直接贡献及帮助的人士和单位。

8. 参考文献

在论文后一般应列出参考文献，有三个目的。

① 为了能反映出真实的科学依据。

② 为了体现严肃的科学态度，分清是自己的观点或成果还是别人的观点或成果。

③ 为了对前人的科学成果表示尊重，同时也是为了指明引用资料出处，便于检索。

毕业论文的撰写应本着严谨、求实的科学态度，凡有引用他人成果之处，均应按论文中所出现的先后次序列于参考文献中，并且只列出正文中以标注形式引用或参考的有关著作和论文，参考文献应按正文中出现的顺序列出直接引用的主要文献。

9. 附录

对于一些不宜放入正文中、但作为毕业论文又是不可缺少的部分，或有重要参考价值的内容，可编入毕业论文附录中。例如，问卷调查原件、数据、图表及其说明等。

9.3.4 学士学位论文答辩

1. 答辩的意义

形式意义：论文是否符合规范？

实际意义：考察作者能否在最短时间内，把论文的精华之处展现出来。

既是对研究课题的考察，又是对人各方面素质的全面考察，包括经验材料的质量、对题材的熟悉程度、研究的深入程度、有没有独立创见、表达能力、应变能力。

2. 答辩前的准备

(1)答辩内容的准备

论文资料(装订)：完整、美观。

高水平的PPT：言简意赅，多用图表，避免大段文字。

多次演练：时间控制极端重要(集体演练，相互审查)。

(2)答辩前的思想准备

衣着：正规、得体、大方。

心情：自信而放松(自信的来源)。

神态和语气：严肃、自然而平和(当然，要避免走极端，不要太严肃或太随意)。

3. 答辩程序

① 学生自述和做答辩简要报告(向答辩委员会或答辩小组)。

② 主辩教师提问。

③ 回答问题:依问作答,从容陈述、吐词清楚、语速适当、态度端正(含仪表)、随机应变。

4. 答辩注意事项

陈述的原则:开门见山、提纲挈领、突出创见。

答辩不是讲座:避免陷入细枝末节出不来。

全程脱稿,用自己的语言陈述,忌照本宣科。

开始和结尾:礼貌语。

习　题　9

简答题

1. 简述科技论文的常见形式。

2. 科技论文由哪些部分组成?

3. 在书写英文摘要时,应注意什么问题?

4. 简述学士学位论文的基本组成。

5. 学士学位论文如何选题,如何书写开题报告?

6. 学士学位论文答辩的基本过程是什么?应注意什么问题?

参 考 文 献

董卫军，2012. 大学文科计算机基础. 北京：科学出版社.

董卫军，2013. 多媒体应用技术. 北京：电子工业出版社.

董卫军，2013. 计算机导轮. 2 版. 北京：电子工业出版社.

董卫军，2014. 计算机应用技术. 北京：科学出版社.

董卫军，2014. 网页设计与网站建设. 北京：清华大学出版社.

耿国华，2013. 大学计算机基础.3 版. 北京：高等教育出版社.

教育部高等学校计算机基础课程教学指导委员会，2009. 高等学校计算机基础教学发展战略研究报告暨计算机基础课程教学基本要求. 北京：高等教育出版社.

教育部高等学校文科计算机基础教学指导委员会，2010. 高等学校文科类专业大学计算机教学基本要求（2010 年版）. 北京：高等教育出版社.